工业和信息化部"十四五"规划专著

图数据管理技术

图立方新一代知识图谱管理系统

王国仁 李荣华 石宣化 夏虞斌 尚学群 洪 亮 著

电子工業出版社·

Publishing House of Electronics Industry

北京·**BEIJING**

内 容 简 介

现实中的大数据具有时序多频、尖峰厚尾等特点，导致构建亿级时序图谱分析与应用平台时，存在图谱构建质量低、查询分析代价高及推理挖掘解释难等问题。为此，本书将介绍一种新一代知识图谱管理系统——图立方，以及基于图立方的金融风险防控综合技术解决方案。

本书共分为 10 章，其中，第 1 章为绪论，主要介绍图立方的提出背景、基本概念和基本功能；第 2 章介绍图立方的表达、图立方的数据划分算法和图立方的多版本存储技术；第 3 章介绍图立方的抽取与融合，主要包含基于语义增强的超关系抽取模型、基于多任务的时序关系抽取技术、基于实体消歧的图立方知识增量更新方法以及基于图神经网络的知识图谱融合技术；第 4 章介绍图立方的查询处理，主要包含面向原生超图的查询系统、面向时序超图的查询系统以及面向图立方的查询优化、匹配查询和概要查询；第 5 章介绍图立方的分析引擎，主要包含面向图立方的分析引擎设计、面向图立方分析引擎的软硬件协同优化和动态负载均衡技术；第 6 章介绍图立方的规则挖掘，主要包含时序规则挖掘、频繁子图模式挖掘以及周期子模式挖掘；第 7 章介绍图立方的推理归纳，主要包含图立方表示学习、图立方超关系预测以及图立方子图表示学习；第 8 章介绍基于图立方的金融舆情分析，主要包含基于图立方的金融舆情主题检测、舆情情感分析以及舆情传播路径预测；第 9 章介绍基于图立方的金融风险预测，主要包含基于图立方的金融风险辨识、基于数据的金融风险预警方法和可解释的金融风险预警方法；第 10 章介绍图立方的金融风险防控案例，主要包含金融风控大脑关键技术和金融风控大脑应用验证案例。

图立方是基于时序多元关系的知识表达模型，代表着知识图谱领域的系统性技术创新。与传统的二元语义关系表达模型相比，图立方整合了多种异质模态知识，使得其对时序多元语义关系的表达更为直观和全面。在金融数据的应用场景中，图立方能够更准确地捕捉和表现持股、担保、交易等活动之间的关系。基于图立方构建金融风险防控综合技术解决方案，为金融数据管理、风险预测和防范提供了全新的视角和工具，对金融行业的发展和稳健运行带来了积极而深远的影响。

本书适合初次接触时序超图知识图谱内容的读者阅读，也可供具有相关方向研究基础的专业人士参考。

图书在版编目（CIP）数据

图数据管理技术 ：图立方新一代知识图谱管理系统 /
王国仁等著. -- 北京 ：电子工业出版社，2025. 5.
ISBN 978-7-121-50335-1

Ⅰ. TN911. 73

中国国家版本馆 CIP 数据核字第 2025HT5430 号

责任编辑：刘 瑀
印　　刷：涿州市京南印刷厂
装　　订：涿州市京南印刷厂
出版发行：电子工业出版社
　　　　　北京市海淀区万寿路 173 信箱　邮编：100036
开　　本：787×1 092　1/16　印张：19　字数：486.4 千字
版　　次：2025 年 5 月第 1 版
印　　次：2025 年 5 月第 1 次印刷
定　　价：89.00 元

凡所购买电子工业出版社图书有缺损问题，请向购买书店调换。若书店售缺，请与本社发行部联系，联系及邮购电话：（010）88254888，88258888。

质量投诉请发邮件至 zlts@phei.com.cn，盗版侵权举报请发邮件至 dbqq@phei.com.cn。

本书咨询联系方式：liuy01@phei.com.cn。

前　　言

图立方旨在提出一种基于时序多元关系的新一代知识表达模型和知识图谱管理技术，并以此构建全面的金融风险防控技术解决方案。图立方表达模型本质上是一个时序关联超图，蕴含着多种异质模态的金融知识。相对于传统的二元语义关系表达模型，它更能直观地呈现时序多元语义关系，为知识图谱领域带来了系统性的技术创新。例如，在金融数据中，诸如持股、担保、交易等关系属于时序多元语义关系的范畴，而图立方能更有效地表达这些关系。现实世界中的大数据具有一系列特征，例如时序多频，既包含高频数据又包含低频数据；异质高维，数据呈现出异质性且维度较高；尖峰厚尾，即包含少量高价值密度的数据和大量低价值密度的数据等。这些特征导致在基于图立方表达模型构建知识图谱分析与应用平台时面临着图谱构建的质量不高、查询分析的成本高昂及推理挖掘和解释方面存在困难等问题。为此，本书将介绍解决这些问题的创新性方法和工具，从而更有效地实现图立方在大数据分析和应用中的能力。

本书共分 10 章，具体内容如下：

第 1 章为绪论，主要介绍图立方的提出背景、基本概念和基本功能。

第 2 章为图立方的表达与存储。首先介绍了图立方的表达，即时序超图模型，其被用来更好地对复杂数据及其多元关系进行建模。针对图立方表达模型，还引入了图立方知识图谱存储系统——HyperBit，旨在高效管理图立方中的数据。然后介绍了一种面向图立方的分布式数据划分算法，以实现大规模数据的分布式存储和管理。最后，对图立方的多版本存储技术进行了介绍，以确保对多版本知识的存储和追溯能够被有效实现。

第 3 章为图立方的抽取与融合，介绍了如何基于图立方知识图谱存储系统 HyperBit 高质量构建准确、完整的图立方知识图谱。本章重点讨论异质高维实体关系的准确高效抽取、时序多频实体消歧和知识图谱融合等问题。首先介绍了基于语义增强的超关系抽取模型 E2CNN 及多任务的时序关系抽取技术结构化联合模型（Structured Joint Model），以实现对图立方实体和关系的抽取。然后介绍了基于实体消歧的图立方知识增量更新方法和基于图神经网络的知识图谱融合技术，以完成对图立方的融合。

第 4 章为图立方的查询处理，主要基于图立方的表达模型与存储方式介绍了面向图立方的查询处理技术。本章的主要内容包括面向原生超图的查询系统、面向时序超图的查询系统、面向图立方的查询优化及面向图立方的复杂查询。针对超图数据的特性，面向原生超图模型的查询系统提出了适合该场景的查询描述方式；针对时序超图数据，面向时序超图的查询系统通过构建索引加快了对数据的查询处理；图数据的查询优化方法利用异构硬件提高了查询过程的并行性，进一步提升了查询的性能；面向图立方的复杂查询通过提出新型索引结构与查询处理算法实现了对图立方的匹配查询与概要查询。

第 5 章介绍了图立方的分析引擎，主要包括面向图立方的分析引擎设计、面向图立方分析引擎的软硬件协同优化及面向图立方分析引擎的动态负载均衡技术。图立方的分析引擎对图立方查询系统进行了扩展，设计了一套分布式数据结构和易用的外部接口以支持图神经网络负载，使图立方查询系统成为支持离线训练与在线推理的一站式系统；图立方分析引擎的软硬件协同优化充分考虑了图神经网络的负载特征及 GPU 的硬件特性，大幅优化了用于数据分析的图神经网络的训练性能；图立方分析引擎的动态负载均衡技术则通过具体分析任务的运行时状态，进行运行时的分离式动态迁移，通过增加数据的局部性特征提升了数据分析性能。

第 6 章介绍了图立方的规则挖掘。首先基于传统时序图的规则挖掘定义了图立方的规则挖掘，包括时序环规则挖掘、频繁子图模式挖掘和周期子模式挖掘。其中，环挖掘主要针对图立方中的环规则；频繁子图挖掘旨在从图立方中发现频繁出现的子图模式；周期子模式挖掘则着重找到更加稳定的社群结构。然后介绍了这几种时序规则的传统挖掘算法以及基于图立方的挖掘算法。

第 7 章介绍了图立方的推理归纳。在图立方知识图谱中，推理归纳常常通过机器学习方法来实现，因此需要将实体和关系表示为计算机可处理的形式。利用知识图谱表示学习的主要目标在于将知识图谱中的实体和关系转换为低维连续的向量空间，并通过这种低维向量来表征高维度实体和关系的分布，从而便于将机器学习算法应用于知识图谱下游的分类预测任务。本章的重点在于利用构建的图立方知识图谱，使用机器学习算法表示实体和关系，以挖掘元组之间潜在的语义关系。同时，设计了图立方超关系评分函数，实现了对图立方知识图谱的推理与归纳。

第 8 章介绍了基于图立方的金融舆情分析。典型的金融舆情分析要素包括金融舆情的主题、内容和传播方式。图立方作为一个重要工具，能够揭示舆情事件中不同因素之间的相互关系，帮助相关人员理解影响因素，有效地缓解市场情绪波动，为金融市场的风险预警和决策制定提供支持。本章将介绍基于图立方的金融舆情分析要素及其涉及的相关技术，这些技术主要包括基于图立方的金融舆情主题检测、基于图立方的金融舆情情感分析及基于图立方的金融舆情传播路径预测。

第 9 章主要介绍了基于图立方的金融风险预测。首先介绍了基于图立方的金融风险辨识模型。该模型引入图谱结构，并结合图神经网络构建了金融风险在图谱中的传播机制，以识别风险节点、风险边和风险子图等多种风险模式。然后着重介绍了基于图立方的金融风险预警方法。该方法通过发现与风险相关的金融实体和关系，评估各个实体与关系的风险状态，从而提供有效的风险防控策略。

第 10 章介绍了基于图立方的金融风险防控案例，包含金融风控大脑关键技术和金融风控大脑应用验证案例。本章主要介绍了基于金融图立方的分析技术，例如图立方穿透分析算法、关键图结构识别和舆情风险预测技术等。这些技术实现了一系列风险服务能力，包括风险发现、风险分析和风险防控。结合上述技术在现实场景中的应用，进一步介绍了基于图立方的商业票据欺诈识别方法、发债企业风险评估方法和银行信贷风险管控方法。通过案例分析的方式，提供了实践验证，展示了这些技术在深圳证券交易所、交通银行、众邦银行等金融机构中的实际应用，包括确定高风险客户、识别欺诈群体、扩展可信白名单等。

图立方以异质多元知识的统一组织和表达、时序图谱的分布并行查询处理及可解释的机器学习推理与挖掘为基础，提供了针对新一代知识图谱管理的整体解决方案，并取得了以下三个关键成果。

1. 高质量构建准确、完整的图立方

图立方知识图谱管理系统使用一种新的时序超图表达模型，更好地对现实世界中的复杂数据及其多元关系进行建模。基于这一表达模型，设计了知识图谱存储系统，并借助分布式数据划分算法实现了对大规模数据的分布式存储与管理。同时，结合多版本存储技术，确保

了对多版本知识的有效存储和追溯。为了构建准确、完整的时序图谱，设计了基于语义增强的超关系抽取模型 E2CNN 及多任务的时序关系抽取技术结构化联合模型来实现对图立方的抽取。此外，设计了基于实体消歧的图立方知识增量更新方法和基于图神经网络的知识融合技术以完成对图立方的融合。这些技术和方法共同促成了对图立方知识图谱的高效构建。

2. 实时的图立方动态查询与智能分析

图立方知识图谱管理系统提出了适用于时序超图表达模型的查询描述方式，并运用构建索引和异构硬件等技术来加速对数据的查询处理，系统性地支持面向图立方的匹配查询和概要查询。此外，图立方知识图谱管理系统还设计了包含分布式数据结构和易用的外部接口的分析引擎，支持图神经网络负载，使其成为一个支持离线训练与在线推理的一站式系统。该引擎在软硬件协同优化方面充分考虑了图神经网络的负载特性和 GPU 硬件特性，显著提升了用于数据分析的图神经网络的训练性能。另外，通过动态负载均衡技术，该引擎实现了运行时的分离式动态迁移，从而提升了数据局部性，增强了数据分析性能。这些方法和技术共同为图立方的查询和分析提供了强有力的支持。

3. 支持亿级图立方的规则挖掘和可解释性推理

图立方知识图谱管理系统涵盖了三种规则挖掘方法，分别是：面向图立方的时序环规则挖掘、频繁子图模式挖掘和周期子模式挖掘。该系统运用机器学习算法，在已建立的知识图谱的基础上，学习实体和关系的嵌入表示，从而挖掘元组之间的潜在语义关系。通过设计图立方超关系评分函数，使得图立方知识图谱能够进行推理与归纳。此外，该系统还支持基于图立方的舆情主题检测、舆情情感分析和舆情传播路径预测。最后，基于图立方的风险辨识模型将图谱结构与图神经网络相结合，以便识别各种风险模式，如风险节点、风险边和风险子图。该模型能更好地捕捉风险传播机制，识别风险模式，并提供有效的风险防控策略。

本专著的编写聚集了北京理工大学、华中科技大学、上海交通大学、西北工业大学和武汉大学这 5 所高校的教师力量，由 6 名主要从事图数据管理和图立方理论和系统研究的教师组成了编写团队。本专著的作者王国仁教授负责了总体设计以及各章编写内容的制定，同时也负责了部分章节的编写。具体章节的编写分工如下：第 1 章和第 7 章由北京理工大学的王国仁教授编写；第 2 章和第 3 章由华中科技大学的石宣化教授编写；第 4 章的 4.1～4.3 节以及第 5 章由上海交通大学的夏虞斌教授编写；第 4 章的 4.4 节、4.5 节和第 6 章由北京理工大学的李荣华教授编写；第 8 章和第 9 章由西北工业大学的尚学群教授编写；第 10 章由武汉大学的洪亮教授编写。

非常感谢参与该项目的核心研究人员对本专著的大力支持和帮助，包括北京理工大学的秦宏超博士、张琦博士、代强强博士、华中科技大学的万瑶博士、黄宏博士、上海交通大学的陈榕教授、西北工业大学的宋凌云博士、天津大学的王鑫教授、武汉大学的潘敏教授、武汉科技大学的张晓龙教授、庞俊博士、乐山师范学院的徐美莲教授、交通银行的刘雷总经理、仇均先生、深圳证券信息有限公司的张俊总监、毛瑞彬副总监以及项目团队的同学们等。

为了描述清晰，本书用加粗斜体字体表示向量，用加粗正体字体表示矩阵。由于时间有限，本书难免存在不足之处，敬请广大读者批评指正。

作　者

主要符号对照表

符 号	含 义
$G = (V, E)$	图
$V = \{v_1, v_2, \ldots, v_{|V|}\}$	图的节点集
$E = \{e_1, \ldots, e_{|E|}\}$	图的边集
$N_G(v)$	图中节点 v 的邻居
$d_G(v)$	图中节点 v 的度数
$e_i, (v_i, v_j)$	边
$\mathbb{G} = \{G_1, G_2, \ldots\}$	图的集合
$G_S = (V_S, E_S)$	节点集 $S \subseteq V$ 诱导的子图
$G_i \simeq G_j$	G_i 与 G_j 子图同构
$\mathcal{G} = (\mathcal{V}, \mathcal{E})$	时序图
$\mathcal{V} = \{v_1, \ldots, v_{|\mathcal{V}|}\}$	时序图的节点集
$\mathcal{E} = \{e_1, e_2, \ldots, e_{|\mathcal{E}|}\}$	时序图的边集
$(e_i, t), (v_i, v_j, t)$	时序边，t 是时间戳
$G^h = (V^h, E^h)$	超图
$V^h = \{v_1^h, v_2^h, \ldots, v_{|V^h|}^h\}$	超图的节点集
$E^h = \{e_1^h, e_2^h, \ldots, e_{|E^h|}^h\}$	超图的边集
$N_{G^h}(v^h)$	超图中节点 v 的邻居
$d_{G^h}(v^h)$	超图中节点 v 的度
$e_i^h, (v_i^h, \ldots, v_j^h)$	超边
$\mathcal{G}^h = (\mathcal{V}^h, \mathcal{E}^h)$	时序超图（图立方）
$\mathcal{V}^h = \{v_1^h, v_2^h, \ldots, v_{|\mathcal{V}^h|}^h\}$	时序超图的节点集
$\mathcal{E}^h = \{e_1^h, e_2^h, \ldots, e_{|\mathcal{E}^h|}^h\}$	时序超图的边集
$(e_i^h, t), (v_i^h, \ldots, v_j^h, t)$	时序超边，t 为时间戳
$t \in T$	时间戳
$t_s \in T$	开始时间
$t_e \in T$	结束时间
(s, p, o)	RDF "主语–谓语–宾语" 三元组
$G = (E, R, U), U \subset E \times R \times E$	RDF 图、知识图谱
(h, r, t)	RDF "头实体-关系-尾实体" 三元组
(s, p, o, t)	时序 RDF "主语–谓语–宾语–时间" 四元组
$\mathcal{G} = (E, R, T, U), U \subset E \times R \times E \times T$	时序 RDF 图、时序知识图谱
(s, p, o, t_s, t_e)	时序 RDF "主语–谓语–宾语–起始时间–结束时间" 五元组

（续表）

符　号	含　义
(s^h,p,o^h,t)	时序超图"主语集合-谓语-宾语集合-时间"四元组
(s^h,p,o^h,t_s,t_e)	时序超图"主语集合-谓语-宾语集合-起始时间-结束时间"五元组
$e_1,e_2,...,e_k \in E$	实体
$r_1,r_2,...,r_k \in R$	关系
$\mathrm{Doc}=(D_1,D_2,...,D_n)$	Doc 为文本集合，D_i 为第 i 个文本
$D_i=\{S_1,S_2,...,S_n\}$	S_i 为句子
$S_i=\{w_1,w_2,...,w_n\}$	w_i 为单词
$\Gamma=(\gamma_1,\gamma_2,...,\gamma_n)$	单词 w_i 出现频次
h	哈希函数
$h(\mathrm{key})$	对于 key 的哈希值
$\|\cdot\|_2$	L2 范数
$\mathrm{Re}(\cdot)$	取复数的实部
$\bar{x}$	x 共轭复数
$\mathbb{R}^d$	d 维向量空间
$\mathrm{Conv}(\cdot,\cdot)$	卷积
$L=\{l_1,l_2,...,l_n\}$	标签集合
$\boldsymbol{x}$	向量
$\mathbf{A},\tilde{\mathbf{A}}$	邻接矩阵，带权邻接矩阵
$\mathbf{X}$	模型输入、特征矩阵
$\mathbf{Z}$	嵌入表示
$\mathbf{Z}(v_i)$	节点 v_i 的嵌入表示
$\mathbf{M}$	矩阵
$\mathbf{J}$	全 1 矩阵
$\mathbf{I}$	单位矩阵
$\mathbf{L}$	拉普拉斯矩阵
$\mathbf{W}$	权重矩阵
$\boldsymbol{b}$	偏差向量
$\mathbf{P}$	概率转移矩阵
$\mathbf{DTM}_{nm}$	$n \times m$ 空矩阵
$\mathbf{TRM}_{mm}$	$m \times m$ 零方阵
$\mathrm{Pr}(\cdot)$	概率
$\mathbb{I}(\cdot)$	指示函数

中英文对照表

英　　文	中　　文
Resource Description Framework, RDF	资源描述框架
Subject-Predicate-Object, SPO	主语–谓语–宾语（主体–谓词–客体）
Bidirectional Backtracking by Final and Optimal Root, BBFOR	最终根最优根双向回溯方法
World Wide Web Consortium, W3C	万维网联盟
High Performance Graph Partition, HPGP	高性能图划分
B-begin, I-inside, O-outside, E-end, S-single, BIOES	实体首字符–实体内部字符–非实体字符–实体尾字符–单个字符
Bidirectional Encoder Representation from Transformers, BERT	基于变换器的双向编码器表示
Recurrent Neural Network, RNN	循环神经网络
Integer Linear Programming, ILP	整数线性规划
Structured Joint Model	结构化联合模型
Token Embedding	词元嵌入
Token Type Embedding	词元类型嵌入
Position Embedding	位置嵌入
Masked Language Model, MLM	掩码语言模型
Mean Reciprocal Ranking, MRR	平均倒数排名
Graph Neural Network, GNN	图神经网络
Remote Direct Memory Access, RDMA	远程直接内存数据存取
RDMA network interface card, RNIC	RDMA 网卡
Network File System, NFS	网络文件系统
Compressed Sparse Row, CSR	稀疏矩阵行压缩
Transmission Control Protocol, TCP	TCP 传输控制协议
Bloom Filter	布隆过滤器
Neural Tensor Network, NTN	张量神经网络
Pre-Train Model, PTM	预训练模型
Natural Language Processing, NLP	自然语言处理
Named Entity Recognition, NER	命名实体识别
Graph Convolutional Networks, GCN	图卷积网络
Latent Dirichlet Allocation，LDA	隐含狄利克雷分布
One-Hot Encoding	独热编码
Feature-based Pre-Training	基于特征的预训练
Fine-tuning Pre-Training	基于微调的预训练
Convolutional Neural Network, CNN	卷积神经网络
Mel-Frequency Cepstral Coefficients, MFCC	梅尔倒谱系数

（续表）

英　文	中　文
Hidden Markov Models, HMMs	隐马尔可夫模型
Hierarchical Conditional Random Fields, HCRFs	隐条件随机场
Low-Rank Multimodal Fusion, LMF	低秩多模态融合
Temporal Tensor Fusion Network, T2FN	时序张量融合网络
Memory Fusion Network, MFN	记忆融合网络
Dynamic Fusion Graph, DFG	动态融合图
Multimodal Uni-utterance Self Attention, MU-SA	多模态单话语自注意力
Recurrent Attended Variation Embedding Network, RAVEN	循环注意变异嵌入网络
Multi-Attention Recurrent Neural Network, MA-RNN	多注意力循环神经网络
Quantum based models	基于量子的模型
Bidirectional Gated Recurrent Units, BiGRU	双向门控循环单元
Spatio-Temporal Graph Neural Network, STGNN	时空图神经网络
Graph Perception Network, GPN	图感知网络
Heterogeneous Graph Attention Network, HAN	异构图注意力网络
Graph Attention Network, GAT	图注意力网络
Precision, P	准确率
Recall, R	召回率
F1- measure	F1 值
Logistic Regression	逻辑回归
Discriminant Analysis, DA	判别分析
Bayesian Classifier	贝叶斯分类器
K-Nearest Neighbors, KNN	K 近邻
Decision Trees	决策树
Random Forest	随机森林
Ensemble Learning	集成学习
Fuzzy Logic	模糊逻辑
Banzhaf	班扎夫（权力指数）
Temporal Graph Attention, TGAT	时序图注意力
Cumulative Abnormal Return, CAR	累积异常收益
Abnormal Return, AR	异常收益
Transformer	基于注意力机制的神经网络结构
Bi-directional Long Short-Term Memory, Bi-LSTM	双向长短期记忆网络
Breadth First Search, BFS	广度优先算法
K Shortest Path, KSP	K 最短路径算法
Jaccard similarity coefficient	雅卡尔相似系数

目　录

第 1 章

绪　　论

1.1　图立方的提出背景

知识图谱是一种知识驱动型人工智能的关键技术，其提供了一种更好地组织、管理和理解海量互联网关联知识的能力。这个技术可以将数据组织成人类可以理解的结构，而且这个结构又蕴含了丰富的知识。随着技术的不断更新迭代，诸多行业都面临着数据量暴涨的挑战，数据的治理与挖掘手段逐渐成了影响行业发展进步的重要因素。数据中蕴含着巨大的价值，通过多层次、多维度、语义丰富的知识图谱挖掘这些价值并创造效益具有重要研究与应用意义。图立方是一种包含多种异质模态知识的时序关联超图，相对于传统的二元语义关系表达模型，它可以更直接地表达时序多元语义关系，为知识图谱发展带来了系统性的技术创新。

1.1.1　大规模图数据管理系统

随着现代技术的发展，越来越多的应用需要处理和管理大规模图数据。这些数据通常包含数亿个甚至数十亿个节点和边，且节点之间的关系纷繁复杂。这样的复杂性使得传统的数据管理和处理技术在应对大规模图数据时面临着巨大挑战。

为了应对这一挑战，大规模图数据管理系统迅速崛起。这类系统通常由多个组件构成，包括存储、处理和查询等。存储组件致力于将图数据储存在可靠、高效和可扩展的数据存储系统中；处理组件负责执行各类图算法，如社交网络分析、路由优化和图聚类等；查询组件则提供了访问和查询图数据的接口，供下游应用调用。

大规模图数据管理系统面临的主要挑战之一是数据的存储和处理效率。由于数据规模庞大，因此系统必须依赖高效的存储和处理技术，以确保其性能和可扩展性。例如，许多系统采用分布式存储和处理技术，以提升整体吞吐量并缩短响应时间。此外，鉴于图数据的特性，例如稀疏性、连通性等，需要针对这些特性进行优化，以获得更佳的性能表现。

大规模图数据管理系统面临的另一个挑战是查询和分析效率。为了高效处理大规模图数据的查询和分析任务，系统通常需要使用高度优化的算法和数据结构。例如，许多系统采用分布式计算技术，将查询和分析任务分发到多个计算节点，并使用高效的通信机制来协调这些任务。此外，很多系统还提供了专门的查询语言和接口，以协助用户轻松地进行图数据的查询和分析。

知识图谱可以存储在图数据管理系统中。随着图规模的不断扩大及多用户并发访问需求的不断涌现，传统以文件或关系数据库存储图数据的方式越来越难适应实际的应用需求。为此，各种通用大图存储系统相继涌现。在国内，主要包括上海交通大学开发的 Wukong 系统、北京大学王选开发的 gStore 系统等；在国外，主要包括资源描述框架（RDF）存储系统（MarkLogic、Jena 和 Virtuoso 等）以及图数据库（Neo4j、Microsoft Azurecosmos DB、OrientDB 等）。在大图数据管理方面，国内整体上与国际同行保持同步，以上系统均可以管理百亿规模的通用大图数据。但是，目前开发的通用图数据管理系统无法满足特定领域的知识图谱数据管理需求，例如在金融领域，数据具有时序多频、异质高维等特性，这导致了知识图谱中数据存储格式复杂、存储规模大、实时查询代价高等问题。使用通用的图数据管理系统存储知识图谱数据无法满足特定领域的指标要求，因此迫切需要设计一种具有高可扩展的、动态平衡的、多能高效的知识图谱存储架构和索引技术。

1.1.2　大规模知识图谱智能挖掘与推理系统

大规模知识图谱智能挖掘与推理系统是一种利用人工智能技术来处理和分析大规模知识图谱数据的复杂系统。知识图谱是一种用于描述实体之间关系的图形化数据结构，其中，节点表示实体，边表示实体之间的关系。这种数据结构可以帮助人们更好地理解实体之间的联系，进而推断出更多的知识和信息。

大规模知识图谱智能挖掘与推理系统通常由多个组件组成，包括数据存储、知识抽取、智能推理、可视化等。其中，数据存储组件主要用于将知识图谱数据存储到可靠的、高效的和可扩展的数据存储系统中；知识抽取组件用于从各种数据源中提取和整合实体之间的关系，生成知识图谱数据；智能推理组件用于执行各种推理任务，例如实体关系推断、属性预测等；可视化组件则用于展示和交互知识图谱数据，以帮助用户更好地理解数据并发现新的知识。

大规模知识图谱智能挖掘与推理系统面临的主要挑战之一是数据的质量和可靠性。由于知识图谱数据通常来自各种不同的数据源，因此需要使用各种技术来保证数据的质量和可靠性。例如，许多系统使用自然语言处理（Natural Language Processing，NLP）技术和信息抽取技术来提高知识的抽取和整合精度。此外，还有许多系统使用图神经网络（Graph Neural Network，GNN）等机器学习技术来对知识图谱数据进行质量控制和修复。

大规模知识图谱智能挖掘与推理系统面临的另一个挑战是推理效率和可扩展性。由于知识图谱数据规模巨大，因此需要使用高效的推理算法和技术来进行推理。例如，许多系统使用分布式计算技术以获得更好的可扩展性。此外，某些系统还使用基于图神经网络的深度学习技术来提高推理效率和准确性。

目前，基于知识图谱的挖掘推理技术可以应用到搜索引擎、信息推荐及智能决策上，其主要被用来增强搜索结果、丰富信息检索内容并辅助智能决策。在国内，百度公司于 2013 年开发了"知心搜索"产品，这个产品生成了一系列适用于中文环境的词汇体系，将知识图谱成功应用到了百度搜索引擎上；搜狗公司推出了"知立方"产品，其可以利用知识图谱技术精准化搜索结果；北京理工大学研发了基于疫情知识图谱的监测分析云化服务平台及面向军事情报领域的知识推理和智能决策系统，在疫情实时监控及军事演练指挥方面取得了良好的效果。在国外，2007 年就已经在学界启动了关于知识图谱知识库查询的研究，德国马普研究所、柏林自由大学等分别开发了基于维基百科的开源知识库 YAGO 和 DBpedia，它们分别被用于 IBM Watson 人工智能系统和维基百科的事实查询搜索；美国 Google 公司于 2012 年首次提出了知识图谱的概念，用于增强其搜索服务；接下来，Facebook 开发了一种基于语义查询的智能搜索引擎 Graph Search，构建了包含 10 亿个用户的知识库，用来为用户推荐其感兴趣的事物；同时，微软开发了以情商（EQ）为向导的 bing 搜索引擎，旨在提供更加准确、全面、智能的英文搜索体验等。在知识图谱挖掘推理方面，国内整体上与国际同行保持同步，以上系统均已经实现了知识图谱的智能挖掘与推理功能。然而，对于时序异质的数据，现有的智能搜索与推理系统无法达到实时、可解释性挖掘推理的要求，目前绝大多数系统仅能支持相对简单的结构化知识关联，因此迫切需要研究出一种针对异质数据的智能规则挖掘推理模型。

1.1.3　金融大数据智能分析平台

金融大数据智能分析平台是一种利用大数据技术和人工智能算法来处理金融数据、分析市场趋势并提供智能决策支持的平台。随着金融行业的快速发展和数据量的爆炸式增长，金融大数据智能分析平台已经成了许多金融机构和企业的必备工具。

金融大数据智能分析平台的主要优势在于其能够帮助金融机构和企业更好地理解市场趋势并做出智能决策。例如，金融机构可以使用金融大数据智能分析平台来进行风险管理、市场分析和投资决策等。另外，企业还可以使用该平台来进行市场研究、销售预测和客户分析等。

知识图谱具有强大的挖掘推理及智能决策能力，因此可以用于对金融大数据的智能分析。然而，基于金融知识图谱的研究目前还处于起步阶段。在国内，腾讯开发了一个集成图数据库、图计算引擎和图可视化分析的一站式金融知识图谱平台，实现了对金融图谱的一系列查询分析；文因互联开发了金融认知智能技术平台，为金融市场提供了风险分析能力，在平安银行、天风证券等机构实现了一系列智能应用；北京理工大学研发了基于知识图谱赋能的深交所资本市场与价值评估平台，实现了包括企业画像、智能投资、风险管控、信息推荐及业务众包等在内的多种功能，其已经被用于深圳证券交易所的金融分析业务。在国外，为了布局下一代金融分析市场，国际信用评级巨头标普全球（S&P GLOBAL）旗下的子公司 Kensho 开发了一种金融 AI 搜索引擎，以分析预测金融产品的风险。在金融大数据智能分析方面，国内整体上与国际同行保持同步，以上系统均已经实现了金融大数据风险分析功能。但是，国内外目前还没有构建出完善的基于金融时序知识图谱的实时风险预警与防控平台。因此，针对不同领域的金融数据，完成金融知识图谱融合及关键节点辨识、推理和控制，实现金融风险预警及防范是当前国内外均未解决的一个重大问题。

基于上述背景，支持时序超图的新一代亿级时序知识图谱——图立方，应运而生。

1.2　图立方的基本概念

图立方旨在构建一种基于时序多元关系的知识表达模型，使其成为新一代知识图谱管理理论体系，并用于构建金融图立方风险防控综合技术解决方案。相较于传统的二元语义关系表达模型，图立方作为一种包含多种异质模态知识的时序关联超图，更能直接表达时序多元语义关系，如金融数据中的持股关系、担保关系、交易关系等。图立方表达模型为知识图谱的发展带来了系统性的技术创新。然而，现实世界中的大数据呈现出以下特点：

（1）时序多频，即数据时序关联且同时包含高频数据和低频数据；

（2）异质高维，即数据呈现异质性且维度高；

（3）尖峰厚尾，即包含价值密度高的关键小数据和价值密度低的大数据。

这些特点导致了构建基于图立方理论体系的新一代知识图谱管理系统面临着诸多挑战，例如图谱构建质量差、查询分析代价高、推理挖掘解释难等。

1.2.1　传统图模型的缺点

传统图结构表示大图数据的主要缺陷在于其缺乏对复杂数据的精确建模能力。传统图结构只能表达简单的关系，难以准确建模和分析数据中的多重和超越关系。例如，在金融数据中，存在大量相互依存的变量和复杂的交易关系，这些复杂关系难以用传统图结构进行有效表示和分析。此外，传统图结构还存在边缘效应问题，其仅能表示两个节点之间的关系，而无法捕捉多个节点之间的复杂关联关系。

超图结构是一种新型的图结构表示方式，它通过超边将多个节点连接起来，能够更有效地呈现数据中的复杂关系。例如，在金融领域中，超图结构能描述多个金融资产间的交易和多个金融机构的信贷关系。这些关联关系往往呈非对称性，例如 A 向 B 提供贷款，但 B 未必向 A 提供贷款。在超图中，每个节点的入边和出边可代表不同数量和类型，更适合呈现非对称关系。与传统图结构相比，超图结构具有几大优势。首先，它能精确展现数据中的多重关联，可以更准确地描绘数据。其次，在处理大规模复杂数据时，超图结构具备更好的可扩展性和灵活性，为用户提供了更全面的支持。最后，超图结构具有更丰富的分析和推理能力，能够协助用户深入了解数据，做出更科学合理的决策。然而，值得注意的是，超图结构并未充分考虑时间信息，即图数据结构和信息不随时间变化而更新。

1.2.2　时序图模型的特点

目前，大多数针对知识图谱的研究都侧重于静态场景，即图数据结构和信息不会随时间发生变化。但是，时序信息对于理解结构化知识至关重要。很多结构化知识在特定时间段内才具备有效性，随着时间推移，这些知识可能会发生变化。因此，将时序信息纳入图模型，构建动态的时序图模型，能更好地反映时间对实体状态和相互关系的影响，从而更有效地表达多元语义。以金融风险防控为例，考虑到洗钱行为，在特定时间段内，若转账交易按特定顺序形成环形结构，则被视为高风险；但若时间间隔较长，或未构成环形结构，则可能被判定为低风险甚至无风险。

在表达多元关系的超图结构中加入时序信息和时间戳，可以使得数据分析结果更具有实时性和精准性。以金融领域数据为例，这种方式有着多重好处。首先，它有助于更好地反映金融市场的短期动态变化。金融市场的价格和交易量等信息不断变化，引入时序信息和时间戳能够帮助分析人员更好地把握当前市场动态，以便及时发现市场的后续变化趋势和规律，从而更准确地做出决策。其次，加入时序信息和时间戳能更好地展现金融数据的长期演化过程。金融数据的长期变化具有时序性，这种方式能够记录数据的历史演进，有利于分析人员对历史数据进行回溯和分析，从而更好地理解数据的变化规律和趋势。最后，引入时序信息和时间戳也能更好地支持对金融数据进行实时分析。金融市场变化迅速，分析人员需及时获取最新数据进行实时分析，以便捕捉市场机会和风险。时序信息和时间戳的加入有助于分析人员更迅速地获取最新数据进行分析，进一步提高分析效率和准确性。

1.2.3　图立方能解决的科学与技术问题

图立方通过异质多元知识的统一组织和表达、时序图谱的分布并行查询处理、可解释的机器学习推理与挖掘等研究思路，提供了针对新一代知识图谱管理的整体解决方案，解决了三个关键的科学与技术问题：

1. 高质量构建准确、完整的图立方知识图谱

各行业的数据都是时序数据，其持续产生并连续地记录着经济活动的发展和变化。这些数据的产生过程相当复杂，受到多种因素的影响；而多数时序信息中又包含了大量无法预知的因素。另外，许多行业的数据是异质的，具备跨领域、跨地域、跨行业、跨系统和跨部门等特点，其组织形式和结构多种多样，并且缺乏统一的标准。因此，建立一个准确且完整的时序图谱是一项艰巨的任务，但其却是后续进行查询、分析、挖掘和推理的基础。

图立方知识图谱管理系统使用一种新的时序超图表达模型，更好地对现实世界中的复杂数据及其多元关系进行建模。基于这一表达模型，设计了知识图谱存储系统，并借助分布式数据划分算法实现了对大规模数据的分布式存储与管理。同时，结合多版本存储技术，确保了对多版本知识的有效存储和追溯。为了构建准确、完整的时序图谱，设计了基于语义增强的超关系抽取模型 E2CNN 及多任务的时序关系抽取技术结构化联合模型，来实现对图立方的抽取。此外，设计了基于实体消歧的图立方知识增量更新方法和基于图神经网络的知识融合技术以完成对图立方的融合。这些技术和方法共同促成了对图立方知识图谱的高效构建。

2. 图立方知识图谱的实时动态查询与智能分析

真实的知识图谱数据可以达到亿级规模，而且涵盖着数以千万计的实体。数据所具有的多层次、多维度等特征使得知识图谱需要高度可扩展的系统支持，而时序信息的加入（作为新增的数据维度）更增加了对知识图谱进行动态查询与智能分析的难度。

图立方知识图谱管理系统提出了适用于时序超图表达模型的查询描述方式，并运用构建索引和异构硬件等技术来加速对数据的查询处理，系统性地支持面向图立方的匹配查询和概要查询。此外，图立方知识图谱管理系统还设计了包含分布式数据结构和易用的外部接口的分析引擎，支持图神经网络负载，使其成为一个支持离线训练与在线推理的一站式系统。该引擎在软硬件协同优化方面充分考虑了图神经网络的负载特性和 GPU 硬件特性，显著提升了用于数据分析的图神经网络的训练性能。另外，通过动态负载均衡技术，该引擎实现了运行时的分离式动态迁移，从而提升了数据局部性，增强了数据分析性能。这些方法和技术共同为图立方的查询和分析提供了强有力的支持。

3. 亿级图立方知识图谱的高效规则挖掘和可解释性推理

传统的金融规则挖掘方法存在着时效性问题，导致规则的可解释性不全面且置信度较

低。同时，事件通常涉及多维度数据，但目前的知识推理与归纳技术对高维数据的处理效率不高，难以实现高效的数据挖掘和推理。

图立方知识图谱管理系统涵盖了三种时序规则挖掘方法，分别是：面向图立方的时序环规则挖掘、频繁子图模式挖掘和周期子模式挖掘。该系统运用机器学习算法，在已建立的知识图谱的基础上，学习实体和关系的嵌入表示，从而挖掘元组之间的潜在语义关系。通过设计图立方超关系评分函数，使得图立方知识图谱能够进行推理与归纳。此外，该系统还支持基于图立方的舆情主题检测、舆情情感分析和舆情传播路径预测。最后，基于图立方的风险辨识模型将图谱结构与图神经网络相结合，以便识别各种风险模式，如风险节点、风险边和风险子图。该模型能更好地捕捉风险传播机制，识别风险模式，并提供有效的风险防控策略。

1.3　图立方的基本功能

图立方针对大数据的时序多频、异质高维和尖峰厚尾等特点，专注解决亿级时序多元知识图谱的三大核心科学问题，即快速准确构建与融合、实时鲁棒查询与分析、可解释性挖掘与推理。基于深交所资本市场风险和价值分析平台，图立方以知识图谱理论为基石，通过统一组织和表达金融知识，实现了高品质亿级金融时序知识图谱的构建与融合。通过采用多层次索引、分布并行查询处理和优化技术，实现了金融时序知识图谱的实时动态查询与智能分析。利用基于置信度推演的统计推理和深度学习技术，进行了金融时序知识图谱的规则挖掘与可解释性推理。依托图立方的金融实时风控场景高级认知模型，推动了对关键节点的辨识、推理和控制。最终建立亿级金融时序知识图谱查询分析与风险防控平台，实现了精准化的风险预警和防范，从而推动典型跨领域应用的验证与实施。

1.3.1　图立方的构建与融合

为了满足亿级知识图谱的构建需求，通过复杂多元知识的统一表达、异质高维实体、关系及属性的准确和高效抽取、时序多频知识图谱的融合，提供了完整的图立方构建理论与技术框架，其主要功能如下：

（1）复杂知识的统一表示模型：通过知识的高维嵌入及数据多元时序关系嵌入的表示模型，实现了对复杂知识的统一表达；利用多版本分布式可追溯存储系统，实现了对知识的可追溯。

（2）异质高维的知识抽取技术：针对异质高维数据，设计知识实体抽取技术和属性抽取技术；针对时序多频数据的关系，设计关系抽取技术。

（3）时序多频的知识融合方法：设计了知识图谱的实体融合方法、基于键值连接的时序超关系融合方法及处理时序多频知识图谱的快速动态更新方法。

1.3.2　图立方的实时查询与智能分析

为了满足对时序数据的实时查询与智能分析需求，图立方知识图谱管理系统集成了高可扩展存储与索引、分布式实时查询、智能决策与分析等新型架构、关键技术和优化方法，其主要功能如下：

（1）多频时序图谱数据的存储与索引：利用时序信息和超图技术实现了对图立方数据的高效可拓展存储和访问；实现了面向大规模图立方数据的高效混合图划分算法，能够兼顾时序局部性和超边平衡性；实现了面向 CPU/GPU 异构集群的可扩展存储架构，如分布式键值存储等；基于热点超边构建了多层时序关系索引，降低了时序超图数据的访问时延。

（2）亿级时序图谱的实时查询处理与优化：实现了面向图立方数据和高可扩展存储结构的低时延查询技术和优化方法；开发了基于深度优先的异步高并发图搜索算法，能够支持多机多线程的并发查询；通过基于双连通子图分解的并发查询技术，降低了查询复杂度并提升了并行性；设计了基于 RDMA 网卡（RDMA Network Interface Card，RNIC）的低时延分布式计算模式，能够支持多层时序复杂关系的高并发实时查询。

（3）异质时序图谱的智能决策与分析：开发出了针对图立方优化智能决策与分析的新型编程模型和关键技术；通过软硬件协同优化高效利用 CPU/GPU 异构计算资源，实现了对负载特性查询与分析结果的识别与学习以及在异构硬件环境下的准确调度和性能隔离；设计出了面向图立方的系统负载动态均衡技术，解决了热点随负载和时间变化导致的性能波动，提出了基于远程直接内存数据存取（Remote Direct Memory Access，RDMA）的轻量级动态图数据迁移技术。

1.3.3　金融图立方的规则挖掘与推理

为了满足金融领域实时风险预测和控制的需求，针对尖峰厚尾和时序多频导致的可解释性规则不全面、异质高维导致的知识归纳整合难等问题，建立了金融图立方可解释性规则挖掘和推理模型，其主要功能如下：

（1）金融图立方的可解释性规则挖掘：图立方提供了三种时序规则挖掘方法，包括时序环规则挖掘、频繁子图模式挖掘、周期子模式挖掘。其中，环挖掘主要针对图立方中的环规则，这种环规则常常出现在金融交易、物流供应的数据网络中；频繁子图挖掘旨在从图立方中发现频繁出现的子图模式；周期子模式挖掘则着重分析图立方中多个节点之间的相互关系，以便找到更加稳定的社群结构。

（2）基于可解释性规则的知识推理：基于构建的图立方知识图谱使用机器学习算法为实体和关系学习嵌入表示，从而挖掘元组之间潜在的语义关系；通过设计图立方超关系评分函数，实现对图立方知识图谱的推理。

（3）大规模复杂金融知识的智能归纳：图立方提供了基于图数据的域流图变换框架，可以对多源金融子图立方进行分类。这一框架的目的在于建立图与相应类别标签之间的关系，以便对未知图进行类别标签的预测。这种框架不仅提高了图的表达能力，而且提升了图分类预测的精度。

1.3.4　金融图立方的舆情分析与风险防控

基于图立方理论体系，建立金融实时风控场景高级认知模型，实现了对实时金融舆情的监测及关键节点的辨识、推理和控制；针对不同领域金融数据难以融合、不同模态金融数据间存在语义鸿沟的问题，构建了金融时序图谱舆情分析与风险防控平台，其主要功能如下：

（1）金融时序知识图谱的实时舆情监测：设计出了将异质高维信息转化为低维向量的表示模型及金融时序知识图谱实体关系的量化计算方法；探究知识驱动的时间深度网络模型，实现了对复杂异质网络上的金融舆情的监测。

（2）基于时序图谱的关键节点进行辨识与推理：结合深度图神经网络、知识图谱的表示学习和增量学习，建立了表示学习能力强且更新复杂度低的关键节点辨识与推理模型。

（3）基于时序图谱的风险预警与防控：基于时空自注意力模型，建立了时空图神经网络金融实时风控场景高级认知模型，具备了可解释性；构建了金融时序图谱舆情分析与风险防控平台，实现了对金融时序图谱的风险预警与防控。

1.3.5　金融图立方查询与分析平台

基于图立方理论体系，开发出了亿级金融时序知识图谱查询与分析平台，能够支撑银行、证券、保险等金融领域的智能应用，建立"金融风控大脑"，实施跨领域的典型应用验证，其主要功能如下：

（1）金融时序知识图谱查询与分析平台的实现：通过关联融合金融跨领域数据，构建金融图立方，并在此基础上开发出了金融时序知识图谱查询与分析平台，利用金融跨领域数据汇聚技术、联邦型分布式知识图谱管理方法、金融时序知识图谱可视化分析技术等，实现了对亿级金融时序知识图谱的高效管理与交互式可视化分析。

（2）面向金融舆情分析与风控的智能应用开发：针对跨领域金融应用的舆情分析与风险识别预警需求，开发金融时序知识图谱舆情分析与风控智能应用，包括银行股权网络分析、证券市场风险识别和预警、保险反欺诈等功能，实现了对复杂异构金融时序知识图谱上的金融舆情分析及风险防控，能够支撑银行、证券、保险等金融领域的应用验证。

（3）面向银行证券等金融机构的应用验证：针对跨领域金融机构的共性与个性化应用需求，建立"金融风控大脑"并进行应用验证，能够支撑知识关联查询、风险识别与分析、金融舆情监测、风险预警与传导建模、金融反欺诈等典型应用，实现了对银行、证券、保险、期货、基金等领域的全流程的金融风险识别、监测、预警与防控。

第2章

图立方的表达与存储

知识图谱是一种用于表示和存储结构化知识的图数据库，其能够有效地捕捉和表达事物之间的语义关联。在各个领域，特别是金融领域，知识图谱具有广泛的应用场景。例如，金融知识图谱可以整合和分析大量的金融数据，从而帮助用户洞察客户关系、发现投资机会并预测市场趋势。同时，知识图谱在风险管理、欺诈检测和金融监管等方面也发挥着关键作用。然而，现实世界中的数据多样且复杂，数据实体间的关系往往是多对多的，并且会伴随着时间发生变化，这导致知识图谱需要频繁地进行更新和维护，传统的知识图谱方法往往难以有效地表达和管理这些复杂数据之间的关系。为此，本章将介绍一种新的时序超图表达模型，即图立方，用于更好地对这些复杂数据及它们之间的多元关系进行建模。针对图立方模型，主要介绍了图立方知识图谱存储系统——HyperBit，以便高效地管理图立方中的数据。此外，本章还介绍了一种面向图立方的分布式数据划分算法，以实现大规模数据的分布式存储与管理。最后，介绍了图立方的多版本存储技术，以确保其对多版本知识的存储和追溯能够得以有效实现。

2.1 图立方的表达

2.1.1 知识图谱表达模型

针对知识图谱的表达，一般存在两种图模型[1][2]，即属性图[3]和 RDF 图[4]。其中，属性图将知识图谱的结构和属性分开，可以直接向图中的节点或者边添加属性，而 RDF 图则把知识图谱数据表示成三元组集合。下面将分别介绍这两种图模型并进行比较。

2.1.1.1 属性图

由于属性图目前还没有公认的严格定义，因此下面仅给出形式化定义。

定义 2.1.1（属性图） 属性图 G 是五元组 $(V, E, \rho, \lambda, \sigma)$ 集合，其中，V 是节点的有限集合；E 是边的有限集合；函数 $\rho: E \rightarrow (V \times V)$ 将边关联到节点对，如 $\rho(e) = (v_1, v_2)$ 表示 e 是从节点 v_1 到节点 v_2 的有向边；设 Lab 是标签集合，函数 $\lambda: (V \cup E) \rightarrow \text{Lab}$ 为节点或边赋予标签，若 $v \in V$（或 $e \in E$）且 $\lambda(v) = l$（或 $\lambda(e) = l$），则 l 为节点 v（或边 e）的标签；设 Prop 是属性集合，Val 是值集合，函数 $\sigma: (V \cup E) \times \text{Prop} \rightarrow \text{Val}$ 为节点或边赋予属性，若 $v \in V$（或 $e \in E$）、$p \in \text{Prop}$ 且 $\sigma(v, p) = \text{val}$（或 $\sigma(e, p) = \text{val}$），则节点 v（或边 e）上属性 p 的值为 val。

　　属性图将图的结构和属性信息分开进行存储，这有助于更灵活地管理图数据。通常，标签用于描述节点或边的类型，而属性则描述了节点或边的具体属性信息。属性图为每一条边都赋予了唯一标识，而对于节点和边的属性信息，则可以通过直接添加标签和属性来表示。属性的附加使得图数据更丰富且更有信息量。

　　图 2-1 展示了一个使用属性图来表示金融时序知识图谱的示例。该图包含三个节点和两条边，其中，节点和边都具有系统内唯一的标识，以便用于表示它们之间的结构关系。在这个示例中，节点和边的唯一标识通过顺序编号来实现。图 2-1 中，节点的标签分别是"平安银行股份有限公司""城市环境股份有限公司"和"江苏中南建设集团股份有限公司"，而边的标签是"持股"。这些节点和边还具有特定的属性。例如，"平安银行股份有限公司"这一节点具有地域属性，其属性值为"深圳"；同时，边节点 e_1 还具有公告时间属性，其属性值是"2021-3-31"。对照属性图的定义，图 2-1 所示的属性图可以表示五元组 $(V, E, \rho, \lambda, \sigma)$，其中，节点集合 $V = (v_1, v_2, v_3)$，边集合 $E = \{e_1, e_2\}$，边映射函数 $\rho(e_1) = (v_1, v_2)$，$\rho(e_2) = (v_1, v_3)$，标签映射函数 $\lambda(v_1) =$"平安银行股份有限公司"，$\lambda(v_2) =$"城市环境股份有限公司"，$\lambda(v_3) =$"江苏中南建设集团股份有限公司"，$\lambda(e_1) =$"持股"，$\lambda(e_2) =$"持股"，属性映射函数 $\sigma(v_1,$ 地域$) =$"深圳"，$\sigma(e_1,$ 公告时间$) =$"2021-3-31"。

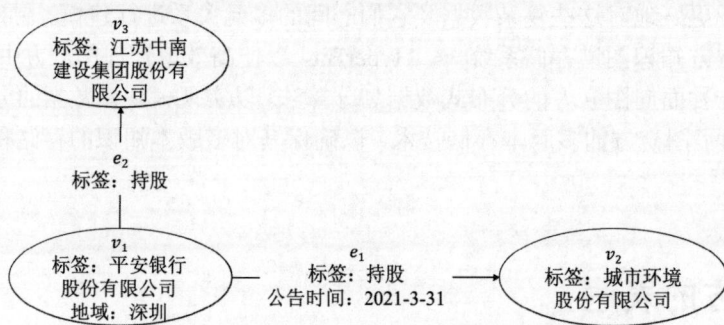

图 2-1　金融时序知识图谱的属性图表示示例

2.1.1.2　RDF 图

　　RDF 全称为资源描述框架（Resource Description Framework），是万维网联盟（World Wide Web Consortium，W3C）制定的在语义 Web（Semantic Web）上表示和交换信息的标准数据模型[5][6]。在 RDF 图中，每个资源都具有一个 URI 作为其唯一 ID。下面给出 RDF 图的严格定义。

　　定义 2.1.2（RDF 图）[7]　RDF 图是 RDF 三元组的有限集合，记为 $G = (E, R, U)$，其中，$U \subset E \times R \times E$。RDF 三元组可以表示为 (s, p, o)，其中，$s \in E$ 为主语，$p \in R$ 为谓语，$o \in E$ 为宾语。每个三元组都是一个事实陈述句，用来表示 s 与 o 之间具有关系 p 或者 s 具有属性 p 且其取值为 o。

　　图 2-2 是金融时序知识图谱的一个 RDF 图示例，主要包括"平安银行股份有限公司"和"城市环境股份有限公司"等实体、实体的地域属性、实体之间的持股关系及持股关系的公告时间属性等。其中，Statement0、rdf:type、rdf:subject、rdf: predicate 和 rdf:object 是使用具体化方法产生的抽象实体和属性（具体化方法将在后文介绍）。从图 2-2 中可以看到，一条边记录了一个知识，用来说明一个关系或一种属性，比如图中的持股关系（平安银行

股份有限公司，持股，城市环境股份有限公司），该条边说明"平安银行股份有限公司"持有"城市环境股份有限公司"的股票。此外，图中的地域属性（平安银行股份有限公司，地域，深圳）则记录了一种属性，表达成知识就代表了"平安银行股份有限公司"位于"深圳市"。

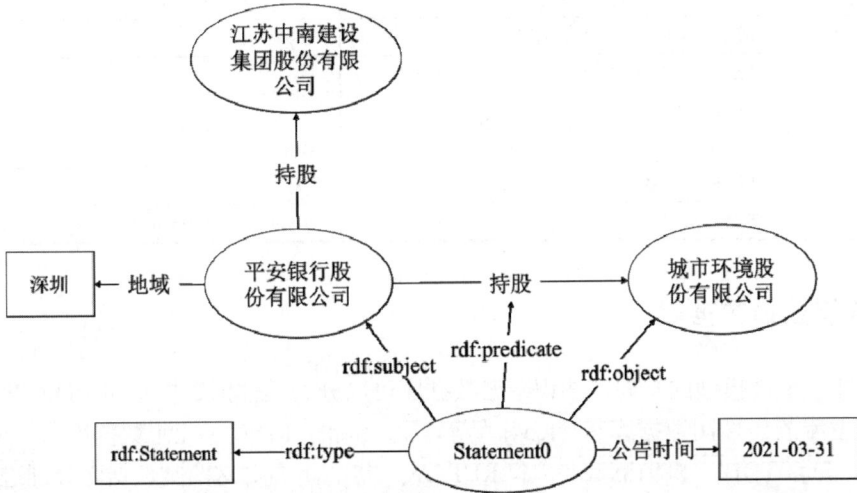

图 2-2　金融时序知识图谱的 RDF 图表示示例

2.1.1.3　模型比较

从知识图谱的数据建模角度，可以对属性图和 RDF 图进行如下对比分析。其中，二者之间最直观的差异在于这两种模型对于边的标签和属性的定义方式不同。在属性图中，异边可以具有相同的标签但不同的属性。例如，在图 2-1 中，实体 e_1 和实体 e_2 都具有相同的标签"持股"，但是 e_1 有属性"公告日期"，e_2 却没有。由此可见，在属性图中，每一条边都需要具有唯一的标识来区别与其标签相同的边，以便直接为特定边赋予属性。然而，在 RDF 图中，并不会为每一条边都添加唯一标识符，所以相同类型的有向边标识符也是相同的，这导致不能直接为边添加属性。可以试想一下，如果在 RDF 图的某条边上直接添加属性，那么所有有同标签的边都会获得相同的属性，这可能导致一些边被赋予并不适用于其本身的属性，从而与实际情况不符。为了解决这个问题，RDF 官方提出了"具体化（Reification）[8][9]"方法。该方法的核心思想是引入一个额外的节点，用于描述带有属性的边，然后通过多条边来表达这个节点的各个组成部分。以图 2-2 为例，在为持股有向边添加公告时间属性时，我们新增了一个名为"Statement0"的额外节点，并为其添加了多条边，用于描述其属性信息。这种设计使得 RDF 图可以更加灵活地处理复杂的关系和属性信息。除此之外，为了说明新增节点的类型，还需要添加一条边来说明该节点所属的类别。

此外，从更新性能的角度来看，属性图和 RDF 图同样存在明显的差异。尽管在属性图中添加某些功能从理论上来讲是可能的，但实现起来并不容易，这是因为需要对图进行全面重构并修改所有的查询和逻辑。相较之下，RDF 图的增量更新方式更加便捷和强大，它支持在边上添加与其他边的关系，例如，可以为持股关系添加排名信息。因此，RDF 图在可扩展性和灵活性方面优势更大。表 2-1 从多个维度给出了两种图模型的对比结果。

表 2-1　RDF 图模型和属性图模型的对比结果

图 模 型	RDF 图模型	属性图模型
标准化程度	已由 W3C 制定了标准化的语法和语义	尚未形成工业标准
数学模型	均匀有向标签超图	有向标签属性图
表达力	RDF 图模型强于属性图模型	属性图模型弱于 RDF 图模型
边属性表达	通过额外方法，如"具体化"	内置支持
概念层本体定义	RDFS[10]、OWL[11]、XML[12]、JSON[13]、N-Triples[14]、Turtle[15]等	不支持
串行化格式	不支持	CSV
查询代数	SPARQL 代数	无
查询语言	SPARQL[16]	Cypher[17]、Gremlin[18]、PGQL[19]、GCORE[20]

2.1.2　知识图谱数据库

根据知识图谱模型的不同，知识图谱数据库可以分为属性图数据库和 RDF 三元组数据库两种。主流的属性图数据库有 Neo4j[26]等，而主流的 RDF 三元组数据库有 3Store[21]、DLDB[22]、Jena-TDB[23]和 TripleBit[24]和 RDF-3X[25]等。下面对这两类数据库分别进行介绍。

2.1.2.1　属性图数据库

Neo4j 是目前最主流的属性图数据库之一，它由 Neo 技术公司开发。基于属性图模型，Neo4j 的存储管理层为属性图的节点、节点属性、边、边属性等元素设计了专门的存储方案，这使得 Neo4j 在存储层对于图数据的存取效率优于关系数据库。Neo4j 最大的特性是无索引邻接（Index-free Adjacency），下面通过介绍节点和边的组成结构来进行说明。

如图 2-3 所示，Neo4j 中节点和边的组成内容都具有既定的长度，这也正是该数据库能够实现无索引邻接的原因。在节点结构中，存储了指向标签、属性和第一条边的指针等内容。在边结构中，首先存储了头节点、尾节点和边属性的指针，其次存储了头节点和尾节点前一条边和后一条边的指针。通过这两个指针，Neo4j 为每个节点形成了一个双向的边链表，从而可以快速访问某个节点的邻居。

节点	inUse	nextRelId	nextPropID	labels	extra
	1B	4B	4B	5B	1B

边	inUse	firstNode	secondNode	relType	firstPrevRelId	firstNextRelId	secPrevRelId	secNextRelId	nextPropId	firstChainMarker
	1B	4B	4B	4B	4B	4B	4B	4B	4B	1B

图 2-3　Neo4j 中节点和边的内部存储结构

2.1.2.2　RDF 三元组数据库

在 RDF 三元组数据库中，存在着多种数据存储策略和设计方法。以下将针对一些具有代表性的 RDF 三元组数据库进行概述，并深入探讨它们的优缺点。

3Store 采用一张表格来记录数据，该表格包含三列，分别用于存储主语、谓语和宾语。表中每一行都记录了一个三元组数据，MySQL 数据库引擎可作为其存储后端。这种采用三元组表[27]

的方式进行存储的优势在于其简便直接，但是也伴随着一系列问题。第一，随着数据规模的扩大，三元组表的行数会急剧增加，这可能降低表的查询速度；第二，进行表连接运算可能会带来巨大的性能开销；第三，三元组表存在大量存储冗余，尤其是在存储谓语方面，由于知识图谱中谓语的种类通常远少于边的数目，因此三元组表的第二列存在大量与谓语相关的冗余数据。

DLDB 采用了水平表结构来高效地管理三元组。在水平表中，每行表示一个主语，每列代表一个谓语，因此表格的行数等于主语的数量，列数等于谓语的数量。这种设计方法使得每个主语只需要占用一行，从而解决了行数过多的问题。尽管水平表在某些方面具有优势，但也存在一些不足之处。第一，水平表的一个突出缺点是可能导致列数过多，由于表格的列数与谓语数量相等，因此随着谓语数量的增加，表格的列数也会增加，这可能会影响到表格的结构和管理；第二，水平表的设计使得每个主语仅包含有限的谓语信息，从而导致表格中存在许多空白[28][29][30]，这可能会浪费存储空间并降低数据存储的效率；第三，由于每格只能记录一个信息，因此水平表无法有效地表示一对多的关系，这在某些情况下可能限制了数据的表达能力；第四，由于表格的列数可能会发生变化，因此维护和更改表格的列结构可能会面临较高的成本和挑战。

Jena-TDB 是 Apache 顶级项目 Jena 的一个组成部分。Jena-TDB 在属性表的基础上开发出了一套存储引擎，可对 RDF 数据进行基于磁盘或内存的存储管理。由于属性表将所有实体进行了分类，相同类型的实体存储在一张表格中，因此实体的类型数目等于表格的数目。属性表同时解决了三元组表中行数太多和水平表中的列数太多的问题，但也存在很多缺点。第一，由于属性表的数目等于实体的类型数目，而实体通常存在很多类型，因而导致表格的数目过多；第二，无法表示一对多的关系。

TripleBit 是一款以谓语划分为基础的 RDF 数据库。该数据库在垂直划分的基础上，将数据以位图矩阵的形式进行表示。该数据库引入了高效的压缩算法和索引技术，使其在处理大规模 RDF 数据集时表现出优异的性能。垂直划分的核心概念是根据谓语对数据进行分类，将同一谓语下的数据存储到单独的表格中，这些表格只包含两列。垂直划分方法具备多方面的优点：第一，表格内部的空值较少；第二，能够有效地表示一对多的关系；第三，每个表格仅包含两列数据，从而有利于对表格进行排序[31][32]。然而，垂直划分也存在一些限制。一方面，谓语数量与表格数量对应，当谓语数量剧增时，表格数量也会剧增；另一方面，针对未知谓语的查询会带来较大的执行开销，因为执行此类查询需要连接所有的表格；与此同时，维护这种划分结构也会带来较大的开销[33]。

RDF-3X 是由德国马克斯-普朗克计算机科学研究所研发的 RDF 三元组数据库系统。RDF-3X 的最大特点在于其为 RDF 数据专门设计了压缩物理存储方案、查询处理和查询优化技术。RDF-3X 采用六重索引[34]的方式管理数据，即使用六张表格来管理数据，每张表格都是数据的一个完整副本，然后按照"主语-谓语-宾语"（Subject-Predicate-Object，SPO）的不同排列方式建立了六种索引。六重索引的优点是查询速度快，查询中的每种模式都可以找到相对应的索引表；缺点是空间开销大，该方法相当于存储了 6 个完整的数据副本。除此之外，该方法还存在一些三元组表具有的缺点，比如表的行数太多等。

2.1.2.3　知识图谱数据库比较

表 2-2 总结了各种知识图谱数据库的存储方案及优缺点，其中，3Store 的存储方案最为

简单，RDF-3X 的存储方案较为复杂。除此之外，基于原生图存储方案的 Neo4j 的设计也比较复杂。

表 2-2　各种知识图谱数据库比较

数据库	存储方案	优点	缺点
3Store	RDF 图/三元组表	存储结构简单	自连接操作开销巨大
DLDB	RDF 图/水平表	邻接表存储方案	表列数目很多，表中存在大量的空值 无法表示一对多关系 更新成本高
Jena-TDB	RDF 图/属性表	克服了三元组表自连接问题 解决了列数过多的问题	表数目很多 表中存在大量空值 无法表示一对多关系
TripleBit	RDF 图/垂直划分	解决了空值问题 解决了多值问题	需维护大量谓语表 查询需执行的表连接多 数据更新维护代价大
RDF-3X	RDF 图/六重索引	查询快	存储开销大
Neo4j	属性图/Neo4j	具备"无索引邻接"特性	成熟度不如关系型图数据库

2.1.3　多元时序表达模型和存储结构

上面介绍了传统知识图谱的表达和存储。这些传统、简单、低维的静态数据模型无法实现对现实世界复杂知识图谱的多元性、时序性的统一表达。为了解决上述问题，基于图立方的多元时序关系表示应运而生。

2.1.3.1　多元时序表达模型

在现实生活中，实体之间的关联往往不仅仅是简单的连接，这些关联通常还涵盖了时间维度的语义，因此时序图通常被用于对这种关系进行建模。时序图是一种用于展示事件、过程或状态随时间变化的数据结构，由节点和边构成。节点代表实体，而边表现实体在不同时间点或时间段的关联或转变。时序图能够清晰地呈现事件的时间序列及它们之间的因果关系。例如，运用时序图来描述公司股权的变动情况时，可以查看在不同时间点下各家公司之间的股权持有关系。

定义 2.1.3（时序 RDF 图）　时序 RDF 图是时序 RDF 四元组的有限集合，记为 $\mathcal{G}=(E,R,T,U)$，其中，$U \subset E \times R \times E \times T$。时序 RDF 四元组可以表示为 (s,p,o,t)，其中，$s \in E$ 为主语，$p \in R$ 为谓语，$o \in E$ 为宾语，$t \in T$ 是该四元组的时间信息。

然而，将现实中的数据结构建模为成对关系往往过分简化了存储在知识图谱中的数据，尤其是连接多个实体的超关系数据。丢失高阶结构信息会限制知识图谱的表示和推理能力。据统计，知识图谱 Freebase 中超过 33.3%的实体和 61%的关系无法仅用二元关系进行表示，因此近年来多种方法开始尝试使用超图进行关系表示。作为知识图谱的变体，超图由节点和超边构成。与传统知识图谱中关系仅能连接成对节点不同，超图中的超边可以连接任意数量的节点，这种扩展能力使超图能够更好地描述多元关系和存储关系。例如，在社交网络中，传统图可以表示人与人之间的关系，而超图可以更准确地表示多人之间的群体关系，如朋友圈。

本章提出了图立方的概念,便于从关系多元与时序信息两个维度出发对知识图谱进行建模。图立方结合了时序图和超图的概念,用于表示多个实体之间的关系随时间演化的情况。下面正式给出图立方(时序超图)的定义。

定义 2.1.4(图立方) 图立方是时序超边的有限集合,时序超边可定义为 $e_i^h = (s^h, p, o^h, t_s, t_e)$,其中,$s^h$ 是主语集合,o^h 是宾语集合,p 是谓语,t_s 为开始时间,t_e 为结束时间。当 t_s 和 t_e 之间的时间间隔足够小时,时序超边也可记为 $e_i^h = (s^h, p, o^h, t)$,其中,t 为超边的时间戳信息。

以图 2-4 为例,可以看到一条以"众邦银行""湖北担保"和"科技公司"三个实体节点构成的时序超边,边上的关系是信用担保,时间是 t_2。由此可见,图立方将图中的时间信息作为一个新的维度,来更加准确地描述多元时序的复杂知识图谱。

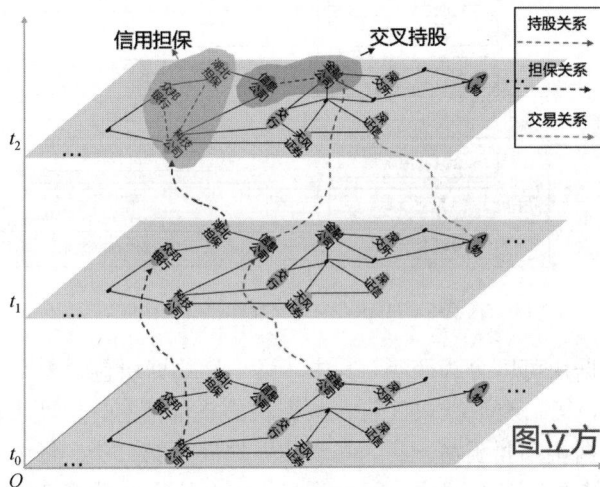

图 2-4　图立方示例

2.1.3.2　图立方存储结构

基于图立方的概念,本节介绍图立方存储系统 HyperBit,以便对图立方进行持久化存储。对于时序超图来讲,其已经超越了传统 RDF 图和属性图的概念,再加上复杂的多元关系,因此难以实现一个统一高效的数据存储结构。HyperBit 考虑将时序超图利用具体化方式抽象成时序四元组的形式,然后按照谓语分区存储的方式来存储图立方数据。

具体地,如图 2-5 所示,HyperBit 将时序数据按照谓语进行分区存储,并将同一谓语分区下的数据进行分块存储。对于每个谓语分区,该系统同时存储了数据和日志。为了保障查询效率,HyperBit 采用了两个完整的数据副本存储策略,即一个按照主语排序,另一个按照宾语排序,并分别命名为 SOT 副本和 OST 副本。在每个副本内,数据被划分为多个数据块,而每个谓语分区对应的更新日志也被分块进行存储,称为日志块。该系统巧妙地运用了分区分块的方式来管理位图矩阵和更新日志,从而带来了以下优势:

(1)存储结构更加紧凑,更易于管理;

(2)在加载数据和日志时,能够最大限度地利用文件系统的缓冲功能,从而减少磁盘 I/O 操作次数;

（3）读取数据和日志时，减少了系统在地址翻译过程中的页表查询次数，有效提升了TLB 的命中率；

（4）这种设计有利于实现系统级别的块级并行处理。

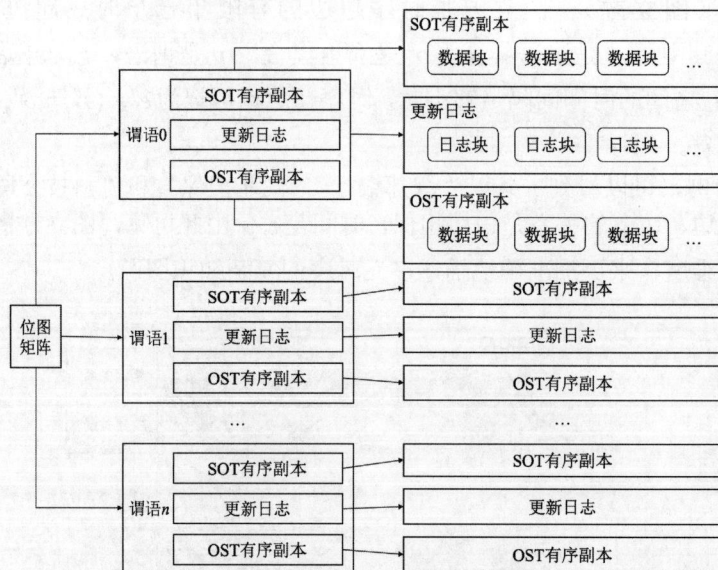

图 2-5　HyperBit 中的数据存储结构

HyperBit 中的数据块可以分为两类，其中，第一类数据块包含整个有序副本的头部信息和数据块的头部信息，第二类数据块仅包含数据块的头部信息，但两者均包含数据信息。每个有序副本的首个数据块都属于第一类，其余数据块属于第二类。每个谓语分区都伴随相应的数据元信息。为了持久化保存这些分区元信息，该系统将此数据存放在该分区的第一个数据块中。因此，每个分区仅含一个第一类数据块，其内容（除副本头部信息外）与第二类数据块相同。如图 2-6 所示，副本头部信息记录了有序副本的关键信息，如总空间大小、已使用空间大小、开始和结束指针、四元组个数和时间等，其中每项信息占用 4 个字节。

副本头部					
总空间大小	已使用空间大小	开始指针	结束指针	四元组个数	时间
4B	4B	4B	4B	4B	4B

图 2-6　副本头部组成

在副本头部信息中，总空间大小表示当前有序副本所预留的总存储空间，即块大小乘以块数目的计算结果；已使用空间大小则记录了当前有序副本实际已经占用的存储空间，包括副本头部和数据存储所占用的空间。在数据导入过程中，根据未使用空间大小来判断是否能够容纳待插入的数据，进而决定是否需要申请新的数据块。具体而言，如果有足够的未使用空间，那么无须新增数据块；反之，则需要申请额外的数据块。如图 2-7 所示，开始指针指向第一个数据块元信息的起始地址，即块 0 的副本元信息的位置；结束指针则指向最后一个数据块的结束地址。开始和结束指针的设置旨在加快更新操作。当特定谓语 p 分区需要插入数据时，利用结束指针可以迅速确定新数据的插入位置。开始指针和结束指针之间的数据构成了整个分区的实际数据存储空间。四元组个数记录了该谓语分区下有序副本中所存储的四元组记录的数量。时间戳表示有序副本中最新一条记录的插入时间。

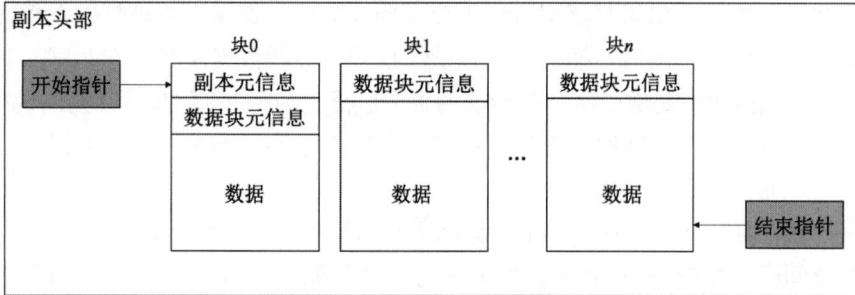

图 2-7　谓语 p 分区下副本头部组织结构

数据块头部记录了与该数据块相关的重要信息，包括已使用空间大小、最小 ID、最大 ID、块号、下一块块号及更新标识等内容，具体如图 2-8 所示。已占用空间大小表示该数据块的头部和数据部分所占用的整体空间大小。最小 ID 和最大 ID 分别记录了存储在该数据块内的主语（s）或宾语（o）的最小 ID 和最大 ID，其取决于该副本是按照主语还是按照宾语进行排序。如果该数据块副本是按照主语排序，那么最小 ID 和最大 ID 表示该数据块内存储数据的主语的最小 ID 和最大 ID；反之亦然。更新标识用于记录该导入块和其对应的更新块是否需要更新。在图 2-9 中，块号具有两种不同含义，分别是导入块和更新块。如果该数据块是导入块，那么块号表示对应于该数据块的最后一个更新块的块号；若不存在更新块，则将块号设为-1。如果该数据块是更新块，那么块号表示该数据块的块号。下一块块号记录了当前数据块的下一个数据块的块号，若无下一块，则设置为-1。

数据块头部

已使用空间大小	最小ID	最大ID	块号	下一块块号	更新标识
4B	4B	4B	4B	4B	4B

图 2-8　数据块头部组成

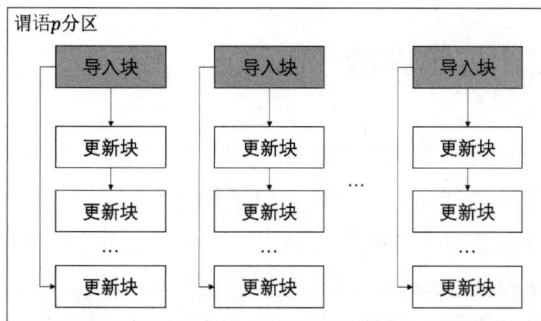

图 2-9　谓语 p 分区下数据块组织结构

以 SOT 有序副本为例，数据导入过程中位图矩阵会经历多种变化。对于尚未创建谓语 p 的分区，首先需要建立该分区。然后，向已存在的谓语分区中插入 $<s,p,o,t>$，并记录可能出现的以下三种情况：

（1）首次插入数据：如果是该谓语分区首次插入数据，那么需要进行以下步骤：首先，初始化数据块的元信息；然后，插入数据记录；最后，更新数据块和副本元信息。

（2）已有数据但仍有足够空间：在当前谓语分区下已有数据存在，且剩余未使用空间大于或等于待插入数据所需空间时，可以直接将数据插入该分区的最后一个数据块中。同时，需要更新数据块元信息和副本元信息。

（3）已有数据且空间不足：当前谓语分区下已有数据存在，但剩余未使用空间小于待插入数据所需空间时，如图 2-10 所示，需要执行以下步骤：首先，申请一个新的数据块，将新块 $n+1$ 添加到该分区作为最后一个数据块；然后，初始化块 $n+1$ 的数据块元信息，并将数据插入块 $n+1$ 中；最后，更新块 $n+1$ 的数据块元信息和块 0 的副本元信息。在申请新数据块时，系统会在谓语 p 分区的块号数组中记录新申请的数据块的块号，以备持久化存储和重新加载。当系统没有剩余数据块时，会重新申请一大块内存空间，然后从该内存空间中分配一块用于完成数据块的申请。鉴于申请新数据块可能导致数据块内指针失效，因此在进行数据插入操作时，还需要更新副本元信息中的开始和结束指针。

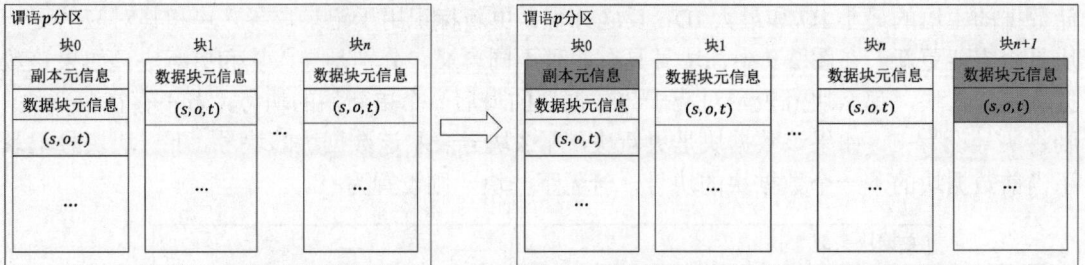

图 2-10　在已有数据且空间不足的情况下申请数据块时谓语 p 分区的变换过程

在数据导入过程中，针对上述三种情况的处理方式确保了对位图矩阵的正确更新和维护，以便满足 SOT 有序副本的特性。

2.2　图立方的数据划分算法

上一节详细介绍了多元时序数据的表达模型及相应的存储结构。然而，针对大规模的图立方数据，单机架构很容易达到其运行瓶颈。为了优化数据库的存储性能，通常采取分布式存储策略，这不可避免地需要对大数据集进行合理的划分。本节将着重介绍高性能图划分系统（High Performance Graph Partition，HPGP），以实现针对大规模数据的分布式集群部署。首先，将清晰阐述图划分的背景；然后，详细介绍系统的整体架构及主要工作流程；最后，介绍系统中采用的分布式并行图划分算法。

2.2.1　背景概述

面对海量数据时，由于无法掌握全局拓扑信息，因此分布式图划分算法往往难以获得最优的划分性能。通过划分得到的子图不仅需要在数量上保持平衡，还需要在后续的图查询过程中尽可能减少因跨机器节点而引起的通信开销。在图划分方法中，切边和切点是两种常见的策略。

切边是通过切割边来使图被分成两个或多个不连通的子图的方法。这种方式可能导致划分后的子图丢失部分边，从而降低了数据的完整性。相反，切点是通过分割节点使图被分成两个或多个不连通的子图的方法。切点方式可以保留图的完整性，但会增加节点副本，进而增加存储开销。对于普通图来说，切点策略容易造成数据分布不均衡，尤其是在幂律图中，会导致机器负载倾斜。切边策略在一定程度上解决了机器负载倾斜的问题。然而，最新的分布式图划分策略更加侧重于减少图计算任务所产生的网络通信开销，它们更注重切点的数量，而不是子图的语义完整性。这种策略应用到语义丰富的 RDF 图时可能存在不足，因为较低的节点副本率并不能直接反映划分方案的好坏，还需要综合考虑被划分节点的度数信息。

对于 RDF 图划分系统来说，首先，已有的集中式划分策略在处理大规模数据时存在性能瓶颈，在面对树形和复杂查询时会产生较多的连接开销。其次，已有的分布式 RDF 存储系统使用的划分方法无法兼顾数据冗余度和子图语义完整性。以 k-hop 哈希划分算法为例，当 k 取值较小时，划分后的子图语义完整度较差，会造成更多的中间结果，进而产生更多的连接开销；当 k 取值较大时，划分后的子图冗余度又较高，会产生更大的存储开销。现有的分布式 RDF 存储系统的查询计划普遍采用了全量式的子查询分配策略，即将分解后的子查询分发到每台机器节点上。该策略会导致冗余数据被多次查询，同时也会产生较多的中间结果。

针对上述问题，本节将重点介绍图立方的分布式图处理系统 HPGP。在划分数据方面，该系统使用了一种基于随机游走的分布式图划分方法，即在将边加入分区中时，采用贪婪的思想选取全局度数最小的点所在的方向进行扩展。当到达另一个分区的边界时，根据切点的局部 PageRank 值对已分区的边进行分区状态转换。利用随机游走过程中路径选择与查询过程的共性，在保证划分质量的同时提升查询效率。而且，该系统使用了基于中间结果削减的查询图分解和连接处理方法，来减少分布式查询过程中产生的网络通信开销，进一步提高了查询性能。

2.2.2　系统架构

HPGP 系统采用了经典的一主多从分布式结构，由一个主节点（Master）和多个从节点（Slave）组成。其系统模块如图 2-11 所示，其中，左侧为主节点，右侧为从节点，主要功能模块均在图中进行了展示。

HPGP 系统处理数据分为三个阶段。首先是数据预处理，通过主节点对图立方数据进行解析，并构建 String-ID 映射表，以减少通信量，同时构建位图索引和统计索引。其次是水平数据划分器通过均匀划分算法将数据划分成子数据文件并发送给从节点。再次是核心的数据划分，该阶段由从节点参与的去中心化架构保证了从节点间的通信不受主节点的影响。数据划分执行器和负载统计执行器协调工作，通过图划分算法进行节点的分配与发送。最后是查询处理阶段，该阶段主节点通过 SPARQL 解析器解析查询语句，并将子查询发送给从节点，而从节点中的查询执行器负责生成连接计划并根据连接策略对子查询结果进行转移合并。此外，异步通信库使用异步消息队列库 ZeroMQ 进行封装，简化了通信代码，增加了并行度，降低了通信的时间开销。

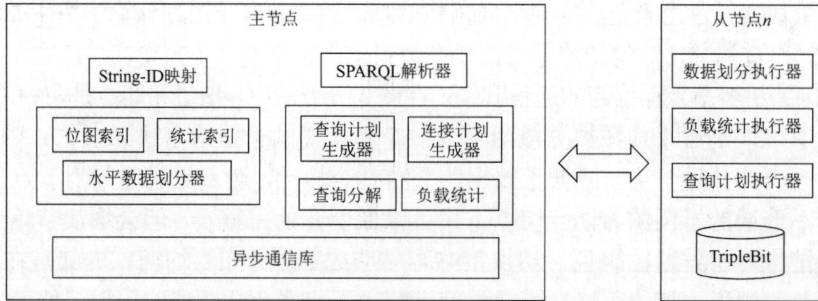

图 2-11   HPGP 系统模块

通过这种架构和模块设计方式，HPGP 系统实现了高效的数据导入、划分和查询处理，同时充分利用了分布式计算资源，为大规模数据处理提供了可靠且高性能的解决方案。

HPGP 系统提供了针对图立方数据的导入存储功能和 SPARQL 语句查询功能。下面详细说明这两个功能的处理流程。

2.2.2.1   数据导入

数据从导入最终持久化存储在从节点上的流程如图 2-12 所示。以从节点个数是 3 为例，用户首先向主节点提交源数据集，由主节点在数据解析模块对数据进行 String-ID 映射，并将其转化为 ID 数据文件。映射表分为两部分：一部分是 PredicateTable，用来存储三元组中谓语从 String 到 ID 的映射；另一部分是 UriTable，用来存储三元组中主语或宾语从 String 到 ID 的映射。然后，主节点将解析后的数据内容均匀地分成 3 份并发送至从节点。数据发送完成后，主节点开始等待划分过程的结束。从节点上的数据划分执行器是整个划分工作流程中的核心部件。数据划分执行器的工作模块可以从上至下分为三层，分别是：Allocator 控制层、Manager 管理层和 CSR Graph 存储层。

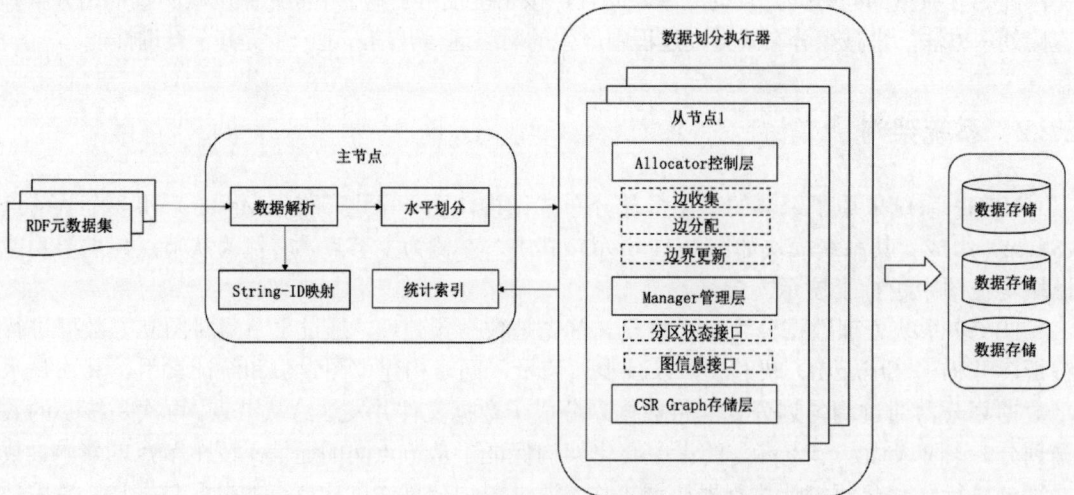

图 2-12   数据导入存储流程

Allocator 控制层负责节点间信息的交互，其通信架构如图 2-13 所示。在任务划分过程中，Allocator 控制层主要负责推进任务并统计划分进展。每个从节点都创建了与从节点数量相等的并行 Allocator 线程，每个线程都分配了一个对应的分区编号。分区编号与从节点编号相匹配的线程会被标识为灰色虚线框，记为主分区线程；分区编号与从节点编号不匹配的线程会被标识为黑色虚线框，记为副分区线程。在单个从节点上，若干 Allocator 线程中只有一个主线程，负责协调其他从节点处理相同分区的 Allocator 线程任务。编号相同的 Allocator 线程通过基于 ZeroMQ 异步通信库的 Client/Server 模型进行通信。在通信过程中，主分区线程扮演 Client 角色，负责发布指令并等待接收副分区线程在其他从节点上处理后的返回信息；而其他副分区线程充当 Server 角色，负责接收并响应主分区线程下达的指令。总体而言，在算法的每轮迭代执行过程中，主分区线程向编号相同的副分区线程发送任务指令，副分区线程负责执行任务并返回结果。

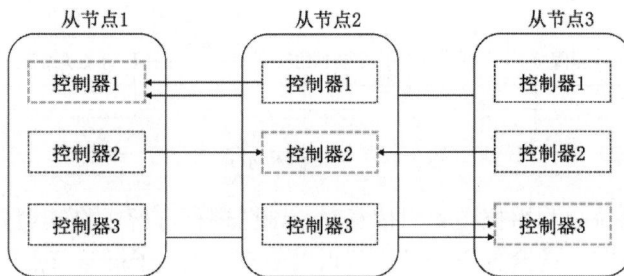

图 2-13　Allocator 控制层的通信架构

Manager 管理层位于 Allocator 控制层之下，通过调用 Manager 管理层的算法接口来实现划分逻辑。Manager 管理层为 Allocator 控制层提供了 Edge Collect、Edge Alloc 和 Boundary Update 三个功能的接口。这些功能接口由 Manager 管理层调用存储层的分区状态和图信息来实现。Edge Collect 功能在主分区线程和副分区线程上均会被执行，其主要负责统计已分配边界点的邻居信息，然后在主分区线程上进行汇总。Edge Alloc 功能仅在主分区线程上被执行。主分区线程根据 Edge Collect 过程的汇总信息，利用贪婪算法进行选择，并结合分区的边数进行判断，得出该分区本轮迭代所选定的节点。然后，主分区线程将这些节点的编号传送给各个副分区线程。副分区线程在接收到主分区线程传来的节点编号集合后，根据这些节点改变邻边的分区状态和节点的分区状态，完成本轮的边扩展任务。

CSR Graph 存储层负责管理分区状态和图信息。分区状态包括节点和边的分区情况，而图信息包括节点的出入度及邻居边等。当 Allocator 控制层检测到划分结束条件时，划分过程会被终止。然后，控制层会根据划分结果进行统计，并将结果发送给主节点。主节点据此生成统计索引文件以支持查询，并将对应分区的数据发送给从节点，同时使用 HyperBit 进行持久化存储。

2.2.2.2　查询处理

查询模块的任务是处理用户提供的 SPARQL 查询语句，并将查询结果返回给用户。查询流程如图 2-14 所示。首先，当系统接收到用户输入的 SPARQL 查询语句后，由主节点执行词法和语法分析，以确保查询语句的正确性。随后，根据 String-ID 映射表，由系统将查询语句中的字符串常量映射为对应的标识符，以便后续处理。

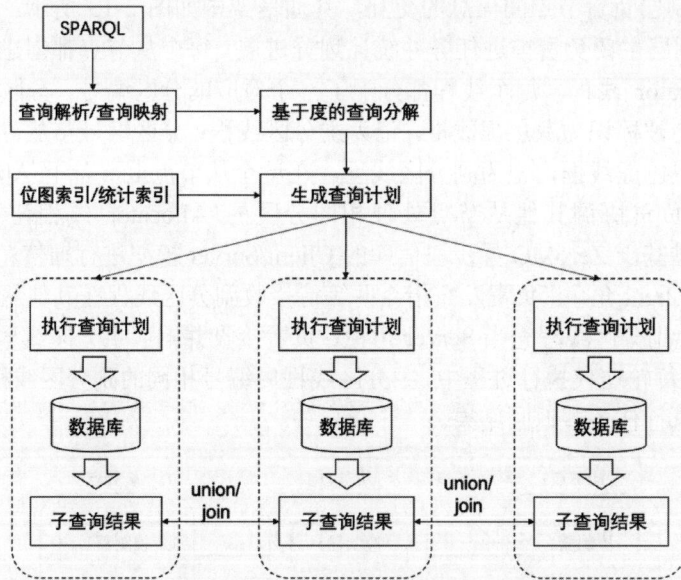

图 2-14　查询流程示意图

在此基础上，系统会利用位图索引信息对查询图进行分解，将其划分成多个子查询图，并将这些子查询图定向发送给各个子机器节点以便执行。在子机器节点上，每个子查询图都会产生一个局部的子查询结果。主节点运用统计索引信息来构建连接计划，确定不同机器节点上子查询结果的连接顺序。最终，由系统将经过连接和合并的子查询结果传回主节点，从而形成完整的查询结果。

最后，主节点依照 String-ID 映射表的对应关系，将最终查询结果从内部标识符转换为 String/URI 的形式，并将其返回给用户，进而完成整个查询过程。

2.2.3　分布式并行图划分算法

本节设计了一种基于随机游走的图划分策略，其与已有的大多数图划分算法不同，该算法在划分过程中只需要在从计算节点之间转移节点信息，而不需要进行边的实际转移，这极大地减少了划分过程产生的通信量。此外，对于分布式并行划分过程中可能会产生冲突的情况，考虑到从不同节点出发查询到目标节点的概率不一样，所以本节利用随机游走的方式来决定边的分区位置。通常，在查询中出现的概率更大的路径应该更完整，而冲突边应该被分配给游走概率更大的路径。

2.2.3.1　近似 PageRank 值计算

PageRank（PR）于 1996 年被 Larry Page 和 Sergey Brin 首次提出，该算法在 Google 的搜索引擎应用中获得了成功。PR 算法通过对网络的链接结构进行分析来计算网络中网页的重要程度。其中，网络中的点在每一轮迭代过程中通过它的邻居更新自己的分值。

由于最终的收敛结果需要对整个图进行多次完整的遍历，因此 PR 算法的时间复杂度高达 $O(t(\varepsilon)\cdot n^2)$，其中，$n$ 是网络节点数，$t(\varepsilon)$ 是迭代次数，与收敛的阈值 ε 有关。因此，传统的 PR 算法不适用于在大规模图上进行计算。

定义 2.2.1（近似 **PageRank** 值）　在有向图 G 中，从节点 u 出发游走到节点 v 的近似概率值用 $\text{PR}(u,v)$ 表示，如式（2-2-1）所示。

$$\text{PR}(u,v) = \begin{cases} \dfrac{1}{\text{outdeg}(u)} \displaystyle\sum_{w \in N_G(u)} \text{PR}(w,v), & \text{节点}v\text{存在到达}u\text{的路径} \\ 0, & \text{节点}v\text{不存在到达}u\text{的路径} \\ 1, & u = v \end{cases} \tag{2-2-1}$$

其中，$\text{outdeg}(u)$ 是节点的出度数，$N_G(u)$ 是节点 u 的所有出边所指向的邻居集合。

定义 2.2.2（边界节点集和边界扩展）　在有向图 G 中，令 X 表示已被分配的边集合，那么边界点集合则可以定义为 $B(x)$，如式（2-2-2）所示。

$$B(X): \{v | v \in V(X) \wedge \exists e_{v,u} \in EX\} \tag{2-2-2}$$

边界扩展过程可以定义为式（2-2-3）：

$$\text{Select } v \in B(X), \text{and } X \leftarrow X \bigcup \{e_{v,u} \in E \setminus X\} \tag{2-2-3}$$

其中，边界节点集中只包含仍然有能力继续扩展的节点。

定义 2.2.3（节点优先级）　在有向图 G 中，节点的度数表现为与节点相连的边数或者节点的邻居节点的个数，用 $d(v)$ 表示。如果一个点是某分区边界节点的邻居节点，那么它相对于分区的引用次数可以表示为 $\text{refer}(v)$，指 v 在该分区中的邻居数量。在进行分区扩展时，判断与边界点相连的边 $e_{u,v}$ 是否需要加入分区内部时会对目标节点按优先级排序，节点优先级用 $\text{priority}(v)$ 表示，其计算公式如式（2-2-4）所示。

$$\text{priority}(v) = \frac{d(v) - \text{refer}(v)}{\Delta(v)} - \text{refer}(v) \tag{2-2-4}$$

其中，$d(v) - \text{refer}(v)$ 表示节点 v 连接到的外部分区的权重之和，$\text{refer}(v)$ 表示节点 v 连接到内部分区的权重之和，$\Delta(v)$ 表示节点 v 所连接的分区数量。

2.2.3.2　划分算法

分布式图划分算法是一个迭代过程，其中包括 EdgeCollect、EdgeAlloc 和 BoundaryUpdate 三个核心算法。在每轮迭代中，算法通过节点间的信息交换来实现对分区状态的标记，避免了实际边的转移，从而减少了网络通信量。下面详细介绍分布式图划分算法的执行过程。

第一步，在迭代的初始阶段，每个从机器节点上的不同分区的分配器（Allocator）并行工作。以 P1 分区的扩展过程为例，解释 EdgeCollect 算法在各台机器节点上的执行过程。在新的迭代轮次中，位于从节点 1 上的 P1 分区主分配器线程会向其他各个从节点发送扩展指令。当其他从节点数据划分执行器的分配器控制层收到 P1 分区的扩展指令后，首先从节点分区状态表中获取 P1 分区在本地的边界点集合。然后，逐个访问边界点集合中的节点，从本地子图中获取那些未标记分区状态的邻边，这些邻边对应的节点称为活跃点。这些邻边将被添加到 FormerEdge 集合中，并记录活跃点在子图上的度数和引用次数。当搜索完成后，分配器会将活跃点的节点信息打包发送到 P1 分区主分配器线程所在的从节点 1。在从节点 1 上，主分配器线程同样会执行 EdgeAlloc 算法，以获得本地的 FormerEdge 集合和活跃点信息集合。在接收到其他分区的响应后，从节点 1 会将本地的活跃点信息与来自其他相同分区的从节点的活跃点信息进行统计，从而完成第一步算法的执行过程。

图 2-15 展示了 EdgeCollect 算法在分区 1 中的运行过程，其中，图上的点和边可能分布在不同的从节点上。当将不同从节点上的子图合并成一个完整图来进行观察时，用蓝色圆点代表边界点集合中的点；粗线表示已加入分区 1 的边；绿色圆点表示当前迭代过程中，主分区线程收集到的点的信息，即边界点的邻居节点信息；细线表示预分配到 FormerEdge 集合中的边，用于下一轮扩展的边将被包含在这些预分配边中。

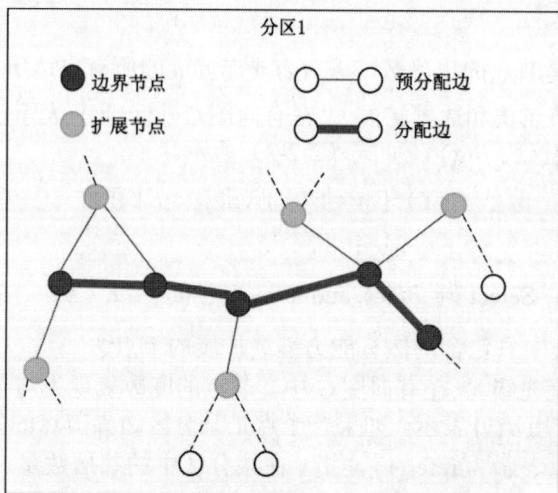

图 2-15　EdgeCollect 在分区 1 中的运行过程

第二步，EdgeAlloc 算法在每个分区的主 Allocator 线程中被执行。P1 分区的主 Allocator 线程存在于从节点 1 上，它在统计了包括自己在内的所有从节点上的 P1 分区的活跃点信息后，计算节点的权重并将其放入优先队列中，然后依据边平衡约束条件，按优先级选择进行扩展的目标节点集合，并将其发送给其他从节点。

图 2-16 展示了 EdgeAlloc 算法执行后的图状态。其中，橙色的点是将绿色的点按优先级排序后被选中的点，代表了 P1 分区的 Allocator 主线程允许扩展的目标节点；紫色的边是目标节点在 FormerEdge 中的关联边，它们是当前轮次分配的目标边；红色的边则不会在本轮次中加入分区 1。

第三步，当属于同一分区的 Allocator 收到 AuthorizedNode 后，根据其在 EdgeCollect 阶段收集到的边信息，将与 AuthorizedNode 关联的边加入该分区。当 FormerEdge 中的边已经被分配到其他分区时，通过计算以该边关联的节点为中心的子图的局部 PageRank 值来确定这条边应该被分配到哪一个分区。通过计算冲突分区 Boundary 内的节点到达切点的 PageRank 值总和，将冲突边分配到 PageRank 值更大的分区内。通过上述方法可以实现对冲突边界的动态调整。对每一条确认更新的边，首先改变边的分区状态，然后将边的两个节点的分区状态进行标记。当节点不再拥有未分区的邻边时，就将该节点移出 Boundary，以此表明该节点无法继续扩展边。

BoundaryUpadate 执行完毕后，分区图的分配情况如图 2-17 所示。

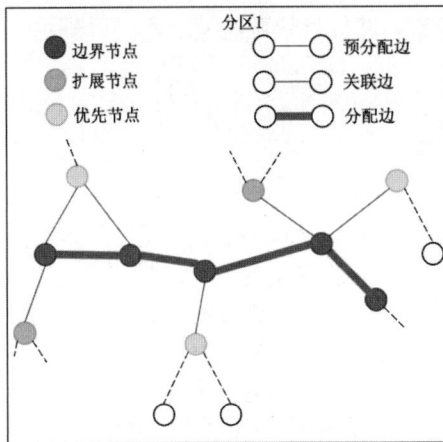

图 2-16　EdgeAlloc 算法执行后的图状态

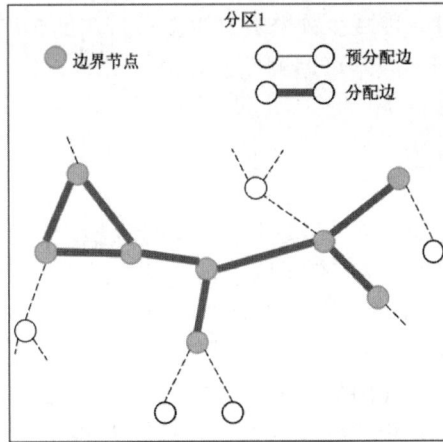

图 2-17　BoundaryUpdate 执行完毕后
分区图的分配情况

扫码查看彩图

扫码查看彩图

以分区 1 为例，分布式图划分算法的总执行时序图如图 2-18 所示。该图简要展示了图划分算法每一轮迭代过程中各个算法执行的顺序及通信逻辑，突出说明了主 Allocator（从节点 1）和副 Allocator（从节点 2、从节点 3）上执行的任务的不同。

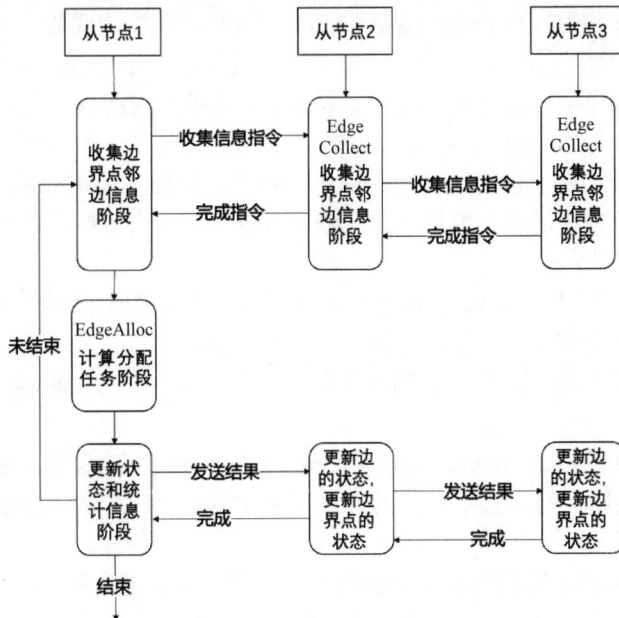

图 2-18　分布式图划分算法执行时序图

2.3　图立方的多版本存储技术

通过分布式数据划分来构建集群式数据库，能够有效地应对庞大多元时序数据的规模和频繁更新所带来的性能瓶颈。本节将引入一种基于日志更新的策略，并将其作为多版本数据存储的核心，进一步减少频繁数据更新所带来的延迟问题，并优化快照构建过程，以满足多元时序数据针对多版本可追溯性的要求。

2.3.1　背景概述

多版本时序知识图谱起源于对知识的动态变化和演化过程的深入关注。它为记录知识在不同时间点的状态提供了有效手段，而且有助于揭示知识的时序特性和变化规律。具体来说，首先，多版本知识图谱具备追踪知识在不同时间点状态的能力，有助于深入理解知识的变化趋势和演化模式，这对于学术研究、产业趋势预测等领域至关重要，因为其能够揭示知识的发展动向。其次，多版本知识图谱满足了对历史数据进行追溯的需求。在各领域，了解数据的历史变化都有助于解释现象、评估影响。通过提供历史状态，多版本知识图谱为分析和回溯历史事件、做出决策和确定发展方向提供了强大工具。此外，多版本知识图谱还支持多版本比较。它允许对比不同时刻的知识状态，以便发现知识的变化、差异和共性，从而更好地理解知识的演变过程。综上所述，多版本知识图谱不仅在知识管理和应用方面具有重要作用，还为数据分析、决策和预测提供了强有力的工具支持，有助于更深入地探索知识的变化规律和时序特性。

多版本控制方式用于管理和追踪数据、文档或知识的多个版本，以便在不同时间点进行回溯、比较和合并。以下是几种常见的多版本控制方式：

（1）集中式版本控制（Centralized Version Control）：在集中式版本控制系统中，通过一个中央服务器来存储所有版本的数据。用户通过从服务器检出（checkout）副本来开始工作，然后将更改推送到服务器以便进行提交（commit）。这种方式的代表是 Subversion（SVN）。

（2）分布式版本控制（Distributed Version Control）：分布式版本控制系统允许每个用户在本地维护一个完整副本，包括所有历史版本。用户可以独立地提交更改，然后将更改同步到其他副本。这样的系统能够更好地支持团队协作和离线工作。Git 和 Mercurial 是常见的分布式版本控制工具。

（3）快照版本控制（Snapshot-based Version Control）：在快照版本控制中，每次提交都会创建一个完整的系统快照，以便记录所有文件和状态。这种方式可以有效地支持多版本回溯，但可能会占用较多的存储空间。ZFS 文件系统和 Apple 的 Time Machine 是快照版本控制的典型应用。

（4）时间线版本控制（Timeline-based Version Control）：这种方式按照时间线记录每个版本的更改情况，使用户能够直观地查看和回溯历史变化。Tiki Wiki CMS Groupware 就采用了时间线版本控制。

集中式版本控制的优势在于集中管理和控制，适用于小团队和相对简单的项目，但是其依赖于中央服务器，离线工作受限，服务器故障可能会导致业务中断。分布式版本控制适用于大规模项目和需要高度灵活性的场景，其更好地分散了风险，但需要更多的存储空间。快照版本控制提供了便捷的多版本回溯能力，使用户可以查看系统在不同时间点的完整状态，适用于需要精确的历史状态和变化信息的场景，但可能占用较多的存储空间。时间线版本控制提供了一种简单易用的方式来了解数据或文档的历史变化，适用于需要直观查看和回溯历史变化的场景，但提供的历史状态可能不如其他方式那么精确。

HyperBit 系统采用了快照版本控制与时间线版本控制相结合的策略，即快照+日志的混合存储方式。这不仅确保了较低的存储成本，还保证了系统能够提供准确的历史状态信息。

2.3.2　日志结构累积更新

HyperBit 系统在 2.1.3 节所述的存储结构的基础上，新增了日志结构以支持多版本存储。日志块的组成部分如图 2-19 所示。日志块由头部和数据两部分组成，其中，头部部分包含了起始时间、终止时间和占用空间；数据部分包含了若干条更新操作，每一条更新操作由时间、操作符、s、o、t 组成。

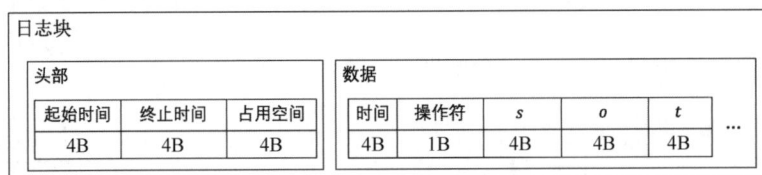

图 2-19　日志块组成部分

在日志块中，起始时间表示申请该日志块的时间，终止时间则反映了对该日志块进行最后一次更新的时间。占用空间记录了该日志块已使用的总空间大小，包括头部和数据两部分的综合占用空间。每一条更新操作都包含五个关键部分，分别是：时间、操作符、s、o、t。其中，时间表示该条记录更新时的系统时间；操作符涵盖三种不同操作，即 Insert（插入）、Delete（删除）和 Change（修改），分别用于表示数据的插入、删除和更改。在进行数据修改时，必须先执行删除操作，然后再插入新数据。鉴于日志块与数据块按照谓语进行分区，即特定谓语 p 的信息已存放于相应分区，因此一条操作记录由 s、o、t 三部分组成。

更新数据时，位图矩阵的变化过程如图 2-20 所示。在进行数据更新时，系统首先将更新操作暂时记录在更新日志中。然后，根据更新操作所涉及的谓语 p，将该操作添加至对应谓语所在分区的更新日志中。这个过程不仅会记录更新操作和数据，还会标记数据更新的时间，并更新日志块的头部信息。通过这种将更新操作暂存于更新日志的方法，可以有效缓解更新操作的高峰压力。这些临时更新并没有直接修改数据副本，而是临时记录在更新日志中，有助于在更新任务频繁时减轻系统负担。包含整个累积更新步骤的任务处理过程如图 2-21 所示。当更新日志中的记录量达到设定的阈值或系统有查询任务时，系统会根据更新日志中的内容，对数据副本进行累积更新。

为了提升数据更新效率，系统采用了并行化处理的方法来执行合并更新操作。如图 2-22 所示，系统从总任务队列中逐个获取任务，并将每个任务分配为子任务，然后将这些子任务分发到各个数据块对应的任务队列。由于各个数据块之间的读/写操作是相互独立的，合并更新仅涉及对更新日志的访问而不会修改更新日志，因此合并更新的过程非常适合并行化处理。这种以数据块为单位的细粒度并行化设计最大化了系统的并行度。此外，为了减少频繁创建和销毁线程对系统资源的开销，HyperBit 采用了线程池技术来高效地管理和维护多个线程。

虽然块级别的并行处理能够加快数据更新速度，但是多个线程对数据块的读/写和申请可能导致存储管理模块的扩容，进而导致地址失效问题。如图 2-23 所示，系统通过内存映射函数调用来管理大块内存 MmapFile，其起始地址为 StartAddress。假设线程 i 对块 0 进行操作，线程 j 对块 $n-1$ 进行操作，而线程 k 需要申请数据块。若 MmapFile 已被充分利用，没有剩余的可用块，则系统需要重新调用内存映射函数扩展 MmapFile 的容量。这将改变MmapFile 的起始地址 StartAddress，导致线程 i 和线程 j 对块 0 和块 $n-1$ 的内存地址无效。

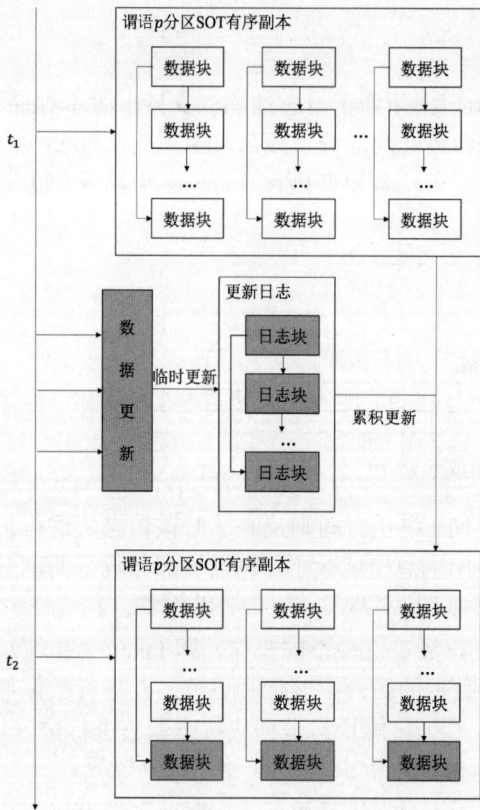

图 2-20　数据更新时位图矩阵的变化过程

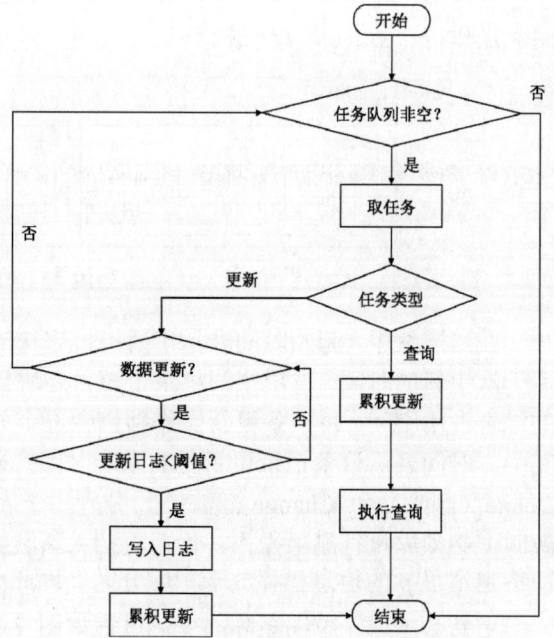

图 2-21　累积更新任务处理流程

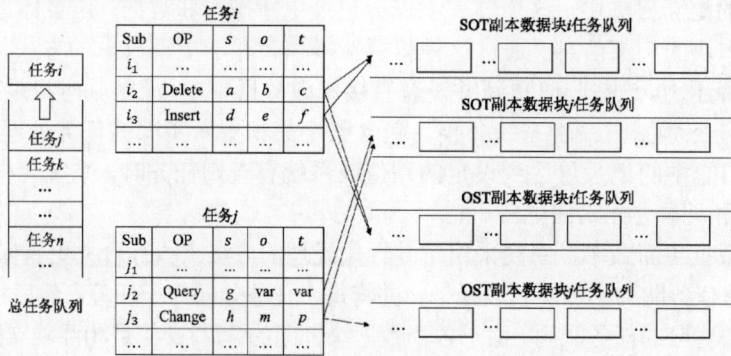

图 2-22　合并更新操作执行流程

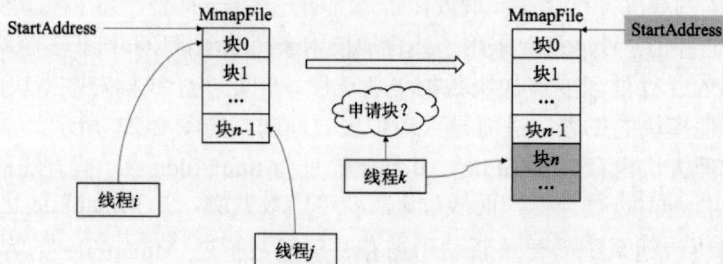

图 2-23　扩容导致内存地址失效示意图

解决上述问题的方法之一是实时更新 StartAddress，以确保线程在访问数据块时始终获取最新的地址。然而，这种动态扩展方法将使 StartAddress 成为临界资源。虽然可以通过加锁方式实现线程间的互斥访问，但是加锁会增加额外开销，而且线程访问数据块的频率远高于 StartAddress 更新的频率，这可能导致不必要的性能下降。为了解决 MmapFile 扩容引起的地址失效问题，HyperBit 采用了预先扩容策略。系统会先统计数据更新所需的空间，然后提前进行 MmapFile 扩容，从而避免在数据更新过程中发生地址失效的情况。这种预先扩容方式有效地消除了 MmapFile 扩容带来的隐患。

2.3.3　最终根最优根双向回溯

数据的可追溯性对于图立方具有极其重要的意义。为了满足时序多元数据高效可追溯的需求，本节将介绍一种名为"最终根最优根双向回溯"（Bidirectional Backtracking by Final and Optimal Root，BBFOR）的方法。如图 2-24 所示，BBFOR 方法包含三个关键步骤。首先，系统采用快照和增量相结合的方法来实现版本切换，以平衡系统的空间和时间开销。其次，基于对版本访问频率的考量，系统引入了最终根方案，显著缩短了系统的平均版本切换时间。同时，最优根方案的设计确保了相比于其他根，它能够将系统的平均更新量最小化，从而进一步缩短平均版本切换时间。最后，系统还引入了双向回溯技术，进一步降低了版本切换所需的时间成本。

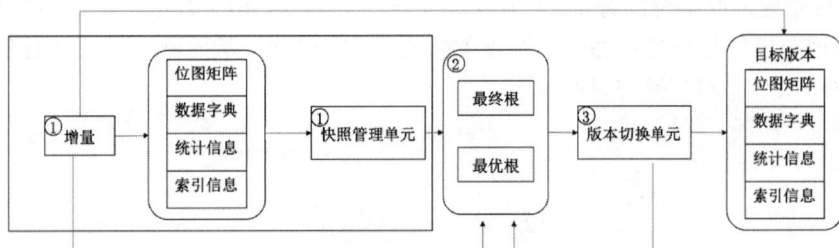

图 2-24　BBFOR 方法实施步骤示意图

2.3.3.1　快照和增量相结合的技术

实现多版本切换的方式通常可归纳为两种：一种是基于快照的方式，另一种是基于增量的方式。在基于快照的方式中，系统周期性地对当前状态进行了一次完整的数据复制，形成了特定时间点的版本，也称为快照。而基于增量的方式则关注目标版本相对于原版本的变化量。如图 2-25 所示，图中展示了两个快照版本，分别为版本 0 和版本 1，同时还呈现了一个增量的情况。在版本 0 中，包含三条时序边；而版本 1 则包含了四条时序边，其增量记录了系统的一次更新操作。版本 0 和版本 1 都是对系统完整数据的复制，而增量则记录了版本 1 相对于版本 0 的变化内容。

基于快照的方案会在特定时间点保存系统的快照，如图 2-25 所示。该方案维护了两个完整的快照版本，即版本 0 和版本 1。每当系统进行数据更新时，基于快照的方案都会保存一个全新的系统快照。对于庞大的知识图谱来说，这种方法的存储开销巨大，因为它保留了所有历史版本，所以导致存储数据存在严重的冗余。从图中可以看出，虽然两个快照之间的数据更新量相对于整个数据量而言是较小的，但是版本 0 和版本 1 仍存储了三条相同的时序边，这说明基于快照的方案存在数据的高度冗余。

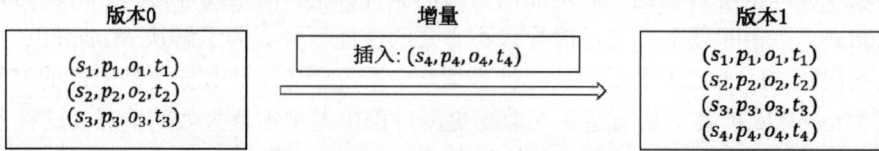

图 2-25　快照和增量示例

与此相反，基于增量的方案解决了基于快照的方案中存储开销过大的问题。该方案仅保留了一个快照版本，其将对多个快照的保存替换为系统运行过程中的更新日志记录，以便表达版本之间的增量变化。在需要进行版本切换时，系统会将保留的快照版本作为根版本，并基于根版本重新演绎更新日志以实现版本切换。通常有两种根版本的选择方案，分别是：最初根和最终根。以最初根为例，系统会保存初始版本 0 及后续的增量变化。相对于基于快照的方案，基于增量的方案显著减少了存储开销。然而，基于增量的方案会增加版本切换的时间开销，因为它需要重新演绎系统的更新日志，特别是待切换版本与根版本之间存在较大变化时。

综合上述分析，如何在系统多版本切换中平衡时间开销和空间开销是关键问题所在。如图 2-26 所示，HyperBit 的多版本切换策略兼顾了这两种方案的优势。HyperBit 不仅保存了多个快照版本，还保留了增量日志。与基于快照的方案相比，HyperBit 仅保存了少量的快照版本，从而有效地控制了空间开销。相较于基于增量的方案，由于系统保留了多个快照版本，因此版本切换时能够选择接近待切换版本的快照作为根版本，从而减少了推演更新日志的工作量，进而降低了版本切换的时间成本。

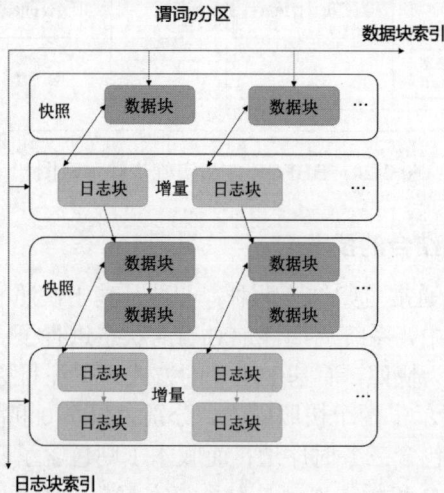

图 2-26　HyperBit 多版本切换策略示意图

2.3.3.2　最终根和最优根

用户通常对较新版本的知识图谱具有更高的访问需求，而对更早版本的访问需求较低。为了深入了解用户对数据的访问需求情况，本节以金融数据为例进行了以下数据统计实验，其中，数据源自上海证券交易所发布的定期报告。本实验针对上海证券交易所 2022 年第一季度发布的前十篇定期报告，对其访问量进行了统计分析，结果如图 2-27 所示。从图中可见，数据发布第一天内的访问量远超之后累计的访问量，这表明用户对最新数据的访问兴趣较高。然而，随着数据发布时间的延长，访问量迅速下降，并呈现出递减的趋势。

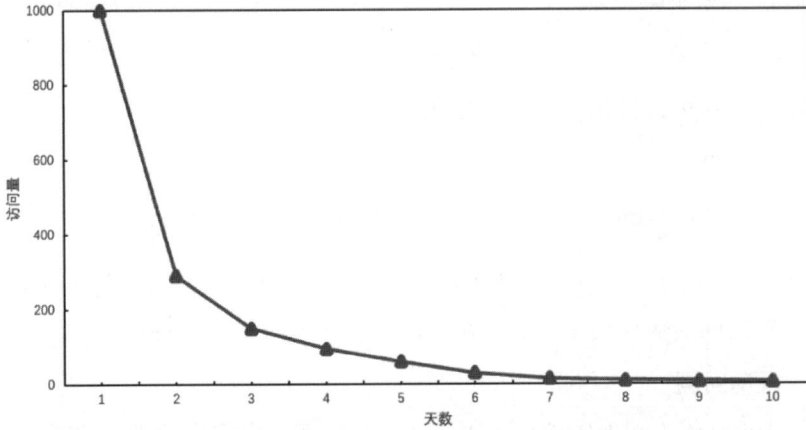

图 2-27　定期报告访问量统计分析结果

通过分析数据的访问情况，可以发现用户更频繁地访问较新的数据，这表明较新版本的知识图谱在用户中具有较高访问频率，且在总体访问量中占据重要比例。因此，针对较新版本的切换方式进行优化可以显著提升系统整体的版本切换效能。在考虑版本切换的开销时，需要注意从当前版本切换到目标版本的更新量对切换开销产生的影响。为了降低较新版本切换的更新量，保留一份最新版本的图谱是一种有效策略，这可以大幅减少切换到较新版本的开销，从而提升系统对较新版本切换的效率，并进一步提高整体版本切换的效能。

综合以上分析，HyperBit 系统始终保存了知识图谱中的最新快照版本，即最终根。除最终根之外，系统还保存了一个最优根。下面先说明为什么保存两个快照，然后再说明最优根的计算方法。

假设各个版本的访问频率呈均匀分布且系统采用了最终根的方案，那么可以通过式（2-3-1）计算在拥有 n 个快照的情况下，版本切换的平均更新量 $g(n)$。令 C 为更新量总数，从式中可以观察到，若仅保存一个最终根，则版本切换的平均更新量为 $\frac{C}{2}$；若保留两个快照，则平均更新量为 $\frac{C}{6}$；若保留三个快照，则平均更新量为 $\frac{C}{10}$。这表明，从一个快照过渡到两个快照，平均更新量减少了 $\frac{C}{3}$。然而，在两个快照的基础上增加更多快照，例如采用全快照方案使得平均更新量为 0，其更新量也仅减少了 $\frac{C}{6}$，相当于从一个快照到两个快照的改进结果的一半。因此，引入更多快照对系统的平均更新量影响非常有限。相比于采用更多快照，选择保留两个快照不仅能够降低系统的存储成本，还更便于系统管理。

$$g(n) = \frac{C}{2(2n-1)} \tag{2-3-1}$$

　　所以，系统在保留最终根的基础上还存储了另一个关键快照，即最优根。这样的决策可以最小化版本切换所需的平均更新量。首先，根据前文所述的版本访问频率特征，我们可以观察到版本访问频率的分布大致符合指数分布和幂等曲线。经过对版本访问频率进行详细的拟合分析，可以得出，采用幂等曲线的拟合效果最为优越，其拟合的确定系数高达 0.9839。因此，基于幂等曲线的拟合模型，可以通过式（2-3-2）来描绘经过拟合后的版本访问频率。

$$f(x) = \frac{820.68}{x^{1.41}} \tag{2-3-2}$$

　　将最终根表示为 R_e，最优根为 R_t，版本 n 的根为 R_n，版本数量为 N，那么最优根的计算如式（2-3-3）所示。

$$t = \operatorname{argmin}\left(\sum_{n=1}^{N} \min(|R_n - R_e|, |R_n - R_t|) \times \int_{n-1}^{n} f(x)\mathrm{d}x \right) \tag{2-3-3}$$

　　其中，$|R_n - R_e|$ 表示从版本 n 到最终根的更新量，$f(x)$ 为版本访问频率曲线。采用式（2-3-3）计算出的最优根相比于其他快照，版本切换的平均更新量最小。

2.3.3.3　双向回溯

　　为了进一步提高版本切换的效率，HyperBit 使用了双向回溯技术。如图 2-28 所示，系统存储了两个快照，即 t_n 时刻快照和 t_{n+1} 时刻快照。t_n 时刻快照到 t_{n+1} 时刻快照之间的更新量为更新 1 到更新 n，而系统需要切换到 t_n 和 t_{n+1} 之间的 t 时刻版本。当需要切换版本的时间点 t 离 t_n 时刻的快照更近时，系统将 t_n 时刻快照加载到内存中，然后正向切换。按照更新日志依次完成更新 1 到更新 x 的更新，即得到了需要切换的版本。若需要切换版本的时间点离 t_{n+1} 时刻快照更近，则采用反向切换。在反向切换的过程中，系统会反转更新的操作类型，如将插入变为删除，将删除变为插入，然后系统会按照更新日志依次完成更新 n 到更新 $x+1$ 的反向更新，最终得到需要切换的版本。

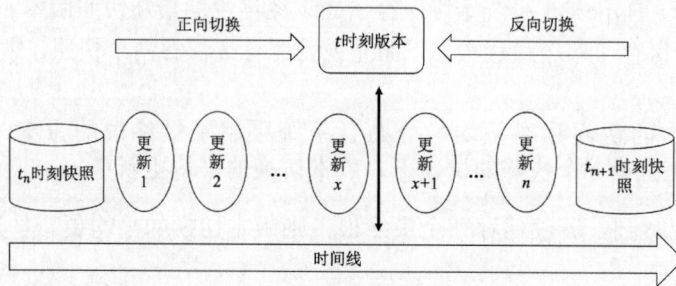

图 2-28　双向回溯原理示意图

本章参考文献

[1]　Chartrand Gary, Linda Lesniak, Ping Zhang. Graphs and Digraphs[M]. London: Chapman and Hall, 1996.

[2]　Michael R. Margitus, Gregory Tauer, Moises Sudit. RDF versus Attributed Graphs: The War for the Best Graph Representation[C]//Proceedings of the 18th International Conference on Information Fusion (Fusion 2015), Washington, DC, USA, July 6-9, 2015: 200-206.

[3] Ye Li, Chaofeng Sha, Xin Huang, Yanchun Zhang. Community Detection in Attributed Graphs: an Embedding Approach[C]//Proceedings of the Thirty-Second Conference on Artificial Intelligence (AAAI 2018), New Orleans, Louisiana, USA, February 2-7, 2018: 338-345.

[4] Waqas Ali, Muhammad Saleem, Bin Yao, Aidan Hogan, Axel-Cyrille N. Ngomo. A Survey of RDF Stores and SPARQL Engines for Querying Knowledge Graphs[J]. The VLDB Journal, 2022, 31(1): 603-628.

[5] 王鑫, 邹磊, 王朝坤, 等. 知识图谱数据管理研究综述[J]. 软件学报, 2019, 30(7): 2139-2174.

[6] Mirek Sopek, Przemyslaw Gradzki, Witold Kosowski, Dominik Kuziski, Rafa Trójczak, Robert Trypuz. GraphChain: a Distributed Database with Explicit Semantics and Chained RDF Graphs[C]//Proceedings of the The Web Conference 2018 (WWW 2018), Lyon , France, April 23-27, 2018: 1171-1178.

[7] Amalia Amalia, Rizky M. Afifa, Herriyance Herriyance. Resource Description Framework Generation for Tropical Disease Using Web Scraping[C]//Proceedings of the 2018 IEEE International Conference on Communication, Networks and Satellite (Comnetsat 2018), Medan, Indonesia, November 15-17, 2018: 44-48.

[8] Hogan Aidan. Resource Description Framework[M]. The Web of Data, 2020, 1(1): 59-109.

[9] Fabrizio Orlandi, Damien Graux, Declan O'Sullivan. Benchmarking RDF Metadata Representations: Reification, Singleton Property and RDF[C]//Proceedings of the 2021 IEEE 15th International Conference on Semantic Computing (ICSC 2021), Laguna Hills, CA, USA, January 27-29, 2021: 2325-6516.

[10] Aisha Mohamed, Ghadeer Abuoda, Abdurrahman Ghanem, Zoi Kaoudi, Ashraf Aboulnaga. RDFFrames: Knowledge Graph Access for Machine Learning Tools[J]. The VLDB Journal, 2022, 31(2): 321-346.

[11] Justin W. Jaworski1, Norbet Peake. Aeroacoustics of Silent OWL Flight[J]. Annual Review of Fluid Mechanics, 2020, 52(2): 395-420.

[12] Gyan P. Tiwary, Stroulia Eleni, Srivastava Abhishek. Compression of XML and JSON API Responses[J]. The IEEE Access, 2021, 9(1): 57426-57439.

[13] Kellogg Gregg, Pierre A. Champin, Dave Longley. JSON-LD 1.1-A JSON-based Serialization for Linked Data[D]. W3C Recommendation, 2019, 1(1): 1-26.

[14] Chaleplioglou Artemis, Poulos Marios, Papavlasopoulos Sozon. The Development of a Cardiological Ontology to Describe Medical, Genetic and Pharmaceutical Entities and Interplay[C]//Proceedings of the 2018 5th International Conference on Mathematics and Computers in Sciences and Industry (MCSI 2018), Corfu, Greece, August 25-27, 2018: 576-584.

[15] Yang Song, Jia Xie, Qiang Huang, Mantao Wang, Jiahe Yu. Design and Implementation of Turtle Breeding System Based on Embedded Container Cloud[C]//Proceedings of the 2018 2nd IEEE Advanced Information Management, Communicates, Electronic and Automation Control Conference (IMCEC 2018), Xi'an, China, May 25-27, 2018: 978-992.

[16] Oshani Seneviratne, Catia Pesquita, Juan Sequeda, Lorena Etcheverry. Sparql2Graph Server: a Server-side Tool for Extracting Networks from Linked Data for Data Analysis[C]//Proceedings of the 20th International Semantic Web Conference (ISWC 2021), Virtual Conference, October 24-28, 2021: 343-349.

[17] Nadime Francis, Alastair Green, Paolo Guagliardo, Leonid Libkin, Tobias Lindaaker, Victor Marsault, et al. Cypher: an Evolving Query Language for Property Graphs[C]//Proceedings of the 2018 International Conference on Management of Data (ICDE 2018), Houston, TX, USA, June 10-15, 2018: 1433-1445.

[18] Marko A. Rodriguez. The Gremlin Graph Traversal Machine and Language[C]//Proceedings of the 15th Symposium on Database Programming Languages (DBPL 2015), Pittsburgh, PA, USA, October 27, 2015: 1-10.

[19] Oskar Rest, Sungpack Hong, Jinha Kim, Xuming Meng, Hassan Chaf. PGQL: a Property Graph Query Language[C]//Proceedings of the Fourth International Workshop on Graph Data Management Experiences and Systems (GRADES 2016), Redwood Shores, CA, USA, June 24 2016: 1-6.

[20] Renzo Angles, Marcelo Arenas, Pablo Barcelo, Peter Boncz, George Fletcher, Claudio Gutierrez, et al. G-CORE: a Core for Future Graph Query Languages[C]//In: Proceedings of the 2018 International Conference on Management of Data (SIGMOD 2018), Houston, TX, USA, June 10-15, 2018: 1421-1432.

[21] Stephen Harris, Nicholas Gibbins. 3Store: Efficient Bulk RDF Storage[C]//Proceedings of the International

Workshop on Practical and Scalable Semantic Systems (PSSS 2003), Sanibel Island, Florida, October 19-21, 2003: 81-95.

[22] Zhengxiang Pan, Heflin Jeff. DLDB: Extending Relational Databases to Support Semantic Web Queries[C]// Proceedings of the First International Workshop on Practical and Scalable Semantic Systems (PSSS 2003), Sanibel Island, Florida, USA, October 20, 2003: 109-113.

[23] Kevin Wilkinson. Jena Property Table Implementation[C]//Proceedings of the Second International Workshop on Scalable Semantic Web Knowledge Base Systems (SSWS 2006), Athens, Georgia, USA, November 5, 2006: 35-46.

[24] Pingpeng Yuan, Pu Liu, Buwen Wu, Hai Jin, Wenya Zhang. TripleBit: a Fast and Compact System for Large Scale RDF Data[C]//Proceedings of the 39th International Conference on Very Large Data Bases (VLDB 2013), Riva del Garda, Trento, Italy, August 26-30, 2013: 517-528.

[25] Neumann Thomas, Weikum Gerhard. RDF-3X: a RISC-style Engine for RDF[C]//Proceedings of the 34th International Conference on Very Large Data Bases (VLDB 2008), Auckland, New Zealand, August 23-28, 2008: 647-659.

[26] Diogo Fernandes, Jorge Bernardino. Graph Databases Comparison: AllegroGraph, ArangoDB, InfiniteGraph, Neo4J, and OrientDB[C]//Proceedings of the 7th International Conference on Data Science, Technology and Applications (ICDSTA 2018), July 19-22, 2018: 373-380.

[27] Broekstra Jeen, Kampman Arjohn, Harmelen Frank. Sesame: a Generic Architecture for Storing and Querying RDF and RDF Schema[C]//Proceedings of the 2022 Intenational Semantic Web Conference (ISWC 2002), Berlin, Heidelberg, May 29 2002: 54-68.

[28] Eugene I. Chong, Souripriya Das, George Eadon, Jagannathan Srinivasan. An Efficient SQL-based RDF Querying Scheme[C]//Proceedings of the 31st International Conference on Very Large Data Bases (VLDB 2005), Trondheim, Norway, August 19-23, 2005: 1216-1227.

[29] Agrawal Rakesh, Amit Somani, Yirong Xu. Storage and Querying of E-commerce Data[C]//Proceedings of the 27th International Conference on Very Large Data Bases (VLDB 2001), Roma, Italy, September 23-28, 2001: 149-158.

[30] Beckmann Jennifer, Halverson Alan, Krishnamurthy Rajasekar, Naughton F. Jeffrey. Extending RDBMSs to Support Sparse Datasets Using an Interpreted Attribute Storage Format[C]//Proceedings of the 22nd International Conference on Data Engineering (ICDE 2006), Atlanta, GA, USA, April 3-7, 2006: 58-58.

[31] Daniel J. Abadi, Marcus Adam, Madden R. Samuel, Hollenbach Kate. Scalable Semantic Web Data Management Using Vertical Partitioning[C]//Proceedings of the 33rd International Conference on Very Large Data Bases (VLDB 2007), Vienna, Austria, September 23-28, 2007: 411-422.

[32] Daniel J. Abadi, Marcus Adam, Madden R. Samuel, Hollenbach Kate. SW-Store: a Vertically Partitioned DBMS for Semantic Web Data Management[J]. The VLDB Journal, 2009, 18(2): 385-406.

[33] Daniel J. Abadi, Madden R. Samuel, Hachem Nabil. Column-stores vs. Row-stores: How Different Are They Really?[C]//Proceedings of the 2008 International Conference on Management of Data (SIGMOD 2008), Vancouver, BC, Canada, June 9-12, 2008: 967-980.

[34] Heman Sandor, Zukowski Marcin, Vries Arjen, Boncz Peter. Efficient and Flexible Information Retrieval Using MonetDB/X100[C]//Proceedings of the 3rd Biennial Conference on Innovative Data Systems (CIDR 2007), Asilomar, California, USA, January 7-10, 2007: 96-101.

[35] Lefteris Sidirourgos, Romulo Goncalves, Martin Kersten, Niels Nes, Stefan Manegold. Column-store Support for RDF Data Management: Not All Swans Are White[C]//Proceedings of the 34th International Conference on Very Large Data Bases (VLDB 2008), Auckland, New Zealand, August 23-28, 2008: 1553-1563.

[36] Cathrin Weiss, Panagiotis Karras, Abraham Bernstein. Hexastore: Sextuple Indexing for Semantic Web Data Management[C]//Proceedings of the 34th International Conference on Very Large Data Bases (VLDB 2008), Auckland, New Zealand, August 23-28, 2008: 1008-1019.

第**3**章

图立方的抽取与融合

图立方作为时序超图统一表达模型，突破了传统数据模型的局限性，实现了对知识高维嵌入及数据多元时序关系嵌入的统一表达。在时序知识图谱存储系统 HyperBit 的基础上，如何高质量构建准确、完整的时序图谱，即如何实现异质高维实体关系的准确和高效抽取、时序多频实体消歧和图谱融合，构建"实时、动态、可追溯"的超大规模时序关联图，是一个关键的科学与技术问题。知识图谱构建的基础是关系提取，其基本目标是从给定的文档存储库中提取特定类型的信息，并将其输出到结构化存储库。特别是对于连接两个及以上实体的超关系数据，高阶结构信息有助于对知识超图进行表示及推理。此外，关系抽取通常需要处理多种时间关系，例如时间排序、时间重叠、时间间隔等，提取文本中的时间信息为后续的自然语言处理任务（如知识问答、知识图谱补全和自然语言生成）提供了基础支持。在知识抽取与表示中，由于知识来源的不同，导致知识的质量参差不齐，许多知识之间存在着冲突或者重叠。应用知识融合技术对多源知识进行处理，一方面提升了知识图谱的质量，另一方面丰富了知识的存量。将从自然语言文本中抽取的实体正确地与已有实体进行匹配（实体消歧）可以实现从实体层面提升知识图谱质量的目标，与此同时，采用与其他知识图谱合并的方法可以实现从整体层面进行知识融合的目标。本章通过基于语义增强的超关系抽取模型E2CNN 及多任务的时序关系抽取技术结构化联合模型来实现对图立方的抽取。此外还设计了基于实体消歧的图立方知识增量更新方法和基于图神经网络的知识图谱融合技术来完成对图立方的融合。

3.1 基于语义增强的超关系抽取模型

3.1.1 背景概述

在中文语料库中，数据结构大多呈现出错综复杂的多样性。以金融领域的数据为例，图 3-1 展示了在金融机构信息系统中存储的各种数据类型，主要包括结构化数据和非结构化数据。针对上述不同的数据类型需要采取差异化的方法来构建图立方表示。对于传统的结构化数据而言，简单的映射转换已足以完成图立方表达；而大量的非结构化数据则需要通过学习转换的方式来实现图立方表示，这一转换过程通常采用关系抽取方式来实现，其难点在于如何利用已有的实体知识库，基于跨领域知识的预训练模型来实现对新实体及实体间关系的抽取。

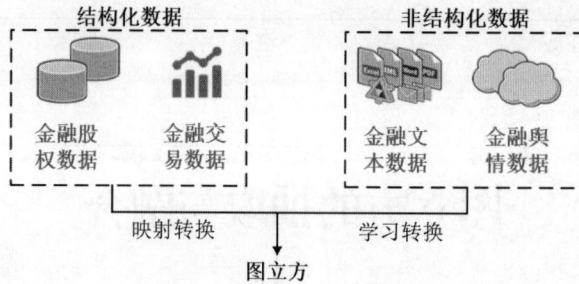

图 3-1　金融领域的数据类型

针对关系抽取问题，通常可以通过流水线式模型与联合抽取模型来解决。流水线式模型将关系抽取问题划分为两个子任务，分别为：

（1）命名实体识别（Named Entity Recognition，NER）[1]：从文本中识别实体；

（2）关系分类[2][3]：将命名实体识别任务中预测出的实体组合成实体对，再预测实体对之间可能存在的关系类型。

早期的关系抽取模型大多属于流水线式[3][4]，即分别训练不同的模型来处理不同的子任务。然而，在流水线式模型中，命名实体识别任务的错误结果无法在关系分类中得到修正，这就导致命名实体识别阶段的错误会直接影响最终的关系抽取结果，即存在错误传播问题。近年来提出的联合抽取模型[5][6]对这两个子任务进行联合建模，直接从文本中提取三元组而不进行子任务划分。目前的研究表明，联合抽取模型能够更好地捕获实体与关系之间的潜在联系，有助于减少错误传播问题。联合抽取模型可以分为两类，分别是：

（1）结构化预测：将关系抽取任务建模为一个统一的预测框架，例如表格填充、序列标注等；

（2）多任务学习：本质上还是建立了命名实体识别和关系分类两个子任务，但通过参数共享把它们结合在一起了。

虽然关系抽取问题已受到广泛关注，但是现有的关系抽取模型在从中文文本中抽取图立方所需要的超关系方面仍然面临挑战。一方面，在中文文本中存在大量嵌套实体的实例，即一个实体可能包含另一个实体。以金融语料库为例，其中，常见的公司实体中常嵌套有地点实体，产品实体中常嵌套有公司实体等。传统的实体识别模型往往采用序列标注方法[7][8]，即通过对文本中的每个字符进行标注，来表示字符在实体中的位置。例如在"BIOES"序列标注模式中，预测出的实体首字符会被标注为"B"，实体内部字符标注为"I"，而实体尾字符标注为"S"。然而，当处理嵌套实体时，序列标注模型可能会出现标签冲突的情况，这一情况会进一步影响后续关系抽取任务的效果，甚至导致模型出错无法运行。

另一方面，在中文文本中存在着大量复杂多元关系类型，即超关系问题。以金融语料库为例，其中，广泛存在投资、合作、收购等金融关系，这些关系通常涉及多个实体。以往的方法需要对三元组进行组合才能得到超关系，而不能直接提取超关系多元组。具体而言，如图 3-2 所示，对于（李捷，任职于，{阿里影业，亭东影业}）这一超关系而言，已有的关系抽取工作输出结果如图 3-2（a）所示，即分别输出（李捷，任职于，阿里影业）与（李捷，任职于，亭东影业）两个独立的三元组，这导致原有超关系的整体性丢失，且需要后续工作将抽取出的三元组进行组合才能得到最终超关系多元组。

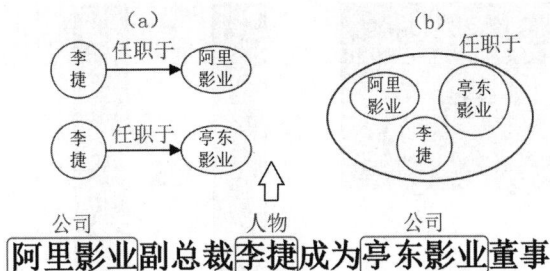

图 3-2　超关系示例

为了充分利用实体抽取模型提取到的特征,需要有效地将实体抽取模块和关系抽取模块相结合。近年来有工作[9]指出,实体抽取和关系抽取任务所需的特征并不完全一致,因此联合抽取模型所采用的共享参数的方法可能会损害模型性能。而流水线式方法由于前一子任务的结果会直接影响到第二个子任务的输入,因此可能会导致误差传播问题[10]。此外,现有的流水线式工作在将实体抽取模块预测的实体类型特征传递给关系抽取模块方面表现不佳,从而导致前一模块的信息无法被后一模块有效利用。

3.1.2　基于语义增强的超关系抽取模型

3.1.2.1　问题定义

中文关系抽取任务以由多个句子组成的中文金融文本 D 作为输入,即 $D = \{S_1, S_2, \cdots, S_m\}$（下标 m 代表文本中的句子总数）。其中,第 i 个句子由多个单词组成,即 $S_i = \{w_1, w_2, \cdots, w_n\}$（下标 n 代表第 i 个句子中的单词总数）。该任务的目标是从输入文本中提取出关系事实。与传统方法中用关系三元组 (h, r, t) 表示关系事实不同,超关系抽取可以直接抽取出关系多元组 $(h, r, \{t_1, t_2, \cdots, t_z\})$。关系多元组可以支持下游任务对知识超图进行构建。假设,给定来自语料库中的句子 S_j 与 S_j 中潜在的关系多元组集合 $T_j = \{(h, r, \{t_1, t_2, \cdots, t_z\})\}$,本问题的目标是最大化语料库 C 中的似然概率:$\prod_{j=1}^{|C|}\left[\sum_{(h,r,\{t_1,t_2,\cdots,t_z\})\in T_j} \Pr((h, r, \{t_1, t_2, \cdots, t_z\})|S_j)\right]$。

3.1.2.2　模型概览

针对上述问题,本节设计了基于语义增强的超关系抽取模型,图 3-3 描绘了该模型的整体工作流程,具体如下:

(1) 实体抽取模块:以语料库中的语句作为输入,预测出输入文本中的所有实体及其对应的类型;

(2) 关系抽取模块:以原始文本和实体抽取模块输出的实体类型作为输入,输出最终预测的关系组。关系抽取模块进一步细分为动态编码层、主体抽取模块和客体与关系联合抽取模块。动态编码层将实体类型与边界信息融入文本中以增强语义信息;主体抽取模块和客体与关系联合抽取模块则将预测出的多元组进行输出,从而实现直接从文本中抽取出超关系。

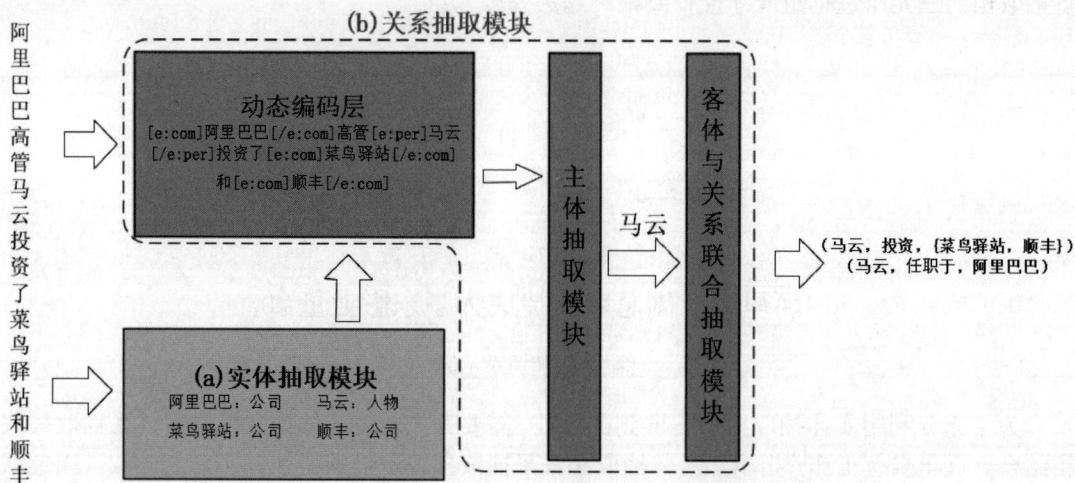

图 3-3　基于语义增强超关系抽取模型的整体工作流程

3.1.2.3　实体抽取

面向图立方的实体抽取结构为基于短语的抽取，如图 3-4 所示。实体抽取模块首先使用 BERT（Bidirectional Encoder Representation from Transformers）[11]进行文本特征提取并构建候选短语集合，以便得到文本和候选短语的向量表征。通过在大规模语料库上进行预训练，BERT 能够捕捉丰富的语言特征和上下文信息。其次，该模块对候选短语集合中的每个短语进行类型预测。最后，将预测出的实体边界及其类别作为实体抽取模块的输出。

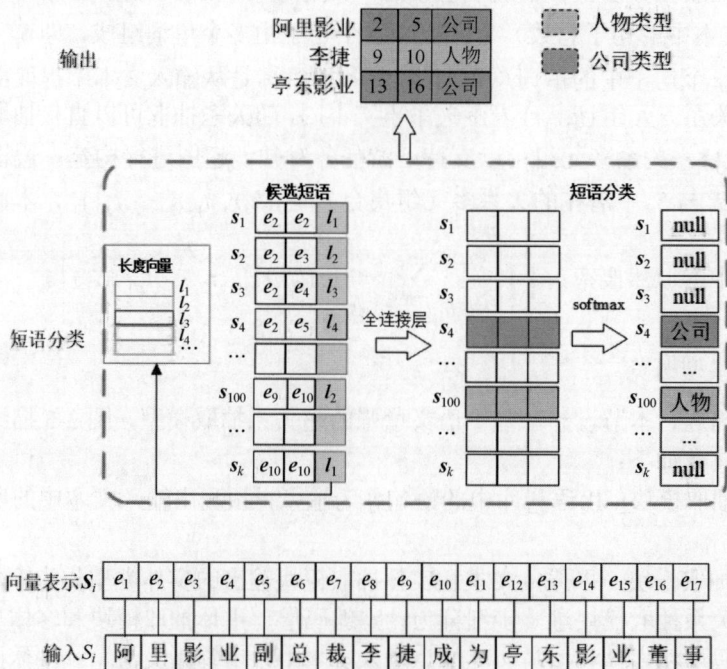

图 3-4　面向图立方的实体抽取结构示意图

具体来说，该模块首先将文本 S_i 输入预训练模型 BERT 中，然后得到输入文本的向量表示 $\mathbf{S}_i$，如式（3-1-1）所示。

$$\mathbf{S}_i = \mathrm{BERT}(S_i) \tag{3-1-1}$$

其中，$\mathbf{S}_i$ 由 S_i 中各词素的向量表示组成，用 e_i 表示 $\mathbf{S}_i$ 中第 i 个元素，即输入文本中第 i 个词素的向量表示。然后，实体抽取模块构造候选短语集合 $\mathbb{S}$，其中，$\mathbb{S}$ 包含输入文本中小于长度阈值的所有连续字符的组合。其中，第 j 个候选短语 $s_j \in \mathbb{S}$ 的向量表示 $\mathbf{s}_j$ 如式（3-1-2）所示，即将其首、尾字符的向量表示与长度向量进行拼接作为候选短语的表示，从而确保不同长度的短语具有同样长度的向量表征。

$$\mathbf{s}_j = [\mathbf{e}_{\mathrm{start}(j)} \| \mathbf{e}_{\mathrm{end}(j)} \| \mathbf{l}_{\mathrm{len}(s_j)}] \tag{3-1-2}$$

在式（3-1-2）中，$\mathbf{e}_{\mathrm{start}(j)}$ 和 $\mathbf{e}_{\mathrm{end}(j)}$ 分别表示短语 s_j 首、尾位置的向量表示，$\mathrm{len}(s_j)$ 为短语 s_j 的长度，$\mathbf{l}_{\mathrm{len}(s_j)}$ 为 s_j 对应的长度向量，$\|$ 表示向量的拼接操作。最后，该模块通过式（3-1-3）所示的过程进行短语分类，即通过全连接层将短语特征映射为包含实体类型数量长度的向量，再使用 softmax 函数得到预测的概率向量 $\mathbf{p}_e$。

$$\mathbf{p}_e = \mathrm{softmax}(\mathbf{W}_e \mathbf{s}_j + \mathbf{b}_e) \tag{3-1-3}$$

其中，$\mathbf{W}_e$ 与 $\mathbf{b}_e$ 为全连接层中的可学习参数，$\mathbf{p}_e$ 为预测所得的概率向量，其由各实体类别对应的预测概率组成。实体抽取模块最终训练出一个神经网络，该网络对于所有候补短语，分别计算其为各实体类别的概率分布。式（3-1-4）描述了实体抽取模块所采用的对数似然损失函数。

$$\mathcal{L}_e = -\sum_{s \in \mathbb{S}} \log \mathrm{Pr}_s(t_s' \mid s)^{①} \tag{3-1-4}$$

其中，t_s' 为短语 s 所属的正确类别，$\mathrm{Pr}_s(t_s' \mid s)$ 为实体抽取模块所预测的短语 s 属于实体类别 t_s' 的概率值。最小化式（3-1-4）即为最大化正确类别的预测概率。最终该模块输出预测实体的边界位置与对应预测类别。由于候选短语中包含了所有长度阈值之下的连续字符的组合，因此解决了实体识别中的嵌套实体问题。

3.1.2.4　关系抽取

在完成实体抽取后，需要进一步抽取实体间可能存在的关系。关系抽取模块由三部分组成，分别是：动态编码层、主体抽取模块及客体与关系联合抽取模块。针对关系抽取模型未利用到实体类型特征信息的问题，该模型在动态编码层加入了实体标签特征向量，从而增强了关系抽取模块中的语义信息。针对文本中的超关系问题，该模型使用层叠指针网络进行主体和客体位置的预测，从而得到最终的超关系预测结果。关系抽取模块的整体运行流程如下：

（1）将原始待抽取文本和加入实体类型标签的文本分别用 BERT 编码器进行编码，从而将文本转换为词向量；

（2）在主体抽取模块中，训练两个分类器用于判断文本的每个位置是否能作为主体的起始和结束，最后将预测的起始和结尾位置进行组合生成预测主体集合；

（3）对于预测主体集合中的每个主体，将其在原始文本中的词向量和加入标签后的文本

---

① 本书中，若未做特殊说明，log 的底数均为 2。

中的词向量相加，得到融合了实体类型信息的词向量，并作为后续步骤的输入；

（4）对于每个候选主体，使用与其对应的第（3）步的词向量作为输入，并为每个关系类型设置两个类似于上述主体抽取模块中的分类器，这些分类器的任务是预测在该关系类型下可能与该候选主体匹配的所有客体的起始和结束位置，并通过将起始和结束位置进行匹配，得到预测的客体列表；

（5）将候选主体、关系类型、预测客体列表组合起来，得到预测的关系多元组。

动态编码层将输入文本转换为词向量的形式，然后作为关系抽取模块的输入，如图 3-5 所示。在以往的许多方法中，关系抽取模型只利用到了实体抽取模型预测的实体位置信息，而忽略了实体类型信息。但动态编码层通过将这两部分编码结合起来，既融合了实体类型信息，又能保留原始文本中的实体特征。动态编码层首先通过前述的实体抽取模型得到预测实体集合，然后将预测实体集合中的实体类型显式加入原始文本中得到了融入实体类型标签的文本，即根据预测实体集合中预测实体的首、尾位置，在对应文本的前、后分别加入标签 $[e, type]$ 与 $[/e, type]$。其中，type 为对应实体的预测类型，e 和 /e 表示实体的开始和结束位置。最终将加入实体类型的文本 S_i 表示为 S_i'，同样使用 BERT 预训练模型得到向量表示 S_i'，如式（3-1-5）所示。

$$S_i' = \text{BERT}(S_i') \tag{3-1-5}$$

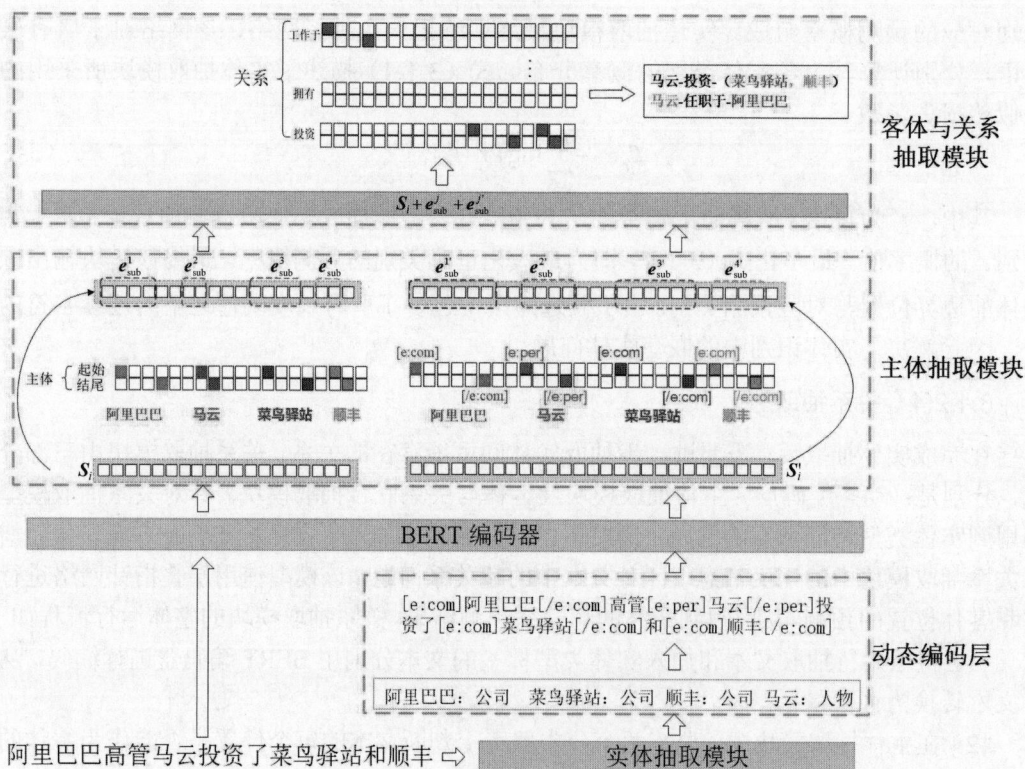

图 3-5　关系抽取模块示意图

主体抽取模块的目标是从输入文本中抽取出所有可能作为关系主体的实例。该模块的输入为动态编码层得到的原始文本的词向量 S_i 及加入标签的文本的词向量 S_i'。主体抽取模块采用了指针网络架构。具体而言,对于输入文本词向量中的每个位置,主体抽取模块分别预测其是否为主体的首、尾位置。式(3-1-6)和式(3-1-7)分别描述了主体抽取模块计算第 j 个位置为主体首、尾位置的概率的过程。对于输入文本中的每个位置,主体抽取模块将该位置的向量表示输入全连接层中,再使用 sigmoid 函数进行归一化,最终得到该字符为主体首、尾位置的概率。

$$p_j^{\text{start-s}} = \sigma(\mathbf{W}_{\text{start}} \boldsymbol{e}_j + \boldsymbol{b}_{\text{start}}) \tag{3-1-6}$$

$$p_j^{\text{end-s}} = \sigma(\mathbf{W}_{\text{end}} \boldsymbol{e}_j + \boldsymbol{b}_{\text{end}}) \tag{3-1-7}$$

其中,$p_j^{\text{start-s}}$ 与 $p_j^{\text{end-s}}$ 分别表示文本中第 j 个位置为主体的开始与结束位置的概率,σ 表示 sigmoid 函数,$\mathbf{W}_{\text{start}}$、$\boldsymbol{b}_{\text{start}}$ 与 $\mathbf{W}_{\text{end}}$、$\boldsymbol{b}_{\text{end}}$ 分别为预测主体开始与结束位置时所使用的线性层中的可学习参数。若所得概率大于预设主体边界概率阈值 h_{bar},则将该位置标记为主体的边界位置。然后将预测得到的主体首、尾位置进行组合,即得到了预测主体集合,如图 3-5 所示。主体抽取工作将预测出的主体向量与对应的加入标签的主体向量进行相加,作为融合实体类别特征的实体向量。主体抽取模块的目标是最小化式(3-1-8)的损失函数。

$$\mathcal{L}_{\text{sub}} = \mathcal{L}_{\text{sub}}^{\text{start}} + \mathcal{L}_{\text{sub}}^{\text{end}} \tag{3-1-8}$$

该损失函数 $\mathcal{L}_{\text{sub}}$ 为主体首、尾位置损失函数之和。其中,$\mathcal{L}_{\text{sub}}^{\text{start}}$ 和 $\mathcal{L}_{\text{sub}}^{\text{end}}$ 的计算式具有相同的形式,式(3-1-9)描述了对于长度为 n 的输入文本,$\mathcal{L}_{\text{sub}}^{\text{start}}$ 的计算过程。

$$\mathcal{L}_{\text{sub}}^{\text{start}} = -\sum_{j=1}^{n} \boldsymbol{x}_j^{\text{start-s}} \log \boldsymbol{p}_j^{\text{start-s}} + (1 - \boldsymbol{x}_j^{\text{start-s}}) \log(1 - \boldsymbol{p}_j^{\text{start-s}}) \tag{3-1-9}$$

其中,$\boldsymbol{x}_j^{\text{start-s}}$ 是第 j 个位置为主体开始位置的标签,如果输入语句的第 j 个位置字符为主体的开始位置,那么 $\boldsymbol{x}_j^{\text{start-s}}$ 为 1;否则为 0;$\boldsymbol{p}_j^{\text{start-s}}$ 为主体预测模块输出的第 j 个位置为实体开始位置的概率。$\mathcal{L}_{\text{sub}}^{\text{end}}$ 的计算过程与式(3-1-9)一致。

客体和关系联合抽取模块的功能是对于每个候选主体,在预定义的每一种关系类型上抽取出可以与其匹配的所有客体。联合抽取模块采用层叠式网络结构完成关系抽取任务,其中,层叠式网络是指该模块对于每种关系类型都构建了类似于主体抽取模块的指针网络,它们平行地以多层堆叠的方式组成客体和关系联合抽取网络。这种设计方式可以有效地解决实体对重叠和单实体重叠的问题。具体而言,针对候选主体集合中的第 j 个主体,式(3-1-10)和式(3-1-11)分别表示对于文本中第 i 个位置计算其是否为客体开始和结束位置的计算过程。联合抽取模块对于每个关系 r 定义了特定的线性层。该模块将第 i 个位置的向量表示与第 j 个主体的向量表示相加,再输入特定关系 r 的线性层中。最终通过 sigmoid 函数进行归一化,从而得到第 i 个位置为对应客体边界位置的概率。

$$p_i^{\text{start-o}} = \sigma[\mathbf{W}_{\text{start}}^r (\boldsymbol{e}_i + \boldsymbol{e}_{\text{sub}}^j) + \boldsymbol{b}_{\text{start}}^r] \tag{3-1-10}$$

$$p_i^{\text{end-o}} = \sigma[\mathbf{W}_{\text{end}}^r (\boldsymbol{e}_i + \boldsymbol{e}_{\text{sub}}^j) + \boldsymbol{b}_{\text{end}}^r] \tag{3-1-11}$$

其中,$\mathbf{W}_{\text{start}}^r$、$\boldsymbol{b}_{\text{start}}^r$ 和 $\mathbf{W}_{\text{end}}^r$、$\boldsymbol{b}_{\text{end}}^r$ 分别为特定于关系 r 计算客体开始和结束位置的线性层参数;$\boldsymbol{e}_{\text{sub}}^j$ 为第 j 个主体的向量表示,$p_i^{\text{start-o}}$ 和 $p_i^{\text{end-o}}$ 分别为第 i 个位置可能为客体开始和结束位置的概率。与主体抽取模块类似,最终将所得到的概率与客体边界概率阈值 t_{bar} 进行对比,若概率大于 t_{bar},则将第 i 个位置视为客体的边界位置。客体和关系联合抽取模块的输入为主体向量、主体标签向量和原始文本的词向量。该模块通过抽取出每个关系类型下的候选客体，再与对应的主体进行组合，最终输出关系抽取结果。对于每个主体而言，由于联合抽取模块针对每个关系预测可能的客体，因此联合抽取模块针对特定主体的损失函数为所有关系类型的损失函数之和。式（3-1-12）描述了对于第 j 个主体，联合抽取模块的损失函数的计算过程。

$$\mathcal{L}_{\mathrm{obj}}^{j} = \sum_{r \in R} \mathcal{L}_{r}^{\mathrm{start}\_j} + \mathcal{L}_{r}^{\mathrm{end}\_j} \tag{3-1-12}$$

其中，R 为预定义关系类型集合，$\mathcal{L}_{r}^{\mathrm{start}\_j}$ 和 $\mathcal{L}_{r}^{\mathrm{end}\_j}$ 为特定于第 j 个主体的关系类型 r 所预测的客体开始和结束位置的损失函数，它们均为交叉熵损失函数，与式（3-1-9）计算过程相同。对于主体抽取模块输出的预测主体集合 S_p，式（3-1-13）表示客体和关系联合抽取模型最终损失函数的计算过程，即对于每个主体的损失函数之和。

$$\mathcal{L}_{\mathrm{obj}} = \sum_{j=1}^{|s_p|} \mathcal{L}_{\mathrm{obj}}^{j} \tag{3-1-13}$$

3.1.2.5　模型学习

对于实体抽取模块和关系抽取模块，本模型使用任务特定的损失函数进行学习，即使用两个损失函数分别训练不同的模型。式（3-1-14）描述了关系抽取模块损失函数 $\mathcal{L}_r$ 的计算过程。

$$\mathcal{L}_r = \mathcal{L}_{\mathrm{sub}} + \mathcal{L}_{\mathrm{obj}} \tag{3-1-14}$$

其中，$\mathcal{L}_{\mathrm{sub}}$ 和 $\mathcal{L}_{\mathrm{obj}}$ 分别为式（3-1-8）与式（3-1-13）所表示的主体抽取模块和联合抽取模块的损失函数。实体抽取模块的损失函数 $\mathcal{L}_e$ 如式（3-1-4）所示。本模型在随机的小批量实体上通过 Adam 优化器进行训练，即使用随机梯度下降算法分别最小化 $\mathcal{L}_e$ 和 $\mathcal{L}_r$。

3.1.3　实验验证

3.1.3.1　实验设置

为了验证上一节介绍的超关系模型的有效性，本节在 DUIE 和 Finance 数据集上进行了实验。DUIE 数据集由百度公司构建，是一个大规模的中文信息抽取数据集，共包含 45 万个实例，49 种常用关系类型，34 万个关系三元组及 21 万个句子。由于在数据集构建过程中用到了远程监督来自动生成标注数据，因此数据集的质量会有一些低，且数据分布不够均匀。本实验在 DUIE 原始数据集的基础上进行了一些清洗和筛选，最终选择了 17 种关系类型和 15 种实体类型。文本主要包括与人物简介、音乐专辑简介、影视作品简介和文学作品简介相关的句子，共计 80567 条样本，其中，训练集 55959 条、开发集 11191 条、测试集 13417 条。

Finance 数据集中的金融文本来源于部分上市公司的 2019 年和 2020 年的年度报告，其内容主要包括上市公司对其一年内的财务状况、业务发展情况、投资经营内容等公司情况的总结。Finance 数据集共定义了 8 种金融关系类型和 6 种金融实体类型（分别为公司企业、人员、地域、产品、业务、行业实体），采用人工标注并交叉验证的方式完成了对数据的标注，保证了数据集的质量。本实验标注得到共计 9052 条样本，按照数据条数 6∶2∶2 的比例进行划分，其中，训练集 5365 条、开发集 1812 条、测试集 1875 条。

本节在后面的实验中使用 chinese-roberta-wwm-ext 模型作为预训练的 BERT 模型，并将学习率设置为 $1×10^{-5}$，批量大小设置为 4。实验采用精准率（Precision，P）、召回率（Recall，R）和 F1 值（F1-measure）作为实体抽取和关系抽取的性能评估指标。其中，精准率表示模型抽取出的真实正例个数占其预测正例个数的比例，用来衡量模型的准确程度；召回率表示模型抽取出的真实正例个数占真实正例总数的比例，用来衡量模型的全面程度；F1 值则是精准率和召回率的调和平均值，用以评判模型的整体效果。

为验证超关系抽取模型的有效性，选择了 3 个关系抽取模型作对比，分别是：

（1）CasRel[12]：该方法采用预训练模型生成文本特征，并使用层叠式网络结构进行抽取，但没有考虑将实体的类型信息作为输入特征；

（2）PL-Marker[13]：总结了流水线式模型的现有工作，并通过在短语前后插入[S]和[/S]表示实体的开始与结束；

（3）DYGIE++[14]：提出了适用于实体抽取、关系抽取和事件抽取的通用框架，并通过信息传递捕捉上下文特征。

3.1.3.2　实验结果与分析

在关系抽取任务的公开数据集 DUIE 和中文金融数据集 Finance 上对超关系抽取模型进行评估，实验结果如表 3-1 所示。可以看到，超关系抽取模型在 DUIE 和 Finance 上的 F1 值分别达到84.93%和75.24%，均超过了基线模型。其中，相较于 CasRel 模型，F1 值在 DUIE 和 Finance 数据集上分别增长了 8.9 个百分点和 21.57 个百分点，这证明了相较于共享参数的联合抽取方法，合理设计两个子任务之间的信息传递方式更为有效。对比于在关系抽取中融入了实体边界信息的 PL-Marker，F1 值在两个数据集上分别显著提高了 16.76%和27.22%，这验证了在关系抽取模块使用层叠指针框架的有效性，同时说明了在关系抽取模块中利用实体类型信息可以显著提升关系类型预测的准确性。

表 3-1　关系抽取任务实验结果

模　　型	DUIE			Finance		
	P(%)	R(%)	F1(%)	P(%)	R(%)	F1(%)
CasRel	79.15	73.14	76.03	56.69	50.96	53.67
PL-Marker	79.48	59.67	68.17	52.21	44.46	48.02
DYGIE++	75.83	65.29	70.17	57.47	39.95	47.13
Ours	**87.51**	**82.49**	**84.93**	**86.44**	**66.60**	**75.24**

为了进一步验证语义增强在超关系抽取中的作用，本节在金融数据集 Finance 上统计了预测出的关系多元组中所有实体的类别，并与所标注的正确类别进行了比较，将对比结果分为"类别正确""类别错误"和"非实体"三种。例如，对于"位于关系"，如果预测出的客体类别为"地点"，那么该客体预测结果为"类别正确"；若预测出客体为其他类别，则为"类别错误"；若预测出的客体不在标注的实体类别中，则说明预测出的客体不是实体，即为"非实体"。根据该分类标准进行消融实验，分别统计了两种模型下预测关系中实体类别正确、错误和非实体所占的比例，结果如表 3-2 所示。

表 3-2　　消融实验结果

模　　型	类　别　统　计			模　型　性　能		
	正确（%）	错误（%）	非实体（%）	P(%)	R(%)	F1(%)
去除语义增强	59.21	3.51	37.28	56.69	50.96	53.67
Ours	**87.51**	**82.49**	**84.93**	**86.44**	**66.60**	**75.24**

消融实验结果说明去除语义增强后所预测出的实体类别正确率下降，且预测出了大量的非实体，这说明关系抽取模型无法正确预测实体的边界信息，导致模型性能大幅下降。因此，该消融实验说明语义增强机制对关系抽取模型的性能提升具有较大帮助。

本节首先以中文金融语料库为实例，强调了从异质高维的数据中抽取实体与超关系在分析中文文本时的重要性；然后介绍了基于语义增强的超关系抽取模型，其整体工作内容分为预处理模块、实体抽取模块、关系抽取模块等；最后在 DUIE 和 Finance 数据集上验证了所提出的超关系抽取模型的有效性。超关系抽取模型仅是自然语言处理中广泛关系抽取任务的一个研究方向，为了提取出中文语料中蕴含的时间信息，还需要引入时序关系抽取技术。这一技术不仅是对传统关系抽取模式的延伸，还体现了自然语言处理任务在时间维度上的拓展性，为理解和分析文本中的时序信息提供了全新的视角和工具。

3.2　基于多任务的时序关系抽取技术

3.2.1　背景概述

在实际文本中，事件的时序关系对于理解语义和逻辑关系至关重要，尤其是在复杂的叙述和描述中。因此，在图立方中，基于时序关系进行抽取变得尤为重要，因为它可以揭示事件之间的相互联系和依赖性，从而提供更深入的分析和理解。时序关系抽取与之前的任务不同，其旨在从文本中识别出事件之间的时间关系[18]。具体而言，其目标是针对一个事件对（动词对）抽取两个事件发生的相对时间顺序关系（时序关系）。近年来，学术界在这一领域取得了巨大的进展。TempEval[22]是时序关系抽取领域最具代表性的评测任务之一，其旨在评估系统对时间和事件之间关系的识别能力，它包含了一系列标注好的语料库，其中涉及多种时间和事件之间的关系，例如时间排序、时间重叠、时间间隔等。除常规评估任务之外，还有一些更为先进的工具和框架为时序关系抽取提供了支持，如 DeepTime[23]和 TARSQI[24]等。DeepTime 是一个基于深度学习的时序关系抽取框架，它使用循环神经网络（Recurrent Neural Network，RNN）和注意力机制等技术，能够从文本中自动学习事件和时间之间的关系，它在多个时序关系抽取任务上取得了良好的效果。TARSQI 是一个面向问题回答系统的时序关系抽取工具，其主要目标是解决自然语言问答中的时序问题，它使用基于规则和机器学习的方法，包括传统的特征工程和深度学习等。

尽管已有很大进展，但时序关系抽取领域仍面临着一些挑战，特别是在以下方面：

（1）时序关系抽取的准确性依赖于事件抽取的精确性，错误的事件抽取会对下游关系抽取带来错误的信息[20]；

（2）数据标注困难、耗时耗力且质量难以保障[17]；

（3）现有数据集有限且容量不足；

（4）抽取的精确度和有效性紧密依赖于所用数据集的质量[19]，这使得寻找合适的深度学习方法变得困难；

（5）中文文本中（如金融知识图谱领域）与时序抽取相关的数据集存在缺失的情况。基于这些挑战，本节深入探索现有的时序关系抽取模型，以找到更有效的解决方案。

当前的时序关系抽取模型主要可以分为两种类型，即流水线模型和结构化联合抽取模型（如图 3-6 所示）。流水线模型[15]是一种端到端系统，其工作流程可以分为两个阶段，其中，第一阶段提取事件，第二阶段预测这些事件之间的时序关系。在流水线模型中，事件提取阶段出现的错误可能会传播到关系分类阶段，并且无法修正。与之相对应的结构化联合抽取模型[17]将预处理后的数据作为输入，同时提取出候选事件及候选时序关系。然后，结合这两者进行结构化预测。在此过程中，部分错误的事件时序关系将得到修正，并最终获得优化后的事件及事件时序关系。由于结构化联合抽取模型可以避免错误传播，更好地应对前述挑战，因此，图立方选择结构化联合抽取模型作为文本事件的时序抽取模型。

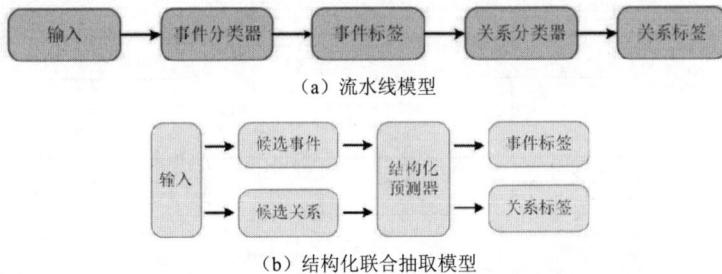

图 3-6　流水线模型与结构化联合抽取模型

此外，对比学习技术近年来在自然语言处理领域广受关注。它通过比较不同样本之间的相似性和差异性来学习语义空间的结构，从而有效地分割和识别不同的概念和关系。基于这些特点，图立方引入对比学习技术，通过结合结构化联合抽取模型和对比学习技术的优点，更精确地提取时序关系。

3.2.2　时序推理增强的多任务事件–关系联合抽取

3.2.2.1　问题定义

时序关系抽取任务以包含多个句子的文本 D 作为输入，即 $D=\{S_1,S_2,\cdots,S_n\}$，其中，n 表示包含句子的数量；第 i 个句子 S_i 由多个词构成，即 $S_i=\{w_1,w_2,\cdots,w_m\}$，$m$ 表示句子中的单词数量。本任务的目标[21]是在文本中识别出哪些单词属于事件 e 以及所有事件对 (e_i,e_j) 之间的时序关系，即 $\{r_{\{i,j\}}|r\in R\}$，其中，R 表示可能的时序关系集合。最终，将抽取出的所有时序三元组表示为一张有向图。在有向图中，每个事件可视为一个节点，而时序关系则可视为连接这些节点的边。因此，时序关系抽取任务可定义为从文本中识别出事件之间的时间

关系，即建立事件之间的时序关系有向图。通常情况下，两个事件的时序关系存在三种可能性，即事件一在事件二之前发生、事件一在事件二之后发生以及事件一和事件二的发生时间有重叠。这三种情况分别对应于"之前""之后"和"同时发生"这三种标签。特别地，无法判断的时序关系的标签为"不定"。

3.2.2.2　模型概览

针对上述定义，本节结合结构化联合抽取模型和对比学习技术的优点，设计了时序推理增强的多任务事件–关系联合抽取模型，图 3-7 展示了该模型的整体框架。本模型主要分为五部分，分别是：（a）数据预处理，（b）事件评分函数，（c）关系评分函数，（d）结构化支持向量机，（e）对比学习。该模型工作流程分为以下关键阶段。首先，通过使用 BERT 进行数据预处理，以捕获文本中的复杂模式和长期依赖关系。然后，事件评分函数使用双向长短时记忆网络（Bi-directional Long Short-Term Memory，Bi-LSTM）来评估词作为事件的可能性；关系评分函数则评估给定事件对之间的时间关系。接下来，结构化支持向量机（SSVM）整合事件和关系的评分，并找到更好的全局分配。最后，通过对比学习增加相同类别的时序关系在语义空间的相似距离，以便更好地捕捉特定的时序关系。

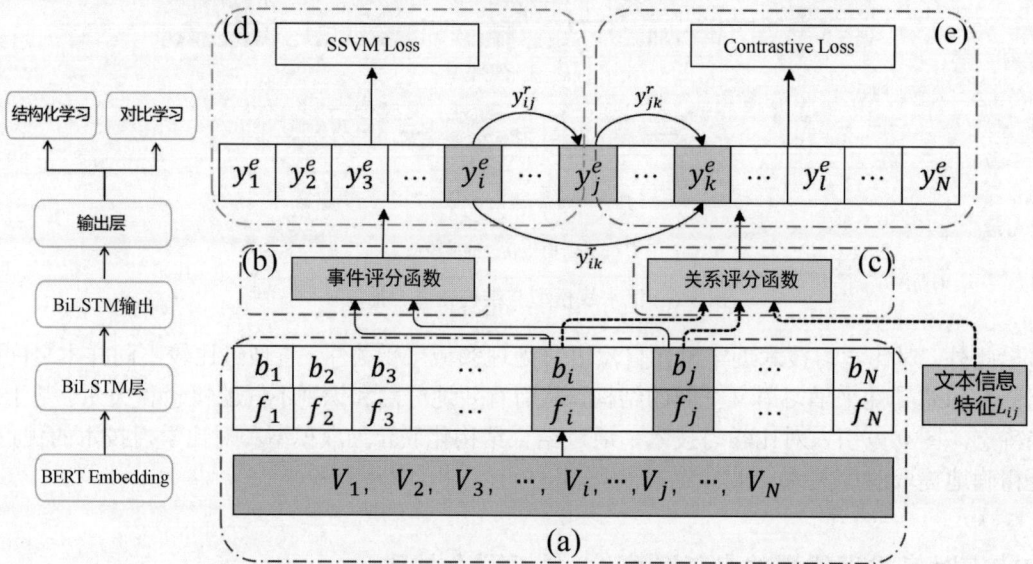

图 3-7　时序推理增强的多任务事件–关系联合抽取模型框架

3.2.2.3　事件–关系联合抽取

在事件–关系联合抽取模块，首先进行数据预处理 [图 3-7（a）]。该模型使用 BERT 来表示文本中的每个词，其是一种深度双向变换器编码器，能够捕获词的上下文信息。通过预训练的 BERT 进行处理，捕获文本中的复杂模式和长期依赖关系，为后续阶段提供丰富的语义信息。这一阶段的输出是每个词的向量表示，其包含了词的语义和句法信息以及词与其上下文之间的关系。

然后，事件评分函数 [图 3-7(b)] 使用双向长短时记忆网络（Bi-LSTM）评估给定词是否为事件，同时捕获文本中的时间依赖性。这一部分的输出是每个词的事件评分，用来表示词作为事件的概率分布。具体来说，对于每个候选事件 i，使用双向长短时记忆网络对其上下文进行编码，并将其与候选事件的词嵌入进行拼接，并通过一个全连接层和 sigmoid 激活函数来预测事件标签，如式（3-2-1）所示。

$$S(\boldsymbol{y}_i^e; x) = \sigma\big(\mathbf{W}^e[\boldsymbol{v}_i; \text{Bi-LSTM}(\boldsymbol{v})] + \boldsymbol{b}^e\big) \tag{3-2-1}$$

其中，$\boldsymbol{y}_i^e$ 是第 i 个候选事件的标签，x 是输入句子，$\mathbf{W}^e$ 和 $\boldsymbol{b}^e$ 是全连接层的权重和偏差，$\boldsymbol{v}$ 是输入句子的嵌入表示，$\boldsymbol{v}_i$ 是句子中第 i 个词素的嵌入表示，σ 是 sigmoid 激活函数。

在抽取出事件的基础上，关系评分函数 $S(\boldsymbol{y}_{i,j}^r; x)$ ［图 3-7(c)］使用事件对的词向量表示和全连接层来评估给定事件对之间的时间关系。这一阶段首先捕获事件对之间的相互作用，然后计算事件对的关系评分，最终得到事件对的时序关系类别的概率分布。具体来说，对于每个候选关系对 (i, j)，本方法使用双向长短时记忆网络对其上下文进行编码，并将其与候选关系对的词嵌入进行拼接，最后进一步通过一个全连接层和 softmax 激活函数来预测关系标签，如式（3-2-2）所示。

$$S(\boldsymbol{y}_{i,j}^r; x) = \text{softmax}\big(\mathbf{W}^r[\boldsymbol{v}_i; \boldsymbol{v}_j; \text{Bi-LSTM}(\boldsymbol{v})] + \boldsymbol{b}^r\big) \tag{3-2-2}$$

其中，$\boldsymbol{y}_{i,j}^r$ 是候选关系对 (i, j) 的标签，x 是输入句子，$\mathbf{W}^r$ 和 $\boldsymbol{b}^r$ 是全连接层的权重和偏差，$\boldsymbol{v}$ 是输入句子的嵌入表示，$\boldsymbol{v}_i$ 和 $\boldsymbol{v}_j$ 对应句子中第 i 个和第 j 个词素的嵌入表示。

基于事件评分函数和关系评分函数，本节定义了目标函数 $\mathcal{L}_{\text{joint}}$，以便训练模型来共同预测事件和关系。该目标函数的目的是找到一组参数，使得正确事件和时序关系的评分最大化。本模型采用结构化支持向量机［图 3-7(d)］，使模型能够捕获输入中的复杂模式和长期依赖关系，并以端到端的方式训练整个模型。结构化支持向量机通过整合事件和时序关系的评分，找到一个更优的全局分配方式。如式（3-2-3）所示，结构化支持向量机使用线性分类器和特定的损失函数，包括事件和关系的评分差异及全局约束（如事件–关系一致性约束和时间关系传递性约束），确保了预测的准确性和一致性。

$$\mathcal{L}_{\text{joint}} = \sum_{n=1}^{l} \frac{C}{m^n} \left[\max_{\hat{\boldsymbol{y}}^n \in \mathcal{Y}} \left(0, \Delta(\boldsymbol{y}^n, \hat{\boldsymbol{y}}^n) + \overline{\mathcal{L}_{\mathcal{E}}^n} + C_V \overline{\mathcal{L}_V^n} \right) \right] + \|\boldsymbol{\Phi}\|^2 \tag{3-2-3}$$

其中，集合 $\mathcal{Y}$ 表示所有可能的关系标签集合；$\overline{\mathcal{L}_V^n}$ 表示预测事件标签的评分与正确事件标签的评分之间的差值；$\overline{\mathcal{L}_{\mathcal{E}}^n}$ 表示预测关系标签的评分与正确关系标签的评分之间的差值；$\boldsymbol{\Phi}$ 表示模型参数；n 表示实例；m^n 表示实例 n 中的关系总数和事件总数；$\boldsymbol{y}^n$ 和 $\hat{\boldsymbol{y}}^n$ 分别表示实例 n 的真值及预测的全局事件和关系的分配，每个分配都由表示真实和预测关系标签的独热编码或者事件标签组成；$\Delta(\boldsymbol{y}^n, \hat{\boldsymbol{y}}^n)$ 是真值和预测分配之间的距离测量；C 和 C_V 是用于平衡事件、关系和正则化项之间损失的超参数；$\|\boldsymbol{\Phi}\|^2$ 是模型参数的二范数平方，起到正则化作用。

3.2.2.4　对比学习时序推理

在对比学习时序推理方法中（如图 3-8 所示），首先通过前述模型得到事件和关系的向量表示，然后通过对比学习方法增加相同类别的时序关系在语义空间的相似距离。在对比学习模块中，需要根据查询实例（query）设计具体的正负对，而查询实例（query）表示事件间的某一类具体时序关系，因此在时序抽取任务中存在"之前""之后""同时发生"和"不定"这四类特定的查询实例。具体而言，对于训练过程中的每个批次，将查询实例集合中的某类三元组作为目标实例的正样本对（如时序关系"之前"），批次中的其他实例作为目标实例的负样本对（"之后""同时发生"和"不定"）。基于这一标准进行对比学习，从而使得在语义空间中得到的事件和关系嵌入能够最大程度地将某类时序关系（如"之前"）与其他时序关系（"之后""同时发生"和"不定"）的实例查询区分开来。基于此，设计出的模型的对比损失函数 $\mathcal{L}_{\text{con}}$，如式（3-2-4）所示。

$$\mathcal{L}_{\text{con}} = -\sum_{q} \log \frac{\exp[\boldsymbol{h}(o_i)]}{\sum_{o_j \in \mathcal{V}} \exp[\boldsymbol{h}(o_j)]} \tag{3-2-4}$$

其中，$\mathcal{L}_{\text{con}}$ 是对比损失函数，q 是查询实例，$\boldsymbol{h}$ 是事件的嵌入向量，o_i 是 q 所对应的正样本。

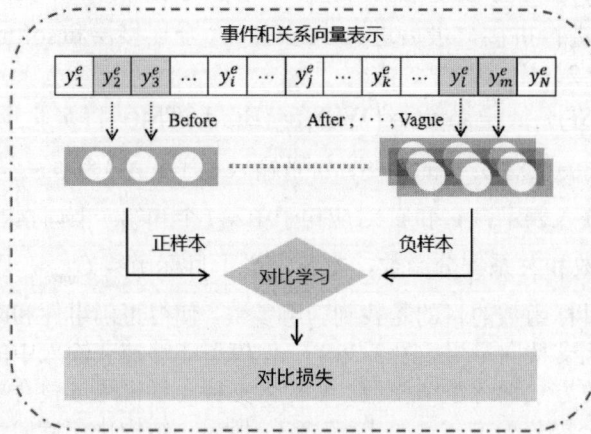

图 3-8　对比学习时序推理

3.2.2.5　模型学习

为了能够综合地对事件时序关系进行准确的抽取，需要基于模型的损失函数，迭代优化并更新模型参数。具体而言，通过多任务学习的方法将模型的 SSVM 损失函数和对比学习损失函数进行联合训练，得到总的模型损失函数 $\mathcal{L}$，如式（3-2-5）所示。

$$\mathcal{L} = \lambda \mathcal{L}_{\text{con}} + (1-\lambda)\mathcal{L}_{\text{joint}} \tag{3-2-5}$$

其中，$\mathcal{L}_{\text{con}}$ 和 $\mathcal{L}_{\text{joint}}$ 分别是上文提到的对比损失函数和联合损失函数，$\lambda \in [0,1]$ 是平衡各损失函数的超参数。通过模型训练最小化 $\mathcal{L}$，得到最优的模型参数权重，并基于此对文本进行准确的事件时序关系抽取。

3.2.3　实验验证

3.2.3.1　实验设置

本实验针对金融文本进行时序关系抽取，需在合适的数据集上训练设计的模型，并获取训练好的模型权重，以便在目标文本上进行时序三元组的抽取工作。基于此，图立方选择了在时序关系抽取任务中被广泛使用的 TimeBank 数据集[16]，并针对金融这一特定领域，筛选了来自华尔街日报等金融媒体的新闻数据（包括各大公司的职务变动情况、财报及收购新闻等），整理成时序抽取模型所需的金融专用数据集。

针对已完成标注的文本，分别提取事件对并对原文本进行分词等预处理操作。然后，将 XML 树状格式结构的文本处理为具有特定属性的数据结构，作为模型后续特征化及训练的输入，以抽取两个事件间的时序关系。其中，每个事件对数据结构都包含五个属性，分别是：标注的时序关系、文本字典、事件标签、左动词实体事件和右动词实体事件。

本实验采用时序抽取任务广泛采用的准确率（P）、召回率（R）及 F1 值作为评测指标，并为验证图立方事件–关系联合抽取模型的有效性，选择了 3 个时序关系抽取模型进行对比，这 3 个模型分别是：

（1）CAEVO[25]：采用基于筛选器的架构，集成了关系识别和分类，专注于事件排序中的复杂依赖关系。

（2）CogCompTime[26]：采用混合策略，结合机器学习和规则解析来理解自然语言中的时间，包括明确和隐含的时间信息。

（3）SP[15]：采用平均结构化感知器算法进行训练，并结合整数线性规划（Integer Linear Programming，ILP）进行预测，通过损失增强的负采样和本地初始化等技术，有效提取时间关系，进而实现时间线构建。

3.2.3.2 实验结果与分析

表 3-3 展示了不同模型的实验结果。可以看到，在从 TimeBank 数据集中提取的金融数据集上，图立方所采用的基于预训练模型的事件–关系联合抽取模型（Structured Joint Model）在各项指标上相较于其他模型均有显著提升。为了验证事件–关系联合抽取模型的实际效果，可以通过具体实例进行分析实例具体信息如图 3-9 所示。

表 3-3 不同模型实验结果

模　型	$P(\%)$	$R(\%)$	F1(%)
CAEVO	50.80	50.60	50.70
CogCompTime	61.60	70.90	65.90
SP	66.00	72.30	69.00
Structured Joint Model	70.10	82.90	75.80

原文：In August 2022, a significant **hurricane hit** the southeast coast of the United States, causing severe damage. Responding to the natural disaster, a renowned technology company announced it would provide **financial aid** to the affected areas. They also decided to **distribute** some of their products, such as tablets and laptops, to assist in recovery efforts. In reaction to this news, the tech company's stocks saw a significant **increase** in the stock market.

图 3-9 实例具体信息

以下为实例分析结果：

通过事件抽取，可得到以下 4 个事件：飓风袭击（hurricane hit）、金融援助（financial aid）、分发产品（distribute products）及股价上升（stocks increase）。在此例中，飓风袭击发生在2022 年 8 月，紧接着发生的是科技公司援助事件，其中包括分发产品以协助恢复工作。这些事件导致了科技公司股价的显著上升。因此，事件的顺序为 hurricane hit → financial aid → distribute products → stocks increase。

　　通过对这些事件及其时序关系的抽取和分析，有助于投资者更好地理解公司承担社会责任对股价的影响。例如，当一个科技公司在飓风袭击后宣布提供财务援助和分发产品服务，这可能会导致公司股价的显著上升。这类信息有助于投资者更准确地获取投资机会，从而制定更有效的投资策略。

　　本节深入探讨了基于多任务的时序关系抽取技术。通过分析时序关系抽取的背景、问题定义及其在不同数据集和场景下面临的挑战，揭示了该技术在自然语言处理中的重要性。此外，也详细介绍了一种全新的多任务时序关系抽取方案，其涵盖了数据预处理、事件时序关系的联合抽取以及基于语义增强的对比学习时序推理模型等。通过实验结果和实例分析，证明了所采用的模型在金融数据集上的优秀性能，特别是在解释公司承担社会责任对股价影响方面的实用价值。总的来说，虽然还面临数据标注困难和中文文本处理等挑战，但是本节所阐述的技术在自然语言处理和金融分析等领域展现出巨大价值。此外，知识图谱的构建和更新正在成为自然语言处理的核心组成部分。在下一节中，将深入研究基于实体消歧技术的知识图谱增量更新方法，以自动识别和匹配自然语言文本中的实体，进而确保知识图谱的准确性和完整性。

3.3　基于实体消歧的图立方知识增量更新方法

3.3.1　背景概述

　　近年来，非结构化数据量呈现指数级增长，其中网络资源占据显著比例，其涵盖了推文、博客、在线新闻、评论等多种形式。鉴于自然语言的固有模糊性，通过自动化处理充分利用这些资源成为一项富有挑战性的任务。换言之，在数据被利用之前，必须对其进行转换，使其遵循标准的元数据格式，以满足信息检索和内容提取任务之要求（如语义搜索、问答和摘要系统等）。随着全球步入大数据时代，新兴实体源源不断涌现，并以自然文本形式在网络中进行表达。因此，对知识图谱的维护与扩展直接关乎其鲁棒性和可靠性。但是，网络信息的混沌性及现有知识的稀缺性，使得从文本信息中提取新知并将其纳入现行知识库成为了一大难题。为了解决这一问题，构建知识图谱内部结构化知识与自然文本中的稀疏知识之间的相互关系成为必要手段。

　　实体消歧作为构建这一相互关系的关键，其任务在于将文本集合中所提及的实体与知识库内相似实体相链接，并为地点、个人、公司等各类实体赋予独一无二的标识。随着异构信息网络规模的急剧扩大，将非结构化网络文本与知识图谱内的实体进行匹配，成为至关重要且充满挑战的任务。通过实体链接，不仅可丰富知识图谱，还能提升关联知识发现系统的准确性，因此实体消歧是基于知识图谱的知识发现体系的根基。无论是在知识图谱自身的维护过程中进行知识库的更新，还是在知识图谱应用领域进行实体定位，实体消歧皆以其在科研和产业领域内的重要价值而著称。

实体消歧方法涵盖了基于规则、基于统计及基于深度学习在内的多种范式。近年来，深度学习技术在实体链接领域得到广泛应用，其中包括利用卷积神经网络、循环神经网络、Transformer 等模型建模实体提及（即实体）与实体描述之间的关系。以往的研究主要基于统计模型，焦点在于人工定义的区分特征，其通过人工规定的差异性特征（如上下文信息、主题信息或实体类型等）[27]来区分实体和目标实体。然而，这些模型在独立解决问题时过于依赖来自周边词汇的文本上下文信息，从而忽视了文档中所有实体在语义上的内在一致性。近年来，由于深度神经网络在特征挖掘和特征交互方面取得了显著成效，因此研究学者普遍倾向于运用深度学习模型来进行实体链接[28]。这些基于深度学习模型的崭新方法能够更好地捕捉实体间的语义关系，超越了仅依赖文本表面上下文的限制，从而更好地维系文档中各种实体之间的内在一致性。例如，GENRE[29]使用生成式语言模型推理实体，为了保证生成的实体存在于知识图谱，其在解码时采用了一种受约束的束搜索方法，即通过预先定义的前缀树进行约束，树上的每个节点都表示一个词元，节点的子节点表示所有可能的后续词元。尽管其在多个数据集上取得了惊人的效果，但其对每个实体进行独立推理时，忽略了同一文本中多个实体之间的一致性关系。如图 3-10 所示，在分别预测实体"李娜"和"澳大利亚公开赛"时，其主要依赖于构建的前缀树中各实体的权重值，所以"李娜"有可能链接到"歌手李娜"，因其无法准确定位到"网球"这一关键字，"澳大利亚公开赛"也可能链接到"澳大利亚羽毛球公开赛"。另一项基于 Transformer 的工作 LUKE[30]利用了文本中多个实体的一致性关系，在这种情况下，一个实体的消歧决策会受到上下文中为其他实体所做的决策的影响，但因为其采用的是序列化的推理方式，所以存在错误累积问题。如图 3-10 所示，若最先对实体"李娜"进行消歧，得到"歌手李娜"，则在接下来对"澳大利亚公开赛"进行消歧时，仍无法得到准确结果；而若先对"齐布尔科娃"进行消歧，再将其描述信息带入原文本，则能得到关于"网球"的关键字，从而对"李娜"和"澳大利亚公开赛"这两个实体的消歧过程起到辅助作用。

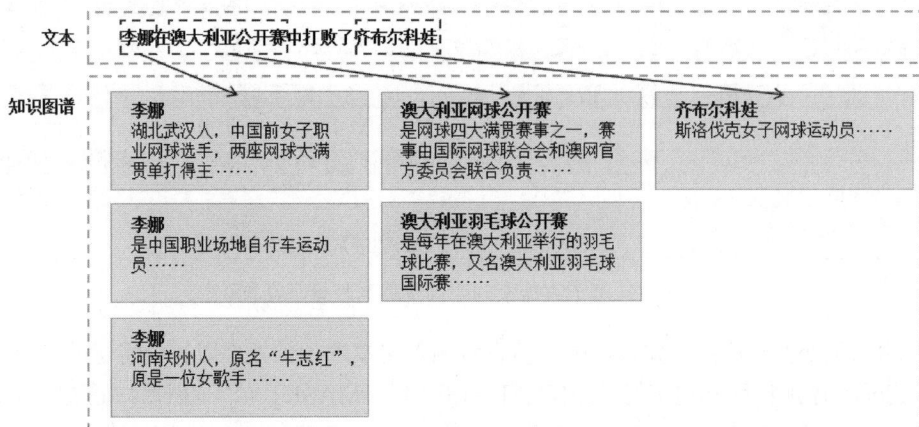

图 3-10　实体消歧示例

基于以上问题，本节提出了一种基于束搜索的全局实体消歧模型，其在利用实体之间一致性关系的同时，在推理阶段采用束搜索算法，使推理过程仅保留最优的 K 条路径，然后从 K 条路径中再取最优结果，从而有效解决错误累积问题。下面详细介绍该方法。

3.3.2　基于束搜索的全局实体消歧

3.3.2.1　问题定义

给定一段自然语言文本 D 和其中的一组实体 $E = \{e_1, e_2, \cdots, e_n\}$，对每个实体 e_i，有一组可能的候选实体集合 $E_i' = \{e_{i1}, e_{i2}, \cdots, e_{il}\}$，其中，每个候选实体 e_{ij} 都有与之关联的上下文信息和特征。实体消歧的任务是从候选集合 E_i' 中选择一个最佳的候选实体 e_{ij}，使 e_{ij} 最符合实体 e_i 在文本 D 中的上下文语境，从而将实体 e_i 链接到正确的实体。

3.3.2.2　模型概览

受 GENRE[29]中基于约束的束搜索方法的启发，并借鉴了 Transformer 在实体消歧任务中的优异表现，本节提出了一种基于束搜索的全局实体消歧模型。该模型的总体结构如图 3-11 所示，其主要分为三个核心模块：

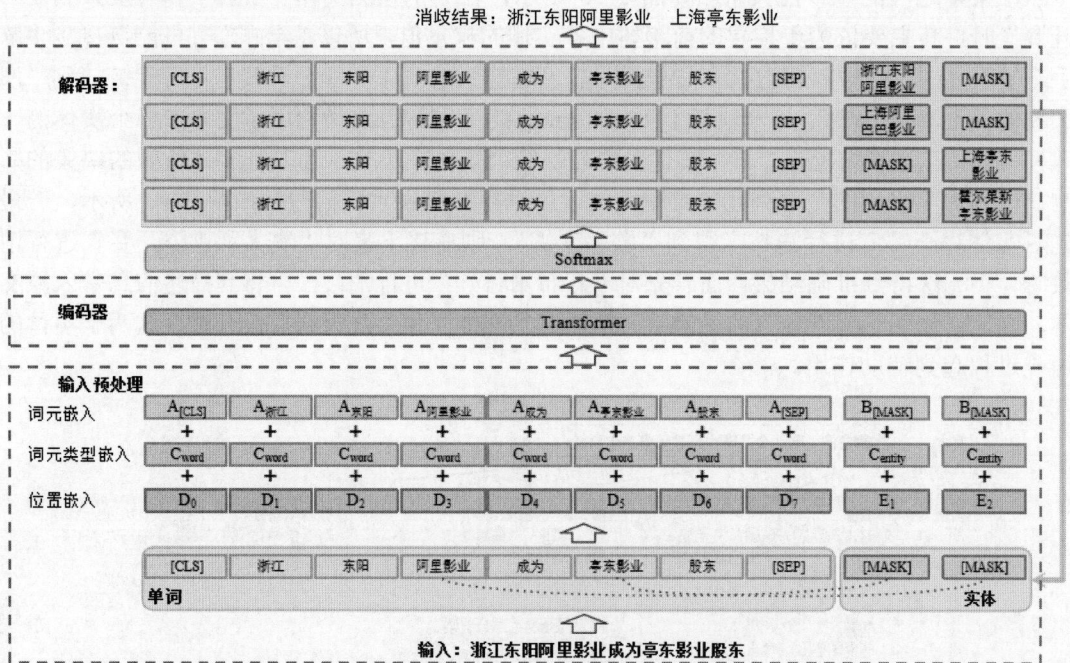

图 3-11　基于束搜索的全局实体消歧模型结构

（1）输入预处理模块：首先，该模块负责对输入文本进行预处理以符合特定的格式要求，包括词语分词、添加特殊标记字符（如[CLS]、[SEP]、[MASK]）等。然后，通过特殊的转换流程，将经过分词处理的输入文本转化为词元嵌入（Token Embedding）、词元类型嵌入（Token Type Embedding）及位置嵌入（Position Embedding）。最终，将这些嵌入累加，以生成代表输入文本的向量表示，并将其作为编码器 Transformer 的输入；

（2）编码器模块：对输入向量进行 Transformer 编码处理，获得隐藏状态表示，从而为解码器的输入提供支持；

（3）解码器模块：对编码器输出的结果进行多分类处理，从而得出最终的实体消歧结果。

3.3.2.3　输入预处理

与 BERT 中采用的掩码语言模型（Masked Language Model，MLM）类似，该模型亦通过预测随机掩码实体（MASK）来进行训练。为此，设计了以下文本输入格式：

[CLS] context [SEP][MASK]…[MASK]

其中，[CLS] 和 [SEP] 代表特殊标记字符，分别用以标识文本的起始和终止；context 为输入文本；[MASK]…[MASK] 则表示待预测的掩码实体，其数量与输入文本中包含的实体 m 的数量 N 对应。

对于给定输入文本，首先使用 Transformer 中的分词器对输入文本进行分词处理，得到一组单词，再在文本的首尾分别加上 [CLS]、[SEP] 特殊标记字符作为第一个和最后一个单词，之后根据文本中实体 m 的数量 N 追加 [MASK] 标记，得到最终文本的输入格式。

针对每个分词，都能够在 Transformer 的词典中获取相应的标识符（ID），从而获取输入文本的词元嵌入。其中，词元类型嵌入用于区分词元类型，即单词（C_{word}）或实体（C_{entity}）；位置嵌入则标识词元在单词序列中的位置，第 i 个位置上的单词和实体分别表示为 D_i 和 E_i。若某实体包含多个单词，则通过对相应位置的嵌入进行平均，以计算其位置嵌入。最终，将词元嵌入、词元类型嵌入及词元位置嵌入相加，形成文本的嵌入向量表示，并将此向量表示作为编码器的输入。

3.3.2.4　模型学习

该模型使用 BERT 作为编码器，对输入的文本嵌入向量进行编码，得到句子的隐藏状态表示。其中，每个 [MASK] 标记处的隐藏状态即为预测实体的结果表示。通过式（3-3-1）可以得到编码结果：

$$m_e = \text{layernorm}[\text{gelu}(\mathbf{W}h_e + b)] \tag{3-3-1}$$

其中，h_e 是 BERT 输出的对应掩码实体的嵌入，$\mathbf{W} \in \mathbb{R}^{H \times H}$ 是一个矩阵，$b \in \mathbb{R}^H$ 是偏差向量，gelu(·) 是激活函数，layernorm(·) 是标准化函数。

该模型构建在多分类思想的基础上，其独特之处在于设置类别数量等于知识图谱所包含的整体实体数量，即将实体的索引序号用作其对应的实体 ID。在该模型的训练过程中，针对每个批次的文本，都通过一个独热向量来标记实体的标签值 Label。为了衡量该模型的性能，其选用如式（3-3-2）所示交叉熵损失函数作为损失函数。

$$\mathcal{L} = \sum_{i=1}^{C} y_i \log(p_i) \tag{3-3-2}$$

其中，C 为实体类别数；y_i 为符号函数（0 或 1），若实体 m 的匹配实体类别等于 e_i，则 y_i 的值取 1，否则取 0；p_i 为实体 m 的匹配实体类别等于 e_i 的预测概率。损失函数的输入为每个实体的编码 m_e 和其对应的标签值 Label。

3.3.2.5　模型推理

在推理（解码）阶段，该模型分为局部消歧和全局消歧两部分，下面进行详细介绍。

局部消歧模型接受对应于文档中 N 个实体的[MASK] 标记。然后，使用式（3-3-1）计算每个[MASK] 标记的嵌入表示 m'_e，并使用 softmax 函数对 N 个实体分别进行预测，得到目标实体，如式（3-3-3）和式（3-3-4）所示。

$$\hat{y}_{ED} = \mathrm{softmax}(\mathbf{B}^* m'_e + b_o^*) \tag{3-3-3}$$

$$\mathrm{softmax}(x_i) = \frac{e^{x_i}}{\sum_{c=1}^{C} e^{x_c}} \tag{3-3-4}$$

其中，$\mathbf{B}^* \in \mathbb{R}^{K\times H}$ 和 $b_o^* \in \mathbb{R}^K$ 分别为候选实体的词元嵌入和对应的偏差，C 为类别数。

全局消歧模型依托于局部消歧模型，采用束搜索算法，依次预测输入文本中的 N 个实体的匹配实体（见算法 3.3.1）。首先，该模型使用[MASK] 标记初始化文本中的每个实体，并取束大小 K。在每一步中，依据上一步所取的概率最高的 K 个路径，对每个路径分别为其每个[MASK] 标记预测一个实体，然后选择由局部消歧模型产生的 K 个概率最高的预测结果，记录 K 个概率最高的路径，最后取其中概率最高的路径中的 m_j 对应的预测实体 e_j，并通过将预测的实体分配给该模型来获得相应的实体。

算法 3.3.1 BeamSearch

输入：实体 $m_1,\cdots,m_N$，实体的数量 N，束大小 K，局部消歧模型 M
输出：实体 $m_1,\cdots,m_N$ 对应知识图谱中的实体

1. **function** BeamSearch (N,K)
2. $E_j \leftarrow \{[\mathrm{MASK}]\}, j=1\cdots K$；
3. $B_j \leftarrow \{0\}, j=1\cdots K$；
4.   **for** $i \in \{1\cdots N\}$ **do**
5. $E' \leftarrow \{[\mathrm{MASK}]\}$；
6. $E' \leftarrow \{0\}$；
7.   **for** $k \in \{1\cdots K^2\}$ **do**
8. $B'_k \leftarrow B_{k\%K}$；
9. $E'_k \leftarrow E_{k\%K}$；
10. $p'_i \leftarrow M(E'_k)$；
11. $B'_k += \log p'_i$；
12. $B_j \leftarrow B'.\mathrm{top}(K)$；
13. $E_j \leftarrow E'.\mathrm{top}(K)$；
14. **return** $E_j.\mathrm{top}()$；

3.3.3 实验验证

3.3.3.1 实验设置

使用 AIDI-CoNLL 数据集进行模型微调，其中，AIDI-CoNLL 数据集中，训练集共包含 942 条数据，平均文本长度约为 230 个单词，每个文本平均实体数约 19 个；验证集包含 216

条数据，平均文本长度约为 252 个单词，每个文本平均实体数约 22 个；测试集包含 230 条数据，平均文本长度约为 216 个单词，每个文本平均实体数约 19 个。

此外，本节在 5 个公开的基准测试集 MSNBC、AQUAINT、ACE2004、WNED-CWEB 和 WNED-WIKI 上做了对比实验。其中，MSNBC 包含 20 条测试数据，平均每条测试数据含 33 个实体，平均文本长度约为 688 个单词；AQUAINT 包含 50 条测试数据，平均每条测试数据含约 14 个实体，平均文本长度约为 254 个单词；ACE2004 包含 35 条测试数据，平均每条测试数据含约 7 个实体，平均文本长度约为 442 个单词；WNED-CWEB 包含 320 条测试数据，平均每条测试数据含约 34 个实体，平均文本长度约为 1574 个单词；WNED-WIKI 包含 318 条测试数据，平均每条测试数据含 21 个实体，平均文本长度约为 324 个单词。

本节在后面的实验中使用 bert-large-uncased 模型作为预训练的 BERT 模型，并将学习率设置为 2×10^{-5}，批量大小设置为 16。同时，采用 F1 值作为实体消歧的性能评估指标。

为验证基于束搜索的全局实体消歧模型的有效性，选择了两个实体消歧模型作为基线，分别是：

（1）GENRE[29]：该方法采用自回归的方式，生成式预测[MASK]标记处的实体；

（2）LUKE[30]：该方法同为全局消歧模型，采用最大置信度的方式序列化预测文本中的 N 个实体。

3.3.3.2　实验结果与分析

F1 值的实验结果对比如表 3-4 所示。结果表明，基于束搜索的全局实体消歧模型在 5 个公开数据集上的 F1 值均超过了基线模型，同时全局模型始终比局部模型表现得更好，这证明了使用全局上下文信息的有效性。但是，全局模型在 CWEB 数据集上的表现一般，这是因为这个数据集的平均文本长度比其他数据集大得多，即平均每个文档大约有 1500 个单词，而基于 BERT 的模型仅可处理 512 个单词，所以需要对原文本进行截断处理，因而丢失了一定的上下文信息。

表 3-4　F1 值实验结果对比

模　　型	数据集 F1（%）					平均值
	MSNBC	AQUAINT	ACE2004	WNED-CWEB	WNED-WIKI	
GENRE	94.3	89.9	90.1	77.3	87.4	87.8
LUKE	96.3	93.5	91.9	78.9	89.1	89.9
Ours(local)	94.1	90.8	90.7	78.2	87.2	88.2
Ours(global)	**96.5**	**93.8**	**92.3**	**79.3**	**89.3**	**90.24**

为研究全局上下文信息如何帮助全局模型提高性能，接下来会分析局部模型和全局模型预测之间的差异。尽管两个模型在大多数实体中都表现良好，但局部模型往往不能解决涉及特定实体的常见名称问题，特别是人名（例如，"李娜"可以是网球运动员李娜和歌手李娜等）。全局模型通常能更好地解决这些问题，因为文本中存在有效的全局信息（例如，实体中有"澳大利亚网球公开赛"）。

本节详细探讨了基于实体消歧技术的知识图谱增量更新方法。通过剖析知识图谱增量更新的背景、问题定义以及其在不同领域和应用场景下所面临的挑战，凸显了这一技术在自然语言处理中的重要作用。此外，还系统介绍了一种创新的实体消歧驱动知识图谱增量更新的方案，通过实验结果和案例分析充分验证了该模型在多领域数据集上的优越性能。

3.4　基于图神经网络的知识图谱融合技术

3.4.1　背景概述

知识图谱下游应用的使用效果依赖于图谱的知识质量与完整性，由于知识来源的有限性及知识提取技术的不完善，单一的知识图谱很难避免不完全性问题。对不同来源的知识图谱进行融合成为了扩充知识图谱的重要手段。实体对齐是知识图谱融合过程中的关键技术，其主要目的是发现不同知识图谱之间的等价实体。

为了完成实体对齐任务，基于嵌入的方法被用来建模多个知识图谱的实体和关系，并通过度量实体之间的相似性来发现等价实体。基于嵌入的方法主要分为两类，即翻译模型和图神经网络模型。由于翻译模型缺乏对全局信息的考量，并且难以建模一对多、多对多等关系，因此图神经网络模型成为主流的研究方法。

除关系信息之外，许多知识图谱还包含时间信息。现有的基于嵌入的实体对齐方法大多忽略了知识图谱中的时间信息，这可能导致不同实体发生了错误对齐。因此，如何利用实体之间丰富的时间和关系信息来更好地融合实体，是亟待解决的问题。

3.4.2　基于图神经网络的时间关系感知实体对齐方法

3.4.2.1　问题定义

时序知识图谱通过时序四元组 (h,r,t,τ) 来表示现实世界中的知识。假设，一个时序知识图谱表示为 $G=(E,R,T,Q)$，其中，E、R、T 分别表示实体集合、关系集合及时间戳集合，而 $Q \subset E \times R \times E \times T$ 表示四元组集合。定义 $G_1=(E_1,R_1,T_1,Q_1)$ 和 $G_2=(E_2,R_2,T_2,Q_2)$ 为两个将要融合的知识图谱，$S=\{(e_i,e_j)|e_i \in E_1, e_j \in E_2\}$ 表示预先对齐的种子实体对集合。特别地，由于时间戳在知识图谱中都由阿拉伯数字表示，因此只要统一不同图谱时间戳的格式就能将时间戳对齐。如果将两个图谱的时间戳集合统一为 $T^*=T_1 \cup T_2$，那么将要融合的两个图谱可以更新为 $G_1=(E_1,R_1,T^*,Q_1)$ 和 $G_2=(E_2,R_2,T^*,Q_2)$，它们共享一个时间戳集合。实体对齐任务的目的是根据种子实体对集合 S 来发现两个图谱之间新的等价实体对。

3.4.2.2　模型概览

图 3-12 为 TGNN 模型框架。与一些将时序图谱离散成多个快照时间的 GNN（Graph Neural Network）模型不同，TGNN 模型将时间戳视为实体之间链接的属性。其将时序知识图谱中的所有实体、关系和时间戳映射到一个嵌入空间中，通过 GNN 模型递归地聚合邻居节点的特征来表征实体。为区分不同邻居实体的重要性，TGNN 模型引入了一种时间关系感知注意机制，将关系和时间信息纳入 GNN 结构中。该机制根据嵌入关系和时间戳计算相应注意系数，为邻域内的不同节点分配不同的重要性权值。为了进一步捕获多跳邻域信息，需

要通过连接多层的输出得到最终的实体表示。最后，通过一个距离损失函数，使对齐实体在嵌入空间中尽可能接近。

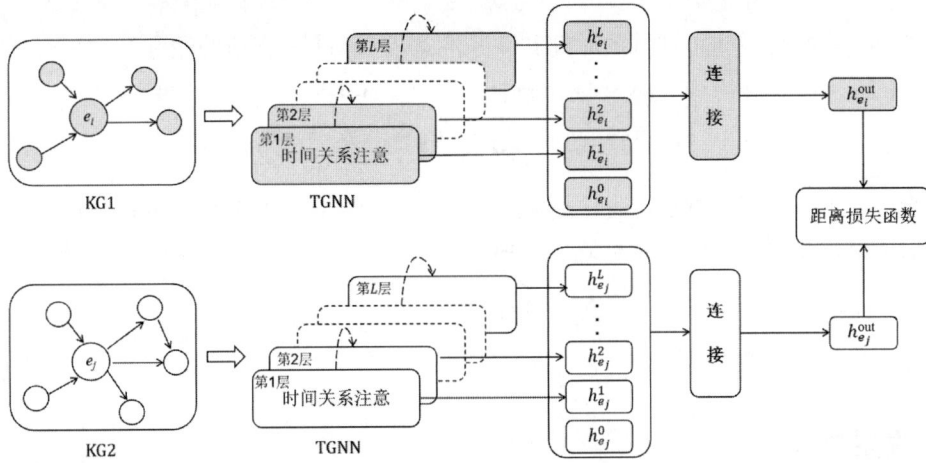

图 3-12　TGNN 模型框架

3.4.2.3　时间关系感知注意机制

将两个时序知识图谱中的所有实体、关系（包括反向关系）和时间映射到一个相同的向量空间 $\mathbb{R}^k$ 中，其中，k 表示向量空间的维数，实体 e_i、关系 r_j、时间 t_j 的嵌入分别表示为 h_{e_i}、h_{r_j}、h_{t_j}。为使实体的输入特征能反映出隐藏的时间关系信息，分别对其相邻实体、关系及时间的嵌入取平均值，然后将三者连接起来作为实体的输入特征，如式（3-4-1）所示。

$$h_{e_i}^0 = \left[\frac{1}{\left|\mathcal{N}_i^e\right|+1} \sum_{e_j \in \mathcal{N}_i^e \cup \{e_i\}} h_{e_j} \,\middle\|\, \frac{1}{\left|\mathcal{N}_i^r\right|} \sum_{r_j \in \mathcal{N}_i^r} h_{r_j} \,\middle\|\, \frac{1}{\left|\mathcal{N}_i^t\right|} \sum_{t_j \in \mathcal{N}_i^t} h_{t_j} \right] \tag{3-4-1}$$

其中，$\mathcal{N}_i^e$ 为实体 e_i 的邻居实体集合，$\mathcal{N}_i^r$ 和 $\mathcal{N}_i^t$ 分别为邻域中的关系和时间戳集合，‖代表连接操作。

图注意网络（GAT）利用自注意机制，通过关注每个节点的邻居来计算每个节点的隐藏表示。式（3-4-2）定义了一个 GAT 层的特征输出。

$$h_{e_i}^{l+1} = \sigma\left(\sum_{e_j \in \mathcal{N}_i^e \cup \{e_i\}} \alpha_{i,j} \mathbf{W} h_{e_j}^l \right) \tag{3-4-2}$$

其中，$\sigma(\cdot)$ 为 LeakyReLU 激活函数，$\mathbf{W}$ 为可训练权重矩阵，$\alpha_{i,j}$ 为实体 e_j 对于 e_i 的权重系数。与 GAT 只通过关注其邻域实体来计算权重系数不同，TGNN 模型定义了两个权重矩阵 $\mathbf{W}_t$ 和 $\mathbf{W}_r$ 以及新的时间注意系数 $\alpha_{i,j}$ 和关系注意系数 $\beta_{i,j}$，注意系数根据式（3-4-3）和式（3-4-4）进行计算。

$$\alpha_{ij} = \frac{\exp(v_t^{\mathrm{T}} h_{t_j})}{\sum\limits_{t_j \in \mathcal{N}_i^t} \exp(v_t^{\mathrm{T}} h_{t_j})} \tag{3-4-3}$$

$$\beta_{ij} = \frac{\exp(\boldsymbol{v}_r^{\mathrm{T}} \boldsymbol{h}_{r_j})}{\displaystyle\sum_{r_j \in \mathcal{N}_i^r} \exp(\boldsymbol{v}_r^{\mathrm{T}} \boldsymbol{h}_{r_j})} \tag{3-4-4}$$

其中，$\boldsymbol{v}_t^{\mathrm{T}}$，$\boldsymbol{v}_r^{\mathrm{T}} \in \mathbb{R}^k$ 分别为可训练的时间和关系注意权重向量。将新的注意系数和权重矩阵代入式（3-4-2）中，得到了新的实体输出特征，如式（3-4-5）所示。

$$\boldsymbol{h}_{e_i}^{l+1} = \sigma\Big(\sum_{e_j \in N_i} \sum_{r_j \in \mathcal{N}_i^r, t_j \in \mathcal{N}_i^t} (\alpha_{ij} \mathbf{W}_t + \beta_{ij} \mathbf{W}_r) \boldsymbol{h}_{e_j}^l\Big) \tag{3-4-5}$$

最后，采用跨层表示方法，通过叠加来自不同层的实体特征来捕获多跳邻域信息。通过将不同层的嵌入连接在一起，根据式（3-4-6）计算得到实体 e_i 的全局输出嵌入 $\boldsymbol{h}_{e_i}^{\mathrm{out}}$：

$$\boldsymbol{h}_{e_i}^{\mathrm{out}} = \Big[\boldsymbol{h}_{e_i}^0 \,\big\|\, \boldsymbol{h}_{e_i}^1 \,\big\|\, \cdots \,\big\|\, \boldsymbol{h}_{e_i}^L \Big] \tag{3-4-6}$$

其中，L 为 TGNN 模型的层数。

3.4.3　模型学习

基于嵌入的实体对齐模型的优化目标是使等价实体对具有相近的嵌入表示。对于实体 $e_i \in G_1$，$e_j \in G_2$，使用 L_2 距离度量这对实体的嵌入在空间中的差值，如式（3-4-7）所示。

$$d(e_i, e_j) = \left\| \boldsymbol{h}_{e_i}^{\mathrm{out}} - \boldsymbol{h}_{e_j}^{\mathrm{out}} \right\|_2^2 \tag{3-4-7}$$

根据距离度量的等价实体往往具有非对称性，例如，对于实体 $e_i \in G_1$ 来说，$e_j \in G_2$ 是与其距离最接近的，但反之则可能不是，即对于实体 e_j 来说，G_1 中与 e_j 最接近的实体不是 e_i，而是另一个实体 e_k。因此，按式（3-4-8）定义了基于边际的距离损失函数来执行模型训练，以保证等价实体的对称性。

$$\mathcal{L} = \sum_{(e_i, e_j) \in S} \sum_{(e_i', e_j) \in S'} \mathrm{ReLU}[d(e_i, e_j) - d(e_i', e_j) + \gamma] + \sum_{(e_i, e_j) \in S} \sum_{(e_i, e_j') \in S'} \mathrm{ReLU}[d(e_i, e_j) - d(e_i, e_j') + \gamma]$$

$$\tag{3-4-8}$$

其中，ReLU 为激活函数；γ 是边距超参数；S 为种子实体对集合；S' 为生成的负例实体对集合，即对于 $(e_i, e_j) \in S$，用 e_i' 替换得到 (e_i', e_j)，然后用 e_j' 替换得到 (e_i, e_j')，e_i' 和 e_j' 分别为 e_i 和 e_j 的负例实体，通过在各自的图中进行随机采样而生成。最后，采用自适应学习率优化算法（AdaGrad）来优化上述损失函数。

3.4.4　实验验证

3.4.4.1　实验设置

为了验证前面设计的实体模型的有效性，本节在 DICEWS 和 Finance 数据集上进行了实验。DICEWS 是一个包含具有特定时间注释的政治事件的数据库，金融数据集 Finace 为图立方知识库中的四元组集合。对于每个数据集，首先筛选出 30 万个时间四元组，然后随机生成两个相似规模的子集来模拟两个需要融合的知识图谱，并将两个子集公共的四元组数量设置为四元组总数的一半。

本实验采用 Hits@n 和 MRR（Mean Reciprocal Ranking）值作为实体对齐的性能评估指标。本实验将目标实体与源实体的距离分数按升序排列，Hits@n 反映的是前 n 个目标实体中能与源实体正确对齐的百分比，其中，Hits@1 表示对齐结果的准确度，是最重要的指标，其值越大说明模型效果越好；MRR 值为平均倒数排名，其值越大匹配效果越好。

本实验选择了两个实体对齐模型进行对比，分别是：

1）MRAEA[31]：通过关注节点的传入和传出及连接关系的语义来更有效地建模；

2）RREA[32]：利用关系反射转换，以更有效的方式获得每个实体的关系表示。

3.4.4.2　实验结果与分析

表 3-5 展示了模型在两个数据集上的性能效果，并将其与两个无法对时间信息建模的模型进行了对比。实验结果表明，TGNN 模型的 Hits@1、MRR 指标在 DICEWS 数据集上相较于 RREA 模型分别提升了 11%、13%，在金融数据集上也分别有 4% 和 9% 的提升。

表 3-5　实体对齐任务实验结果

模　　型	DICEWS			Finance		
	Hits@1	Hits@10	MRR	Hits@1	Hits@10	MRR
MRREA	0.68	0.87	0.72	0.61	0.84	0.71
RREA	0.71	0.88	0.78	0.67	0.87	0.73
Ours	**0.82**	**0.94**	**0.91**	**0.71**	**0.92**	**0.82**

为了体现时间信息对 TGNN 实体对齐性能的影响，以下列举了几个 TGNN 在考虑了额外时间信息时与 RREA 模型分别进行预测的例子。在 DICEWS 数据集中，RREA 错误地对齐了来自 G1 和 G2 两个实体（丹尼尔和奥古斯汀），他们都曾在不同时间竞选阿根廷总统，也都曾被阿根廷参议院指控。在不考虑时间信息时，这两个实体在 G1 和 G2 中有非常相似的邻域连接，这导致 RREA 将它们识别为一个等价的实体对；而 TGNN 可以正确地区分这两个实体，因为相关的链接有不同的时间戳。同样地，在金融数据集中，RREA 识别了四环制药和绿谷制药并将它们作为同一家公司，因为这两个制药公司是相同公司的供应商，而 TGNN 可以学习到供应商的时期，从而进行区分。这些案例证明了时间信息对所提出的实体对齐模型的性能的影响。

本节以时序金融知识图谱为例，强调了知识图谱融合过程中时间信息的重要性。基于此，提出了一种时间关系感知注意机制，并对已有的基于图神经网络的实体对齐模型进行了改进。最后，通过实验分别在公开数据集及金融数据集上验证了 TGNN 模型的有效性。

本章参考文献

[1] SANG E F, De Meulder F. Introduction to the CoNLL-2003 shared task: Language-independent named entity recognition[J]. arXiv preprint cs/0306050, 2003.

[2] ZELENKO D, AONE C, Richardella A. Kernel methods for relation extraction[J]. Journal of machine learning research, 2003, 3(Feb): 1083-1106.

[3] MINTZ M, BILLS S, SNOW R, et al. Distant supervision for relation extraction without labeled data[C]//Proceedings of the Joint Conference of the 47th Annual Meeting of the ACL and the 4th International Joint Conference on Natural Language Processing of the AFNLP. 2009: 1003-1011.

[4] FLORIAN R, HASSAN H, ITTYCHERIAH A, et al. A statistical model for multilingual entity detection and tracking[C]//Proceedings of the Human Language Technology Conference of the North American Chapter of the Association for Computational Linguistics: HLT-NAACL 2004. 2004: 1-8.

[5] GUPTA P, SCHÜTZE H, ANDRASSY B. Table filling multi-task recurrent neural network for joint entity and relation extraction[C]//Proceedings of COLING 2016, the 26th International Conference on Computational Linguistics: Technical Papers. 2016: 2537-2547.

[6] KATIYAR A, CARDIE C. Going out on a limb: Joint extraction of entity mentions and relations without dependency trees[C]//Proceedings of the 55th Annual Meeting of the Association for Computational Linguistics (Volume 1: Long Papers). 2017: 917-928.

[7] HUANG Z, XU W, YU K. Bidirectional LSTM-CRF models for sequence tagging[J]. arXiv preprint arXiv:1508.01991, 2015.

[8] LAMPLE G, BALLESTEROS M, SUBRAMANIAN S, et al. Neural architectures for named entity recognition[J]. arXiv preprint arXiv:1603.01360, 2016.

[9] ZHONG Z, CHEN D. A frustratingly easy approach for entity and relation extraction[J]. arXiv preprint arXiv:2010.12812, 2020.

[10] HUANG P, ZHAO X, HU M, et al. Extract-select: A span selection framework for nested named entity recognition with generative adversarial training[C]//Findings of the Association for Computational Linguistics: ACL 2022. 2022: 85-96.

[11] DEVLIN J, CHANG M W, Lee K, et al. Bert: Pre-training of deep bidirectional transformers for language understanding[J]. arXiv preprint arXiv:1810.04805, 2018.

[12] WEI Z, SU J, WANG Y, et al. A novel cascade binary tagging framework for relational triple extraction[J]. arXiv preprint arXiv:1909.03227, 2019.

[13] YE D, LIN Y, LI P, et al. Packed levitated marker for entity and relation extraction[J]. arXiv preprint arXiv:2109.06067, 2021.

[14] WADDEN D, WENNBERG U, LUAN Y, et al. Entity, relation, and event extraction with contextualized span representations[J]. arXiv preprint arXiv:1909.03546, 2019.

[15] NING Q, FENG Z, ROTH D. A structured learning approach to temporal relation extraction[J]. arXiv preprint arXiv:1906.04943, 2019.

[16] VASHISHTHA S, VAN DURME B, White A S. Fine-grained temporal relation extraction[J]. arXiv preprint arXiv:1902.01390, 2019.

[17] HAN R, NING Q, PENG N. Joint event and temporal relation extraction with shared representations and structured prediction[J]. arXiv preprint arXiv:1909.05360, 2019.

[18] WEN H, QU Y, JI H, et al. Event time extraction and propagation via graph attention networks[C]//Proceedings of the 2021 Conference of the North American Chapter of the Association for Computational Linguistics: Human Language Technologies. 2021: 62-73.

[19] TAN X, PERGOLA G, He Y. Extracting event temporal relations via hyperbolic geometry[J]. arXiv preprint arXiv:2109.05527, 2021.

[20] MATHUR P, JAIN R, Dernoncourt F, et al. Timers: document-level temporal relation extraction[C]//Proceedings of the 59th Annual Meeting of the Association for Computational Linguistics and the 11th International Joint Conference on Natural Language Processing (Volume 2: Short Papers). 2021: 524-533.

[21] ZHANG S, HUANG L, Ning Q. Extracting Temporal Event Relation with Syntax-guided Graph Transformer[J]. arXiv preprint arXiv:2104.09570, 2021.

[22] STYLER IV W F, BETHARD S, FINAN S, et al. Temporal annotation in the clinical domain[J]. Transactions

of the association for computational linguistics, 2014, 2: 143-154.

[23] WOO G, LIU C, SAHOO D, et al.DeepTime: Deep Time-Index Meta-Learning for Non-Stationary Time-Series Forecasting[EB/OL]. arXiv:2207.06046, 2022.

[24] VERHAGEN M, MANI I, SAURI R, et al. Automating Temporal Annotation with TARSQI[C]//Proceedings of the ACL Interactive Poster and Demonstration Sessions. Ann Arbor, Michigan: Association for Computational Linguistics, 2015: 81-84.

[25] CHAMBERS N, CASSIDY T, MCDOWELL B, et al. Dense event ordering with a multi-pass architecture[J]. Transactions of the Association for Computational Linguistics, 2014, 2: 273-284.

[26] NING Q, ZHOU B, FENG Z, et al. CogCompTime: A tool for understanding time in natural language[C]// Proceedings of the 2018 Conference on Empirical Methods in Natural Language Processing: System Demonstrations. 2018: 72-77.

[27] HAN X, SUN L, ZHAO J. Collective entity linking in web text: a graph-based method[C]//Proceedings of the 34th international ACM SIGIR conference on Research and development in Information Retrieval. 2011: 765-774.

[28] HE Z, LIU S, SONG Y, et al. Efficient collective entity linking with stacking[C]//Proceedings of the 2013 conference on empirical methods in natural language processing. 2013: 426-435.

[29] DE CAO N, IZACCARD G, RIEDEL S, et al. Autoregressive Entity Retrieval[C]//International Conference on Learning Representations, 2021.

[30] YAMADA I, WASHIO K, SHINDO H, et al. Global Entity Disambiguation with BERT[C]//Proceedings of the 2022 Conference of the North American Chapter of the Association for Computational Linguistics: Human Language Technologies. 2022: 3264-3271.

[31] MAO X, WANG W, XU H, et al. Mraea: an efficient and robust entity alignment approach for cross-lingual knowledge graph[C]//Proceedings of the 13th International Conference on Web Search and Data Mining. 2020: 420-428.

[32] MAO X, WANG W, XU H, et al. Relational reflection entity alignment[C]//Proceedings of the 29th ACM International Conference on Information and Knowledge Management. 2020: 1095-1104.

第 **4** 章

图立方的查询处理

前面介绍了图立方的表达模型、存储方式及构建图立方的方法，为图立方的查询处理奠定了基础。图立方作为具有时序信息的超图模型，其查询方式与传统图查询具有很大的不同。时序超图的查询需要关注超边之间的关系及图数据中的时序信息，而传统的图查询技术缺少针对时序超图查询特性的优化与支持，导致传统的图查询技术无法简洁高效地表达和执行时序超图查询，因此需要基于时序超图的数据特征构建高效的图立方查询处理方法。本章将介绍面向图立方的查询处理技术，包括面向原生超图的查询系统、面向时序超图的查询系统、面向图立方的查询优化与复杂查询。面向原生超图的查询系统针对超图数据的特性，提出了适合该场景的查询描述方式；面向时序超图的查询系统针对时序超图数据构建索引，加快了数据的查询处理速度；面向图立方查询优化方法利用异构硬件提高查询过程的并行性，进一步提升了查询的性能；面向图立方的复杂查询通过提出新型索引结构与查询处理算法实现了对图立方的匹配查询与概要查询。

4.1　面向原生超图的查询系统

4.1.1　背景需求

图立方作为具有时序信息的超图，蕴含着复杂的多元关系。针对图立方的超图查询着重于多元关系的查询，这与着重于二元关系查询的传统图查询相比，具有很大的不同。具体来说，超图查询着重于查询超边与超边之间的关系，即组与组之间的关系，因此很多操作实质上是关于集合的运算，如子集关系、交并集关系等。传统的图查询语言（如 SPARQL）缺少针对超图查询的相关语法，所以利用传统图查询语言表达超图查询往往需要采用如 GROUP BY、AGGREGATE 和 HAVING 等复杂的查询语法。如图 4-1（a）所示，使用 SPARQL 图查询语言表示查询"与 A 公司有 2 个以上共同客户的公司"需要使用多个查询模式及 GROUP BY 和 HAVING 子句，这种烦琐的表达方式既不易理解，又导致执行效率降低。

为解决上述问题，面向图立方的原生超图查询系统应运而生。该系统针对超图数据的特征，在 SPARQL 语言的基础上，设计出了一套针对超图查询的语言 SPARQL-H。SPARQL-H 查询语言在表示超图查询时，相对于原先的 SPARQL 语言更为简洁。如图 4-1（b）所示，同样是表示查询"与 A 公司有 2 个以上共同客户的公司"，SPARQL 语言需要使用 3 种关键字、5 个子句，而 SPARQL-H 语言只需使用一个超图查询模式即可。这样的查询语言不仅易于理解，而且提高了查询效率。

```
SELECT ?E WHERE {
    ?E rdf:type ub:客户
    ?E rdf:hyperedge ?Person
    ub:A的客户 rdf:hyperedge ?Person
}
GROUP BY ?E
HAVING (COUNT(?Person) >= 2)
```

```
SELECT ?E WHERE {
    "A的客户" buildin:intersectEdges("客户",
2) ?E
}
```

（a）SPARQL 查询　　　　　　　　　　（b）SPARQL-H 查询

图 4-1　面向图模型的查询语言与面向超图模型的查询语言对比实例

　　本节基于现有的图查询系统设计并实现了一个原生超图分布式查询系统，并针对超图数据的特征分别设计了超图查询的查询语法、索引结构与查询算法，下面详细介绍原生超图分布式查询系统的设计与实现。

4.1.2　系统设计实现

　　原生超图分布式查询系统架构如图 4-2 所示。该系统利用 Open MPI 将程序在不同的机器上同时启动起来，启动时，多台机器利用 RDMA 等通信机制分布式地将数据集加载到内存中。启动后的系统由多台机器组成，每台机器上都有一个超图数据存储模块单例，其中，超图数据以本节所述的方法被划分到每台机器的内存中；每台机器上都运行了若干个 Proxy 和 Engine 线程，这些线程通过内部网络进行通信；客户端的请求可以被发送到任意一个 Proxy 线程上，后者会将其转发给某个特定的 Engine 线程来执行。

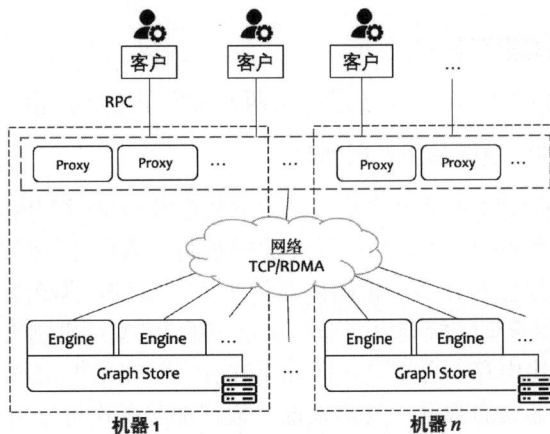

图 4-2　原生超图分布式查询系统架构

　　系统启动后，客户端输入的查询会由 Proxy 线程转发到 Engine 线程来执行。每台机器的内部结构如图 4-3 所示，它建立在超图的存储层（Graph Store）之上，包含两个重要线程——Proxy 线程和 Engine 线程。Proxy 线程用于查询文本的解析结果并执行查询任务的派发，Engine 线程则用于查询任务的具体执行情况。具体来说，系统启动后会开启多个 Proxy 线程和多个 Engine 线程，当一个查询请求进入 Engine 线程后，首先会在 Proxy 线程中由查询解析器组件进行文本解析，完成字符串到 HyperQuery 对象的转换，即转换为包含所有查询信息的数据结构。其中，转换过程遵循如下规则：查询模式中的字符串变量会被转化为对应的 ID，而查询模式中的待查询变量则会按照其在查询中出现的顺序依次被转化为−1，−2, …即变量 ID。在转换完成后，Proxy 线程会根据特定的分配策略将 HyperQuery 对象通过 TCP/RDMA 发送给某个 Engine 线程；Engine 线程将收到的 HyperQuery 对象收集到一个任务队列中进行异步执行，执行完后将查询结果返回给原 Proxy 线程；最后由 Proxy 线程将执行结果返回给用户层或将结果直接输出到控制台。由此可见，Engine 线程的查询执行逻辑是原生超图查询技术的核心。

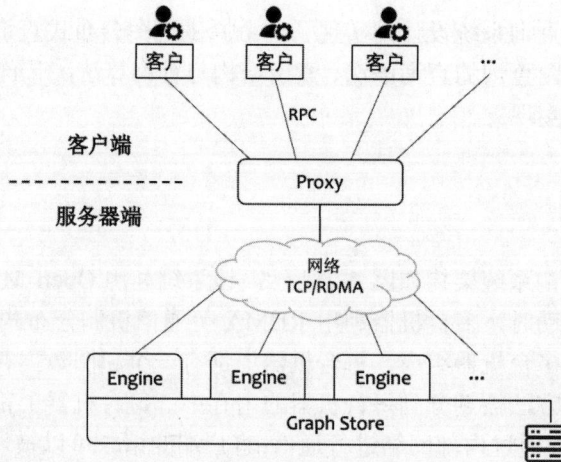

图 4-3　每台机器的内部结构

4.1.2.1　查询系统的索引构建

本小节将从分布式数据加载和内存键值索引两方面来介绍原生超图查询系统的索引构建。

1. 分布式场景下的大规模超图数据加载

在系统启动阶段，存储在磁盘上的持久化数据集需要被加载到内存中以便后续查询，而在分布式场景下，数据集往往更大，从而导致加载时间大大增加。假设数据集由多个大小基本一致的文件组成，如果能够让多台机器同时读入不同文件，那么就可以大大减少读/写操作产生的开销。原生超图查询系统利用分布式集群上的 RDMA 机制来加快数据加载的过程，并为这一过程开辟了两块内存，分别是：local buffer 与 global buffer，它们分别被用来缓存本机读入的数据及来自远端的数据。具体来说，数据加载操作可分为以下三个步骤：

（1）文件读取：每台机器都需要读入数据集中的不同文件，最终使得数据集中的每个文件都被某一台机器读入，这些读入的数据被存放在 local buffer 中。值得注意的是，系统的输入数据集存放在同一 NFS 下的同一文件夹中，即每台机器看到的数据集都是相同的一组文件，因此让每台机器读取数据集中的所有文件并从中提取出与本机对应的数据也是可行的，在本系统中，令每台机器读入不同文件主要是为了加速启动过程；

（2）数据交换：每台机器都遍历自己读入的数据，并依据图划分算法将不同数据通过 RDMA 发送到其他机器对应的 global buffer 中；

（3）数据整合：每台机器都将本机的 global buffer 组合在一起，经过排序、去重等操作，最终插入键值对系统中用于查询。

图 4-4 给出了一个数据加载模块在分布式场景下进行数据加载的简单例子。该例子用两台机器加载超边 1～6，其中，编号为单数的超边被划分在机器 1 上，编号为双数的超边被划分在机器 2 上。在步骤（1）结束后，超边 1～3 和超边 4～6 分别在机器 1 和 2 上生成，同时分别被缓存在机器 1 和机器 2 的 local buffer 中。在步骤（2）中，机器 1 遍历 local buffer 后按照数据划分算法将超边 1、3 发给本机的 global buffer，将超边 2 发送给机器 2 的 global buffer；同理，机器 2 将超边 4、6 发给本机的 global buffer，将超边 5 发送给机器 1 的 global buffer。值得注意的是，每台机器的 global buffer 都有 n 块，其中，n 为分布式集群中机器的数量。这种设计是为了避免在分布式场景下多台机器同时写入一片内存造成数据竞争问题。当所有机器上的步骤（2）都执行完毕后，开始执行步骤（3），该步骤在每台机器上独立执行，彼此间互不干扰。

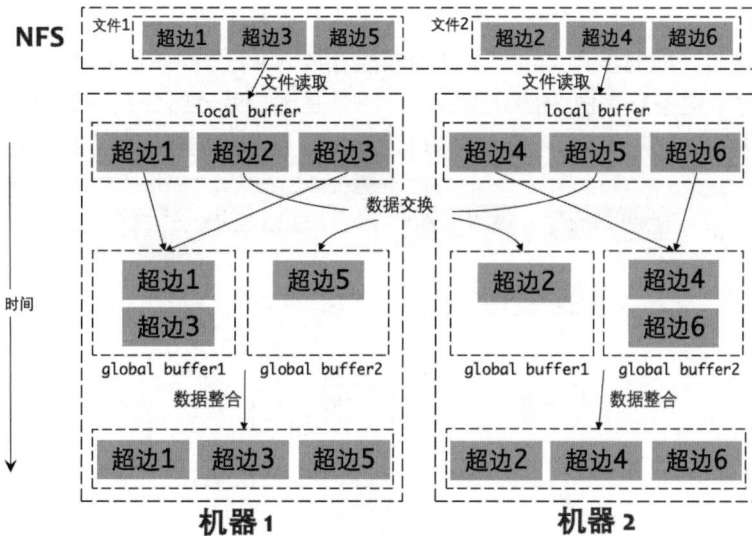

图 4-4　分布式数据加载过程

除了超边数据本身，超边名称到超边 ID 的映射数据也通过同样的方式被加载到分布式集群中。为节约内存并加速查询，该系统为每个节点、每个超边类型和每条超边都生成了对应的 ID，分别称为 VID、HTID 和 HID。其中，VID 和 HTID 到字符串的映射分别被存储在 str_normal 和 hyper_str_index 文件中。因此，在分布式场景下，每台机器都能通过网络文件系统（Network File System，NFS）远程访问到这两个文件，并将这两个文件中的映射加载进自己的内存完成对查询的解析。然而，HID 与前两者不同，它是在加载数据文件时由超图数据加载模块生成的。在分布式场景下，不同的数据文件由不同的机器处理并加载入内存，然后通过网络共享给其他机器。这种机制使得每台机器均存有本机加载文件中的超边字符串映射。需要明确的是，查询文本的解析操作需要所有 ID 的字符串映射，这种情况如果不加以处理，那么会导致分布式场景下正常查询文本的解析失败。为此，在超图数据加载模块加载完超边数据后，超边名称到 ID 的映射数据也需要通过上述方式在集群中进行共享，最终保证每台机器上都存有一份完整的超边到 ID 的映射数据。

2. 大规模超图数据的可扩展键值模型

真实世界中的关系远比实体多，因此系统中的超边 ID 采用 64 位 UINT 来表示，数据集中的节点 ID 则采用 32 位 UINT 来表示，这使得系统能够支持一个边数远大于点数的数据集。此外，为了保持 ID 的唯一性，该系统为（节点/超边）类型 ID、节点 ID 和超边 ID 划分了各自的值域，其中，类型 ID 的值域为[2,16)，节点 ID 的值域为[16,32)，超边 ID 的值域为[16,64)。

原生超图查询系统使用分布式键值索引结构来实现对超图数据的索引构建。分布式键值索引结构如图 4-5 所示。其中，所有键值对中的键（key）都对应一个键条目（entry），后者被存放在一个个桶（bucket）中，而值被集中存放在一个连续的值空间（values）中，每个键对应的值列表中的元素被连续存放在一起。给定一个键，首先需要使用一个哈希（hash）函数来计算它应该被放在哪个桶中。每个桶中都有 N 个槽（slot），当一个桶满时，会从扩展的桶空间（extend buckets）里分配一个新桶来继续存放剩下的条目，并且满桶的最后一个槽会被用来存放指向新桶的指针（即一个桶最多能存放 N−1 个键条目），最终形成一个类似于链表的结构。每个键条目都由两部分组成，一部分是键，另一部分是该键对应的值在值空间中相对于值空间起始位置的偏移量和包含的元素数量。键与值的内容将在后文进行详细介绍。

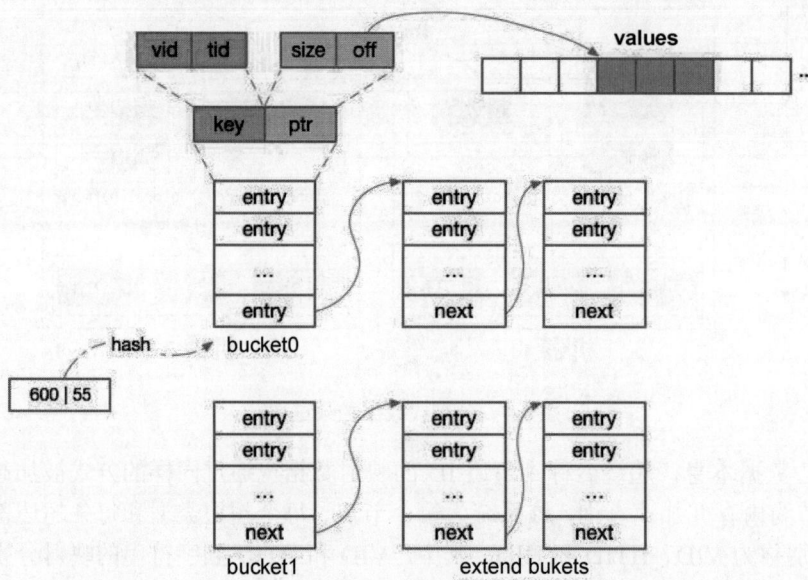

图 4-5　分布式键值索引结构

原生超图查询系统为构建索引在内存中开辟了两块等大空间，分别用于创建 HE-store 和 V2E-store 两个键值对管理器对象。其中，前者主要以邻接链表形式存放超边 ID 到普通节点 ID 的映射，其键为 64 位 UINT 列表，值为 32 位 UINT 列表；后者主要以邻接链表形式存放节点 ID 到超边 ID 的映射，其键为 64 位 UINT 列表（其中，键的前 48 位可以用来存放 32 位的节点 ID，后 16 位可以用来存放 16 位的类型 ID），值为 64 位 UINT 列表。表 4-1 列出了原生超图查询系统的内存中存储的主要数据的键值对索引的形式及其含义，并指出了它们所在的键值对管理器。

表 4-1　原生超图查询系统键值对索引信息

键值对	键	值	位　置	含　义
TYPE-IDX	ETYPE	TID-list	V2E-store	所有超边类型
HTYPE-IDX	TID	HID-list	V2E-store	该超边类型对应的所有超边
HTYPE-KV	HID	TID-list	V2E-store	该超边的所有超边类型
HEDGE-KV	HID	VID-list	HE-store	与该超边连接的所有节点
VEDGE-KV	VID+TID	HID-list	V2E-store	与该节点连接的指定类型的所有超边
VTYPE_IDX	TID	VID-list	HE-store	与该超边类型的超边相连的所有节点

例 4.1.1　图 4-6 展示了一个简单的超图索引实例。其中，图 4-6（a）为数据集，灰色实心小圆和空心大椭圆分别表示数据集中的节点和超边；蓝色虚线椭圆表示"持股"类型的超边，黄色实线椭圆表示"顾问"类型的超边；被椭圆包含的节点即为该超边的相邻节点，比如超边"字节"包含节点 C、G、X、Y，代表 C、G、X、Y 是字节的顾问。该数据集在经过系统中数据加载模块的转化后，最终会被转化为图 4-6（b）中的键值对形式并存于内存。出于对篇幅的考虑，这里没有列出所有转化后的键值对，而只将所有种类的键值对予以展示。此外，为了易于理解，图中直接以字符串形式表示了点或边，而在系统键值对中实际保存的只有节点和边的 ID。其中，不同类型的 ID 用不同颜色的方块来区分：蓝色方框表示的是超边 ID（64 位 UINT），绿色方框表示的是节点（32 位 UINT），黄色方块表示的是超边类型（32位 UINT），红色方块表示内嵌类型（32 位 UINT，如 ETYPE 就是一个内嵌关键字，其值为 1）。可以看到，HEDGE-KV 和 VTYPE-IDX 两种键值对被存放在 HE-store 键值对管理器中；而 TYPE-IDX、HTYPE-IDX、HTYPE-KV 与 VEDGE-KV 均被存放在 V2E-store 键值对管理器中。

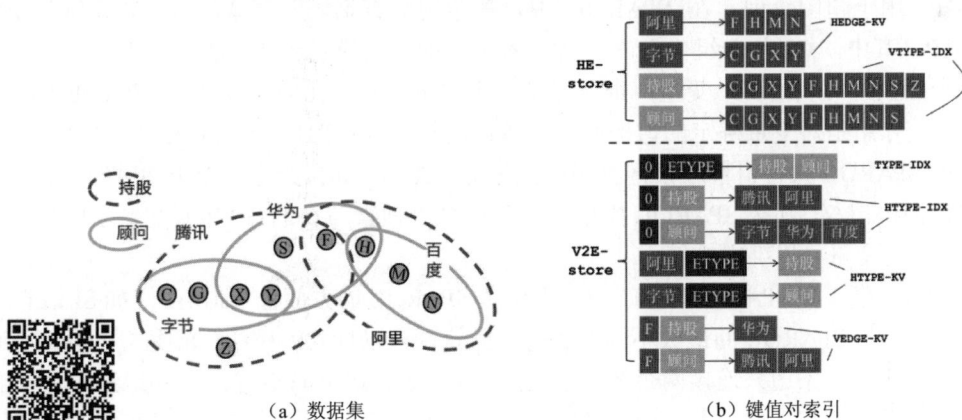

（a）数据集　　　　　　　　　　（b）键值对索引

图 4-6　超图索引实例

原生超图查询系统的原生超图索引构建模块最终向上提供了表 4-2 中列出的接口。

表 4-2　原生超图索引构建模块的接口

序号	接 口 名 称	输　入	输　出	含　义
1	get_types	-	TID-list	获取所有超边类型
2	get_type_by_heid	HID	TID-list	获取该超边的所有超边类型

（续表）

序号	接 口 名 称	输 入	输 出	含 义
3	get_edge_by_type	TID	HID-list	获取所有该超边类型的超边
4	get_edge_by_heid	HID	VID-list	获取与该超边连接的所有节点
5	get_heids_by_vertex_and_type	VID+TID	HID-list	获取与该节点连接的指定类型的所有超边
6	get_vids_by_htype	TID	VID-list	获取与该超边类型的超边相连的所有节点

在分布式场景下，由于数据集规模较大，因此原生超图查询系统需要在加载数据时将数据划分到各台机器的内存中进行存放，运行时再利用分布式通信技术获取完整数据。分布式存放数据的一个关键步骤是将完整的图划分成若干个子图，每台机器负责在内存中存放一个或多个子图。图划分算法至少需要满足两个条件：一是完整性，即允许分割导致的数据冗余，但不允许出现数据丢失；二是均匀性，即集群中的每台机器都能分到相近规模的数据。该系统采用的划分算法为简单的哈希算法。由于 TYPE-IDX 键值对能够从 ID 字符串映射文件中直接读入并且数据量较小，因此在每台机器上都有一份完整的复制信息。除 TYPE-IDX 以外的键值对均被进行了划分，也就是说，在整个分布式集群上只对一份内存进行了复制。其中，HEDGE-KV、HTYPE-IDX 和 HTYPE-KV 对 HID 进行了划分，比如 HID 为 666 的超边，在一个由 8 台机器组成的分布式集群上被划分的位置是 666%8 = 2，即机器 2，因此机器 2 上的 KV 中包含了 666 超边完整的 HEDGE-KV 和 HTYPE-KV 键值对，在该机器上其超边类型对应的 HEDGE-KV 键值对也包含了 666 超边；同理，VEDGE-KV 和 VTYPE-IDX 则对 VID 进行了划分。

4.1.2.2　查询系统的查询语言

在完成索引构建后，原生超图查询系统提供了一套基于 SPARQL 的超图查询语言 SPARQL-H，用于超图查询。在 SPARQL 中，最常用的查询语句形式为 Q:=SELECT RD WHERE GP，其中，GP 是一组"主语–谓语–宾语"的三元模式，RD 是一组变量。三元模式中的每个元素既可以是一个变量，也可以是一个常量。除三元模式之外，GP 中还可以包含过滤器，其作用是对变量绑定的值按照一定条件进行过滤。RD 是 GP 中变量的非空子集，其用于告诉 SPARQL 执行引擎应该输出哪些变量绑定的值。如果给定一个 RDF 图 G 和一个 SPARQL 查询语句 Q，那么 SPARQL 执行引擎会在 G 上搜索与 Q 的 GP 相匹配的子图，直到找到 RD 中所有变量可以绑定的值。

SPARQL-H 建立在 SPARQL 语言之上，保留了 SPARQL 的大部分查询语法，如 SELECT、WHERE 等，其与 SPARQL 的最大不同在于每个查询模式（即 GP 中的三元模式）的表示形式。在传统图中，一条边只连接两个节点，利用 (src, predicate, dst) 这样的三元组结构可以非常直观地表示两个节点间的关系，所以 SPARQL 查询也正是在这样的三元组查询模式基础上构建起来的。例如，(?Professor, ub : TeacherOf, Student) 可以轻松表示?Professor 和 Student 变量之间的师生关系。然而，在超图中，一条边可以与多个节点相连，由于三元组结构难以表达多元关系的语义，因此需要对 SPARQL 查询模式进行拓展。由于超图查询中的很多操作实质上是关于集合的运算（如子集关系、交并集关系等），根据这个特征，该系统对 SPARQL 的查询模式进行了以下拓展。

SPARQL-H 查询模式分为四个组成部分，即查询模式类型、输入节点列表、输出节点及参数。因此，该查询模式就可以用[输入节点列表,building:查询模式类型(参数),输出节点列表]来进行表示。此外，超图查询中的查询模式可以分为多种类型，主要包括索引到点/边，点到点/边，边到点/边这三种。下面根据查询模式的不同类型对语法进行逐一说明。

（1）GE/GV 查询：其含义为从 TYPE 索引出发，找到所有指定类型的边或点。该查询语句的合法类型关键字为 etype 和 vtype；输入节点必须为变量，用于指定被查询的变量；输出节点必须为常量，用于指定点/边的类型；查询模式类型后无须参数。比如，查询语句"SELECT ?E WHERE{?E,buildin :etype,"管理基金"}"的含义是查询所有类型为"管理基金"的超边；查询语句"SELECT ?V WHERE{?V,building :vtype,"公司"}"的含义为查询所有类型为"公司"的节点。

（2）V2E 查询：其含义为从给定的节点出发，找到所有指定类型的超边。该查询语句的合法类型关键字为 edges；输入节点可以是变量也可以是常量，可以是单个也可以是多个，用来指定查询时用于匹配的变量；输出节点必须为变量，用于指定被查询的变量；查询模式类型后规定要带一个 etype 参数，用于指定被查询超边的类型。比如，查询语句"SELECT ?E WHERE{"博时主题",building :edges ("经营基金"),?E}"的含义是查询与节点"博时主题"相连，且类型为"经营基金"的超边，即寻找所有经营博时主题基金的公司；查询语句"SELECT ?E WHERE{["平安股息 A", "平安股息 C"],building :edges ("经营基金"),?E}"的含义为查询同时与节点"平安股息 A"和"平安股息 C"相连，且类型为"经营基金"的超边，也就是寻找所有同时经营"平安股息 A"与"平安股息 C"这两个基金的公司。

（3）E2V 查询：其含义为从给定的超边出发，找到所有与之相连的节点。该查询语句的合法类型关键字为 vertices；输入输出节点的要求和含义与 V2E 查询相同；查询模式类型后无须参数。比如，查询语句"SELECT ?V WHERE{"龙腾公司的供应商",building :vertices,?V}"的含义是查询与超边"龙腾公司的供应商"相连的节点，也就是寻找"龙腾公司"的所有供应商。

（4）E2E 查询：其含义为从给定的超边出发，找到与指定超边有特定关系的超边。该查询语句的合法类型关键字为 intersectEdges、containEdges 和 inEdges，分别对应相交、包含和被包含这三种超边关系；输入输出节点的要求和含义与 V2E 查询相同；查询模式类型规定第一个参数必须为 etype 参数，用于指定被查询超边的类型；intersectEdges 类型的查询需要带第二个 limit 参数，用于指定相交程度（即相交个数应该为多少），可以大于某个数（写作 >K），也可以等于某个数（写作 =K），当没有指定操作符时，则默认为 ≥。如查询语句"SELECT ?E WHERE{"一品红公司的客户",building :intersectEdges ("客户",2),?E}"的含义是查询与超边"一品红公司的客户"有 2 个及以上的共同节点且类型为"经营基金"的超边，也就是寻找与一品红公司有 2 个以上共同客户且经营基金的公司。

（5）V2V 查询：其含义为从给定的节点出发，找到与指定节点有特定关系的节点。该查询语句的合法类型关键字为 intersectVertices；输入输出节点的要求和含义与 V2E 查询相同；查询模式类型规定第一个参数为 etype 参数，用于指定同时存在输入输出节点的超边的类型，第二个参数为 limit 参数，具体含义和要求与 intersectEdges 类型的查询相同。比如，查询语句"SELECT ?V WHERE{"华润公司",building :vertices("客户",2),?V}"的含义是查询与节点"华润公司"共同存在 2 条以上类型为"客户"的超边中的节点，也就是寻找与"华润公司"有 2 个以上相同供应商的公司。

4.1.2.3 查询系统的查询处理

对于超图查询，Engine 线程会按照顺序执行每个查询模式。在执行过程中，每个查询模式的变量有三种状态，分别是：Const、Known 和 Unknown。Const 状态代表变量为常量，此时查询过程中的字符串变量均可视为常量，在经过解析后会直接转化为常量对应的 ID。比如，图 4-7 中的"客户"；Known 状态代表变量在目前的执行阶段是已知的，在该查询的临时结果集中有该变量对应的列存在，在执行完图 4-7 中的第一个查询模式后变量 E 的状态即为 Known；Unknown 状态代表变量在目前的执行阶段是未知的，在该查询的临时结果集中还尚不存在该变量对应的列，比如，图 4-7 中的查询样例在执行第一个查询模式前，变量 E 和 V 的状态即为 Unknown。

```
SELECT ?E ?V WHERE {
  ?E buildin:etype "客户"
  ?E buildin:vertices ?V
}
```

图 4-7　超图查询样例

Engine 线程将来自 Proxy 线程的 HyperQuery 对象收集到队列中，并依次取出执行。在每个查询中，均以语句为单位来执行，执行顺序与其在查询中的排序相同。为了存放分步执行的中间结果，在 HyperQuery 对象中设计了 Result 子对象，其以表格形式存放临时结果，其中，每一行对应一个结果，每一列对应一个待查询变量。如果在执行完一个查询模式后，Result 中的列增加了或已知变量增加了，那么称这一步查询为 Expand 查询；若 Result 中的列数量没有变化或已知变量数量不变，则称为 Prune 查询。

考虑到分布式场景下，数据分布在不同的机器上，会出现多种查询数据不在本机上的情况（比如多输入节点在不同远端机器上或待查询的节点/超边分散在各台机器上），因此使用 fork-join 机制来应对分布式查询。其中，fork 利用一台机器上的原查询生成多个子查询并发送到分布式集群中的所有机器上；join 将执行完的子查询发回原查询所在的机器并对所有子查询的结果进行合并处理。此外，该系统为 HyperQuery 数据结构增设了 cache_e2v_mapping、cache_v2e_mapping 和 candidates 三个子对象，以缓存查询中需要用到的 E2V、V2E 映射及候选列表。

原生超图查询系统为不同类型的查询模式设计了不同的执行逻辑，对应实现了 5 个重要函数，并将其用于执行不同的查询模式，接下来分别对这 5 个函数进行介绍。

（1）op_get_edges 函数：用来执行 GE/GV 查询模式。这种查询模式的输入为一个待查询变量，输出为常量，用于指定需要获取的超边类型。在执行时，输入变量有两种可能的状态，即 Known 和 Unknown。该函数的执行逻辑需根据输入变量的状态进行分类讨论。第一种情况为 Unknown-to-Const，也就是输入变量未知，属于 Expand 查询的范围。该查询需要用到表 4-1 中的 HTYPE-IDX，其是根据 HID 进行划分的数据，也就是说，不同的 HID 被划分到了不同机器的 HTYPE-IDX 键值对中。因此，执行该查询时，需要将查询先 fork 至集群上的所有机器，在每台机器上分别调用表 4-2 中的接口 3 进行查询，然后将各台机器上的子查询结果合起来就是完整结果。做完该查询后，直接在当前机器上执行下一个查询，直到所有查询模式执行完毕再进行 join 操作。第二种情况为 Known-to-Const，即输入变量已知，属于 Prune 查询的范围。该查询同样需要用到表 4-1 中的 HTYPE-IDX 键值对。因此，执行该查询时，同样需要将查询先 fork 至集群上的所有机器，在每台机器上分别调用表 4-2 中的接口 3 进行查询，然后将各台机器上的子查询结果合起来就是完整结果。该查询的 fork-join 模式与在 Unknown-to-Const 情况下的完全相同。

（2）op_get_e2v 函数：用于执行 E2V 查询模式，其查询输入为未知。该查询在单机模式下非常简单，然而在多机下非常复杂，需要对多种情况进行分类讨论。总体来说，可以分为两种情况，即单 Known 变量和多 Known 变量。在单 Known 变量情况下，输入变量只有一个，状态为 Const 或者 Known，输出变量未知。该查询需要用到表 4-1 中的 HEDGE-KV 键值对，其是根据 HID 进行划分的数据，也就是说，不同超边对应的 HEDGE-KV 键值对被划分到了不同机器上。因此，执行该查询时，需要将查询先 fork 至集群上的所有机器，在每台机器上分别调用表 4-2 中的接口 4 进行查询，将各台机器上的子查询结果合起来就是完整结果。做完该查询后，直接在当前机器上进行下一个查询，直到所有查询模式执行完毕再进行 join。在多 Known 变量情况下，可能是多输入变量的 Const-to-Unknown 查询，也可能是多输入变量的 Known-to-Unknown 查询。由于查询中包含多个需要 E2V 信息的输入/输出变量，因此需要在每次查询中做一次 fork-join，将所有机器上的 E2V 信息收集起来后再进行集合的交并操作。综上所述，该查询可分为两步，第一步将查询 fork 到所有机器上，调用表 4-2 中的接口 4 来获取每台机器上存放的输入边的 VID-list，将其缓存到 cache_e2v_mapping 对象后 join 回原机器；第二步利用 cache_e2v_mapping 中的缓存信息对所有输入边的 VID-list 做交集后存入 Result。

（3）op_get_v2e 函数：用于执行 V2E 查询模式，其查询输入为未知。该查询的执行模式与 E2V 查询模式非常类似，同样分为两种情况。一是在单 Known 变量情况下，输入变量只有一个，状态为 Const 或者 Known，输出变量未知。该查询需要用到表 4-1 中的 VEDGE-KV 键值对，其是根据 VID 进行划分的数据，也就是说，不同节点对应的 VEDGE-KV 键值对被划分到了不同机器上。因此，执行该查询时需要将查询先 fork 至集群上的所有机器，在每台机器上分别调用表 4-2 中的接口 5 进行查询，将各台机器上的子查询结果合起来就是完整结果。做完该查询后，直接在当前机器上进行下一个查询，直到所有查询模式执行完毕再进行 join。二是在多 Known 变量情况下，可能是多输入变量的 Const-to-Unknown 查询，也可能是多输入变量的 Known-to-Unknown 查询。由于查询中包含多个需要 V2E 信息的输入/输出变量，因此需要在每次查询中做一次 fork-join，将所有机器上的 V2E 信息收集起来后再进行集合的交并操作。具体来说，该查询可分为两步，第一步将查询 fork 到所有机器上，调用表 4-2 中的接口 5 来获取每台机器上存放的输入点的 HID-list，将其缓存到 cache_v2e_mapping 对象后 join 回原机器；第二步利用 cache_v2e_mapping 中的缓存信息将所有输入边的 HID-list 做交集后存入 Result。

（4）op_get_e2e 函数：用于执行 E2E 查询模式，其分布式执行模式比 E2V 和 V2E 查询更为复杂。在运行时，该输入列表中的变量有两种可能的状态，即 Known 和 Const，但这两种情况的执行逻辑基本一致；输出变量也有两种可能的状态，即 Known 和 Unknown。在 Known/Const-to-Unknown 情况下，输入变量若干，输出变量未知。该查询需要用到表 4-1 中的 HTYPE-IDX 和 HEDGE-KV 两种键值对，这两种键值对都是根据 HID 进行划分的，也就是说，不同超边对应的这两种键值对都被划分到了不同机器上。因此在该查询执行过程中，至少需要调用一次表 4-2 中的接口 3，并为每个已知状态/常量边调用一次表 4-2 中的接口 4，即需要在查询中做一次 fork-join，将所有机器上的 E2V 信息及候选边列表收集起来后再进行集合的交并操作。具体来说，该查询可分为两步，第一步将查询 fork 到所有机器上，调用表 4-2 中的接口 3 来获取每台机器上的候选边列表，然后调用表 4-2 中的接口 4 来获取输入边及候选边的 VID-list，将其缓存到 cache_e2v_mapping 对象后 join 回原机器；第二步利用 candidates 和 cache_e2v_mapping 对象中的缓存信息将所有候选边的 VID-list 与所有输入边的 VID-list 进行比对，若均符合关系，则存入 Result。在 Known/Const-to-Known 情况下，输入变量若干，输出变量已知。与 Known/Const-to-Unknown 情况下的执行情况基本一致，但由于该情况下无须获取候选边列表，因此稍有不同。该查询的第一步无须获取候选边列表，直接调用表 4-2 中的接口 4 来获取输入输出边的 VID-list 即可；第二步利用 cache_e2v_mapping 对象中的缓存信息将所有输出边的 VID-list 与所有输入边的 VID-list 进行比对，若均符合关系，则存入 Result。

（5）op_get_v2v 函数：用于执行 V2V 查询模式，其执行模式类似于 E2E 查询模式。在 Known/Const-to-Unknown 情况下，输入变量若干，输出变量未知。该查询需要用到表 4-1 中的 VTYPE-IDX 和 VEDGE-KV 两种键值对，这两种键值对都是根据 VID 进行划分的，也就是说，不同节点对应的这两种键值对都被划分到了不同机器上。因此在该查询执行过程中，至少需要调用一次表 4-2 中的接口 6，并为每个已知状态/常量节点调用一次表 4-2 中的接口 5，即需要在查询中做一次 fork-join，将所有机器上的 V2E 信息及候选边列表收集起来后再进行集合的交并操作。具体来说，该查询可分为两步，第一步将查询 fork 到所有机器上，调用表 4-2 中的接口 6 来获取每台机器上的候选点列表，然后调用表 4-2 中的接口 5 来获取输入点及候选点的 HID-list，将其缓存到 cache_v2e_mapping 对象后 join 回原机器；第二步利用 candidates 和 cache_v2e_mapping 对象中的缓存信息将所有候选点的 HID-list 与所有输入点的 HID-list 进行比对，若均符合关系，则存入 Result。在 Known/Const-to-Known 情况下，输入变量若干，输出变量已知。与 Known/Const-to-Unknown 情况下的执行情况基本一致，但由于该情况下无须获取候选点列表，因此稍有不同。该查询的第一步无须获取候选点列表，直接调用表 4-2 中的接口 5 来获取输入输出点的 HID-list 即可；第二步利用 cache_v2e_mapping 对象中的缓存信息将所有输出点的 HID-list 与所有输入点的 HID-list 进行比对，若均符合关系，则存入 Result。

4.2　面向时序超图的查询系统

4.1 节已经详细介绍了基于原生超图的查询系统，本节将着重介绍针对原生超图查询系统的时序拓展，主要包括时序 RDF 与时序超图数据的可扩展索引技术和低时延并发查询技术。

4.2.1　时序知识图谱查询系统

本小节设计并实现了一个时序知识图谱查询系统，并针对时序知识图谱数据的特征分别设计了时序查询的语法拓展、索引结构与查询算法。但是，本小节设计的系统与 4.1 节的原生超图查询系统是基于同一个图查询系统构建而成的，因此与其系统架构相同，此处不再赘述。

4.2.1.1　查询系统的索引构建

多数 SPARQL 查询需要获取由指定标签的边连接的节点的集合或指定类型节点的集合，

这会导致执行时间较长。时序知识图谱查询系统为加快查询执行速度增加了两类特殊的节点，即谓语索引节点（P-idx）和类型索引节点（T-idx）。为了进行区分，表示主语或宾语的节点称为普通节点。

每个谓语索引节点都对应五元组 (s, p, o, t_s, t_e) 中的一个谓语。如果一个普通节点有至少一个标签为该谓语的邻边，那么这个普通节点和该谓语索引节点之间就会有虚拟的有向边，边的数量和方向根据普通节点对应的国际化资源标识符（Internationalized Resource Identifiers，IRI）出现在五元组中的位置确定，其中，可能是一条边（对应的 IRI 只出现在主语位置和宾语位置的其中之一），也可能是两条边（对应的 IRI 既出现在主语位置，又出现在宾语位置）。

每个类型索引节点对应一个普通节点类型，它与所有该类型的普通节点之间都有一条虚拟的有向边，方向是从普通节点指向该类型索引节点。

索引节点的邻边都是虚拟边，它们不包含任何时序和标签信息。图 4-8 是一个简单的时序 RDF 图的有向图表示，图 4-9 在图 4-8 的基础上增加了谓语索引节点，其中，虚线轮廓椭圆标识的节点 mo 就是一个谓语索引节点，它与普通节点 Eric、X-Lab 和 Kurt 相连。由于节点 Eric 只有标签为 mo 的出边，因此它与谓语索引节点 mo 之间只有一条从 Eric 指向 mo 的虚拟边。图 4-10 在图 4-8 的基础上增加了类型索引节点，其中，虚线轮廓椭圆标识的节点 Student 就是一个类型索引节点，由于只有节点 Eric 和 Kurt 的类型是 Student，因此它只与这两个普通节点相连。

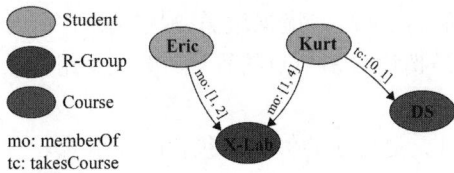

图 4-8　一个简单的时序 RDF 图的有向图表示

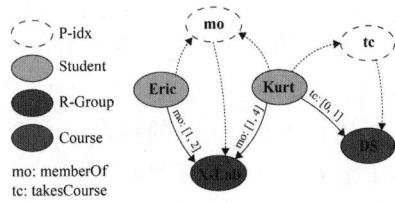

图 4-9　谓语索引节点示例

扫码查看彩图

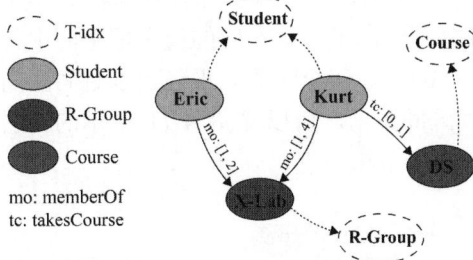

图 4-10　类型索引节点示例

扫码查看彩图

扫码查看彩图

时序知识图谱查询系统同样使用分布式键值索引结构来实现对时序 RDF 图的索引构建。该系统中索引节点的 ID 范围为 [2,17)，普通节点的 ID 范围为 [17,+∞)。键值索引的基本单位是键值对，键值对的键是一个三元组，值是一个列表。一般情况下，键是由普通节点 ID（vid）、谓语 ID（pid）和方向 d 组成的三元组 (vid, pid, d)，值是由同时符合以下条件的 (vid', t_s, t_e) 组成的列表：

（1）节点 vid′ 与节点 vid 之间存在时序边 e；

（2）时序边 e 的标签是 pid，有效时间区间是 $[t_s,t_e]$；

（3）当 d 的值为 OUT 时，边 e 从节点 vid 指向节点 vid′；当 d 的值为 IN 时，边 e 从节点 vid′ 指向节点 vid。

显然，每个五元组 (s,p,o,t_s,t_e) 都会被分解到两个键值对中，即 (o,t_s,t_e) 会出现在键 (s,p,OUT) 对应的值中，(s,t_s,t_e) 会出现在键 (o,p,IN) 对应的值中。这就导致每个时间区间 $[t_s,t_e]$ 都会在内存中被保存两次，为了节约内存，这里将 (s,t_s,t_e) 简化为 (s)，因此只需要针对 (o,t_s,t_e) 存放一次时序信息即可。

这些键可以被用来快速找到与指定普通节点相邻的由指定标签的边连接的所有普通节点，但它们无法高效地解决诸如"有哪些普通节点有标签为 member Of 的邻边"这类的复杂查询问题。因此，时序知识图谱查询系统还引入了以下四类特殊的键，这些键需要用到预留的 ID 值 0 和 1。

（1）当键三元组的第一个元素是一个普通节点 ID、第二个元素的值为 0，即形如 $(\mathrm{vid},0,d)$ 时，其值就是与普通节点 vid 之间存在虚拟边的谓语索引节点 ID 组成的列表，且当 d 的值为 OUT 时，虚拟边需要从节点 vid 出发；当 d 的值为 IN 时，虚拟边需要指向节点 vid。

（2）当键三元组的第一个元素是一个普通节点 ID、第二个元素的值为 1，即形如 $(\mathrm{vid},1,d)$ 时，其值就是与普通节点 vid 之间存在虚拟边的类型索引节点 ID 组成的列表。由于这种虚拟边只能从节点 vid 出发，因此 d 的值只能为 OUT。

（3）当键三元组第一个元素的值为 0、第二个元素是一个索引节点 ID，即形如 $(0,p\,/\,\mathrm{tid},d)$ 时，其值就是与索引节点 $p\,/\,\mathrm{tid}$ 之间存在虚拟边的普通节点 ID 组成的列表，且当 d 的值为 OUT 时，虚拟边需要指向该索引节点；当 d 的值为 IN 时，虚拟边需要从该索引节点出发。

（4）特别地，键三元组 $(0,0,\mathrm{OUT})$ 对应的值是谓语索引节点的列表；键三元组 $(0,1,\mathrm{OUT})$ 对应的值是类型索引节点的列表。

由于虚拟边不包含任何时序信息，所以这四类键对应的值也不包含时序信息。

时序知识图谱查询系统所使用的键值对索引结构与 4.1 节中系统的索引结构相同，其同样将键条目存放在桶中，值集中存放在一个连续的值空间中。每个键条目都由两部分组成，一部分是键三元组，另一部分则给出了该键对应的值在值空间中相对于值空间起始位置的偏移量和包含的元素数量。图 4-11 中值空间的元素包含了时间区间数据，如前所述，有些类型的键对应的值不包含时间区间数据，所以除图 4-11 所示的索引结构外，还需要一个值空间的元素只包含节点 ID 的索引结构。

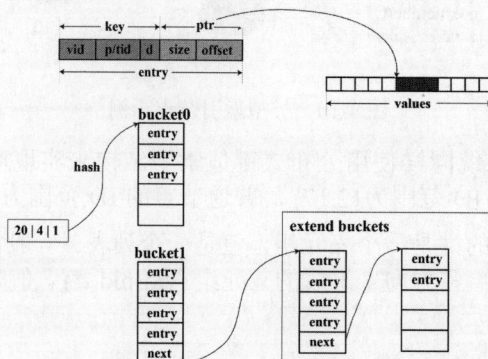

图 4-11　含时间区间数据的键值对索引结构

　　该系统使用的分布式划分算法也为简单的哈希算法。具体来说，通过将键三元组的第一个元素做哈希计算来划分键值对。该系统使用的哈希函数为 server_id=vid%num_servers，其中，vid 为键三元组的第一个元素，num_servers 为集群中机器的数量，server_id 为该键值对被分配到的机器的编号（每台机器都有一个编号，分别为 0,1,…,num_servers−1）。由于特殊键类型（3）和（4）的第一个元素都为 0，所以这里对这两类键采用不同的划分方式，即每个键都会被分配到所有机器中，每台机器都只存放值的一部分，划分方式同样是哈希划分，且使用的哈希函数不变。

4.2.1.2　查询系统的查询语言

　　时序知识图谱查询系统在 SPARQL 语言的基础上设计时序扩展，最终得到了时序查询语言 SPARQL-T。因为标准的 SPARQL 语句只能匹配图谱中的主语、谓语和宾语数据，对时序 RDF 中时间区间数据的匹配并没有相应的语法支持，所以有必要扩展标准的 SPARQL 语法，使其具有与时序相关的语法，从而实现对时序 RDF 中时间区间数据的匹配。这里从以下两方面对 SPARQL 语法进行扩展。

　　（1）将 GP 中的"主语–谓语–宾语"三元模式扩展为"主语–谓语–宾语–有效时间区间的开始时间—有效时间区间的截止时间"五元模式，其中，新加入的两个元素要求是变量，以便用来获取五元组中的时间区间数据。为了兼容标准的 SPARQL 语句，这里规定新加入的两个元素是可选的，但它们要么同时存在，要么同时不存在。

　　（2）过滤器可以对时间变量绑定的值按照一定条件进行过滤。

　　图 4-12 给出了一个关于图 4-8 所示的时序 RDF 图的 SPARQL-T 语句示例。其中，GP 中的第一个模式包含了两个时间变量 ts1 和 te1，它们分别被绑定为匹配到的边的有效时间区间的开始时间和截止时间；第三个模式包含了两个时间变量 ts2 和 te2。此外，GP 还包含了一个过滤器，它会过滤出能够使得时间区间 [ts1,te1] 和 [ts2,te2] 有重叠的变量的绑定值。GP 中的三个模式构成了图 4-12（b）所示的子图，其可以在图 4-8 所示的时序 RDF 图上找到一个与之匹配的子图，过滤后得到的查询结果如图 4-12（c）所示，共包括一行三列。

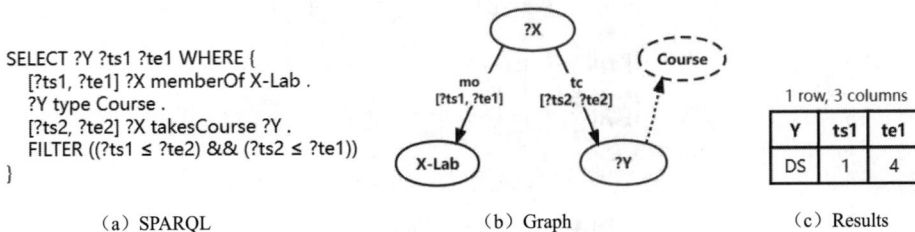

```
SELECT ?Y ?ts1 ?te1 WHERE {
    [?ts1, ?te1] ?X memberOf X-Lab .
    ?Y type Course .
    [?ts2, ?te2] ?X takesCourse ?Y .
    FILTER ((?ts1 ≤ ?te2) && (?ts2 ≤ ?te1))
}
```

（a）SPARQL　　　　　　　　　　（b）Graph　　　　　　　　　　（c）Results

图 4-12　图 4-8 所示的时序 RDF 图的 SPARQL-T 语句示例

4.2.1.3　查询系统的查询处理

　　时序知识图谱查询系统将软件优化和硬件优化结合起来，构建了一个分布式时序 RDF 查询系统，实现了时序 RDF 图的高并发和低时延查询。该系统启动时会在每台机器上都创建若干代理（Proxy）线程和工作（Worker）线程，其中，机器 0 的第 0 个代理线程会作为主代理线程（Master），用于接收用户请求，然后将请求分发给所有机器的所有代理线程进行共同处理。代理线程的任务是预处理用户请求，然后把请求交给最合适机器的一个工作线程去执行。对于单个 SPARQL-T 查询请求来说，只有机器 0 的第 0 个代理线程会实际处理该命令，其他线程在收到该命令后都会简单地忽略它。该系统还支持一些其他类型的请求，其中有些请求需要多个代理线程共同参与，这里只关注针对单个 SPARQL-T 查询请求的处理。

本小节所述的软件和硬件优化方案主要是围绕高性能的新型网络硬件技术 RDMA 进行设计的。RDMA 具有高带宽、低通信时延和低处理器利用率等优秀特性，这使得它越来越多地被用在数据中心以提高分布式系统的性能。RDMA 操作主要分为两类，即单边（one-sided）操作和双边（two-sided）操作。单边操作可以不经过远端机器的 CPU 直接读/写其内存。除读/写操作外，单边操作还支持有限的原子操作。单边操作的网络通信模式与传统的基于消息的通信（如 TCP/IP）完全不同，它不需要操作系统内核的参与，也不需要通过远端机器的 CPU 进行内存读/写。但双边操作类似于传统消息传递模式，即分别使用 SEND 和 RECV 两个接口进行消息的发送和接收。虽然双边操作需要服务端 CPU 的参与，但由于双边操作中的网络协议栈完全由支持 RDMA 的硬件网卡实现，因此相较于传统基于 TCP/IP 协议的消息传递，RDMA 双边操作仍然能有超过一个数量级的性能提升。

一种最为直观的基于 RDMA 的系统优化方法就是将传统基于 TCP/IP 的网络通信替换成 RDMA 的双边操作，但是这种优化远没有充分释放 RDMA 硬件的强大传输能力。该系统选择使用更快的 RDMA 单边操作进行网络通信并实现了一套基于 RDMA 单边操作的网络通信接口。通过将前面介绍的分布式键值索引在内存中进行实现，从而方便地使用 RDMA 操作来读/写键值索引。

如图 4-13 所示，每台机器的每个线程都有一个逻辑任务队列，每个逻辑任务队列都由 N 个物理队列组成（$N = \text{num\_servers}$），每个物理队列实际上都是一块环形缓冲区，用来帮助集群中的机器的所有工作线程完成写操作，其中，本地线程可以直接写供其使用的物理队列，而远端机器的线程可以通过 RDMA 的 WRITE 操作来直接远程写供其使用的物理队列。这种多生产者、单消费者的任务队列机制使得不同机器的线程对任务队列的写操作不会彼此相互干扰，因此不需要任何锁的参与，就可以实现机器内和跨机器的高效线程间通信。

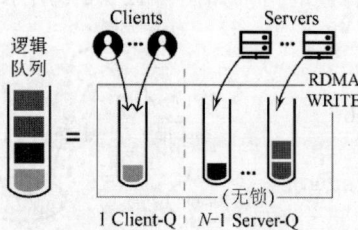

图 4-13　线程的逻辑任务队列

工作线程从其逻辑任务队列获取到 SPARQL-T 语句的执行请求后，会按照用户指定的顺序或系统通过查询优化器计算出的顺序逐一执行 GP 中的模式匹配操作。每执行一步都会得到一个中间结果，这些中间结果会被存放在一个表（table）里，待所有模式匹配都执行完成后，再根据过滤器指定的条件过滤出符合条件的中间结果，最后根据 RD 选择相应的列就得到了最终的查询结果。图 4-14 给出了一个 SPARQL-T 语句的执行过程示例。其中，用户指定的执行顺序（或系统通过查询优化器计算出的执行顺序）为依次执行 GP 中的第一个、第三个和第二个模式匹配。在执行第一个模式匹配时，工作线程会先从键值索引中拿到键

(X-Lab, memberOf, IN) 对应的值，这一步得到的中间结果包含 2 行 3 列，这 3 列分别对应变量 X、ts1 和 te1 的绑定值。接下来，执行第三个模式匹配，这一步会从上一步得到的变量 X 的所有可能取值出发，通过键值索引中的键 (Eric, takesCourse, OUT) 和 (Kurt, takesCourse, OUT) 对应的值找到变量 Y、ts2 和 te2 的所有可能取值。这一步得到的中间结果只有 1 行。然后就是以类似的过程执行第二个模式匹配。最后一步是根据过滤器指定的条件过滤出符合条件的中间结果，再从中间结果中选择变量 Y、ts1 和 te1 对应的列就得到了该查询的最终执行结果。

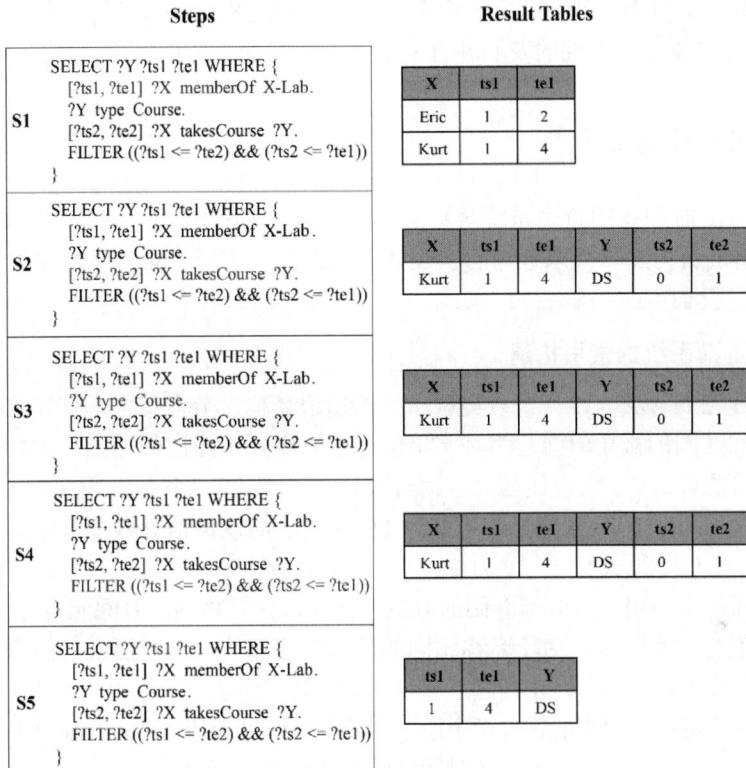

Steps

Result Tables

	Steps	Result Tables

S1	SELECT ?Y ?ts1 ?te1 WHERE {
	  [?ts1, ?te1] ?X memberOf X-Lab.
	  ?Y type Course.
	  [?ts2, ?te2] ?X takesCourse ?Y.
	  FILTER ((?ts1 <= ?te2) && (?ts2 <= ?te1))
	}	

S2	SELECT ?Y ?ts1 ?te1 WHERE {
	  [?ts1, ?te1] ?X memberOf X-Lab.
	  ?Y type Course.
	  [?ts2, ?te2] ?X takesCourse ?Y.
	  FILTER ((?ts1 <= ?te2) && (?ts2 <= ?te1))
	}	

S3	SELECT ?Y ?ts1 ?te1 WHERE {
	  [?ts1, ?te1] ?X memberOf X-Lab.
	  ?Y type Course.
	  [?ts2, ?te2] ?X takesCourse ?Y.
	  FILTER ((?ts1 <= ?te2) && (?ts2 <= ?te1))
	}	

S4	SELECT ?Y ?ts1 ?te1 WHERE {
	  [?ts1, ?te1] ?X memberOf X-Lab.
	  ?Y type Course.
	  [?ts2, ?te2] ?X takesCourse ?Y.
	  FILTER ((?ts1 <= ?te2) && (?ts2 <= ?te1))
	}	

S5	SELECT ?Y ?ts1 ?te1 WHERE {
	  [?ts1, ?te1] ?X memberOf X-Lab.
	  ?Y type Course.
	  [?ts2, ?te2] ?X takesCourse ?Y.
	  FILTER ((?ts1 <= ?te2) && (?ts2 <= ?te1))
	}	

S1 结果表：

X	ts1	te1
Eric	1	2
Kurt	1	4

S2 结果表：

X	ts1	te1	Y	ts2	te2
Kurt	1	4	DS	0	1

S3 结果表：

X	ts1	te1	Y	ts2	te2
Kurt	1	4	DS	0	1

S4 结果表：

X	ts1	te1	Y	ts2	te2
Kurt	1	4	DS	0	1

S5 结果表：

ts1	te1	Y
1	4	DS

图 4-14　SPARQL-T 语句的执行过程示例

对于较为复杂的查询请求，该系统使用 fork-join 的方法来将其分解为多个子查询，由多个工作线程共同执行，最后再将子查询的结果归并起来得到最终结果。

当一个查询是从变量出发进行模式匹配时，在开始执行前就需要将该查询分解为 num_servers × num_workers 个子查询（其中，num_workers 是每台机器上的工作线程的数量），然后让所有机器的所有工作线程都负责一个子查询。之所以需要让所有工作线程共同参与该查询的执行，是因为这类查询需要用到 $(0, p / \text{tid}, d)$ 这种类型的键。例如，查询语句 "SELECT　?X　?Y　WHERE {?X, takesCourse, ?Y}" 就是一个从变量出发进行模式匹配的查询。假设从变量 X 开始进行模式匹配，就需要先使用键 (0, takesCourse, OUT) 找到变量 X 的所有取值，然后依次从变量 X 的所有取值出发，通过键 (value(X), takesCourse, OUT) 对应的值找到变量 Y 的所有取值。前面提到过，每台机器都会负责存放键 (0, takesCourse, OUT) 对应的值的一部分，所以需要把该查询分解到每台机器上，让每台机器负责找到存放在本地的变量 X 的取值。让每个工作线程都负责一个子查询的执行，进一步提高了系统的并发性。

在执行完一个模式匹配后，如果工作线程发现得到的中间结果条目数超过一个阈值（例如 300），而且下一个模式匹配需要进行远程读操作，那么它会将当前查询分解为 num_servers 个子查询，从而让每台机器都负责一个子查询的执行。这样做是为了使远程读操作数量不至于过多，进而避免产生较高的时延。分解查询时还要考虑如何分解中间结果和如何分配子查询执行任务，通常系统分解和分配的准则是保证在下一次模式匹配中每台机器都不需要进行远程读操作。如果中间结果条目数小于指定的阈值，或者下一个模式匹配不需要进行远程读操作，那么系统不会分解该查询，下一个模式匹配中的远程读操作（如果有）会通过 RDMA 的 READ 操作来实现。子查询的发送和合并都是通过前面介绍的逻辑任务队列实现的。

4.2.2　时序超图查询系统

面向图立方的时序超图查询系统是基于 4.1 节的原生超图查询系统设计的，沿用了 4.2.1 节时序 RDF 图索引构建和关系查询的软硬件优化方案，实现了对时序超图数据的可扩展索引和低时延并发查询。

4.2.2.1　查询系统的索引构建

基于时序超图的含义，以（节点集合，时序超边名称，节点集合，有效时间区间的开始时间，有效时间区间的截止时间）为基本单位构成时序知识图谱数据集，例如，数据行"万达电影有限公司的客户-{上海汉涛信息咨询有限公司，北京三快科技有限公司，成都全搜索科技有限责任公司}-2013.1.1-2013.12.31"的含义就是"上海汉涛信息咨询有限公司"等三家公司在 2013 年 1 月 1 日到 2013 年 12 月 31 日期间是"万达电影有限公司"的客户。针对超图数据集的预处理基本沿用了 4.1 节介绍的方案，而且，同样将两个时间元素转换成了两个 64 位的时间戳。值得注意的是，对于名称相同的两条时序超边，这里要求它们的有效时间区间不重叠，因为重叠可能会引发两个问题：一是如果两条时序超边的节点集合相同，那么会造成数据的冗余，通常可以在数据的预处理中通过将这两条时序超边合并成一条（新时序超边的有效时间区间是原来两条时序超边的有效时间区间的并区间）来消除这种冗余；二是如果两条时序超边的节点集合不同，那么数据不一致，这种情况需要联系数据提供者来消除这种不一致。

时序超图查询系统沿用了 4.1 节介绍的 HE-store 和 V2E-store 两个键值对管理器来构建时序超图拓扑结构的索引。为了支持对时序超边有效时间区间数据的索引构建，这里引入了第三个键值索引 HET-store。HET-store 中的键是时序超边的 HID，对应的值是表示该时序超边有效时间区间的两个 64 位时间戳。HET-store 中的键依旧根据 HID 通过一个哈希函数划分到集群的各台机器中。时序超图查询系统的索引结构如图 4-15 所示，其中，每台机器都包含 3 个键值索引，每个键值索引都包括 buckets、extend buckets 和 values 三部分；buffer 区域用来作为每个线程的私有缓冲区并实现前面介绍的逻辑队列；每台机器都将由键值索引和 buffer 组成的内存域注册到 RDMA 上。

4.2.2.2　查询语言及查询处理

4.1 节介绍的超图查询语言 SPARQL-H 只支持基于超图拓扑结构的查询，其对时序超图中时间区间数据的查询并没有提供语法支持，为此，从以下两方面对 SPARQL-H 的语法进行时序扩展。

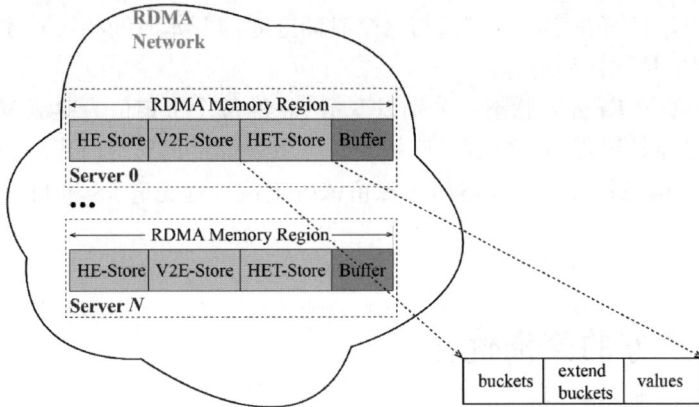

图 4-15　时序超图查询系统的索引结构

（1）每个查询子句（可以是 GV/GE、E2V、V2E 和 E2E 子句中的任意一种）末尾都可以存在一个结构为[?TS,?TE]的时间变量，其中，TS 和 TE 的值被分别绑定为能够使查询子句成立的时间区间的开始时间和截止时间。根据时序超图的定义，因为节点本身不包含时序信息，所以 GV 和 V2V 这两类查询子句中不能包含该结构。此外，由于该结构是可选的，因此不包含该结构的查询子句仍维持其原有语义。

（2）过滤器子句可以对时间变量绑定的值按照一定条件进行过滤。

图 4-16 给出了一个基于时序扩展的 SPARQL-H 语句示例，其中，变量 TS 和 TE 的值需要被绑定为“金财互联控股股份有限公司”的各董事会成员任职的时间区间，FILTER 子句则实现了对变量 TS 和 TE 绑定值的过滤。

```
SELECT  ?X  ?TS  ?TE  WHERE{
    "金财互联控股股份有限公司的董事会成员"  buildin:vertices  ?X  [?TS, ?TE].
    ?X  buildin:edges("持股")  ?E_Holder.
    FILTER ((?TS = 2008-05-07 || ?TE < 2018-04-23) && ?TS < ?TE))
}
```

图 4-16　基于时序扩展的 SPARQL-H 语句示例

在时序超图查询系统的查询引擎上，依然沿用了原生超图系统的整体架构，同时对各查询子句的实现进行了重构，实现了对扩展后的 SPARQL-H 语法的支持。下面仅对 GE 查询子句的执行过程进行简要介绍，其他类型查询子句的实现更为复杂，但对时间变量的处理思路基本相同。

GE 查询子句形如“?var buildin：etype typename[?TS,?TE]”，其中，typename 是一个表示超边类型的字符串，var 是普通变量，TS 和 TE 是表示时间的变量。当执行到该子句时，三个变量都可能处于 Known 和 Unknown 状态的其中一种。根据变量 var 的状态可将查询分为以下两种情况：

（1）变量 var 处于 Unknown 状态：首先将整个查询请求 fork 到集群中的所有机器上，然后每台机器以 typename 对应的 ID 为键从其本地 V2E-store 中取到对应的值，该值是一个时序超边列表。然后需要分别以这个列表中的每个元素为键从 HET-store 中取到对应的值（即获取每条时序超边的有效时间区间）。最后，如果变量 TS 处于 Unknown 状态，那么这个时间区间的开始时间就是变量 TS 的一个可行值；如果它处于 Known 状态，那么说明它已经被绑定为某个时间值，只有在它的绑定值与这个时间区间的开始时间相等时才保留该绑定值。对变量 TE 的处理也是同样的道理。

（2）变量 var 处于 Known 状态：分别以变量 var 的每个绑定值为键从 V2E-store 中（可能是本地的，也可能是远程的）拿到对应的值，该值是绑定值对应时序超边的类型 ID，只有在该 ID 与 typename 对应的 ID 相等时才保留该绑定值。对变量 TS 和 TE 的处理与（1）中所述完全相同。

4.3　面向图立方的查询优化

本节将介绍面向图查询系统的软硬件协同优化。为方便读者理解，本节在 4.1 节的原生超图查询系统的基础版本（图查询系统）上介绍相关的优化技术，后文中称这种基础的图查询系统为原始系统。该技术同样可以应用到 4.1 节介绍的原生超图查询系统、4.2 节介绍的图立方时序超图查询系统及类似的图查询系统中。

4.3.1　背景需求

现有的图查询系统往往采用了图探索的方法进行查询处理，并加以剪枝优化。下面通过一个例子展示基于图探索的查询处理过程。

例 4.3.1　图 4-18 展示了针对图 4-17 中的示例 RDF 图和 SPARQL 查询执行 CPU 上的基于图探索的查询处理的过程。如图 4-18 所示，查询（Q_H）的所有三元组模式都将按顺序进行迭代（Φ），以通过探索 RDF 图来生成查询结果，其中，RDF 图数据存放在内存中的键值索引中。通过探索 RDF 图得到的查询结果是查询处理过程的中间结果，又称为历史表（History Table）。在处理完查询（Q_H）中的所有三元组模式之后，在中间结果中保留下来的就是最终的查询结果，其将被返回给用户。图 4-18 中查询当前正在执行的三元组模式是 TP-2（?Z takeCourse?Y），其中，变量 Y 在 TP-1 执行完毕之后已经被确定，因此历史表中该列对应的每一行（②）都将与三元组模式中的谓语常量（takesCourse）组合成一个键（③），然后用这个键从键值索引中查找出对应的值（④）。该值将被追加到历史表（⑤）的新列（Z）中。值得注意的是，一个额外的由索引节点（teacherOf）组合而成的三元组模式（TP-0）将会被用来收集 TP-1 中满足约束的变量（X）的所有节点。

以图探索的方式执行 RDF 查询需要遍历 RDF 图，因此修剪不可行的探索路径对于提高查询性能至关重要。基本的剪枝方法有两种：

（1）部分历史剪枝：通过继承先前遍历步骤的部分历史信息（中间结果）对后续的遍历路径进行剪枝；

（2）全历史剪枝：通过传递所有先前遍历步骤得到的历史信息进行剪枝，从而实现完整历史剪枝过程。原始系统已经进行了全历史剪枝，以精确地修剪掉不必要的中间结果，并使得查询执行的所有遍历路径完全独立。由于 RDMA 网络的高性能特点以及当有效载荷的大小在某个特定值以下时，单边 RDMA 操作的延迟基本不受影响，因此采用全历史剪枝对于处理并发查询非常有效。

尽管如此，原始系统还是无法应对查询的异构性带来的性能问题。SPARQL 查询根据查询处理数据量的多少可以分为小（light）查询和大（heavy）查询两种。小查询通常从一个固定的普通节点开始，并且无论数据集的大小如何，它在执行时仅会探索一些路径，访问小部分的节点和边，如图 4-17 中的 Q_L。与之相反，大查询通常从（类型或谓语）索引节点开始，并探索大量的路径，访问较多的节点和边，路径的数量随着数据集大小的增长而增加，如图 4-17 中的 Q_H。

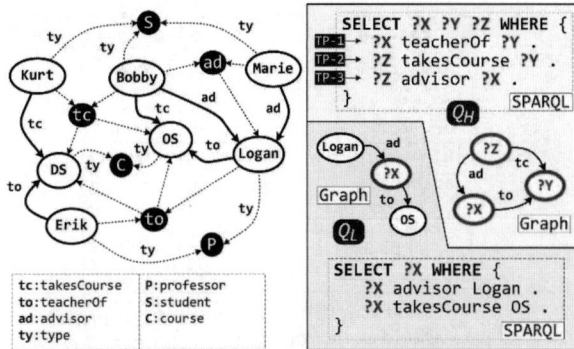

图 4-17　一个示例 RDF 图和两个 SPARQL 查询

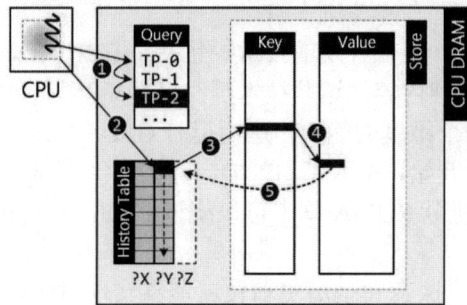

图 4-18　CPU 上的基于图探索的查询处理流程

例 4.3.2　图 4-19 的顶部展示了 LUBM-10240[1]数据集上的两个典型查询（Q5 和 Q7）探索的路径数量对比情况（10 对 16000000）。由此可见，小查询和大查询在图探索路径上有巨大差异，进而表现出了查询的异构性。

查询的异构性可能导致在最先进的 RDF 查询系统上存在巨大的延迟差异，这个差异甚至达到 3000 倍（在 LUBM-10240 上，Q5 和 Q7 的延迟分别为 0.13ms 和 390ms）。现有系统广泛地使用多线程机制来提高大查询的处理性能，但是这种方法本质上受到了 CPU 有限计算资源的限制——目前商用 CPU 处理器的最大核心数通常不超过 16 个。此外，冗长的查询将显著提高小查询的延迟并降低处理并发查询的吞吐量。因此，在不改变计算能力的情况下，不可避免地要降低其中一种类型查询的用户体验。

但是，硬件的发展给系统的查询优化带来了新的机会。近年来，随着深度学习的迅速发展，针对深度模型训练这类计算密集型的工作负载变得越来越重要，搭载了 GPU、TPU 等加速器的服务器在数据中心里已经普遍存在。以 GPU 为例，GPU 与 CPU 之间的显著差异在于 GPU 采用 SIMD 架构，有大量的计算核心（ALU），因此具有比 CPU 更高的并行度。通常，数据中心里使用的 GPU 一般具有数千个核心，远远多于多核 CPU 的核心数量。在一台典型的异构机器中，CPU 和 GPU 通过 PCIe 总线互联（带宽 10GB/s），并且存在各自的私有内存。相比于 CPU 内存，GPU 内存的带宽更高（288GB/s vs. 68GB/s），但是容量更小（12GB vs. 128GB）。因此，GPU 更适用于内存占用量小、计算量大、运算操作独立性强的工作负载。

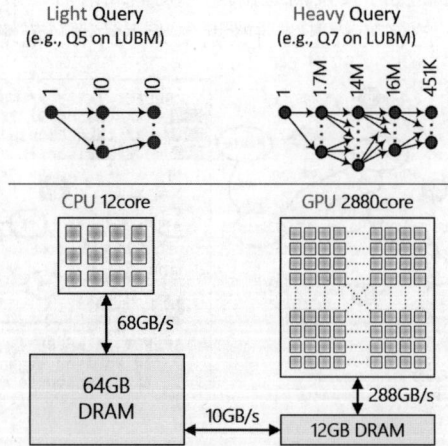

图 4-19　大小查询的探索路径数量对比

GPUDirect 是 NVIDIA 一直在开发的技术，包括了 GPUDirect P2P、GPUDirect RDMA 和 GPUDirect Async 等一系列内容。这些技术旨在提升 GPU 在数据平面（Data Plane）和控制平面（Control Plane）两个维度的能力，进而提升 GPU 间、机器内、机器间通信的效率。NVIDIA 从 Kepler 级 GPU 开始，引入了 GPUDirect RDMA 技术，例如 Tesla 和 Quadro 系列显卡。顾名思义，该技术使得 RDMA 网卡可以绕过 CPU，直接读/写 GPU 的显存，从而实现数据在显存之间的传输。

虽然原始系统仅通过图探索和全历史剪枝就能够实现对于小查询的低延迟和高吞吐处理能力，但是当面对包含小查询和大查询的混合工作负载时，其性能表现欠佳。该问题不是由于现有技术水平导致的，而是因为以 CPU 为主导的同构系统在处理混合工作负载时存在局限性。这类系统一方面因为计算核心少而无法提供足够的计算资源，另一方面又因为低内存带宽而无法提供有效的数据访问。

因此，GPU 是用来承载大量查询的理想选择。首先，图探索方法主要依靠遍历图索引上的大量路径来完成查询处理，这是典型的访存密集型工作负载，GPU 的高内存带宽适合处理这类计算任务。其次，在 RDF 图上进行随机遍历的性能是比较差的，原因是在图遍历的计算过程中数据局部性较差，缓存命中率低，而 GPU 硬件原生支持的访存延迟隐藏功能使其适用于承载图遍历的计算。最后，采用全历史剪枝方案的查询处理，在图探索过程中，所有遍历路径是完全独立的，因此可以在数千个 GPU 核心上完全并行化。总而言之，硬件异构性（CPU/GPU）的优势和特点为在不同硬件上运行不同查询提供了机会，即在 CPU 上执行小查询，在 GPU 上执行大查询。

4.3.2　异构系统的系统架构

由于系统需要利用异构硬件对查询进行加速，因此系统架构相对 4.1 节的描述略有不同，其融入了对异构硬件的处理。

　　如图 4-20 所示，优化后的系统（后文称为异构系统）同样属于 CS 模型，该系统通过将 RDF 图数据划分到多台服务器来实现水平扩展。与原始系统相同，异构系统的每台机器包括两个单独的层，即图存储与查询引擎。图存储层是一个基于分布式哈希表的、RDMA 友好的键值索引，其以哈希的方式实现全局地址空间划分；查询引擎层采用工作线程模型（Worker-thread Model），通过在 N 个 CPU 核心上运行 N 个工作线程（Worker）并独占一个 CPU 核心来运行代理（Agent）线程。代理线程将协助 GPU 计算核心上的工作线程执行查询操作。

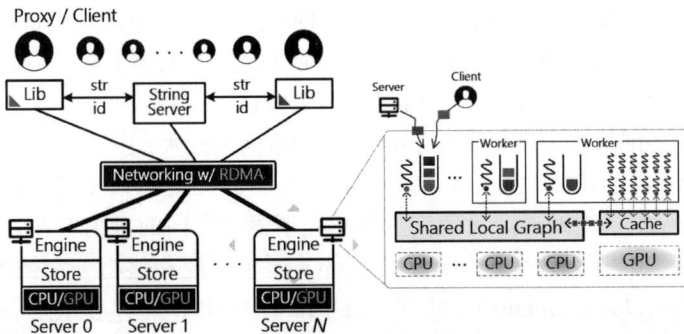

图 4-20　异构系统架构

　　此外，异构系统同样使用一组专用代理来运行客户端的查询解析库，并收集大量来自客户端的查询请求。其中，每个代理线程都会将查询解析为能够被查询引擎识别的数据结构，并使用基于代价的模型生成最佳的查询计划。代理线程将进一步根据代价将查询分为小查询和大查询两类，并将其信息传递给对应的工作线程或代理线程。

　　与纯 CPU 系统不同，异构系统可以将图探索的过程在数千个 GPU 核心上完全并行化。异构系统在 CPU/GPU 上查询的基本方法是指定一个 CPU 核心负责执行查询的控制流（control-flow），并使用大量的 GPU 核心并行化查询的数据流（data-flow）。如图 4-21 所示，CPU 核心上的代理线程首先会读取当前查询的下一个三元组模式（①），并在 GPU 显存上准备 RDF 数据集的缓存（②）。之后，代理线程将利用所有的 GPU 核心并行地执行三元组模式（③）。GPU 核心上的每个工作线程都可以独立地获取历史表中的一行（④）并将其与三元组模式（TP-2）中的常量（takesCourse）组合为一个键（⑤）。最后，将由键（⑥）检索到的值追加到历史表（⑦）中，作为新的一列（Z）。

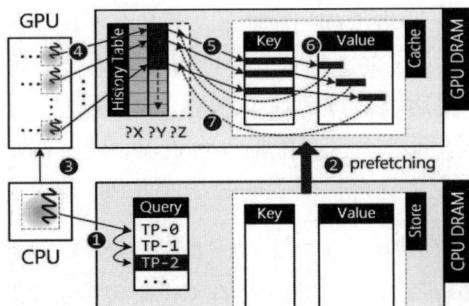

图 4-21　CPU/GPU 上的查询处理流程

4.3.3　异构系统的索引构建

本小节将分别介绍异构系统在内存中的索引结构与显存中的缓存索引结构。

4.3.3.1　异构系统的内存索引

如图 4-22（a）所示，在原始系统中，对应于某个谓语的三元组数据散布在整个索引区中，这是由键值对索引结构的性质决定的。引入异构硬件后，如果不对索引结构做出改进，那么对于匹配模式的键和值的预取需要在索引区内进行大量的随机内存访问和 CPU-GPU 数据传输，这将导致数据预取的成本非常高昂，进而造成性能大幅下降。因此，为了能够高效地利用异构硬件，异构系统重新设计了内存中的键值索引结构。

异构系统通过将键值索引区中具有相同谓语和方向的三元组（键值对）分别聚集成多个段（segments），使得在 GPU 上进行查询处理时只需将与匹配模式中的谓语相对应的段预取进 GPU 显存即可开始查询处理。段使得具有相同谓语和方向的键值对在索引区中具有空间局部性，从而提高数据索引效率。如图 4-22（b）所示，键和值将分别被聚集成键段（key segments）和值段（value segments）。此外，为了降低因 GPU 显存容量限制导致的数据替换开销，键段和值段分别以细粒度的方式（块）进行维护，并成对地进行缓存。最后，将键和值之间的映射关系存储在 GPU 显存内的键值缓存中，并使用单独的地址空间进行存放。

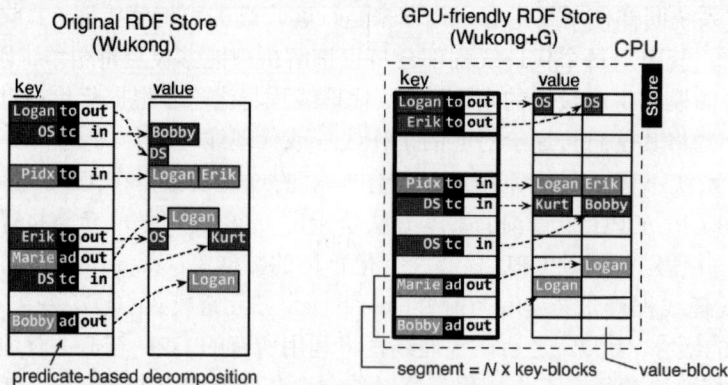

（a）原始系统的 RDF 键值索引　　　　　（b）GPU 友好的 RDF 键值索引

图 4-22　RDF 键值索引

异构系统采用混合分区算法将 RDF 图划分成了多个不相交的分区。对于普通节点，采用类似边切割（edge-cut）的方式来进行划分，即仅将节点分配给集群中唯一具有其所有邻边的机器；对于索引节点，采用类似点切割（vertex-cut）的方式来进行划分，即将其所有邻居划分成多个不相交的分区，每个分区分配给一台机器，同时在每台机器上都有一个索引节点的副本，用于负责索引分配到这台机器上的邻居（普通）节点。

4.3.3.2　异构系统的缓存索引

异构系统在显存中的缓存同样使用键值对的方式来表示三元组，我们将其称为 RDF 缓存。与传统的缓存系统设计类似，RDF 缓存也将地址空间划分成多个等大小的缓存块，CPU

内存上的 RDF 数据将被放置到缓存块中供 GPU 查询引擎访问。图 4-23 展示了 RDF 缓存的结构，其主要包含键区和值区两部分。

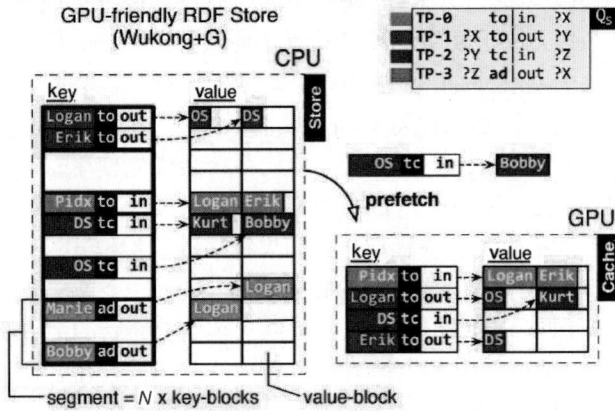

图 4-23　RDF 缓存的结构

基于谓语的分组将 CPU 内存中的 RDF 索引划分成了多个连续的段，在 GPU 进行查询处理时需要把段装入 RDF 缓存中。异构系统借鉴了操作系统虚拟内存的设计方式，将段划分成了细粒度的段块，而且段块的大小与 RDF 缓存块保持一致，再配合一个记录了段块和缓存块之间对应关系的块映射表，这样段块就能放入不连续的缓存块中了［如图 4-23 所示的 RDF 缓存中的 (Logan, to, out) 和 (Erik, to, out)］。段块的设计不仅解决了内存碎片问题，还降低了 CPU-GPU 数据传输的开销，因为数据传输的粒度从段减小到了块。需要注意的是，RDF 缓存区可以给键块和值块设置不同的块大小。

查询引擎在查询 RDF 缓存时会依靠块映射表来定位段块所对应的缓存块。以查询引擎在 RDF 缓存中查找一个键 k 为例，块映射表负责进行段内的 bucket 编号到缓存内的 bucket 编号的翻译，具体步骤如下：

（1）计算键 k 的哈希值，然后对段描述符中记录的 bucket 的数量（num_buckets）进行取模，从而得到键 k 位于哪一个 bucket 中。

（2）用得到的键 k 所在的 bucket 编号（假设为 b）除以每个键块能容纳的 bucket 的数量（key_block_size），得到键 k 所在的键块编号。

（3）以键块编号作为下标查询块映射表，得到该键块对应的缓存块的起始 bucket 编号，然后再加上 b MOD key_block_size 所得的块内偏移量，就能得到 b 在 RDF 缓存内的 bucket 编号。

（4）定位到缓存内的 bucket 后，就能获得键值所在位置的偏移量，再结合段描述符中记录的值区域的起始偏移（edge_start）和值块能容纳的边的数量（value_block_size），就能用类似定位 bucket 的方法找到值在 RDF 缓存中的准确位置了。

RDF 缓存会在 GPU 查询引擎执行查询任务的匹配模式时被填充，然而缓存的容量毕竟是有限的，因此当缓存没有足够的空闲块用来容纳预取的段时，就需要选出部分已经被使用的缓存块，将其中的数据替换成待预取的段块的内容。从已被使用的缓存块中选择需要被替换的缓存块的策略属于缓存管理中的替换策略。由于 GPU 无法处理缺页错误，因此在执行查询的匹配模式之前，需要保证该匹配模式对应的段包含的所有键块和值块都已经被预取到 GPU 显存中了。例如，键(OS, tc, in)和值[Bobby]应该在处理 TP-2 之前被加载到（显存中的）RDF 缓存中。

异构系统根据 GPU 的硬件特性与 SPARQL 查询处理的特点，提出了基于 LRU 的前瞻式（look-ahead）替换策略，即进入 RDF 缓存中的所有段都被维护成一个 LRU 链表，其中，链表的节点对应于一个段，位于表头的段是最近访问次数最多的，位于表尾的段是最近访问次数最少的。每次当 RDF 缓存中的段被命中时，对应的 LRU 链表的节点就会被移动到表头；如果是预取进来一个新的段，那么也将会插入表头。

具体而言，在将段预取进 RDF 缓存时，异构系统会优先使用空闲的缓存块。当没有空闲块时，会查看 LRU 链表末尾的段是否在查询任务的后续（待执行）匹配模式中，如果不在，那么就将这个段所占用的缓存块释放掉；如果在后续匹配模式中，就意味着缓存块中的数据在将来会被该查询使用，那么这个段的数据不能被释放，这就是算法前瞻式的体现。此时会从 LRU 链表的末尾向前回溯一个节点，继续上述的检查，直到找到一个可以被释放的缓存块。若 RDF 缓存中的所有段都会被查询的后续匹配模式使用，则会优先释放掉位置最靠后的匹配模式将访问的缓存块。

例如，在图 4-23 中，在执行匹配模式 TP-2 之前，谓语 takesCourse（tc）的所有键值块都应被载入缓存中。从图中可以看到缓存的键区已经没有空闲块了，此时需要释放被其他段占用的缓存块。基于上述的替换策略，当前位于 LRU 链表表尾的段是[toin]，这个段是被先前执行过的匹配模式（TP-1）载入的，并且不会再被后续的匹配模式使用了，因此它的缓存块会被释放，即(OS, tc, in)会被载入原先被(pid, to, in)占用的缓存块中，而值块[Bobby]将会被直接加载到值区空闲的缓存块中。

4.3.4　异构系统的查询处理

本小节将从 GPU 并行查询处理、分布式查询处理与 CPU-GPU 数据传输优化三方面介绍异构系统对查询的处理过程。

4.3.4.1　GPU 并行查询处理

以图探索方式进行查询处理时，每一条探索路径都是相互独立的。例如，要查找一个学校数据集里所有学生所选的课程，那么每个学生节点都可以通过 takesCourse 这条边独立地查找到他所选的课程。这种路径的独立性是图探索查询处理可以被并行化的基础。4.3.2 节已经给出了 CPU/GPU 上的大致查询处理工作流程（图 4-21），下面通过算法 4.3.1 展示 GPU 上并行查询处理的算法伪代码。

算法 4.3.1　ExecuteOnePattern

输入：Current triple pattern *p*

输出：Updated history table

1.　segid ← Pattern_To_Segid(*p*)
2.　**if** segid not in cache **then**
3.　　Load_Segmentation(segid)
4.　**end if**
5.　prefetch the segment for next pattern async;

6.　load mapping tables and metadata of segment;

7.　GPU_Generate_Key_List(param)　/* step 1 */

8.　GPU_Get_Slot_Id_List(param)　/* step 2 */

9.　GPU_Get_Edge_List(param)　/* step 3 */

10.　GPU_Caculate_Prefix_Sum(param)　/* step 4 */

11.　GPU_Update_Result_Buffer(param)　/* step 5 */

　　下面以图 4-17 中的 Q_H 为例，解释上述算法。首先算法的前半部分是 GPU 执行查询之前的一些准备工作：假设当前待执行的匹配模式是 TP-2（?Z takesCourse ?Y），首先将 TP-2 转换成对应的段 ID（segid），然后如果 segid 对应的段没有被加载到 RDF 缓存（位于 GPU 显存）中，那么加载它。接着将下一个匹配模式对应的段预取进 RDF 缓存（如果未被加载），注意这一步是异步的。最后将块映射表和 segid 对应的段的元数据加载到 GPU 显存中，之后就可以开始在 GPU 上执行查询了。异构系统会对每一跳进行图探索，而每个 GPU 线程负责获取一个节点的邻居来进行并行化查询处理。以 Q_H 的 TP-2 为例，历史表中已经有了课程节点（变量?Y 的绑定值），那么 GPU 线程会负责获取每个课程节点的邻居，即选了某门课程的学生。

　　总体而言，在 GPU 上执行查询可分为五个步骤：

　　（1）在 GPU 上创建多个线程，每个线程使用自己的 ID 作为偏移量访问显存中的历史表中 "Y" 所在的那一列，然后用获取到的节点 ID、谓语 takesCourse 的 ID 及方向（IN）构造键；

　　（2）在 GPU 上创建多个线程，利用构造好的键列表（每个线程使用自己的 ID 作为偏移量访问键列表），通过获取到的键及块映射表查找到值指针（记录值所在的偏移量）所在的槽（slot）；

　　（3）在 GPU 上创建多个线程，线程利用 slotID 获取到值指针，将值指针中记录的值的个数（size）和偏移量（offset）保存到显存的临时区域；

　　（4）有了值指针后就能得到变量 Z 的绑定值，由于执行完 TP-2 后需要得到一个新的历史表，因此将其由两列（XY）扩充成三列（XYZ）。由于每个节点对于同一个谓语可能存在多个邻居，以谓语 takesCourse 为例，学生 Bobby 可能选了 DS 和 OS 两门课程，因此在新的历史表中 Bobby 节点就会有两条记录，即（X DS Bobby）和（X OS Bobby）。为了避免多个 GPU 线程在创建新的历史表时发生写冲突，需要预先计算出每个线程在新历史表中的可写区间。通过计算上一步得到的所有值指针中 size 的前缀和（Prefix Sum）能得到每个线程的可写区间，如图 4-24 所示。

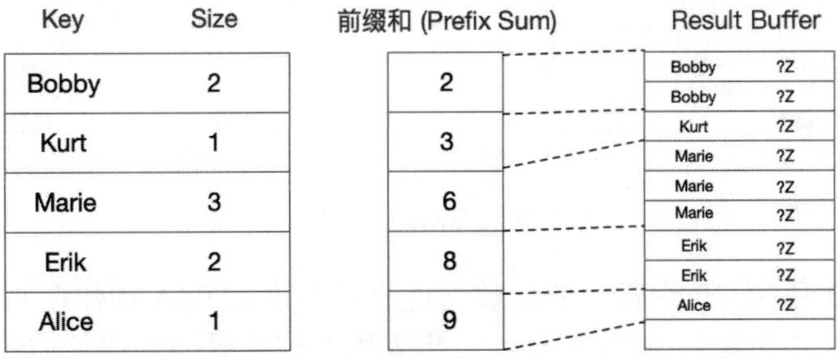

图 4-24　利用前缀和确定线程的可写区间

（5）创建多个 GPU 线程，对于每个线程，以线程 ID 作为下标获取对应键的值指针，然后通过其中记录的 size 和 offset 获取到对应的值，最后利用前缀和确定线程在新的历史表中的可写区间，并创建新的历史表记录。

4.3.4.2 分布式查询处理

每台机器都负责存放一个 RDF 图分区，并在 CPU 和 GPU 上启动许多工作线程来分别处理并发的小查询和大查询。不同机器上的 CPU 工作线程仅会在处理小查询的时候相互通信，而 GPU 工作线程则仅在处理大查询时需要通信。在 CPU 工作线程上处理小查询，异构系统依然遵循原始系统的处理流程（请参见图 4-21）。然而，在 GPU 线程上处理大查询，这个流程（请参见图 4-21）要比 CPU 复杂得多。因为跨机器的 GPU 通信需要（CPU）代理线程的协助，同时还要维护 RDF 缓存的状态。

异构系统对于 GPU 上的查询处理同样遵循了 CPU 上的工作线程设计原则，即用一个专门的代理线程（Agent）负责接收大查询，同时采用 fork-join 执行模式处理分布式查询，即将后续的查询计算异步地拆分为在远程机器上运行的多个子查询任务。在 fork-join 模式下，Agent 线程会将正在执行的查询（元数据）与中间结果（历史表）拆分为多个子查询，并利用单边 RDMA WRITE 将它们分发到远程机器的代理线程的任务队列中，以此来实现在集群的多台机器上并行处理大查询。

此外，为了避免受限于 RDMA 网卡的可扩展性，异构系统在工作线程及代理线程的通信模式上沿用了原始系统中的设计，即位于不同服务器上的工作线程（代理线程），只能与其他服务器上具有相同编号的工作线程（代理线程）进行通信。

异构系统以分时的方式在多个 GPU 上同时执行多个大查询。由于在将一个大查询拆分成多个子查询时，当前执行所得到的中间结果（历史表）会位于 GPU 显存中（请参见图 4-25），若使用 CPU 上的单个代理线程来读取和拆分历史表，则效率会十分低下 [图 4-25（a）中的①和②]，因此异构系统利用所有的 GPU 核心来完全并行地对历史表进行拆分 [图 4-25（b）中的①]，并配合使用了动态任务调度机制。

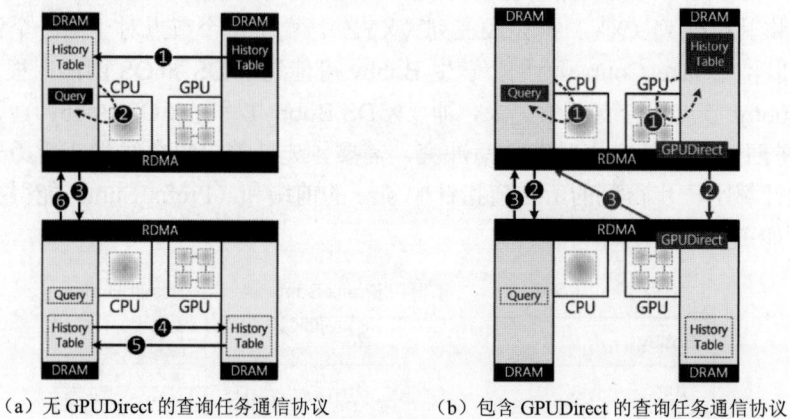

（a）无 GPUDirect 的查询任务通信协议 　　（b）包含 GPUDirect 的查询任务通信协议

图 4-25 查询任务通信协议

如图 4-25（a）所示，查询任务的元数据将通过单边 RDMA 操作在两台机器的 CPU 内存之间进行传递（③和⑥）。相比之下，历史表则必须通过一条很长的传输路径，即从本地 GPU 显存传到远端 GPU 显存，最后又回到本地 CPU 内存。历史表的详细通信流程如下

[请参见图 4-25 (a)]:

(1) 从本地 GPU 显存到本地 CPU 内存（①，设备到主机）；
(2) 从本地 CPU 内存到远端 CPU 内存（③，主机到主机）；
(3) 从远端 CPU 内存到远端 GPU 显存（④，主机到设备）；
(4) 从远端 GPU 显存到远端 CPU 内存（⑤，设备到主机）；
(5) 从本地 CPU 内存到远端 CPU 内存（⑥，主机到主机）。

GPUDirect 为异构系统提供了将历史表从本地 GPU 显存直接写入远端 GPU 显存和 CPU 内存的机会。异构系统解耦了查询元数据和历史表的传输过程，其中，元数据通过原生 RDMA 发送，而历史表则通过 GPUDirect RDMA 发送 [图 4-25 (b) 中的②和③]。GPUDirect RDMA 技术有效缩短了历史表的通信传输路径，降低了通信开销。同时，其也能避免元数据传输对代理线程的争用。改良后的历史表的详细通信流程如下 [参见图 4-25 (b)]:

(1) 从本地 GPU 显存到远端 GPU 显存（②，设备到设备）；
(2) 从远端 GPU 显存到本地 CPU 内存（③，设备到主机）。

此外，为了减轻处理多个大查询时的 GPU 显存压力，异构系统选择首先通过 GPUDirect RDMA 将查询任务的历史表从本地 GPU 显存发送到远端 CPU 内存中的缓冲区里（代理线程的任务队列），当轮到这个查询任务执行时，代理线程才会将 CPU 内存缓冲区中的历史表预取到 GPU 显存中。这样虽然在接收端多了一次 CPU 内存到 GPU 显存的复制，牺牲了一些性能，但是避免了查询任务在 GPU 显存缓冲区中排队，从而能够将更多显存作为 RDF 缓存进行使用。

4.3.4.3 CPU-GPU 数据传输优化

CPU-GPU 数据传输是查询优化的关键，因此要降低查询任务的 GPU 显存占用，避免发生数据替换。异构系统提出了以下三个优化技术来克服有限的 GPU 显存与 PCIe 带宽带来的性能瓶颈。

（1）查询感知的数据预取：现有 GPU 显存容量有限（小于 16GB），往往不足以容纳完整的 RDF 图，因此异构系统将 GPU 显存视为 CPU 内存的缓存，并确保在执行查询之前将必要的数据保留在 GPU 显存中。由于 SPARQL 查询匹配模式中的谓语通常是一个已知的常量，因此异构系统仅需要将查询中所有匹配模式所涉及的谓语对应的三元组预取入 GPU 显存中即可。这样就将需要预取的数据规模从整个 RDF 图降低到了单个查询任务的级别，从而极大地降低了查询的内存占用量。如图 4-26 的第二个时间线所示，深灰色的矩形表示数据加载的耗时，红色的矩形表示查询处理的耗时。

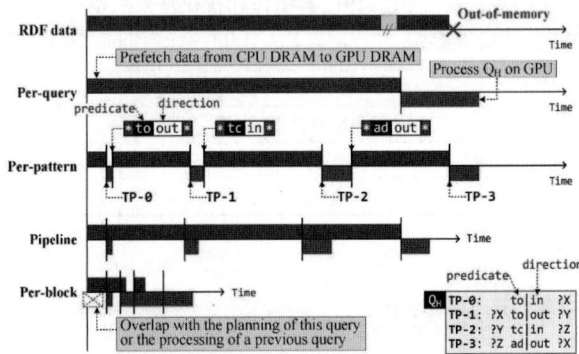

图 4-26 样例查询 Q_H 在 GPU 上的处理时间线

扫码查看彩图

（2）匹配模式感知的流水线：由图 4-26 中的第二条时间线可见，在进行数据预取时（深灰色矩形），GPU 处于闲置状态，而且数据预取时间的比重较大，这导致了查询任务的端到端延迟上升。为此，异构系统进一步将查询任务对显存的需求降低，直到达到单个匹配模式的规模。如图 4-26 的第三条时间线所示，异构系统只需预取具有特定谓语的 RDF 三元组，即会被接下来要执行的模式使用的三元组。需要注意的是，系统假设一个匹配模式的显存占用量总是小于 GPU 显存的容量，但是对于具有多个匹配模式的查询来说，单个查询总的显存占用量仍然可能超过 GPU 显存的容量限制，因此当 GPU 显存没有足够的空闲空间时仍需做缓存替换。

此外，由于数据预取和查询处理可分为多个独立的阶段，因此该系统使用软件流水线（software pipelining）来实现执行当前匹配模式和预取下一个谓语之间的并行处理，如图 4-26 的第四条时间线所示。由于一部分的数据预取时间得以被隐藏，因此缩短了查询的端到端延迟。引入软件流水线将使查询的内存占用量增加到连续两个匹配模式的谓语所占用的最大内存量，如示例查询 Q_H 中的 takesCourse(td) 和 advisor(ad)。

（3）细粒度的替换策略：尽管匹配模式感知的流水线可以将数据预取的耗时和查询处理的耗时交叠起来，然而受限于 CPU 和 GPU 之间的 PCIe 总线带宽，因此很难完美地隐藏预取数据的 I/O 代价。例如，预取谓语 takesCourse 的三元组（2.9GB）大约需要 300 毫秒，这甚至比整个查询的延迟（100 毫秒）还要大。因此异构系统采用细粒度的替换策略来维护 GPU 显存中的 RDF 缓存数据。RDF 键值索引（存放在 CPU 内存中）将会在被聚集成段的基础上进一步地划分成等大小的块，并且 RDF 缓存将以尽力而为的方式缓存这些含有三元组数据的块，从而使得 RDF 缓存中的数据能够得到最大程度的复用，从而降低 CPU-GPU 的数据传输量。

因此，在最好的情况下，显存需求量将进一步降低到每块的规模，数据传输成本也将变成每块的规模，从而使 GPU 显存上的所有缓存数据都可以被同一个查询甚至是不同查询的多个匹配模式复用。如图 4-26 的第五条时间线所示，当所需谓语的大部分三元组已经留存在 GPU 显存中时，数据预取的开销可以被查询处理的耗时完美地隐藏。即使是查询所需的第一个谓语，仍可以通过与生成查询计划的时间或是前一个查询的处理时间交叠来隐藏其预取的成本。表 4-3 总结了上面介绍的三种数据传输优化技术，并展示了实际情况下（LUBM-2560[1]上的 Q7）的内存占用量和数据传输量的大小。其中，表格第三列中的 $X|Y$ 形式表示 X GB 内存占用量和 Y GB 数据传输量；(γ)是在 6GB 的 GPU 显存上测得的数据，因为在采用细粒度替换的情况下，Q7 的内存占用量与 GPU 存在 6GB 可用内存的情况是一致的。需要注意的是，查询 Q7 与 Q_H 类似，但 Q7 需要五个谓语。

表 4-3 CPU-GPU 数据传输优化技术总结

粒　　度	主　要　技　术	Q7 (GB)
全图	基本查询处理	16.3 | 16.3%
查询（query）	查询感知的数据预取	5.6 | 5.6 %
模式（pattern）	匹配模式感知的流水线	2.9 | 5.6%
块（block）	细粒度替换	2.9 | 0.7γ %

4.4　面向图立方的匹配查询

本节将介绍面向图立方的一种复杂查询，即匹配查询，也称子图匹配查询或子图同构查询。

对于给定的原图和查询子图，匹配查询的目标是找到原图中与查询子图匹配的子结构。匹配查询在许多领域都有着广泛的应用，如查找知识图谱中的特定模式、发现生物信息网络中相似的子图结构、分析社交网络中的社交关系等。由于在图立方中存在时序信息，因此本节将定义图立方的稳定子图匹配，即在时间维度上稳定频繁出现在图立方中的子图，进而介绍在图立方中为查询子图寻找稳定子图匹配的方法，其主要包括一种新的索引结构 BCCIndex 及基于这一新型索引结构的高效查询处理算法。

4.4.1　稳定匹配查询

在图立方的稳定匹配查询中，为了便于表述，本节将图立方简化为一个无向无标签的时序图 $\mathcal{G}=(\mathcal{V},\mathcal{E})$，其相关定义可以直接扩展至图立方。给定一个无向无标签的时序图 $\mathcal{G}=(\mathcal{V},\mathcal{E})$，其中，$n=|\mathcal{V}|$ 表示节点数，$m=|\mathcal{E}|$ 表示时间边数。每条时间边 $e\in\mathcal{E}$ 都是一个三元组 (u_i,u_j,t)，其中，u_i,u_j 是 $\mathcal{V}$ 中的节点，t 是 u_i 和 u_j 之间的交互时间。由于时间戳在实际工作中通常是整数，因此假设 t 是一个整数。$\mathcal{G}$ 的去时序图定义为 $G=(V,E)$，可通过丢弃所有时间边上的时间戳并将任意两个节点之间的多条边压缩为单条边得到。显然，$V=\mathcal{V}$ 且 $E=\{(u_i,u_j)\mid(u_i,u_j,t)\in\mathcal{E}\}$。节点 u_i 的邻居定义为 $N_G(u_i)$，即 $N_G(u_i)=\{u_j\in V\mid(u_i,u_j)\in E\}$，$u_i$ 的度定义为 $d_G(u_i)=|N_G(u_i)|$。给定一个子集 $S\subseteq V$，S 诱导的子图定义为 $G_S=(V_s,E_s)$，其中，$V_s=S$，$E_s=\{(u_i,u_j)\mid u_i,\ u_j\in S,(u_i,u_j)\in E\}$。当上下文清晰时，本节将省略上述符号中的 G 符号。

给定一个时序图 $\mathcal{G}=(\mathcal{V},\mathcal{E})$，通常可以基于时间戳提取到一系列快照。考虑一个时间序列 $\{t_0,t_1,\cdots,t_T\}$，满足对于每个整数 $i>0$，t_i-t_{i-1} 是一个常数，$\mathcal{G}$ 的第 i 个快照是一个去时序图 $G_i=(V,E_i)$，其中，E_i 是从 $\mathcal{E}$ 中提取的在时间区间 $(t_{i-1},t_i]$ 内的边集合且 $V=\mathcal{V}$。设 T 是 $\mathcal{G}$ 的快照数，则 $T\leq m$。因此 G_T 表示基于时间区间内的所有快照的集合。表 4-4 展示了一个包含 77 条时序边且 $T=6$ 的时序图 $\mathcal{G}$。其中，$\mathcal{G}$ 的去时序图如图 4-27（a）所示，$\mathcal{G}$ 的六个快照分别如图 4-27（b）～图 4-27（g）所示。

表 4-4　时序图 $\mathcal{G}$ 的时序边

t	(u,v)
1	(v_1,v_2)，(v_1,v_4)，(v_2,v_4)
2	(v_2,v_3)，(v_2,v_4)，(v_2,v_5)，(v_2,v_6)，(v_3,v_4)，(v_3,v_5)，(v_3,v_6)，(v_4,v_5)，(v_4,v_6)，(v_5,v_6)，(v_6,v_7)，(v_6,v_8)，(v_7,v_8)
3	(v_2,v_3)，(v_2,v_5)，(v_2,v_6)，(v_3,v_4)，(v_3,v_5)，(v_3,v_6)，(v_4,v_5)，(v_4,v_6)，(v_5,v_6)，(v_6,v_7)，(v_6,v_8)，(v_7,v_8)，(v_7,v_9)，(v_7,v_{10})，(v_7,v_{11})，(v_9,v_{10})，(v_9,v_{11})，(v_{10},v_{11})
4	(v_2,v_3)，(v_2,v_5)，(v_2,v_6)，(v_3,v_5)，(v_3,v_6)，(v_4,v_5)，(v_4,v_6)，(v_5,v_6)，(v_6,v_7)，(v_6,v_8)，(v_7,v_8)，(v_7,v_9)，(v_7,v_{10})，(v_7,v_{11})，(v_8,v_{10})，(v_9,v_{10})，(v_9,v_{11})，(v_{10},v_{11})
5	(v_6,v_7)，(v_6,v_8)，(v_7,v_8)，(v_7,v_9)，(v_7,v_{10})，(v_7,v_{11})，(v_8,v_{10})，(v_9,v_{10})，(v_9,v_{11})，(v_{10},v_{11})，(v_{11},v_{12})，(v_{11},v_{13})，(v_{11},v_{14})
6	(v_6,v_7)，(v_6,v_8)，(v_7,v_8)，(v_7,v_9)，(v_7,v_{10})，(v_7,v_{11})，(v_8,v_{10})，(v_9,v_{10})，(v_9,v_{11})，(v_{10},v_{11})，(v_{11},v_{12})，(v_{11},v_{13})

定义 4.4.1（子图同构）　给定一个查询图 $q=(V_q,E_q)$ 和一个数据图 $g=(V_g,E_g)$，如果存

在一个单射函数 $M:V_q \rightarrow V_g$，使得对于任意的 $(u_i,u_j) \in E_q$，都有 $(M(u_i),M(u_j)) \in E_g$，则称 g 是 q 的子图同构，并表示为 $q \simeq g$ [2][3]。

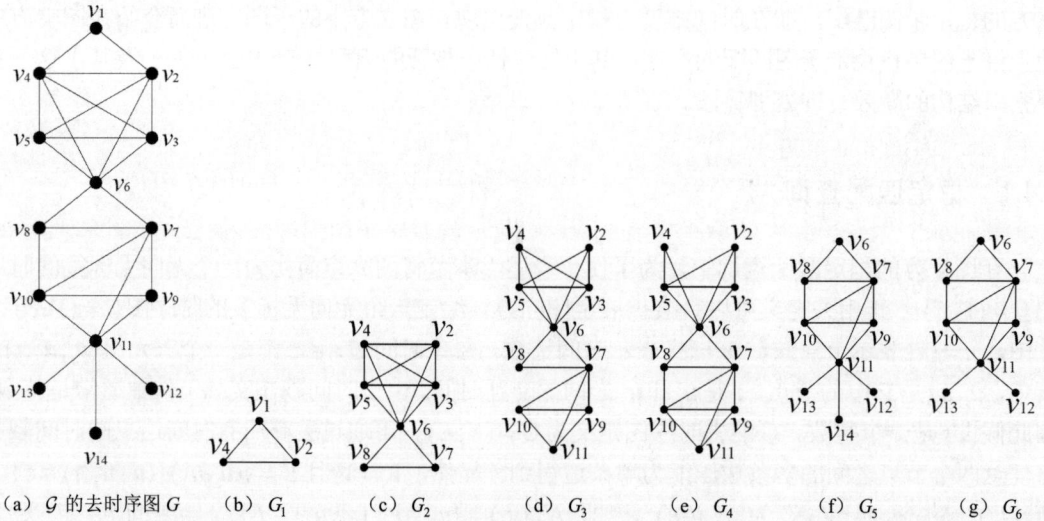

图 4-27　时序图的示例

定义 4.4.2（子图同构嵌入）　给定一个查询图 $q=(V_q,E_q)$ 和其子图同构 $g=(V_g,E_g)$，子图同构嵌入是一个单射映射 $M:V_q \rightarrow V_g$，其中 g_M 表示由映射 M 指定的子图同构图。

　　例 4.4.1　假设图 G 如图 4-27（a）所示，查询图 q_1 如图 4-28（a）所示。在 G 中，由节点集 $V_g=\{v_2,v_3,v_4,v_5\}$ 诱导的四团 C 是 q_1 的一个子图同构，那么单射映射 $M(u_1 \rightarrow v_2,u_2 \rightarrow v_3,u_3 \rightarrow v_4,u_4 \rightarrow v_5)$ 是一个子图同构嵌入，映射 $M'(u_1 \rightarrow v_5,u_2 \rightarrow v_4,u_3 \rightarrow v_3,u_4 \rightarrow v_2)$ 也是一个子图同构嵌入。显然，在 C 中有 24 个子图同构嵌入。

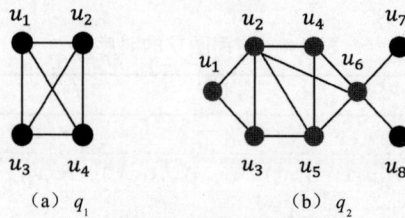

图 4-28　查询图示例

扫码查看彩图

　　定义 4.4.3（时序子图同构嵌入）　给定一个时序图 $\mathcal{G}=(\mathcal{V},\mathcal{E})$ 和一个查询图 $q=(V_q,E_q)$，对于任意快照 $G_i=(V_i,E_i)$，如果存在一个单射函数 $M:V_q \rightarrow V_i$ 满足 $\forall(u_i,u_j) \in E_q$，$(M(u_i),M(u_j)) \in E_i$，那么称 M 是 q 的一个时序子图构嵌入。使用 $G_i(q)$ 表示在快照 G_i 中所有时序子图同构嵌入的集合，那么 $G_i(q)=\{g_M \mid q \simeq g_M \subseteq G_i\}$。

　　例 4.4.2　假设时序图 $\mathcal{G}$ 包含表 4-4 所示的所有时序边，查询图 q_1 如图 4-28（a）所示。那么在 $\mathcal{G}$ 的快照 G_2 中，单射函数 $M(u_1 \rightarrow v_2,u_2 \rightarrow v_3,u_3 \rightarrow v_4,u_4 \rightarrow v_5)$ 是一个时序子图同构嵌入。此外，可以看到在快照 G_3 中，映射 $M_1(u_1 \rightarrow v_2,u_2 \rightarrow v_3,u_3 \rightarrow v_5,u_4 \rightarrow v_6)$、$M_2(u_1 \rightarrow$

$v_3, u_2 \to v_4, u_3 \to v_5, u_4 \to v_6$)、$M_3(u_1 \to v_7, u_2 \to v_9, u_3 \to v_{10}, u_4 \to v_{11}$) 也是时序子图同构嵌入。

定义 4.4.4（稳定值）　给定一个时序图 $\mathcal{G} = (\mathcal{V}, \mathcal{E})$，一个查询图 $q = (V_q, E_q)$ 和 q 的一个时序子图同构嵌入 M，M 的稳定值定义为 M 中出现的快照个数，即 $\mathrm{sv}(M) = |\{G_t \mid q \simeq g_t \subseteq G_t, 1 \le t \le T\}|$。

稳定值可以用来衡量一个时序子图同构嵌入的稳定程度。较大的稳定值 $\mathrm{sv}(M)$ 表明 g_M 中的节点在 $\mathrm{sv}(M)$ 个快照中保持了连接，这表明它具有长期稳定的结构。有了稳定值，就可以定义稳定子图嵌入了。

定义 4.4.5（稳定子图嵌入）　给定一个时序图 $\mathcal{G} = (\mathcal{V}, \mathcal{E})$，一个查询图 $q = (V_q, E_q)$ 和一个稳定阈值 θ，当一个映射 M 至少在 θ 个快照中是 q 的时序子图同构嵌入时，M 就是一个 θ-稳定子图嵌入，即 $\mathrm{sv}(M) \ge \theta$。

例 4.4.3　假设时序图 $\mathcal{G}$ 如表 4-4 所示，查询图 q_1 如图 4-28（a）所示，稳定阈值 θ 等于 3。那么，时序子图同构嵌入 $M_1(u_1 \to v_2, u_2 \to v_3, u_3 \to v_4, u_4 \to v_5)$ 仅包含在 $\mathcal{G}$ 的六个快照中的一个，因此 $\mathrm{sv}(M_1) = 1$；映射 $M_2(u_1 \to v_7, u_2 \to v_9, u_3 \to v_{10}, u_4 \to v_{11})$ 出现在四个快照中，即 G_3、G_4、G_5、G_6，因此 $\mathrm{sv}(M_2) = 4$。根据 $\theta = 3$，可以清楚地看到 M_2 是 q_1 的一个 3-稳定子图嵌入，而 M_1 不是。

问题定义（稳定子图嵌入搜索）　给定一个时序图 $\mathcal{G} = (\mathcal{V}, \mathcal{E})$，一个查询图 $q = (V_q, E_q)$ 和一个稳定阈值 θ，稳定子图嵌入搜索的目标是根据稳定性阈值 θ 在 $\mathcal{G}$ 中找到 q 的所有稳定子图嵌入。

例 4.4.4　假设时序图 $\mathcal{G}$ 如表 4-4 所示，查询图 q_1 如图 4-28 所示，那么由 $V_1 = \{v_2, v_3, v_4, v_5\}$、$V_2 = \{v_2, v_3, v_4, v_6\}$、$V_3 = \{v_2, v_3, v_5, v_6\}$、$V_4 = \{v_2, v_4, v_5, v_6\}$、$V_5 = \{v_3, v_4, v_5, v_6\}$ 和 $V_6 = \{v_7, v_9, v_{10}, v_{11}\}$ 诱导的子图是 q_1 在 $\mathcal{G}$ 的所有快照中的六个子图同构。其中，每个子图同构都可以生成 24 个具有相同稳定值的时序子图同构嵌入。与六个子图同构相对应的时序子图同构嵌入的稳定值分别为 1、1、3、1、2、4。假设稳定阈值 $\theta = 3$，那么稳定子图嵌入搜索问题的答案就是由 V_3 和 V_6 诱导的子图生成的 $2 \times 24 = 48$ 个时序子图同构嵌入。当 $\theta = 5$ 时，由于没有满足 $\mathrm{sv}(*) \ge 5$ 的时序子图同构嵌入，因此不存在 5-稳定子图嵌入。

显然，对于一个查询图 q 来说，所有子图同构嵌入都可以很容易地通过子图同构 g 揭示出来。因此，在后文中使用术语"同构"来表示"嵌入"，并交替使用嵌入、匹配和映射。

4.4.2　基于剪枝的在线查询

本节首先介绍一种基于剪枝的稳定子图同构在线搜索算法，其名为 PruneSearch，用来解决复杂时序稳定子图匹配查询问题。该算法扩展了经典的 Ullmann 算法并整合了多种剪枝技术，以便剪枝不太可能成为候选匹配的子图。下面先介绍剪枝规则，然后介绍 PruneSearch 算法。

假设 $u_i \in V_q$ 是查询图的一个节点，$v_i \in \mathcal{V}$ 是数据图的一个节点。$C(u_i)$ 表示 u_i 的候选集，其包括可能与 u_i 形成映射 $u_i \to v_i$ 并在一个稳定的子图同构中的节点。$T(v_i, v_j)$ 称为活动时间，是由时间边连接 v_i 和 v_j 而导出的时间的集合，即 $T(v_i, v_j) = \{t \mid (v_i, v_j) \in E_t, 1 \le t \le T\}$。$g = (V_g, E_g)$ 是 $\mathcal{G}$ 的任意一个稳定子图同构。下面介绍四个剪枝规则，用于剪枝那些无法形成稳定子图同构的中间结果。

（1）规则 1（时序削减）：对于一条边 $(v_i, v_j) \in \mathcal{G}$，如果满足 $\left| \{G_t | (v_i, v_j) \in E_t, 1 \leqslant t \leqslant T\} \right| < \theta$，那么 (v_i, v_j) 就不会被包含在 g 中，即 $(v_i, v_j) \notin E_g$。

（2）规则 2（度削减）：对于 $\mathcal{G}$ 中的节点 v_i，如果 $\left| \{G_t | d_{G_t}(v_i) \geqslant d_q(u_i), 1 \leqslant t \leqslant T\} \right| < \theta$，那么 $v_i \notin C(u_i)$。

（3）规则 3（失败邻居集削减）：对于 $\mathcal{G}$ 中的数据节点 v_i，设 $N_{v_i} = N_G(v_i)$，迭代更新集合：$T_{u_i}(v_i) \leftarrow \{t \,\|\, N_{G_t}(v_i) \cap N_{v_i} |\geqslant d_q(u_i), t \in T\}$ 且 $N_{v_i} \leftarrow \{v_j \,\|\, \{t \,|\, v_j \in N_{G_t}(v_i), t \in T\} |$，直到 N_{v_i} 不再变化。如果 $T_{u_i}(v_i) \geqslant \theta$ 成立，那么 v_i 是 u_i 的一个候选节点，$T_{u_i}(v_i)$ 是 v_i 的活动时间。

（4）规则 4（混合剪枝）：从 $C(u_i)$ 中移除数据节点 v_i，当其满足以下条件之一时：①邻居约束：$\exists u_j \in N_q(u_i), N_G(v_i) \cap C(u_j) = \varnothing$；②时间约束：$\forall v_j \in N_G(v_i) \cap C(u_j), |T_{u_i}(v_i) \cap T_{u_j}(v_j) \cap T(v_i, v_j)| < \theta$。

基于上述剪枝规则，介绍 PruneSearch 算法来解决稳定子图同构搜索问题。该算法主要思想是通过扩展部分解或放弃它们来找到结果，并在回溯过程中利用剪枝规则减少没有前途的相关中间匹配的计算来提高效率。

PruneSearch 算法的伪代码在算法 4.4.1 中进行了展示。首先构建去时序图 G，通过删除在少于 θ 个快照中出现及孤立节点的边来处理 $\mathcal{G}$（第 2～8 行）。这些边和节点一定不会包含在 θ-稳定子图同构中，这是根据规则 1 得出的。然后算法通过应用度削减（规则 2）和失败邻居集削减（规则 3），计算查询节点 q 的候选集合；为便于表述，此过程称为 FirstFilter（第 9～21 行）。在 FirstFilter 中，PruneSearch 通过迭代更新集合 $T_{u_i}(v_i)$ 和 N_{v_i}（第 14～17 行）来确定 v_i 是否为 u_i 的候选。这里使用集合 $\hat{N}_{v_i}$ 来检查 N_{v_i} 是否不再改变。当循环结束时，如果满足 $T_{u_i}(v_i) \geqslant \theta$，那么意味着 v_i 是 u_i 的候选者。PruneSearch 就会将 v_i 添加到 $C(u_i)$ 中，并附带变量 flag(v_i) = true 和活动时间 $T_{u_i}(v_i)$（第 18～20 行）。其中，变量 flag(v_i) 用于指示候选 v_i 是否有效。如果 v_i 可以映射到查询节点 u_i，那么在 $C(u_i)$ 中将 flag(v_i) 设置为 true，否则为 false。在计算初始 $C(u_i)$ 后，如果为空，那么意味着查询节点 u_i 不能映射到 $\mathcal{G}$ 中的任何数据节点，因此算法终止（第 21 行）。此外，PruneSearch 调用 SubGraphSearch，通过候选集从 q 到 $\hat{G}$ 一一映射节点，以寻找基于 θ 的稳定子图同构（第 23 行）。请注意，在回溯过程中，搜索基于部分匹配，因此 $C(u_i)$ 中的某些候选者将失败，SubGraphSearch 将更新它们的 flag 状态（算法 4.4.2 的第 18 行，第 25～28 行，第 30 行）。最后，PruneSearch 算法返回 S 作为答案。

算法 4.4.1　PruneSearch

输入：图 $\mathcal{G} = (\mathcal{V}, \mathcal{E})$，查询子图 $q = (V_q, E_q)$，稳定阈值 θ

输出：$\mathcal{G}$ 中所有的 θ-稳定子图嵌入

1. $S \leftarrow \varnothing$；$\hat{G} = (\hat{V}, \hat{E}) \leftarrow \mathcal{G}$；
2. 构建 $\mathcal{G}$ 的去时序图 $G = (V, E)$；
3. **for** $(v_i, v_j) \in E$ **do**

4.　　　$T(v_i, v_j) \leftarrow \{t \mid (v_i, v_j) \in E_t, 1 \leqslant t \leqslant T\}$;

5.　　　$w_{(v_i, v_j)} \leftarrow |T(v_i, v_j)|$;

6.　　**if** $w_{(v_i, v_j)} < \theta$ **then** 从 $\hat{G}$ 中删除所有的边 (v_i, v_j, t) ;

7.　　**if** $d_{\hat{G}}(v_i) = 0$ **then** 从 $\hat{G}$ 中删除 v_i ;

8.　　**if** $d_{\hat{G}}(v_j) = 0$ **then** 从 $\hat{G}$ 中删除 v_j ;

9. **for** $u_i \in V_q$ **do**

10.　　$C(u_i) \leftarrow \varnothing$;

11.　　**for** $v_i \in \hat{V}$ **do**

12.　　　$T_{u_i}(v_i) \leftarrow \varnothing$; $N_{v_i} \leftarrow N_G(v_i)$; $\hat{N}_{v_i} \leftarrow \varnothing$;

13.　　　$\text{flag}(v_i) \leftarrow \text{true}$;

14.　　　**while** $N_{v_i} \neq \hat{N}_{v_i}$ **do**

15.　　　　$\hat{N}_{v_i} \leftarrow N_{v_i}$;

16.　　　　$T_{u_i}(v_i) \leftarrow \{t \mid |N_{G_t}(v_i) \bigcap N_{v_i}| \geqslant d_q(u_i), t \in T\}$;

17.　　　　$N_{v_i} \leftarrow \{v_j \mid |\{t \mid v_j \in N_{G_t}(v_i), t \in T\} \bigcap T_{u_i}(v_i)| \geqslant \theta\}$;

18.　　　　**if** $T_{u_i}(v_i) \geqslant \theta$ **then**

19.　　　　　插入 $(v_i, T_{u_i}(v_i), \text{flag})$ 到 $C(u_i)$;

20.　　　　　**break;**

21.　　**if** $|C(u_i)| = 0$ **then return** S ;

22. $M \leftarrow \varnothing$; $T_c \leftarrow |1 \leqslant t \leqslant T\}$;

23. SubGraphSearch($q, \hat{G}, M, T_c$);

24. **return** S ;

算法 4.4.2　SubGraphSearch($q, \hat{G}, M, T$)

1. **if** $|M| = |V_q|$ **then** $S \leftarrow S \bigcup M$;

2. **else**

3.　**for** $u_i \in V_q$ **do**

4.　　$\text{cnt}_{u_i} \leftarrow 0$;

5.　　**for** $(v_i, T_{u_i}(v_i), \text{flag}(v_i)) \in C(u_i)$ **and** $\text{flag}(v_i) = \text{true}$ **do**

6.　　　**for** $u_j \in N_q(u_i)$ **do**

7.　　　　$\text{disjoint} \leftarrow \text{true}$;

8.　　　　**for** $v_j \in N_{\hat{G}}(v_i)$ **do**

9.　　　　　**if** $(v_j, T_{u_j}(v_j), \text{flag}(v_j)) \in C(u_j)$ **and** $\text{flag}(v_j) = \text{true}$ **then**

10.　　　　　$\text{temp}_t \leftarrow T_{u_i}(v_i) \bigcap T_{u_j}(v_j) \bigcap T(v_i, v_j)$;

11.　　　　　$\text{temp}_t \leftarrow \text{temp}_t \bigcap T$;

12.　　　　　**if** $|\text{temp}_t| \geqslant \theta$ **then**

13.　　　　　　$\text{disjoint} \leftarrow \text{false}$; **break;**

14.　　　　**if** $\text{disjoint} = \text{true}$ **then**

15.　　　　if $M = \varnothing$　then

16.　　　　　　从 $C(u_i)$ 中删除 $(v_i, T_{u_i}(v_i), \text{flag}(v_i))$；

17.　　　　else

18.　　　　　　$(v_i, T_{u_i}(v_i), \text{flag}(v_i)) \leftarrow (v_i, T_{u_i}(v_i), \text{false})$；

19.　　　for $(v_i, T_{u_i}(v_i), \text{flag}(v_i)) \in C(u_i)$　do

20.　　　　if $\text{flag}(v_i) = \text{true}$　then　$\text{cnt}_{u_i} \leftarrow \text{cnt}_{u_i} + 1$；

21.　　　if $\text{cnt}_{u_i} = 0$　then return；

22. $U = \{u_i | u_i \in M\}$；$u_s = \arg \min\limits_{u_i \in V_q \backslash U} \text{cnt}_{u_i}$；

23. for $(v_i, T_{u_i}(v_i), \text{flag}(v_i)) \in C(u_s)$　and　$\text{flag}(v_j) = \text{true}$　do

24.　　　$M.\text{insert}(v_i, u_s)$；$T_c = T \bigcap T_{u_s}(v_i)$；

25.　　　for $u_i \in V_q \backslash u_s$　do

26.　　　　　$(v_i, T_{u_i}(v_i), \text{flag}(v_i)) \leftarrow (v_i, T_{u_i}(v_i), \text{false})$；

27.　　　for $v_g \in V \backslash v_i$　do

28.　　　　　$(v_g, T_{u_s}(v_g), \text{flag}(v_g)) \leftarrow (v_g, T_{u_s}(v_g), \text{false})$；

29. SubGraphSearch($q, \hat{G}, M, T_c$)；

30. 执行第 25～28 行的逆操作；

SubGraphSearch 的工作流程如算法 4.4.2 所示。其中，使用 M 来维护映射信息 $u_i \rightarrow v_i$。该算法通过识别它们是否满足邻居限制和时间限制（规则 4）来修剪查询节点的候选集，这个过程称为 SecondFliter（第 3～21 行）。具体而言，对于 $N_q(u_i)$ 中的每个 u_j，初始化为 true 的变量 disjoint 用于表示没有 $v_j \in N_G(v_i)$ 可以作为 u_j 的候选项。该过程通过最后一次迭代中获得的时间 T 和 v_i、v_j 以及 (v_i, v_j) 的活动时间来计算 temp_t（第 10～11 行）。如果 $\text{temp}_t \geqslant \theta$ 成立，那么在 $u_i \rightarrow v_i$ 和 M 的作用下，u_j 可以被映射到 v_j；因此，SubGraphSearch 将 disjoint 设置为 false，并检查 u_i 的下一个邻居（第 13 行）。如果没有任何数据节点既是 v_i 的邻居，也是 u_j 的候选，那么 v_i 不是 u_i 的候选项，此时需要根据迭代轮次更新 $C(u_i)$（第 14～18 行）。在 SecondFliter 期间，一旦任何候选集 $C(u_i)$ 为空，该过程就会终止（第 21 行）。在剪枝候选项之后，SubGraphSearch 会选择一个未映射的节点 u_s 作为选定的节点，其候选集最小，用来为 u_s 的每个候选项执行下一次迭代（第 23～30 行）。在执行迭代之前，SubGraphSearch 会重新计算活动时间 T_c，并根据 u_s 的新映射指示变量 flag 来更新候选集（第 24～28 行）。当内部 SubGraphSearch 完成工作时，该算法需要恢复候选项的状态（第 30 行）。由于 SubGraphSearch 逐个地从 q 到 $\hat{G}$ 映射节点，因此当 $|M| = |V_q|$ 时，需要将 M 添加到结果集 S 中，从而实现在 $\mathcal{G}$ 中发现一个 θ-稳定的子图同构（第 1 行）。

在 PruneSearch 中，可以对具有自同构映射的查询图应用对称性破坏技巧，以便仅进行一次稳定子图同构搜索[4]。当找到一个答案时，可以通过 q 的自同构很容易地揭示具有不同映射关系的其他匹配。

为了进一步提高可扩展性，本节开发了一个基于剪枝的搜索算法的并行版本，称为 PPruneSearch。具体来说，在算法 4.4.1 的第 9～22 行中，FirstFilter 的候选计算可以独立进行，因此可以并行处理此过程中的查询节点。此外，在算法 4.4.2 的第 23～30 行中，当 SubGraphSearch 首次被调用，即 $M = \varnothing$ 时，它选择第一个查询节点 u_f 并生成新的映射和候选，以执行更深层的迭代。对于每个候选 $v_i \in C(u_f)$，SubGraphSearch 基于映射 $u_f \to v_i$ 找到 θ-稳定子图同构，因此可以并行处理所有的 v_i，因为它们都是相互独立的。

4.4.3　基于索引的查询处理

4.4.3.1　索引结构与构建

本节将介绍一种名为 BCCIndex 的索引结构，以高效支持稳定子图同构查询。首先，给出了关于图的双连通分量（Bi-Connected Component，BCC）的定义。

定义 4.4.6（双连通分量）　给定一个图 G 和它的一个子图 g，如果在 g 中删除任意一条边后，剩余的图仍然是连通的，且 g 是满足此条件的极大子图，那么 g 是 G 的一个双连通分量。

任何图都可以分解成若干个双连通分量和孤立点，这样的分解称为双连通分量分解。例如，在图 4-29 所示的图上执行双连通分量分解，可以得到由红、蓝、绿和灰色节点组成的四个双连通分量，而黑色的节点 u_7 和 u_{11} 是孤立点。

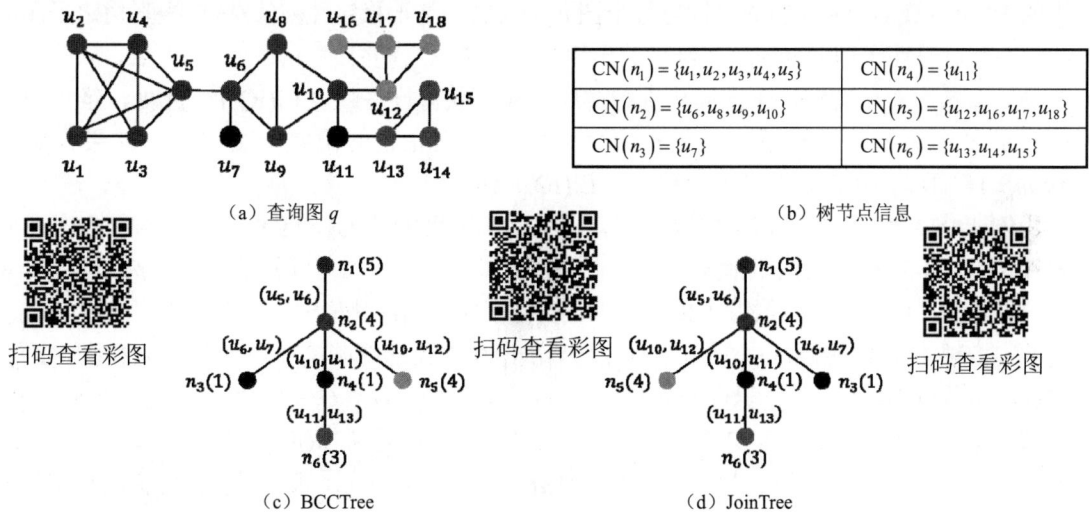

$\mathrm{CN}(n_1) = \{u_1, u_2, u_3, u_4, u_5\}$	$\mathrm{CN}(n_4) = \{u_{11}\}$
$\mathrm{CN}(n_2) = \{u_6, u_8, u_9, u_{10}\}$	$\mathrm{CN}(n_5) = \{u_{12}, u_{16}, u_{17}, u_{18}\}$
$\mathrm{CN}(n_3) = \{u_7\}$	$\mathrm{CN}(n_6) = \{u_{13}, u_{14}, u_{15}\}$

（a）查询图 q 　　　　　　　　　　　　　　（b）树节点信息

扫码查看彩图　　　　　（c）BCCTree　　　　扫码查看彩图　　　　（d）JoinTree　　　　扫码查看彩图

图 4-29　双连通分量分解示例

基于双连通分量分解，本节开发了一个称为 BCCIndex 索引结构的用来维护所有小型双连通分量的稳定子图嵌入。特别地，BCCIndex 维护了一个排序列表，其包含了所有索引查询图的稳定子图同构。这里，索引查询图都是双连通分量，其节点数不超过 5 个，如图 4-30 所示。图 4-30 中一共有 15 个索引查询图，它们的集合表示为 G_{IQ}。在许多实际应用中，查询图的节点数通常不超过 10 个。通过双连通分量分解，查询图可以被分解成非常小的子图。因此，可以将这些小子图的所有同构结果存储在 G_{IQ} 中作为索引，并利用一种高效的基于索引的查询算法来处理不同的查询图。此外，如果子图同构只出现在一个快照中，那么不被视为稳定同构。如果找到了至少在一个快照中出现的同构，那么对时间的约束就失败了，这个问题就会退化为在每个快照中找到所有的子图同构。因此，BCCIndex 结构维护了稳定值不小于 2 的稳定子图匹配。

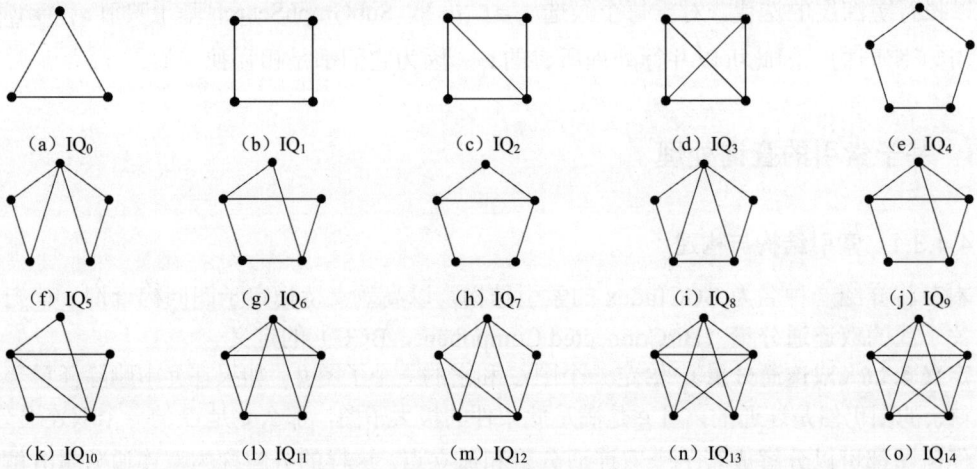

图 4-30　索引查询图集 G_{IQ}

更具体地说，BCCIndex 结构可以表示为 EI，其包含 15 个排序列表，分别对应于图 4-30 中的 15 个双连通分量。首先，针对每个图 $IQ_i \in G_{IQ}$，基于稳定性阈值 $\theta = 2$ 搜索稳定子图同构，并针对时序子图同构 m_{IQ_i}，维护其出现的快照 $T(m_{IQ_i})$ 并计算 $sv(m_{IQ_i})$。然后，以非递增的稳定值顺序对所有时序子图同构进行排序，从而获得排序列表 $EI(IQ_i)$。此处，维护快照的目的是在查询处理算法中轻松扩展部分解以找到完整的稳定子图同构。如果稳定值 $sv(m_{IQ_i})$ 等于 1，那么 m_{IQ_i} 将不会被加入 $EI(IQ_i)$ 中。

例 4.4.5 假设时序图 $\mathcal{G}$ 如表 4-4 所示，那么 $\mathcal{G}$ 对于 IQ_0、IQ_3 和 IQ_{12} 的索引结构如表 4-5、表 4-6 和表 4-7 所示。由于空间限制，因此本例仅展示了查询图自同构的一个实例。从图 4-30 中可以看出，BCCIndex 结构 $EI(IQ_i)$ 维护了稳定子图同构，其稳定值不小于 2 并按照稳定值的非递增顺序排序。例如，由 $\{v_1, v_2, v_4\}$ 诱导的三角形仅出现在 G_1 中，因此未包含在 $EI(IQ_0)$ 中；而由节点集 $\{v_6, v_7, v_8\}$ 诱导的匹配存在于 G_2、G_3、G_4、G_5、G_6 中，其稳定值等于 5，是所有同构中最大的，因此在 $EI(IQ_0)$ 中排名第一。类似地，可以看到 $EI(IQ_3)$ 包含由 $\{v_7, v_9, v_{10}, v_{11}\}$、$\{v_2, v_3, v_5, v_6\}$ 和 $\{v_4, v_3, v_5, v_6\}$ 分别诱导的三个匹配，如表 4-6 所示，很容易验证它们的稳定值分别为 4、3 和 2。索引 $EI(IQ_{12})$ 如表 4-7 所示，其包含 $\mathcal{G}$ 中 IQ_{12} 的七个稳定子图同构。

表 4-5　时序图 $\mathcal{G}$ 对应的索引结构 IQ_0

IQ_0	快　照	稳定值 SV	IQ_0	快　照	稳定值 SV
(v_6, v_7, v_8)	$(G_2, G_3, G_4, G_5, G_6)$	5	(v_2, v_5, v_6)	(G_2, G_3, G_4)	3
(v_7, v_9, v_{10})	(G_3, G_4, G_5, G_6)	4	(v_3, v_5, v_6)	(G_2, G_3, G_4)	3
(v_7, v_9, v_{11})	(G_3, G_4, G_5, G_6)	4	(v_4, v_5, v_6)	(G_2, G_3, G_4)	3
(v_7, v_{10}, v_{11})	(G_3, G_4, G_5, G_6)	4	(v_7, v_8, v_{10})	(G_4, G_5, G_6)	3
(v_9, v_{10}, v_{11})	(G_3, G_4, G_5, G_6)	4	(v_3, v_4, v_5)	(G_2, G_3)	2
(v_2, v_3, v_5)	(G_2, G_3, G_4)	3	(v_4, v_5, v_6)	(G_2, G_3)	2
(v_2, v_3, v_6)	(G_2, G_3, G_4)	3			

表 4-6 时序图 $\mathcal{G}$ 对应的索引结构 IQ_3

IQ_3	快 照	稳定值 SV	IQ_3	快 照	稳定值 SV
$(v_7, v_9, v_{10}, v_{11})$	(G_3, G_4, G_5, G_6)	4	(v_4, v_3, v_5, v_6)	(G_2, G_3)	2
(v_2, v_3, v_5, v_6)	(G_2, G_3, G_4)	3			

表 4-7 时序图 $\mathcal{G}$ 对应的索引结构 IQ_{12}

IQ_{12}	快 照	稳定值 SV	IQ_{12}	快 照	稳定值 SV
$(v_7, v_{10}, v_8, v_9, v_{11})$	(G_4, G_5, G_6)	3	$(v_3, v_6, v_4, v_2, v_5)$	(G_2, G_3)	2
$(v_5, v_6, v_4, v_2, v_3)$	(G_2, G_3, G_4)	3	$(v_3, v_6, v_2, v_4, v_5)$	(G_2, G_3)	2
$(v_3, v_5, v_4, v_2, v_6)$	(G_2, G_3)	2	$(v_5, v_6, v_2, v_4, v_3)$	(G_2, G_3)	2
$(v_3, v_5, v_2, v_4, v_6)$	(G_2, G_3)	2			

接下来，介绍 BCCIndexBuild 算法，以构造 BCCIndex 结构 EI。算法 4.4.3 展示了 BCCIndexBuild 的伪代码。对于 G_{IQ} 中的每个索引查询图 IQ_i，BCCIndexBuild 基于稳定性阈值 $\theta = 2$ 执行在线剪枝搜索算法 PruneSearch，以找到稳定子图同构。当 PruneSearch 找到一个稳定子图同构 M 时，它会将 M 及其出现的快照推入已排序列表 $\text{EI}(\text{IQ}_i)$ 中，并按其稳定值的非递增顺序对这些匹配项在 $\text{EI}(\text{IQ}_i)$ 中进行排序。因此，EI 包含了与 G_{IQ} 中的双连通分量相对应的 15 个排序列表。

算法 4.4.3 BCCIndexBuild

输入：图 $\mathcal{G} = (\mathcal{V}, \mathcal{E})$，索引查询图集合 G_{IQ}

输出：索引结构 EI

1. $\text{EI} \leftarrow \varnothing$；
2. **for** $\text{IQ}_i \in G_{\text{IQ}}$ **do**
3. $\quad \text{EI}(\text{IQ}_i) \leftarrow \varnothing$；
4. $\quad \text{EI}(\text{IQ}_i) \leftarrow \text{PruneSearch}(\mathcal{G}, \text{IQ}_i, 2)$；
5. $\quad$对所有的匹配按照稳定值非递增的排序得到 $\text{EI}(\text{IQ}_i)$；
6. $\quad \text{EI} \leftarrow \text{EI} \cup \text{EI}(\text{IQ}_i)$；
7. **return** EI；

为提高可扩展性，下面讨论索引构建的并行方法。具体而言，在算法 4.4.3 的第 2～6 行中，针对每个索引图 IQ_i，通过 PruneSearch 算法可以独立地寻找所有的稳定子图同构，因此可以并行处理这些索引查询图。此外，在算法 4.4.3 的第 4 行中，对于每个 $\text{IQ}_i \in G_{\text{IQ}}$，可以并行执行 PPruneSearch 算法，来计算第一个查询节点的候选稳定子图同构。

4.4.3.2 基于索引的查询

本节提出了一种基于索引的查询处理算法，称为 BCCIndexSearch，其用于搜索查询图 q 的稳定子图同构。其主要思想是将 q 分解成若干个双连通分量和孤立点，然后将部分解组合以获得结果。本节首先介绍了一种算法，即 BCCMatch（其伪代码如算法 4.4.4 所示），其被用来基于 BCCIndex 找到双连通分量的稳定子图同构，然后介绍了启发式的连接顺序和 BCCIndexSearch 算法，以便解决稳定子图同构搜索问题。

算法 4.4.4　BCCMatch

输入： 图 $\mathcal{G}=(\mathcal{V},\mathcal{E})$，查询子图 $q=(V_q,E_q)$，双连通子图 $G_e=(V_e,E_e)$，索引结构 EI，阈值 θ

输出： $\mathcal{G}$ 中 G_e 的所有 θ-稳定子图嵌入

1.　$M(G_e)\leftarrow\varnothing$;
2.　**if** $\forall \mathrm{IQ}_q\in G_{\mathrm{IQ}},\nexists\mathrm{IQ}_q\simeq G_e$　**then**
3.　　令 $\mathcal{Q}$ 为优先队列;
4.　　$\mathcal{Q}\leftarrow\varnothing$; isdecom $\leftarrow$ false ;
5.　　**for** $u_i\in V_e$　**do** $\mathcal{Q}$.push$(u_i,d(u_i))$;
6.　　**while** $\mathcal{Q}\neq\varnothing$　**do**
7.　　　$(u_r,d_{\min})\leftarrow\mathcal{Q}$.pop(); 令 $\hat{G}=(\hat{V},\hat{E})$ 为一个图;
8.　　　$\hat{V}\leftarrow V_e\setminus\{u_r\}$;　$\hat{E}\leftarrow E_e\setminus\{(u_i,u_j)\,|\,u_i=u_r\ or\ u_j=u_r\}$;
9.　　　**if** $\nexists\mathrm{IQ}_{\hat{q}}\in G_{\mathrm{IQ}},\mathrm{IQ}_{\hat{q}}\simeq\hat{G}$　**then continue;**
10.　　**else**
11.　　　isdecom $\leftarrow$ true ;　$C(u_r)\leftarrow\mathcal{V}$;
12.　　　**for** $\hat{m}\in\mathrm{EI}(\mathrm{IQ}_{\hat{q}})$　**do**
13.　　　　**if** sv$(\hat{m})\geqslant\theta$　**then**
14.　　　　　**for** $(u_r,u_i)\in E_e$　**do**
15.　　　　　　$v_i\leftarrow\hat{m}$.find(u_i) ;
16.　　　　　　$C(u_r)\leftarrow C(u_r)\bigcap N_{\mathcal{G}}(v_i)$;
17.　　　　　**for** $v_r\in C(u_r)$　**do**
18.　　　　　　$\hat{T}\leftarrow T$;
19.　　　　　　**for** $(u_r,u_i)\in E_e$　**do**
20.　　　　　　　$v_i\leftarrow\hat{m}$.find(u_i) ;
21.　　　　　　　$\hat{T}\leftarrow T_{u_r}(v_r)\bigcap T(v_i,v_r)\bigcap T(\hat{m}_{\mathrm{IQ}_{\hat{q}}})$;
22.　　　　　　**if** $\hat{T}\geqslant\theta$　**then**
23.　　　　　　　$m\leftarrow\hat{m}$;　m.insert(u_r,v_r) ;
24.　　　　　　　$M(G_e)\leftarrow M(G_e)\bigcup m$;
25.　　　　　　**else break;**
26.　　　　　**break;**
27.　　**if** isdecom $\leftarrow$ false　**then** $M(G_e)\leftarrow$ PruneSearch$(\mathcal{G},G_e,\theta)$;
28. **else**
29.　　**for** $m\in\mathrm{IE}(\mathrm{IQ}_q)$　**do**
30.　　　**if** sv$(m)\geqslant\theta$　**then** $M(G_e)\leftarrow M(G_e)\bigcup m$;
31.　　**else break;**
32. **return** $M(G_e)$;

在将查询图 q 分解后，可能存在一些大小大于 5 的双连通分量未包含在 BCCIndex 中。因此，本节提出了一种名为 BCCMatch 的算法来处理这种情况。具体来说，在 BCCMatch 中，所有的双连通分量都可以分为以下三种类型：

（1）IndexIsoBCC：该双连通分量是 G_{IQ} 中的一个索引查询图的同构；

（2）StarIsoBCC：该双连通分量可以分解为一个 IndexIsoBCC 和一个星形图；

（3）GeneralBCC：不满足（1）和（2）的其余双连通分量。

例如，图 4-28（a）所示的双连通分量是 IQ_3 的同构，因此它是一个 IndexIsoBCC。在图 4-28（b）中，蓝色节点诱导的双连通分量不同构于任何索引查询图，但其可以分解为以 u_1 为主元的一个星形图和一个由 $\{u_2,u_3,u_4,u_5,u_6\}$ 诱导的 IndexIsoBCC，因此它是一个 StarIsoBCC。

下面提供一种高效算法来确定一个双连通分量是不是一个 StarIsoBCC。给定一个双连通分量 $G_e=(V_e,E_e)$，按度数的非递减顺序对 V_e 中的节点进行排序，然后按照这个顺序删除节点来分解 G_e。在删除节点 u 和以 u 为结尾的边后，检查剩余的图是不是一个 IndexIsoBCC。如果是，那么就找到了一个分解策略，因此 G_e 是一个 StarIsoBCC。否则，继续删除下一个节点并执行上述过程来确定一个分解策略。当 G_e 中的所有节点都被删除但没有找到分解策略时，则将其识别为一个 GeneralBCC。

算法 4.4.4 描述了 BCCMatch 算法。首先，该算法会判断 G_e 是不是一个 IndexIsoBCC。如果存在一个索引查询图 IQ_q，满足 $IQ_q \simeq G_e$，那么 BCCMatch 就会输出 $EI(IQ_q)$ 中稳定值不小于 θ 的解作为结果（第 29～31 行）。否则，BCCMatch 会检查 G_e 是不是一个 StarIsoBCC。首先，它会将 V_e 中的点按照度数的非递减顺序加入一个优先队列 $\mathcal{Q}$，然后在每次循环中弹出 $\mathcal{Q}$ 的第一个元素，以寻找一个分解策略（第 3～27 行）。其中，将变量 isdecom 初始化为 false，用于表示 G_e 是一个 StarIsoBCC（第 4 行）。当找到一个分解策略时，即 G_e 可以分解为一个 IndexIsoBCC $\hat{G}$ 和一个以被移除的点 u_r 为主元的星形图时，BCCMatch 会将 isdecom 设为 true（第 11 行）。假设索引查询图为 $IQ_{\hat{q}}$，它与 $\hat{G}$ 同构。对于 $EI(IQ_{\hat{q}})$ 中稳定值不小于 θ 的每个匹配，BCCMatch 都会将其扩展成 G_e 的完整解（第 12～25 行）。如果 $\mathcal{Q}$ 为空且 isdecom 仍为 false，那么意味着移除 G_e 中的任何点都不能导出一个分解策略，因此 G_e 为一个 GeneralBCC。在这种情况下，BCCMatch 会根据稳定性阈值 θ，执行 PruneSearch 算法来搜索 G_e 的稳定同构（第 27 行）。请注意，由于 $EI(IQ_q)$ 和 $EI(IQ_{\hat{q}})$ 都是排好序的列表，因此 BCCMatch 会在解的稳定值小于 θ 时终止，以便处理 IndexIsoBCC（第 25 行）和 StarIsoBCC（第 31 行）。最后，$M(G_e)$ 存储了 G_e 的稳定子图同构。

例 4.4.6　假设时序图 $\mathcal{G}$ 如表 4-4 所示，查询图 q_2 如图 4-28（b）所示，$\theta=2$。设蓝色节点所诱导的双连通分量为 G_e。显然，G_e 是一个 StarIsoBCC，因为在移除 u_1 之后，剩余的图是与 IQ_{12} 同构的。对于 $EI(IQ_{12})$ 中的每个解，都可以通过扩展由边 (u_1,u_2)、(u_1,u_3) 诱导的星形子图来获取 G_e 的匹配。由此可以验证，只有由 $\{v_7,v_{10},v_8,v_9,v_{11}\}$ 诱导的匹配可以通过添加映射 $u_1 \rightarrow v_6$ 来进行扩展。利用 G_e 的自同构，得到 G_e 的结果为 $\{v_6,v_7,v_8,v_9,v_{10},v_{11}\}$ 和 $\{v_6,v_7,v_8,v_{11},v_{10},v_9\}$。

关于查询图 q，BCCMatch 算法会按照它们的类型，处理分解后的双连通子图。当该双连通子图是 IndexIsoBCC 或 StarIsoBCC 时，BCCMatch 会使用 BCCIndex 查找稳定的匹配，该索引保持了稳定值不大于 5 的索引查询图的稳定结果。而对于 GeneralBCC，BCCMatch 算法需要基于稳定性阈值 θ 执行 PruneSearch，以搜索稳定同构。

图 G 可以分解成若干个双连通分量和孤立点。在 G 中，每个双连通分量或孤立点之间仅有一条边相连。因此，可以将 G 转化为一棵树，称为 BCCTree。具体地，将每个双连通分量或孤立点视为树节点，并在它们之间添加边。树节点 n 与一个集合 CN(n) 相关联，其对应于 G 中的节点集。如果 n 是孤立点，那么令 n 等价于 CN(n)。为简洁起见，令 $G_n = (V_n, E_n)$ 表示由 CN(n) 诱导的子图。如果在 G 中存在一条边 (u_i, u_j)，其中，$u_i \in$ CN(n_i)，$u_j \in$ CN(n_j)，那么连接树节点 n_i 和 n_j，并将树边标记为 (u_i, u_j)。这样，G 的 BCCTree 就被创建出来了。

例 4.4.7　考虑图 4-29（a）中的查询图 q。显然，q 中有四个双连通分量和两个孤立点。图 4-29（b）展示了树节点的信息。查询图 q 的 BCCTree 如图 4-29（c）所示，其中，树节点的颜色与图 4-29（a）中 CN(n) 的节点颜色一致。在 BCCTree 中，使用边 (u_5, u_6) 将 n_1 和 n_2 相连，因为 q 中连接节点 $u_5 \in$ CN(n_1)，$u_6 \in$ CN(n_2)。

显然，对于 BCCIndexSearch 算法，可以通过从任何一个树节点遍历 BCCTree 来得到一个连接顺序，以合并部分稳定子图同构。但是，BCCIndexSearch 对不同的连接顺序进行剪枝的性能可能会有显著差异。因此，本小节设计了一种启发式连接顺序，即通过构造一个 JoinTree 来实现剪枝。设 c_i 为树节点 n 的一个子节点，$dep(c_i)$ 表示 c_i 的后代在 BCCTree 中的深度。对于 n 的两个子节点 c_1 和 c_2，如果有（1）$|$CN(c_1)$| > |$CN(c_2)$|$；（2）$|$CN(c_1)$| = |$CN(c_2)$|$ 且 $dep(c_1) > dep(c_2)$，那么定义 $c_1 > c_2$。按照这个顺序，更大和具有更深后代的树节点具有更高的优先级，这是直观合理的。因此，创建一个根节点 n_r，使它是基于这个顺序的最高排名。对于 JoinTree 中的每个树节点，根据上述顺序依次将其子节点添加到 JoinTree 中。最后，JoinTree 的广度优先遍历序列就是合并 BCCIndexSearch 中部分解的顺序。按照这样的启发式连接顺序，可以形成 q 的更大子图，从而避免了针对小子结构的无效合并操作。

例 4.4.8　考虑图 4-29（a）所示的查询图 q 及其对应的如图 4-29（c）所示的 BCCTree，得到 q 的 JoinTree，如图 4-29（d）所示。通过对 JoinTree 进行广度优先遍历，可以得到一种连接顺序，即 $n_1 \to n_2 \to n_5 \to n_4 \to n_3 \to n_6$。按照这个顺序，在处理节点 n_2 的子节点时，也就是决定下一个子结构要如何扩展时，BCCIndexSearch 首先会合并 n_5，因为 n_5 是所有子节点中最大的。很明显，这样的合并操作可以得到一个相对较大的部分解。

下面介绍查询处理算法，即 BCCIndexSearch。该算法的主要思想是基于 BCCIndex 查找 q 的双连通分量的部分解，并将它们合并，以得到最终结果。BCCIndexSearch 的伪代码如算法 4.4.5 所示。就像 PruneSearch 一样，BCCIndexSearch 中的 Map 结构 M 维护了每个稳定子图同构的映射关系。算法 4.4.5 的工作流程如下所述。首先，执行 BCCDecompose 来计算 q 的双连通分量，并将它们添加到 V_B 中，同时将孤立点添加到 V_I 中（第 1～2 行）。基于 V_B 和 V_I，BCCIndexSearch 构造了 BCCTree BT 和 JoinTree JT，通过广度优先遍历 JT 来获得启发式连接顺序 Q（第 3～4 行）。然后，该算法将 Q 中的头元素 n_r（即 JT 的根）作为初始子结构。如果 n_r 是孤立的，那么意味着查询图 q 是一棵树，则可以通过 PruneSearch 搜索 θ-稳定子图同构（第 6 行）；否则，BCCIndexSearch 算法执行 BCCMatch，并基于 BCCIndex 找到 θ-稳定的双连通同构（第 8～9 行）。由于 n_r 为初始子结构（n_r 排名第一），因此 BCCIndexSearch 将 Q 中的头元素 n_t 弹出，作为下一个选择的子结构，并执行 TreeJoin 过程来扩展 n_r 的每个 θ-稳定同构（第 10～12 行）。最终，包含 q 的 θ-稳定子图同构结果集 S 被返回。

TreeJoin 基于 Q 中的顺序连接树节点来寻找 q 的 θ-稳定子图同构。它通过添加满足邻居和时间限制（规则 4）的当前树节点 n_c 的解来扩展当前的匹配 M。对于树节点 n_c 的匹配 m_c，如果有（1）多个查询节点映射到同一个数据节点；（2）同时包含 m_c 和 M 的快照数小于 θ，

那么认为 m_c 不是 n_c 的活跃候选项。对于每个 m_c ，TreeJoin 都会识别其是否为活跃的。如果不是，那么过程终止。否则，根据 n_c 的类型进行扩展，即进行孤立点扩展（第 18～24 行）和双连通分量扩展（第 25～30 行）。这两种扩展的区别在于候选匹配 m_c 的选择方式，其中，前者选择 M 中匹配节点的邻居，后者根据 BCCMatch 得到的解选择候选者。当 M 包含 q 中所有节点的映射时，则找到了 q 的 θ -稳定子图同构，因此算法 4.4.5 将其添加到了结果集 S 中（第 15 行）。

算法 4.4.5　BCCIndexSearch

输入：图 $\mathcal{G} = (\mathcal{V}, \mathcal{E})$ ，查询子图 $q = (V_q, E_q)$ ，稳定阈值 θ

输出：$\mathcal{G}$ 中所有的 θ -稳定子图嵌入

1.　$S \leftarrow \varnothing$ ；$\mathcal{V}_B \leftarrow \varnothing$ ；$V_I \leftarrow \varnothing$ ；

2.　$(\mathcal{V}_B, V_I) \leftarrow$ BCCDecompose(q)；

3.　构建 BCCTree　BT　和 JoinTree　JT；

4.　$\mathcal{Q} \leftarrow$ 通过 BFS 方式遍历 JT 得到的节点顺序；

5.　$n_r \leftarrow \mathcal{Q}$.pop()；$G_r = (V_r, E_r) \leftarrow G_{n_r}$ ；

6.　**if** G_r 是树结构 **then** $S \leftarrow$ PruneSearch($\mathcal{G}, q, \theta$)；

7.　**else**

8.　　**for** $G_{ei} \in \mathcal{V}_B$ **do**

9.　　　$M(G_{ei}) \leftarrow$ BCCMatch($\mathcal{G}, q, G_{ei}, \text{EI}, \theta$)；

10.　**for** $m_r \in M(G_r)$ **do**

11.　　　$T \leftarrow T(m_r)$ ；$M \leftarrow m_r$ ；

12.　　　$n_t \leftarrow \mathcal{Q}$.pop()；TreeJoin($q, \mathcal{G}, M, T, n_t$)；

13.　**return** S ；

14.　**Procedure** TreeJoin($q, \mathcal{G}, M, T, n_c$)

15.　**if** $|M| = |V_q|$ **then** $S \leftarrow S \cup M$ ；

16.　**else**

17.　　$G_c = (V_c, E_c) \leftarrow G_{n_c}$ ；$V(M) \leftarrow \{v_i \mid (u_i, v_i) \in M\}$ ；

18.　　**if** $V_c = n_c$ **and** $E_c = \varnothing$ **then**

19.　　　$u_i \leftarrow u_i, (u_i, n_c) \in E_q$ ；

20.　　　$v_i \leftarrow M$.find(u_i)；

21.　　　**for** $v_j \in N_{v_i}(G)$ **do**

22.　　　　**if** $\{v_j\} \cap V(M) = \varnothing$ **and** $T \cap T(v_i, v_j) \geqslant \theta$ **then**

23.　　　　　$T \leftarrow T \cap T(v_i, v_j)$ ；M.insert(u_j, v_j)；

24.　　　　　$n_t \leftarrow \mathcal{Q}$.pop()；TreeJoin($q, \mathcal{G}, M, T, n_t$)；

25.　　**else**

26.　　　**for** $m_c \in M(G_e)$ **do**

27.　　　　$V(m_c) \leftarrow \{v_i \mid (u_i, v_i) \in m_c\}$ ；

28.　　　　**if** $V(m_c) \cap V(M) = \varnothing$ **and** $T \cap T(m_c) \geqslant \theta$ **then**

29.　　　　　$T \leftarrow T \cap T(m_c)$ ；$M \leftarrow m_c$ ；

30.　　　　　$n_t \leftarrow \mathcal{Q}$.pop()；TreeJoin($q, \mathcal{G}, M, T, n_t$)；

31.　**end procedure**

BCCIndexSearch 算法同样使用对称性打破技巧来处理具有自同构映射的查询图，以保证稳定子图同构搜索仅进行一次。

为了提高扩展性，下面介绍基于索引的搜索算法的并行版本，即 PBCCIndexSearch。具体来说，在算法 4.4.5 的第 8 行中，针对双连通分量的 θ-稳定子图同构的计算是相互独立的，因此可以并行处理双连通分量。此外，在算法 4.4.5 的第 10~12 行中，BCCIndexSearch 选择了具有最高排名的 n_r 作为初始子结构，并对 n_r 的每个 θ-稳定同构进行 TreeJoin 操作。与 PPruneSearch 类似，这个过程也可以并行处理。

4.5　面向图立方的概要查询

上节介绍了面向图立方的一种复杂查询，本节将介绍面向图立方的另一种复杂查询——概要查询。通过指定图立方的节点维度及时间范围，概要查询可以获取图立方在该维度和时间内的概要信息，有助于在不同维度和时间范围内对图立方进行分析，并辅助决策[5]。本节首先介绍概要查询的基本查询语句和使用方法，然后介绍加速查询的索引及其构建、使用和维护方式，最后介绍用来提升查询效率的实例化策略。

4.5.1　概要查询

4.5.1.1　属性图立方

定义 4.5.1（属性图立方）　属性图立方是图立方模型的一个特例，其是含有数值边权和多种节点属性的时序图（时序多维图）。设 $\mathcal{G}=(\mathcal{V},\mathcal{E},A)$ 为无向的时序多维图，其中，$\mathcal{V},\mathcal{E}$ 分别为 $\mathcal{G}$ 的点集和时序边集。由于本节涉及的时序图的时序边含有数值边权，因此 $\mathcal{E}$ 中的时序边均用四元组 (u,v,t,a) 表示，其中，a 为该时序边的数值属性（如交易额等信息）。$A=(A_1,A_2,...,A_n)$ 为该时序图的维度（或节点的 n 个独立属性）。对于给定节点 u，其属性可以通过如下方式获取，即 $A(u)=\{A_1(u),A_2(u),...,A_n(u)\}$。每个节点还有一个数值属性 $A_W(u)$（如收入等信息）。

例 4.5.1　表 4-8 展示了一个属性图立方的节点属性表。该图立方的节点共有 3 个普通属性（维度），分别是性别、国籍和职业，另外还有一个数值属性，即收入。该表中的每一行都代表一个人的相关信息，例如 v_1 代表一个中国籍的男性，其职业为教师，月收入为 5000 元。

表 4-8　属性图立方中的节点属性表

ID	A_1:性别	A_2:国籍	A_3:职业	A_W:收入（元）
v_1	男	cn	教师	5000
v_2	女	us	店主	6000
v_3	女	uk	律师	8000
v_4	男	us	店主	10000
v_5	男	jp	学生	1000
v_6	男	cn	学生	1000
v_7	女	uk	律师	6000
v_8	女	jp	医生	9000

与 4.4 节中的情况类似，因此本节将时刻 t 的快照定义为 $S_t = \{(u,v,a)\,|\,(u,v,t,a) \in \mathcal{E}\}$。

根据快照的定义，属性图立方的定义可以被重写为 $\mathcal{G} = (\mathcal{V}, \mathcal{S}, A)$，其中，$\mathcal{S}$ 为属性图立方的快照集合，且按照快照的时间进行排序。

例 4.5.2　图 4-31 展示了一个属性图立方的快照集合，边权代表节点之间某次交易的金额。例如，第一个快照代表第 1 天的交易信息，其中，v_1 与 v_2 之间有一笔价值为 10 的交易。

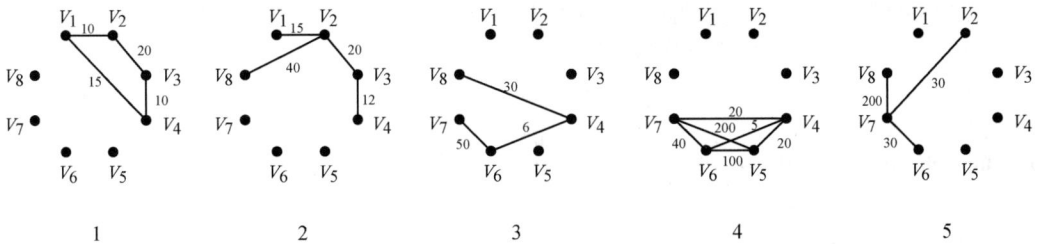

图 4-31　属性图立方的快照集合示例

定义 4.5.2（时序聚合网络）　时序聚合网络是基于聚合模式得到的一种属性图立方。给定一个属性图立方 $\mathcal{G} = (\mathcal{V}, \mathcal{S}, A)$ 和一个聚合模式 $A' = (A_1', A_2', \ldots, A_n')$，其中，$A_i'$ 等于 A_i 或 $*$，可以得到一个时序聚合网络 $\mathcal{G}' = (\mathcal{V}', \mathcal{S}', B)$，其中，$\mathcal{V}' \subseteq \mathcal{V}$，$B = \{A_i' \,|\, A_i' \neq *\}$，并且：

（1）设 $[v]$ 为 V 中节点 v 的等价类，满足：$[v] = \{u \,|\, B(u) = B(v), u \in \mathcal{V}\}$。对于任意一个 $\mathcal{V}$ 中的节点 v，均存在 $\mathcal{V}'$ 中的一个节点 v' 满足 $v' \in [v]$ 且 $\mathcal{V}'$ 中不存在另一个节点 u' 满足 $u' \in [v]$。$B_W(v')$ 为 $[v']$ 中节点数值属性的聚合结果（聚合函数可由用户指定）。

（2）对于 V' 中的任意两个节点 $u' \leqslant v'$ 和任意一个快照 $\mathcal{S}[i]$，如果存在一个非空的极大边集 $E = \{(u,v,a)\,|\,(u,v,a) \in \mathcal{S}[i], (u \in [u'] \wedge v \in [v']) \vee (u \in [v'] \wedge v \in [u'])\}$，那么 $\mathcal{S}[i]$ 中肯定存在一条边 (u',v',a')，且 a' 是 E 中所有边上权值的聚合结果（聚合函数可由用户指定）。

简而言之，得到时序聚合网络的过程可以分为两步：一是在属性图立方的节点属性表上执行聚合（group-by）操作；二是对属性图立方的每个快照执行聚合操作（如定义 4.5.2 所示）。为方便起见，默认情况下，属性图立方中的时间戳都被设置为一个相同的偏移量，然后被映射到区间 $[1, t_{end}]$ 中（t_{end} 为偏移后的最大时间戳）。算法 4.5.1 展示了原始属性图立方 $\mathcal{G}$ 以聚合模式 A' 来构造时序聚合网络 $\mathcal{G}$ 的流程。关于聚合函数有以下几点需要注意：

（1）本节不考虑 f_v 和 f_e 等于 AVERAGE(*) 的情况，因为 AVERAGE(*) 的结果可以很容易地通过 SUM(*)/COUNT(*) 来计算；

（2）如果 $f_v =$ COUNT(*)，那么数值 1 将会分配给 $A_W(u), u \in \mathcal{V}$，因为在需要计数时，1 是每个节点的正确属性值。如果 $f_e =$ COUNT(*)，那么应给所有边的数字属性赋予相同的值。

显然，时序聚合网络不是属性图立方概要查询的直接结果，因为时序聚合网络包含每个时间戳快照的单独聚合结果，而属性图立方上的概要查询需要获取指定时间范围内的汇总结果。但是与直接在原始的属性图立方上进行查询相比，时序聚合网络可以提供更高效的查询方式。

算法 4.5.1　Temporal Aggregate Network Construction

输入：一个属性图立方 $\mathcal{G} = (\mathcal{V}, \mathcal{S}, A)$，聚合模式 A'，节点权值聚合函数 f_v 和边权聚合函数 f_e。

输出：时序聚合网络 $\mathcal{G}' = (\mathcal{V}', \mathcal{S}', B)$，其中，$B = \{A_i' \mid A_i' \neq *\}$

1. $\mathcal{V}' \leftarrow$ 空集合，令 h 为空哈希表；
2. **for** u **in** $\mathcal{V}$ **do**
3. 　　**if** $h(B(u)) = \text{NULL}$ **then**
4. 　　　$\mathcal{V}' \leftarrow \mathcal{V}' \cup \{u\}$；$B_W(u) \leftarrow A_W(u)$；$h(B(u)) \leftarrow u$；
5. 　　**else**
6. 　　　$u' \leftarrow h(B(u))$；$B_W(u') \leftarrow f_v(B_W(u'), A_W(u))$；
7. $\mathcal{S}' \leftarrow$ 一个含有 $t_{\text{end}} + 1$ 个空元素的快照数组；
8. **for** $i \in [1, t_{\text{end}}]$ **do**
9. 　　$\text{EP} \leftarrow$ 空集合；
10. 　　**foreach** $(u, v, a) \in \mathcal{S}[i]$ **do**
11. 　　　$u' \leftarrow h(B(u))$；$v' \leftarrow h(B(v))$；
12. 　　　**if** $u' > v'$ **then** $u', v' \leftarrow v', u'$；
13. 　　　**if** $(u', v') \notin \text{EP}$ **then**
14. 　　　　$\text{EP} \leftarrow \text{EP} \cup \{(u', v')\}$；$\mathcal{S}'[i] \leftarrow \mathcal{S}'[i] \cup \{(u', v', a)\}$；
15. 　　　**else**
16. 　　　　设 (u', v', a') 为 $\mathcal{S}'[i]$ 中以 u', v' 为节点的边；
17. 　　　　$\mathcal{S}'[i] \leftarrow \mathcal{S}'[i] - \{(u', v', a')\}$；
18. 　　　　$\mathcal{S}'[i] \leftarrow \mathcal{S}'[i] \cup \{(u', v', f_e(a', a))\}$；
19. **return** $\mathcal{G}' \leftarrow (\mathcal{V}', \mathcal{S}', B)$；

定义 4.5.3（维度空间） 给定属性图立方 $\mathcal{G} = (\mathcal{V}, \mathcal{S}, A)$，通过将 A 中的普通属性分解为所有可能的聚合结果，即可得到该属性图立方的维度空间。每种聚合 A' 都代表了维度空间上的一个节点，且对应一个时序聚合网络 $\mathcal{G}'$。

例 4.5.3 图 4-32 展示了基于例 4.5.1 和例 4.5.2 的属性图立方构建的维度空间。该维度空间中的每个节点都代表了属性图立方的一个视图（维度组合）。对于维度空间中任意一条边的两个节点来说，含有更少维度的节点是含有更多维度的节点的祖先。

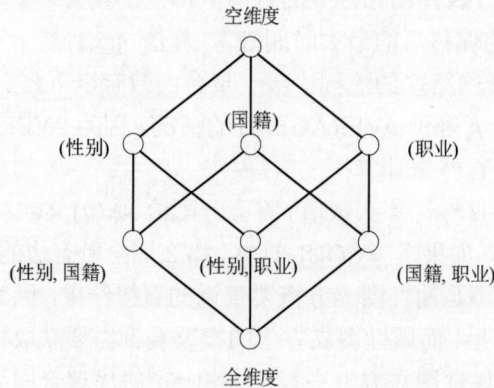

图 4-32　属性图立方的维度空间示例

维度空间中的每个节点都对应了一个时序聚合网络（尽管可能并没有被计算）。对于这些与每个节点对应的时序聚合网络来说，在每个时刻它都包含比后代节点对应的时序聚合网络更粗粒度的信息。在属性图立方的维度空间中，用户可以在指定时间范围内遍历维度空间中的节点，以获得一定时间内原始属性图立方的不同维度的组合汇总信息；用户还可以停留在维度空间中的一些节点上，以便查询不同时间范围内的汇总信息。通过这些方式，用户可以分析不同维度组合下和不同时间范围内的属性图立方的汇总信息，达到决策支持和商业智能等目的。下面将详细介绍这些查询方式。

4.5.1.2　概要查询

定义 4.5.4（时序 cuboid 查询）　时序 cuboid 查询 $Q = (A', [l, r])$ 的参数包括视图（维度组合）$A' = (A_1', A_2', \ldots, A_n')$ 和时间区间 $[l, r]$。其中，Q 是一个能够表达查询结果的静态聚合网络。

例 4.5.4　图 4-33 是一个静态聚合网络，代表了时序 cuboid 查询 $Q = ((性别, *, 职业), [2, 4])$ 的结果［边权的聚合函数为 SUM(*)］。其中，$v_1 = "男，教师"$，$v_2 = "男，店主"$，$v_3 = "男，学生"$，$v_4 = "女，店主"$，$v_5 = "女，律师"$，$v_6 = "女，医生"$。该静态网络中的节点 ID 经过了重新标号，且只有两个普通属性，即性别和职业，其中，每条边上的数值属性为例 4.5.2 中属性图立方在区间 $[2, 4]$ 中的快照的某些边的边权之和。例如，图 4-33 中，(v_2, v_3) 的边权为 31，这是由图 4-31 中位于第 3 天的交易 $(v_4, v_6, 6)$ 和第 4 天的交易 $(v_4, v_5, 20)$、$(v_4, v_6, 5)$ 的交易额求和而来，且图 4-33 中的 v_4 在 (性别, *, 职业) 视图下的属性值为 (男, *, 店主)，而 v_5, v_6 在 (性别, *, 职业) 视图下的属性值均为 (男, *, 学生)。

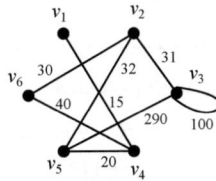

图 4-33　静态聚合网络示例

算法 4.5.2 是在原始属性图立方（维度空间中的全维度）上进行时序 cuboid 查询的基本算法。与算法 4.5.1 相同，算法 4.5.2 首先对原始网络的节点属性表进行聚合。在第 7～15 行中，该算法通过收集这些快照中的所有边，并使用 f_e 对共享相同节点的边的数值属性进行求和，来合并 $[l, r]$ 中的所有快照。然后，在第 17～25 行中，该算法用 h 映射 E' 中所有边的任意两个节点，并用 f_e 计算共享相同映射节点的边的聚合结果，这与算法 4.5.1 在 $\mathcal{G}$ 的每个快照 $\mathcal{S}[i]$ 中的做法类似（算法 4.5.1 第 8～18 行）。

算法 4.5.2　Temporal Cuboid Query

输入：一个属性图立方 $\mathcal{G} = (\mathcal{V}, \mathcal{S}, \mathcal{A})$，聚合模式 A'，时间范围 $[l, r]$，节点权值聚合函数 f_v 和边权聚合函数 f_e。
输出：静态聚合网络 $G = (V, E, B)$，其中，$B = \{A_i' \mid A_i' \neq *\}$。

1.　$V \leftarrow$ 空集合，令 h 为空哈希表;
2.　**for** u **in** $\mathcal{V}$ **do**
3.　　**if** $h(B(u)) = \text{NULL}$ **then**
4.　　　$V \leftarrow V \bigcup \{u\}$; $B_w(u) \leftarrow A_w(u)$; $h(B(u)) \leftarrow u$;
5.　　**else**
6.　　　$u' \leftarrow h(B(u))$; $B_W(u') \leftarrow f_v(B_W(u'), A_W(u))$;

7.　$E' \leftarrow$ 空集合；EP $\leftarrow$ 空集合；

8.　**for** $i \in [l,r]$ **do**

9.　　**foreach** $(u,v,a) \in S[i]$ **do**

10.　　　**if** $(u,v) \notin$ EP **then**

11.　　　　EP $\leftarrow$ EP $\cup \{(u,v)\}$；$E' \leftarrow E' \cup \{(u,v,a)\}$；

12.　　　**else**

13.　　　　设 (u,v,a') 为 E' 中以 u,v 为节点的边；

14.　　　　$E' \leftarrow E' - \{(u,v,a')\}$；

15.　　　　$E' \leftarrow E' \cup \{(u,v,f_e(a',a))\}$；

16. EP $\leftarrow$ 空集合；$E \leftarrow$ 空集合；

17. **foreach** $(u,v,a) \in E'$ **do**

18.　$u' \leftarrow h(B(u))$；$v' \leftarrow h(B(v))$；

19.　**if** $u' > v'$ **then** $u',v' \leftarrow v',u'$；

20.　**if** $(u',v') \notin$ EP **then**

21.　　EP $\leftarrow$ EP $\cup \{(u',v')\}$；$E \leftarrow E \cup \{(u',v',a)\}$；

22.　**else**

23.　　设 (u',v',a') 为 E 中以 u',v' 为节点的边；

24.　　$E \leftarrow E - \{(u',v',a')\}$；

25.　　$E \leftarrow E \cup \{(u',v',f_e(a',a))\}$；

26. **return** $G = (V,E,B)$；

在介绍了时序 cuboid 查询之后，本节将继续介绍属性图立方中的 OLAP 操作，如 roll-up、drill-down、slice-and-dice[5] 等。假设执行一个时序 cuboid 查询 $Q_0 = (A_0,[l,r])$，roll-up 是指进行另一个查询 $Q_1 = (A_1,[l,r])$，其中，A_1 是 A_0 的祖先，该查询能够获得相同时间范围内属性图立方更粗略的汇总信息。Drill-down 是与 roll-up 相反的操作，即通过执行 $Q_2 = (A_2,[l,r])$ 来获得相同时间范围内更精细的汇总信息（其中 A_2 是 A_0 的后代）。而 Slice-and-dice 则是在 Q_0 的结果节点集合中，选择节点的子集并生成诱导子图，来执行相关查询操作。

此外，还可以根据指定的时间范围来进行 roll-up 和 drill-down 操作。一个与时间范围相关的 roll-up 是指进行 $Q_1 = (A_0,[l_1,r_1])$ 查询，其中，$l_1 \leqslant l$，$r_1 \geqslant r$，这样可以在时间轴上获得更粗略的汇总信息。相反，与时间范围有关的 drill-down 是指进行查询 $Q_2 = (A_0,[l_2,r_2])$，其中，$l_2 \geqslant l$，$r_2 \leqslant r$。

4.5.2　属性图立方的索引

在时序 cuboid 查询 $Q = (A',[l,r])$ 的执行过程中，通常需要合并某个特定的属性图立方在时间范围 $[l,r]$ 内的快照，无论 A' 是否预先计算过（见算法 4.5.2 第 8～15 行）。合并某一时间范围内的快照，类似于经典的区间查询问题，即在数值数组 Arr 上执行在线查询 $q = (\text{func},[l,r])$，其中，func 可能是 SUM(*)、AVERAGE(*)、MAX(*)或 MIN(*)中的任意一个，其用于指定 Arr 在 $[l,r]$ 范围内需要统计的结果类型。合并快照集合中的快照可以被视为快照集合的区间查询问题。

4.5.2.1　索引结构

本小节主要介绍如何扩展线段树（STree），以支持对快照集合的区间进行查询［以 $f_e = $ MAX(*)或 MIN(*)为例］，以及向属性图立方添加新边时如何对 Stree 进行维护。对于其他的聚合函数，例如 SUM(*)和 AVERAGE(*)，都可以用类似的方式进行处理。

STree 是一棵完整的二叉树，其维护着一个数组的值。如果数组的长度为 N，那么 STree 的高度为 $\lceil log(N) \rceil$。STree 中的每个节点都保存着数组的一个子范围内的数值统计结果，而 STree 的根维护了整个数组，即 $[1, N]$，其左孩子和右孩子分别维护着 $\left[1, \left\lfloor \dfrac{1+N}{2} \right\rfloor\right]$ 和 $\left[\left\lfloor \dfrac{1+N}{2} \right\rfloor + 1, N\right]$ 范围内的数组，他们平均分割了根节点维护的范围。此外，左孩子和右孩子又都可以被视为其所在子树的根，他们都有自己的左右孩子节点，来平等地分割他们维护的范围。当一个节点维护的范围不能被分割（长度等于 1）时，上述递归过程结束。构建 STree 的时间复杂度是 $O(N)$，空间复杂度也是 $O(N)$，处理一个查询 $Q = (func, [l, r])$ 的时间复杂度是 $O(log(N))$。

与传统的区间查询问题相比，属性图立方的区间查询问题有以下两个不同点：

（1）STree 维护的数组中的元素和 STree 节点中的统计结果都不是数值，而是快照，其中，边的表示形式为 $(u, v, \max, \min)$；

（2）STree 维护的数组范围可能因为插入新的边而扩大。

合并节点的统计信息是建立和查询 STree 的一个基本又频繁的操作，其中，任意两个节点的两个统计结果都可以产生一个新的结果。对于上面提到的第一个差异，只需要用 MergeSnapshot 子程序替换原来对数值的合并操作即可（见算法 4.5.3）。而对于第二个差异，解决方法则是为 STree 设计实时更新函数（见算法 4.5.4）。

4.5.2.2　索引构建与查询

本节省略了为快照集合构建 STree 的详细算法，因为构建 STree 时只需要用 MergeSnapshot 子程序替代数值之间的合并操作即可，该操作如算法 4.5.3 所示。

算法 4.5.3　STreeQuery(treeNode,timel,timer,ans)

输入：待访问的树节点 treeNode；时间范围[timel,timer]；用于接收查询结果的快照 ans

1. **if** 　treeNode=NULL **then return**;
2. **if** 　timel=treeNode.timel $\wedge$ timer=treeNode.timer **then**
3. 　　MergeSnapshot(ans,treeNode.snapshot);
4. 　　**return**;
5. 　mid←(treeNode.timel+treeNode.timer)/2;;
6. **if** timel>mid **then**
7. 　　STreeQuery(treeNode.rchild,timel,timer,ans);
8. **else if** timer≤mid **then**
9. 　　STreeQuery(treeNode.lchild,timel,timer,ans);
10. **else**
11. 　　STreeQuery(treeNode.lchild,timel,mid,ans);

12.　　　STreeQuery(treeNode.rchild,mid+1,timer,ans);

13. 子程序 MergeSnapshot (S_a, S_b)

14. **foreach** $e_b \in S_b$ **do**

15.　　**if** $\exists e_a \in S_a, e_a.u = e_b.u \wedge e_a.v = e_b.v$ **then**

16.　　　$e_a.\text{max} \leftarrow \text{MAX}(e_a.\text{max}, e_b.\text{max})$;

17.　　　$e_a.\text{min} \leftarrow \text{MIN}(e_a.\text{min}, e_b.\text{min})$;

18.　　**else**

19.　　　$S_a \leftarrow S_a \bigcup \{(e_b.u, e_b.v, e_b.\text{max}, e_b.\text{min})\}$;

20. **return**;

　　算法 4.5.3 使用 STree 对快照集合进行区间查询，它与 STree 上的原始查询算法有着相同的流程，但使用 MergeSnapshot 来合并快照。只有在当前分割区间[time,timer]等于当前节点 treeNode 所管理的区间时，快照合并才会发生（算法 4.5.3 中的第 2 行）。

4.5.2.3　索引更新

算法 4.5.4　UpdateSTree(treeNode,timel,timer,ans)

输入：为属性图立方 $\mathcal{G}$ 快照数组构建的 STree，待添加的新边 (u', v', a)，时间戳 t

输出：更新后的 STree STree

1. **while** STree.root.timer<t **do**

2.　　newRoot←一个空 STree 节点;

3.　　newRoot.timel← STree.root.timel;

4.　　newRoot.timer← 2×STree.root.timer+1-STree.root.timel;

5.　　newRoot.lchild← STree.root;

6.　　newRoot.snapshot← STree.root.snapshot;

7.　　STree.root← newRoot;

8. STreeInsertEdge (STree.root, (u', v', t, a)) ;

9. **return** STree;

10. 子程序 STreeInsertEdge (treeNode, $e' = (u', v', t, a)$)

11. MergeSnapshot(treeNode.snapshot, $\{(u', v', a, a)\}$);

12. **if**　treeNode.timel=treeNode.timer **then return**;

13.　mid ← $\left\lfloor \dfrac{\text{treeNode.timel} + \text{treeNode.timer}}{2} \right\rfloor$;

14. **if** $t \leqslant$ mid **then**

15.　**if** treeNode.lchild=NULL **then**

16.　　newNode←一个空 STree 节点;

17.　　treeNode.lchild←newNode;

18.　　newNode.timel←treeNode.timel;

19.　　newNode.timer←mid;

20. STreeInsertEdge(treeNode.lchild, e');

21. **else**

22.　**if** treeNode.rchild=NULL **then**

23.　　newNode←一个空 STree 节点;

24.	treeNode.rchild←newNode;
25.	newNode.timel←mid+1;
26.	newNode.timer←treeNode.timer;
27.	STreeInsertEdge(treeNode.rchild,e');

假设 STree.root.timer 为 STree 中当前最大的时间戳，那么当一条新边 (u,v,t,a) 加入时（ $t >$ STree.root.timer ），需要通过创建新的节点来扩大 STree 所维护的快照集合的范围，并将 STree 的根切换到其中一个新节点上。

假设 $l =$ STree.root.timel ， $r =$ STree.root.timer ，如果 $t > r$ ，那么首先创建一个新的节点 newNode ，其管理的数组范围为 $[l, 2r-l+1]$ ，是 $[l, r]$ 长度的两倍，这样 STree.root 就可以成为 newNode 的一个有效左孩子。然后，令 STree.root 成为 newNode 的左孩子节点。最后，让 newNode 成为 STree 的新根。如果 $[l, 2r-l+1]$ 仍然不能覆盖 t ，那么继续上面的过程，直到 t 被覆盖。更新后的 STree 不是一棵完全的二叉树，因为新根只有一个左子树，这违反了 STree 的基本属性。但是，它可以被视为标准 STree 的一部分，这个标准 STree 可以通过不断添加新的边来补全。

算法 4.5.4 被用来更新 STree。若第 1 行循环中的条件为真，则意味着 STree 当前的根不能覆盖 t ，因此需要创建一个新的根，它的范围比当前根大一倍（第 3～4 行）。在第 6 行中，该算法直接将当前根的快照复制到新的根上，因为在新的边被添加之前，新的根没有可能的右孩子节点。如果候选的新根的范围不能覆盖 t （这几乎不会成立，因为在实际大规模的时序网络中，时间戳的密度通常很大），那么第 1 行的循环继续执行。当 STree.root.timer $\geqslant t$ 为真时，就可以使用 STreeInsertEdge 子程序来更新 STree 了。第 11 行用新的边更新 treeNode 的快照，因为 t 位于 [treeNode.timel, treeNode.timer] 中。在第 15 行和第 22 行中，该算法需要测试左孩子或右孩子是否存在，并创建左孩子（第 16～19 行）或右孩子（第 23～26 行）。

4.5.3　属性图立方的实例化

为了提高查询效率，通常需要预先计算或实例化属性图立方维度空间中的所有或部分视图（将其对应的属性图立方保存到内存中），因为预先计算的视图可以减少概要查询和 OLAP 操作的响应时间。

本节采用了部分实例化的策略，即选择一组需要预先计算的视图，以平衡空间消耗和平均响应时间。视图选择是一个 NP-难问题[6][7][8][9]，即使在普通图的场景中也是一个 NP-难问题[10]。普通属性图可以被视为属性图立方的一个特例（其在属性图立方中只存在一个时间戳）。因此，属性图立方的视图选择问题也是一个 NP-难问题。

基于以上原因，本节采用了一个更简单的方案来选择需要预先计算的视图，即 MinLevel 策略[10]。MinLevel 的想法很简单，即用户更愿意用少量的维度进行查询，因此 $|\dim(A)|$ 在 $Q = (A, [l, r])$ 中很小。在 MinLevel 中， $|\dim(A)| = l_0$ 的视图 A 会成为第一批待选视图（ l_0 是一个经验值）。如果所有具有 l_0 个属性的视图都已被选中，并且所选视图的数量或所选视图所需的总内存大小没有达到上限，那么继续选择具有 $l_0 + 1$ 个属性的视图。

本章参考文献

[1]　HEFLIN J. SWAT Projects—the Lehigh University Benchmark (LUBM)[EB/OL]. (2011-02-15)[2015-01-01]. http://swat.cse.lehigh.edu/projects/lubm.

[2]　HARTMANIS J. Computers and intractability: a guide to the theory of np-completeness (michael r. garey and david s. johnson)[J]. Siam Review, 1982, 24(1): 90.

[3]　TRAN H N, KIM J, HE B. Fast subgraph matching on large graphs using graphics processors[C]//Database Systems for Advanced Applications: 20th International Conference, DASFAA 2015, Hanoi, Vietnam, April 20-23, 2015, Proceedings, Part I 20. Cham: Springer International Publishing, 2015: 299-315.

[4]　HAN W S, LEE J, LEE J H. Turboiso: towards ultrafast and robust subgraph isomorphism search in large graph databases[C]//Proceedings of the 2013 ACM SIGMOD International Conference on Management of Data. New York: ACM, 2013: 337-348.

[5]　CHAUDHURI S, DAYAL U. An overview of data warehousing and olap technology[J]. ACM Sigmod Record, 1997, 26(1): 65-74.

[6]　GRAY J, CHAUDHURI S, BOSWORTH A, et al. Data cube: A relational aggregation operator generalizing group-by, cross-tab, and sub-totals[J]. Data Mining and Knowledge Discovery, 1997, 1(1): 29-53.

[7]　KARLOFF H, MIHAIL M. On the complexity of the view-selection problem[C]//Proceedings of the Eighteenth ACM SIGMOD-SIGACT-SIGART Symposium on Principles of Database Systems. New York: ACM, 1999: 167-173.

[8]　MORFONIOS K, KONAKAS S, IOANNIDIS Y, et al. Rolap implementations of the data cube[J]. ACM Computing Surveys (CSUR), 2007, 39(4): 12-es.

[9]　HARINARAYAN V, RAJARAMAN A, ULLMAN J D. Implementing data cubes efficiently[J]. ACM Sigmod Record, 1996, 25(2): 205-216.

[10] ZHAO P, LI X, XIN D, et al. Graph cube: on warehousing and olap multidimensional networks[C]// Proceedings of the 2011 ACM SIGMOD International Conference on Management of Data. New York: ACM, 2011: 853-864.

第 5 章

图立方的分析引擎

上一章介绍了图立方的查询处理，包括面向原生超图的查询系统、面向时序超图的查询系统和面向图立方的查询优化与复杂查询。除查询处理以外，图立方还需要为图数据的分析提供支持。近年来，图神经网络在分析图结构数据上取得了巨大成功。图神经网络将深度学习与图结构结合起来，通过在图数据上构建神经网络进行分析预测。图神经网络的出现扩展了图算法的研究思路，并在许多应用上取得了突破。然而，要将图神经网络应用于实际场景仍面临挑战，如大规模图数据、异构性和动态变化等。此外，现有工作主要关注神经网络的训练过程和测试集表现，对模型在实际应用中的推理预测关注较少。同时，在应用于 GPU等硬件加速器时，现有工作仍存在硬件资源利用率低下等问题。本章聚焦于图立方的分析引擎，介绍了面向图立方的分析引擎设计、面向图立方分析引擎的软硬件协同优化及面向图立方分析引擎的动态负载均衡技术。其中，图立方的分析引擎对图立方查询系统进行了扩展，设计了一套分布式数据结构和易用的外部接口，以支持图神经网络负载，进而使其成为支持离线训练与在线推理的一站式系统；图立方分析引擎的软硬件协同优化充分考虑了图神经网络的负载特征及 GPU 的硬件特性，大幅优化了用于数据分析的图神经网络的训练性能；图立方分析引擎的动态负载均衡技术则通过具体分析任务的运行时状态，进行运行时的分离式动态迁移，通过增加数据的局部性特征提升了数据分析性能。

5.1 面向图立方的分析引擎设计

本节通过扩展图立方查询系统，搭建了支持图神经网络训练推理的图立方分析引擎，以增强图立方的功能，并在系统层面上支持图神经网络的应用。具体而言，其为大规模图数据设计了分布式内存数据结构和数据采样方法，使用数据并行的方式进行分布式训练，并在RDF 数据模型表示图数据的基础上，实现了对权重图和属性图的支持。该系统会定时检查图数据的变更情况，并根据需要重新训练模型，以保持实时性。为了实现一站式系统，采用了"离线训练+在线推理"的架构方案，保证在后台运行离线训练任务的同时，在线系统也能实时处理用户任务。通过这样的扩展，图立方成为能够支持多种任务的一站式图系统。接下来，将从分布式图数据结构、图采样引擎和模型训练三个角度分别介绍如何对图立方系统进行扩展。

5.1.1 分布式图数据结构

5.1.1.1 图拓扑数据结构

为了支持对图神经网络的训练与推理，在内存中，图立方分析引擎采用键值对的形式，构建了一个对 RDMA 友好的分布式数据结构来存放图拓扑结构，图 5-1 展示了其架构。在系统启动时，图加载模块会对 RDF 数据文件逐行进行读取。值得一提的是，节点类型的信息也被保存为三元组的格式，这类特殊的三元组类似于 (subject, TYPEID, vtype)，其中，TYPEID 为系统中特殊的保留谓语，专门用来表示该三元组存储的节点的类型信息，vtype 为节点的类型。在分布式环境下，图拓扑是按点进行划分的。在读取完所有的数据文件后，系统会根据划分规则将每个节点及其对应的相关数据发送到所属的目标机器上，之后插入内存的键值对中。其中，按点划分采用了哈希的方式。在导入节点数据时，系统通过计算该节点的哈希值，来决定将其节点数据放置在哪台机器上；在引擎执行任务时，会通过相同的哈希函数将节点 ID 输入计算，从而定位节点所在的远端机器。

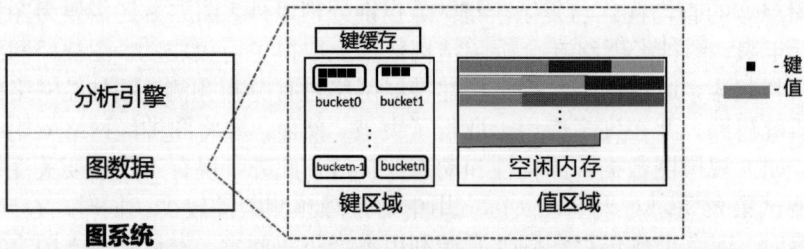

图 5-1　图立方分析引擎内存架构

该系统采用键值分离的方式存放图拓扑，如图 5-1 所示，其内存被划分两部分，分别用来存放键和值。键的部分采用哈希表的结构，降低了数据查找的复杂性；值的部分由于不涉及查找，因此采用了连续放置的方式。基于 RDMA 的特点，该系统还设置了键缓存机制，以此来减少网络通信。在内存中，键的格式为 (subject, predicate, direction)，由于键值分离，因此键中也会记录所对应的值的地址与大小。如图 5-2 所示，该系统中的键值对分为普通键值对与索引键值对两种，比如图中的第一个键值对，它表示 S1 这个节点代表的学生上了哪些课。如果键的谓语为 TYPEID，那么其所对应的值即为该节点的类型。同理，第二个键值对表示 C1 节点代表的课程被哪些学生选中了。第三个键值对则较为特殊，它表示了 S1 节点的类型信息。下方的两个键值对为索引键值对，设置它的目的是通过增加反向冗余信息，方便图查询的快速执行。如果需要找到所有类型为学生的节点，那么系统可以直接查找类型索引键值对，而无须遍历所有普通键值对来搜索哪些节点属于学生这个类型。为了减少不必要的冗余，索引键值对的值全部存放在本地机器节点上，这样就形成了一种按边划分的索引信息数据结构。

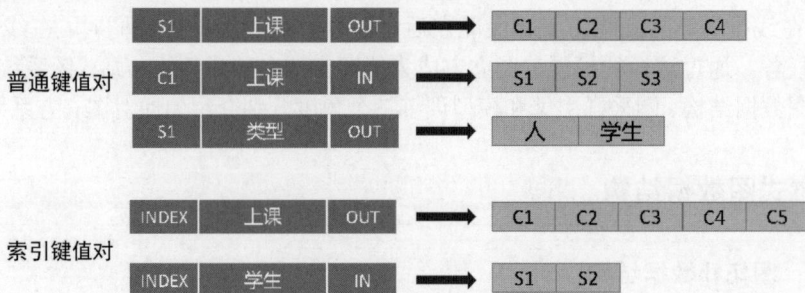

图 5-2　图立方分析引擎键值对数据结构

5.1.1.2　图特征数据结构

由于系统需要面向图数据进行图神经网络训练,因此节点与边之间都需要附加一些属性或特征信息。同样地,为了支持采样操作,节点与边之间还需要存放一些权重信息及其他用于优化采样操作的数据结构。通过拓展分布式图数据结构,可以使其支持更多附加特征,从而满足上层引擎的需求。

实际应用中的图数据,有很多是权重图,即点和边都是带有权重的。由于采样算法中可能会使用权重信息,因此需要在分布式图数据结构上添加对权重图的支持。所以在系统的启动配置中,新增了关于权重图的开关。如果用户配置的导入数据是一个权重图,那么系统在从文件或其他数据接口导入图数据时,就会默认添加节点权重与边权重。在放置权重信息时,系统并没有将权重作为节点或边的一种属性而新增一类键值对,而是直接将权重放置在普通键值对的后面。这样的好处是在进行采样时,引擎只需要通过一次查找就可以获得邻居信息及边的权重信息。如图 5-3 所示,节点的权重信息被放置在节点类型键值对与类型索引键值对的后面,而不同类型边的权重信息和节点邻居键值对放置在一起。为了完成对全局边的采样,系统额外增加了节点对每种类型边的所有邻边的权重和,并放置在边索引键值对的后面。

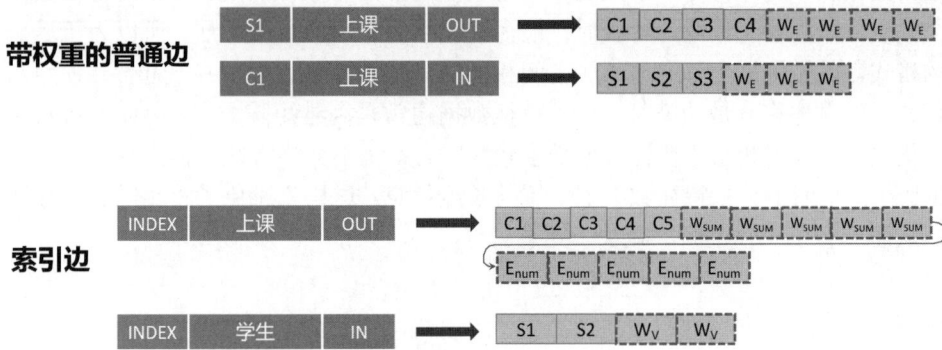

图 5-3　权重图拓展键值对格式

为了加快随机采样的速度,系统增加了额外的数据结构,用来快速地进行节点采样和邻居采样。这里采用了 Alias Table 数据结构来加速采样操作,其可以将采样算法的复杂度从 $O(N^2)$ 降低至 $O(N)$。在进行数据导入时,对于每个邻居键值对,系统会计算出所对应的边权重的 Alias Table,用来加速节点的邻居采样过程;对于每个类型索引键值对,系统会计算出所对应的节点权重的 Alias Table,用来加速全局节点采样过程;对于每个边索引键值对,系统会计算出所对应的节点邻边总权重的 Alias Table,用来加速全局边采样过程。如图 5-4 所示,类似于权重信息的放置方式,系统会将 Alias Table 信息放置在权重信息的后面。因此,对于每个键值对来说,它的值由原始值信息、所对应的权重信息和权重 Alias Table 信息三部分组成。

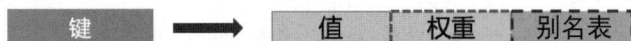

图 5-4　Alias Table 数据结构拓展

在图神经网络的训练数据集中,节点和边往往具有特征数据,因此在系统的分布式图数据结构上增加了点特征属性与边特征属性这两部分。不同的是，由于特征数据包含了长度与类型这两个元数据信息，因此在导入数据时，系统会记录每种特征的元数据；在查询特征数据时，需要根据元数据信息进行查找。如图 5-5 所示，边特征的键值对格式与普通键值对格式类似，其只需要将谓语 ID 换为特征 ID，而方向则固定为 OUT；点特征与普通键值对基本相同。在这里，系统针对点特征做了一个小优化，即当系统导入节点特征数据并判断其特征长度较小时，系统会直接将数据存在键中，而不需要再分配值空间。

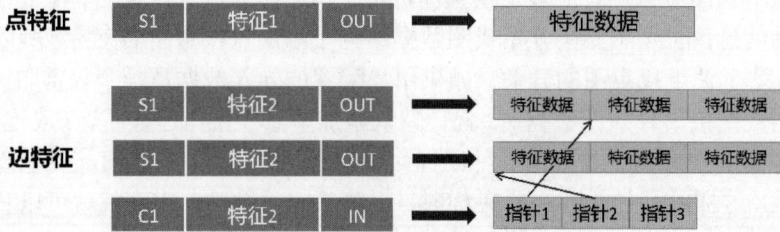

图 5-5 特征拓展键值对格式

边特征的数据结构与点特征稍有不同。系统会将一个三元组的 OUT 与 IN 这两个方向同时记录在图拓扑中，并将每个节点的相同边类型的邻居存放在一起。在设计特征数据结构时有一个假设，即当系统读取边特征时，很多情况下会先读取点的邻居，所以为了尽可能不修改键的格式，需要将每个节点与邻居之间相同类型边的特征也存放在一起，并使用与邻居节点数组相同的顺序来存放边特征。由于特征数据通常是高维矩阵数据，因此系统对边特征做了一个优化，即当判断出边特征数据长度较大时，系统不会将特征数据本身直接放在值空间中，而是在值空间中记录特征数据的位置与长度信息，这样就避免了将相同的特征数据存储两份，从而节省了内存空间，减少了冗余。

5.1.2 分布式图采样引擎

图 5-6 展示了图立方分析引擎及任务调度的架构。该系统向用户提供了控制台接口，用户可以在控制台通过输入指令来执行任务。该系统根据机器的线程数配置了多个调度引擎。控制台上显示的 Proxy 线程在接收到指令后，会将指令解析为查询或其他任务，这些任务会通过通信模块被分配到任一调度引擎的任务队列中。当调度引擎调度到这个任务时，就会将其从队列中取出，并根据任务类型交给特定的执行引擎进行处理。例如，在执行图查询时，当调度引擎发现任务类型为 SPARQL Query 时，就会将该任务发送给 SPARQL 查询引擎去执行，并在执行结束后将结果返回给 Proxy 线程，其再将结果显示在控制台中或持久化存储。

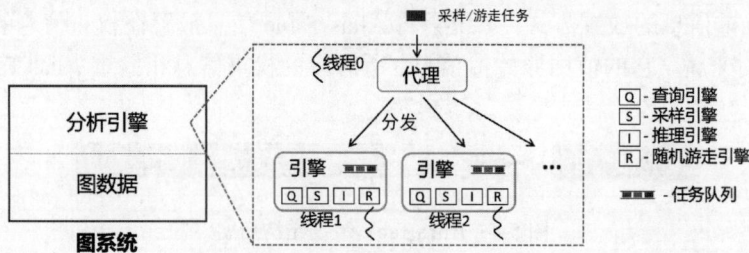

图 5-6 图立方分析引擎及任务调度架构

在系统中，原有的执行引擎包括支持 SPARQL 查询的查询引擎、支持图计算的分析引擎、支持动态图迭代的 RDF 引擎以及后续拓展了的采样引擎与推理引擎。

5.1.2.1　采样引擎接口

由于面向的场景是大规模图数据，因此图神经网络的全图训练无法在单机上进行，而在分布式图上进行全图训练又涉及对计算图的切割，这会导致实现上的困难及性能上的问题。所以目前业界采用的方案基本上是通过接口采样一部分点和边的数据，然后以小批量样本的方式进行分布式训练。图 5-7（a）展示了一个完整的图数据，其无邻居采样如图 5-7（b）所示。而 GraphSAGE 算法提出了有邻居采样的方法，即在每跳消息聚合时，只选取固定个数的邻居，形成小批量样本，如图 5-7（c）所示。相比于图 5-7（b）所示的无邻居采样样本，这种采样方法能显著减少样本数量，在保证模型准确度的同时，大幅度提高了神经网络的训练速度。

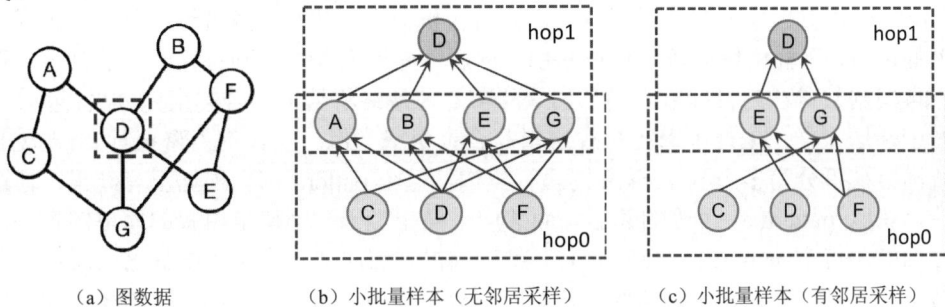

（a）图数据　　　　　（b）小批量样本（无邻居采样）　　　　（c）小批量样本（有邻居采样）

图 5-7　小批量采样下的网络结构

使用小批量采样的方式，第一个好处就是可以通过数据并行的方式，将全图数据拆分为多个小批量数据，并分发到多台机器上进行训练，最后同步参数梯度，这样可以很好地处理大规模图数据，同时保持良好的可扩展性；第二个好处就是由于小批量样本数据量较小，因此可以更快地进行计算迭代，从而在大多数情况下提升模型的收敛速度。通过调整小批量样本的大小，使模型的训练变得更加灵活，而且在训练时可以通过调整该参数，来达到最佳的训练收敛速度。

对于中间结果，由于底层消息通信使用的 RDMA 对负载大小并不敏感，因此图查询执行过程的中间结果采用了一种简单易操作的类表格的数据结构，其每一行都代表了一条满足查询条件的数据。然而，这种中间结果格式导致数据中存在着大量的冗余。具体来说，如果邻居采样也遵循这种格式，那么随着每一跳查找到大量邻居，采样起始节点将会以指数的形式重复出现多次，从而导致中间结果浪费了大量内存。此外，在将结果传给训练引擎后，表格式的中间结果并不易于执行图操作，训练引擎还需要重新构造每一跳的邻接矩阵，才可以进行消息传递聚集操作。

针对这个问题，采样引擎对中间结果进行了重新设计。对于调用最频繁的邻居采样，在每一跳采样到邻居节点后，中间结果都会记录上一跳的每个节点采样到的由所有邻居节点 ID 形成的邻接列表。之后，引擎再对所有涉及的邻居节点去重，并将其作为本跳全部节点，用于接下来的采样操作。这种设计能避免大量的冗余操作，而且每一跳的邻接列表在传递给训练引擎后，可以直接用于消息传递聚集操作。对于全局节点采样，中间结果只需要维护一个节点列表；对于边采样，采样引擎可以指定结果的数据格式，即用户可以根据应用需求选择稀疏矩阵行压缩（Compressed Sparse Row，CSR）格式或遵循原来的方式将中间结果记录为多个二元组；对于随机游走采样，由于其结果的形式就是一条游走链路，因此不存在冗余的问题，依然可以按照原先的方式将每一行记录为一条链路。

5.1.2.2　采样引擎执行逻辑

对于全局节点采样，采样引擎会查询图数据结构中的类型索引键值对。由于是全局采样，索引键值对被切分在所有机器上，因此需要将任务切分为多个子任务，然后发送到每台机器上分别执行。例如，随机采样 100 个学生类型的节点，采样引擎会将任务分为多个子任务并分发到所有机器上，每台机器的采样引擎都查找学生类型的索引键值对，然后根据权重采样固定个数的节点，最后将结果回传给父任务机器完成采样任务。

对于全局边采样，采样引擎会利用图数据结构中的谓语索引键值对。类似于全局节点采样，全局边也要被划分为多个子任务发送到每台机器上去执行。当系统需要随机采样一些特定类型的边时，采样引擎会访问谓语索引，然后根据权重采样得到目标节点的列表及采样边数量，再根据数量访问目标节点的邻居采样节点，最终将结果聚合起来完成采样任务。

对于邻居采样，采样引擎的执行逻辑与查询引擎类似。在查询引擎执行 SPARQL 查询时，查询会被拆分为多个 pattern 分别执行查询，每个 pattern 都会根据已有结果，通过查询图拓扑，获取 pattern 中谓语的邻居。而邻居采样相当于一个特定模式的简单图查询，在这个图查询中，每个 pattern 都会根据上一跳查询得到邻居节点，然后根据这一跳的谓语查询邻居节点。不同于全局采样只需要在初始时切分子任务，邻居采样每一跳采样到的邻居节点都分布在不同机器上，所以每一跳都需要进行子任务的切分。

采样引擎在执行采样任务时，可以充分利用 RDMA 技术的特性，来优化任务执行的性能。在每跳邻居采样时，采样引擎都可以选择两种执行模式，分别是 fork-join 执行与 in-place 执行。图 5-8 中展示了这两种执行模式的示意图，其中，fork-join 执行模式采用原本的切分子任务的方式，将查询得到的邻居节点按照所属机器划分切割成子任务，但与之前不同的是，引擎可以直接使用 RDMA-Write 原语将子任务直接写进目标机器的任务队列，使目标机器可以直接调度执行；in-place 模式使用的是 RDMA-Read 原语，当采样引擎需要获取的邻居节点不在本地时，引擎可以直接使用 RDMA-Read 读取远端机器内存中的图数据结构而不需要通过该机器的 CPU 和操作系统。

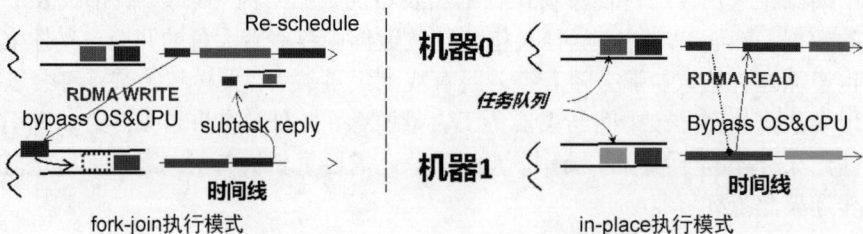

图 5-8　fork-join 执行模式和 in-place 执行模式示意图

在引擎工作过程中，需要根据当前的中间结果来选择执行模式。由于 RDMA 发包的延迟不受负载大小的影响，因此做决策时需要考虑的就是尽可能地减少 RDMA 发包的次数。对于 fork-join 执行模式，被划分的子任务数量等同于机器的数量，即 RDMA-Write 通信的次数；

而对于 in-place 执行模式，RDMA 通信的次数等同于所需远端节点的个数。所以，在执行时，引擎会对两种模式所需的通信次数进行比较，并使用启发式的阈值来决定模式的切换时机。

针对一次邻居采样操作，如果引擎只需要从远端机器获取很小一部分节点，那么引擎将会使用 in-place 执行模式从远端直接使用 RDMA-Read 读取图数据结构。而如果一次邻居采样需要获取许多节点的邻居，那么引擎将会使用 fork-join 执行模式，将采样任务按照机器划分为多个子任务，再发送到远端机器异步执行，然后等待结果回传。值得注意的是，当子任务被分发到远端机器后，依然有可能在执行的过程中按照 fork-join 执行模式被切分为多个子任务，而所有这些子任务都是异步执行的，彼此不会互相影响。

5.1.3　图神经网络训练与推理引擎

5.1.3.1　基于现有深度学习框架的训练引擎

神经网络的训练涉及正向计算传播与反向梯度求导两个过程。在正向传播时，神经网络根据定义好的计算操作，使用用户提供的训练样本数据逐层进行计算，针对最后一层网络计算出的结果，使用损失函数（loss function）计算出 loss，然后再从反方向对计算过程中的每个操作数进行连续求导算出梯度，最终根据梯度优化神经网络中的模型参数。开发者为了省去反向求导的代码部分，通常会使用深度学习框架进行神经网络设计，因为深度学习框架会定义一系列计算操作符，神经网络使用这些操作符进行计算，在计算出 loss 之后，框架可以自动完成反向求导的过程。目前，图神经网络的相关工作（例如 DGL[1]、PyG[2]）都在底层使用了现有的深度学习框架，进行自动反向求导。

本节提到的系统，使用了现有的神经网络框架 Tensorflow[3]，其提供了自定义操作符的拓展功能，同时其训练引擎定义了有关小批量采样样本的获取操作符及特征数据获取操作符，通过使用这些自定义的操作符，可以在训练时获取训练样本数据。当样本数据返回时，Tensorflow 会继续在本机上执行神经网络的计算逻辑，在计算出 loss 后自动反向求导梯度。

当训练引擎获取到训练数据后，会使用操作符来执行图神经网络计算，此举参考了 DGL 系统的接口，其通过抽象出消息聚集接口，来完成图神经网络的 AGGREGATE 与 COMBINE 操作，图 5-9 展示了这两种接口的计算模型。用户可以通过实现 AGGREGATE 函数和 COMBINE 函数，来设计图神经网络算法的计算过程。

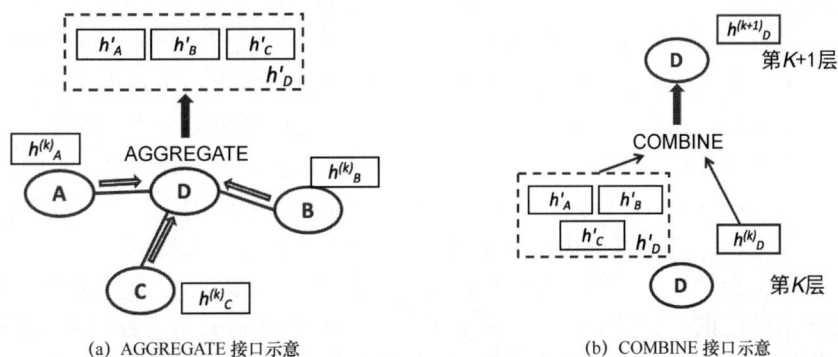

(a) AGGREGATE 接口示意　　　　　　　　　　(b) COMBINE 接口示意

图 5-9　AGGREGATE/COMBINE 计算模型

（1）AGGREGATE：描述了神经网络中聚集邻域节点信息的操作。对于每个节点，AGGREGATE 函数会将其所有邻域节点 h 在经过处理后收集到一个中间消息数组中，如图 5-9（a）所示。AGGREGATE 函数类似于传统神经网络中的卷积操作，其节点通过这个操作收集邻域节点的信息。在经典的图卷积神经网络（Graph Convolutional Networks，GCN）中，AGGREGATE 函数的操作就是简单地将邻居节点的特征复制到一个数组中。在不同的图神经网络算法中，AGGREGATE 函数也有所不同，因此不同的算法应用不同的方式聚集邻居信息，比如按元素求平均、最大池化、注意力机制等。

（2）COMBINE：在收集到所有邻居的信息后，COMBINE 函数描述了如何使用邻居节点的信息更新本节点的特征数据，其会将 AGGREGATE 函数生成的中间消息数组与节点原有的特征 h^k 映射到下一轮节点的特征数据 $h^{(k+1)}$ 上，如图 5-9（b）所示。在不同的神经网络算法中，COMBINE 函数可能被定义为求和、求平均、取最大值等不同操作。在经典的 GCN[5] 算法中，COMBINE 函数的操作是求和。

目前，训练引擎已经支持了一部分算法的执行，例如，根据 AGGREGATE 与 COMBINE 抽象接口，这里简单地实现了 GCN[5]、GAT[6]、GraphSAGE[4] 等图神经网络。训练引擎还支持 DeepWalk[7]、Node2Vec[8] 这类无监督图学习算法，通过这些算法可以训练出节点的特征数据，并保存在系统中，以便被下游应用复用。

5.1.3.2　训练引擎与图系统之间的通信交互

原有的图立方查询系统只对用户提供了控制台接口，并没有提供可供客户端调用的服务器接口。而训练引擎一般执行的是定期的离线任务，其中，大部分是使用 Python 语言编写的脚本程序，其并不会与系统一同启动，而是在需要执行训练任务时才启动，因此仅在任务执行结束后，才会释放所使用的计算或内存资源，这就需要系统提供可被外部程序调用的接口。因此，在图立方查询系统上扩展了服务器接口，并支持动态的客户端接入。

由于系统内部使用 RDMA 进行通信，而 RDMA 使用的内存是在系统启动时就要进行注册的，因此离线的训练引擎和系统需要使用 TCP 协议进行通信。所以，在系统上扩展了客户端，使图系统在启动时会预先分配客户端使用的 TCP 端口，而客户端在启动时会配置所使用的端口，并给系统中的 Proxy 线程发送 TCP 包。这样一来，原有系统中的 Proxy 线程也会被分为两部分，一部分专门用来接收 Client 的请求，另一部分接受控制台的请求，这些请求在数量上的分配在图系统启动前就会进行配置，一般只需要留出一个 Proxy 来接受控制台请求就可以满足需求。

当训练引擎执行训练任务，需要从采样引擎获取采样数据时，训练引擎会调用编译好的 Tensorflow 操作符来扩展库中自定义的操作符函数，其会根据接口需求构建一个采样任务，并使用客户端提供的接口向图系统发送打包好的任务，而图系统中负责接收外部客户端任务的 Proxy 在接收到任务后，会将任务发送到调度引擎等待执行。当任务执行结束后，调度引擎会将执行结果返回 Proxy，Proxy 再将其发送回客户端，至此操作符计算逻辑结束，训练引擎就可以使用返回的结果数据执行神经网络计算了。在这里，系统做了一个优化，即当引擎执行完任务后，会根据任务的 ClientID 属性进行判断，如果 ClientID 不为 0，那么代表该任务是由客户端发送的，引擎可以直接使用 TCP 网络进行通信并将任务结果返回给客户端，而不需要再返回给 Proxy，这样就减少了一次网络通信及序列化的开销，降低了任务延迟。图 5-10 展示了训练引擎客户端与图系统之间的通信过程。

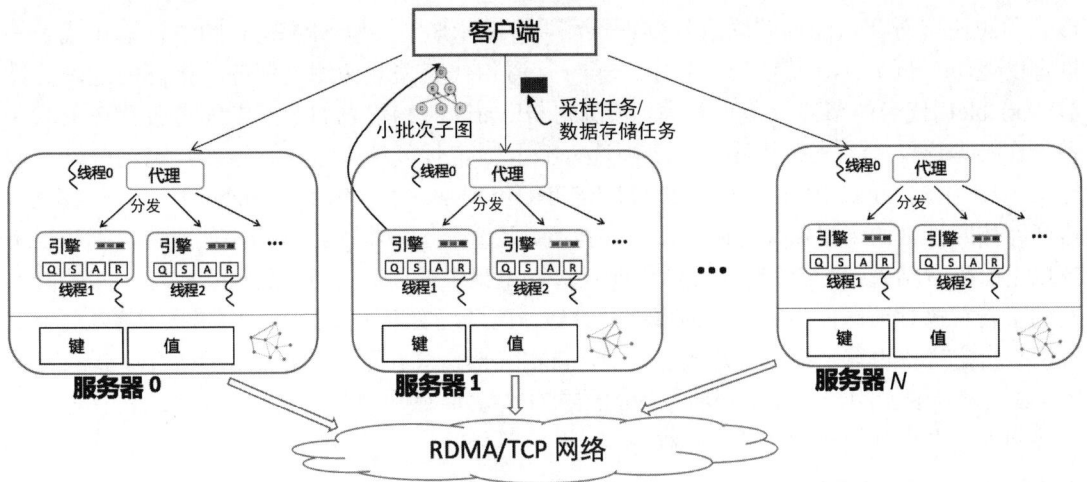

图 5-10　训练引擎与图系统之间的通信过程

为了应对大规模图数据的训练场景，图系统采用了业界普遍使用的数据并行方式，并使用了经典的 ParameterServer 架构[9]，通过分布式机器学习来完成训练任务。由于训练引擎的底层使用了 Tensorflow 框架，而 Tensorflow 框架包含支持分布式机器学习的模块，因此系统使用了 Tensorflow 的 ParameterServer 组件来进行参数同步。在每轮迭代经过前向计算和反向传播计算出参数梯度后，每台机器的训练引擎都会将本机器的参数梯度发送给单独的参数服务器进程，而参数服务器会将所有机器计算得到的梯度聚集起来，统一对模型进行同步更新，之后再将更新后的模型回传给每台机器，用来进行下一轮的迭代计算。分布式机器学习的架构如图 5-11 所示。

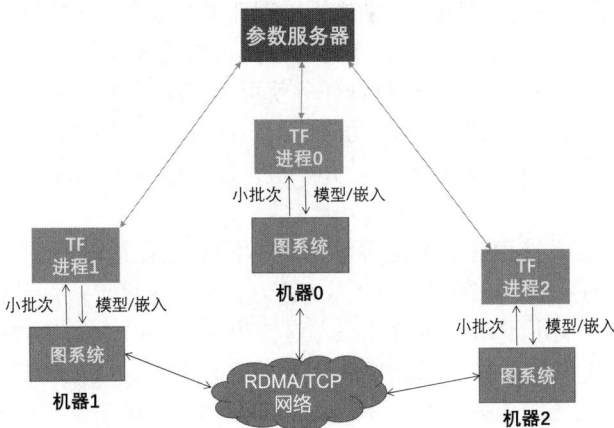

图 5-11　分布式机器学习架构

5.1.3.3　推理引擎接口与调度

在图立方查询系统中，如果用户想要执行一个图查询任务，那么用户需要在控制台执行 SPARQL 指令，并指定查询语句的脚本文件。新增加的推理任务在执行过程中，也会仿照系统的原有设计，通过编写命令语句来定义推理任务。推理任务命令格式如算法 5.1.1 所示，其中，INFER 代表了这是一项推理任务，EDGE/VERTEX 表示这项推理任务是对节点进行推理预测还是对节点间的关联进行推理预测，WHERE 中类似 SPARQL 的条件语句代表了推理的逻辑。例如，在算法 5.1.1 中，第一行语句代表关联预测的任务，推理的逻辑为针对[variable1]代表的节点或节点列表，预测它与[variable2]代表的节点之间是否存在关联关系。在推理语法中还支持排序、阈值筛选、截取固定长度结果这三种操作，它们分别对应算法 5.1.1 中的 DESCENT/ASCENT、THRESHOLD[value]、LIMIT[number]这三个关键字。排序即按照推理的结果值进行降序或升序排列，阈值筛选即根据给定的阈值只保留阈值以上或以下的所有结果，截取固定长度结果即只选取结果中的前面几行。推理逻辑之后的 USING关键字表示执行推理任务所使用的算法及参数。该系统实现了几种经典的图推理算法，也支持用户自定义推理算法的执行逻辑，其中，自定义接口会在下面的章节进行介绍。最后可选的 AS 关键字表示用户可以选择将推理的结果作为属性存回到图数据结构中，或暂存在中间结果中以便之后其他类型任务的执行。

算法 5.1.1　图推理任务命令格式

1. **INFER** EDGE/VERTEX **in** *G* **WHERE** {
2. 　　variable1 EDGE_TYPE variable2//链路预测
3. 　　variable TYPEID VERTEX_TYPE//实体分类
4. 　　**[DESCENT/ASCENT]** [**LIMIT** number] [**THRESHOLD** value]
5. }
6. **USING** algo:name(algo:parameter)
7. **AS** {feature_id/variable [,…]}

用户通过控制台调用推理指令后，系统会根据命令脚本的内容，新建推理任务并发送给调度引擎，其会将任务分配给推理引擎来执行，待任务执行结束后，结果将会被返回给控制台，以便展示给用户或持久化存储在文件中。单独执行推理任务的缺点在于推理任务中的 variable 节点需要用户自己手动指定常量。因此，系统支持将不同类型的任务串联起来成为组合式任务，并将任务逻辑写在一个脚本文件中，这样推理任务就可以使用查询任务得到的结果进行推理计算了。这种组合式任务可以丰富推理引擎的功能场景，而且也可以对任务执行之间的衔接段进行相应的优化，从而在减少数据传输的同时，并行执行没有依赖关系的任务，进一步提升系统运行效率。

为了使用户可以自定义推理任务使用算法的逻辑，提高系统的扩展性，本节设计了一个关于 InferenceProgram 的抽象。在这个抽象中，定义了 5 个计算阶段，分别对应着 5 个用户自定义函数接口，表 5-1 展示了这些接口代码。这 5 个接口函数中的参数统一为任务中间结果指针，即用户可以从中间结果中获取计算所需要的节点数据，或在计算结束后将结果合并到中间结果中并返回给系统。其中，在 InitMiniBatch 函数中，用户从中间结果中获取需要执行图神经网络计算的节点，并根据神经网络算法的不同定义采样任务。例如在 GraphSage[4]算法中，需要生成一个两跳的邻居采样任务，那么该函数会自动将任务发送给采样引擎来执行，待任务执行结束后会将结果发送回推理引擎并继续执行下一阶段的逻辑；InitData 函数的语义即获取待计算节点的特征或嵌入数据；Encode 函数描述的过程即为使用获取到的邻居节点及特征数据进行图卷积计算，得到最终的节点嵌入；Decode 函数即为图卷积之后的一些后续操作，例如根据节点的嵌入得到其类别或用嵌入进行相似度计算等；SaveResult 函数的作用很直观，就是将推理结果保存到中间结果并返回给用户或由下一阶段任务进行使用。

表 5-1　InferenceProgram 接口代码

序　号	接　口	序　号	接　口
1	void InitMiniBatch(Result* result)	4	void Decode(Result* result)
2	void InitData(Result* result)	5	void SaveResult(Result* result)
3	void Encode(Result* result)		

在 InferenceProgram 基类中，还包含了许多供用户在定义推理逻辑时使用的帮助函数，例如获取节点特征数据、边特征数据、聚集邻居特征数据等图神经网络中经常会使用到的操作，这些具体的接口列表由于篇幅所限在此不全部进行展示。如果用户需要拓展自定义的图神经网络推理算法逻辑，那么需要自定义子类并继承 InferenceProgram 类，同时在 5 个自定义函数中描述其推理算法逻辑。

在推理引擎接收到推理任务后，会初始化推理任务所对应的 InferenceProgram 类。如果推理任务是在一个组合式任务中，那么调度引擎会先将上一任务执行的结果加载到 InferenceProgram 中，以便进行处理。初始化结束后，推理引擎会逐步执行计算逻辑，如果推理任务执行的过程中涉及邻居采样操作或特征数据获取操作，那么 InferenceProgram 会根据用户的需求自动向采样引擎发送请求，并将推理任务挂起，等到采样引擎执行结束将结果返回后，推理任务才会继续执行下一阶段的操作。

在推理任务的执行逻辑中，该系统也做了一些调度上的处理。例如，在一个组合式任务中，上一阶段任务执行的中间结果可能是分布式保存在各台机器上的，那么当调度引擎观察到这种情况时，就会选择是将结果收集到一台机器上执行还是将推理任务分发到所有机器上执行。分布式执行的好处有两个，一是避免了中间结果的传输，如果在之后需要获取特征数据，那么由于中间结果根据节点所在机器进行了划分，具有天然的局部性，因此可以减少特征数据获取所带来的通信开销；二是分布式执行相当于使用多台机器的计算资源来执行单个计算任务，这无疑会降低任务执行的延迟。

5.2　面向图立方分析引擎的软硬件协同优化

5.2.1　图神经网络采样训练问题分析

图立方分析引擎建立了一个高效的图神经网络系统，来支持基于采样的图神经网络的训练与推理。在利用 GPU 对系统进行进一步优化时，我们发现现有方法存在 GPU 内存竞争问题和缓存效率问题。接下来，首先介绍目前常见的图采样训练流程，然后分析这些问题。

5.2.1.1　基于 GPU 的图神经网络采样训练流程

采样训练通常由许多次迭代训练组成，其中，每次迭代都由三个计算步骤组成，即采样（Sample）、提取（Extract）和训练（Train），这样的计算模式称为 SET 计算模式。采样步骤是从训练集中选出一小部分节点，并从这些节点出发，在图拓扑上进行多跳的采样，最后得到一个子图。提取步骤则根据采样步骤得到的子图，从原图的所有节点特征数据中提取子图中涉及的节点的特征数据。这些特征数据与子图一起组成一个 mini-batch。最后，训练步骤则利用 mini-batch 的子图与特征数据进行逐层计算，其中，每一层计算都涵盖了 AGGREGATE 和 COMBINE 等操作。经过上述的采样、提取和训练，便完成了一次完整的采样迭代训练。

图神经网络常用 GPU 进行加速。然而，原始图数据往往很大，无法完全存入大小受限的 GPU 内存，因此大多数的系统都将原始图数据存放在机器主存中，由 CPU 来进行采样和提取步骤，再将采样结果（即子图拓扑结构数据和子图节点特征数据）复制到 GPU 中，由 GPU 来负责训练步骤。在这种模式下，训练计算的时间占比变得相对较少，而 CPU 采样及从机器主存到 GPU 内存的数据复制则成了系统的主要性能瓶颈，进而导致 GPU 利用率的严重下降。在多 GPU 训练的场景下，由于 CPU 的计算资源并没有增加，但多个 GPU 又会同时竞争 PCIe 有限的带宽，因此该问题会更加严重。

针对上述问题，相关研究提出了两种优化方法，来加速采样步骤和提取步骤。这两种方法分别是 GPU 采样计算和 GPU 节点特征数据缓存。GPU 采样计算将图拓扑结构存放在 GPU 中，通过利用 GPU 的大算力与高带宽内存来提升采样速度；而 GPU 节点特征数据缓存则将出度较大的节点的特征数据缓存到 GPU 中，从而减少从主存到 GPU 的数据复制量。在实际实验中，这两种优化方法均可以带来很好的性能提升。然而，上述两种优化方法在同时使用时并不能带来期望的性能提升。下文将对采样训练进行更加深入的分析，以尝试找出上述问题出现的原因。

5.2.1.2　GPU 内存使用竞争

融合上述两种优化方法的最直接手段是分时复用，即同一个 GPU 依次执行采样步骤、提取步骤和训练步骤。然而，GPU 的内存通常都比较小（例如 16GB），难以完全存放采样训练需要的所有图拓扑和节点特征。虽然 GPU 的内存可以完全存放绝大多数的拓扑结构数据，但是这会很大地挤占节点特征缓存可用的 GPU 内存空间。

由于提取步骤的时间与节点特征数据的缓存比例有很强的正相关性，因此当使用 GPU 完成采样计算之后，GPU 特征数据缓存优化带来的性能提升就变得很小了。如图 5-12 所示，当缓存的数据量减少之后，缓存命中率下降导致提取步骤的时间变为了原先的 2.19 倍，甚至比训练计算的时间还要长。在图拓扑结构数据和节点特征数据会变得越来越大的趋势下，该问题将变得更加严重。如图 5-13 所示，当数据集的节点特征数据维度增加到 600 时，缓存比例下降将进一步导致更严重的命中率下降问题。

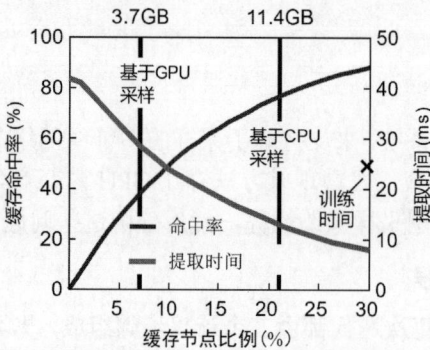

图 5-12　缓存命中率、提取时间在 OGB-Papers 数据集中随缓存节点比例变化关系图

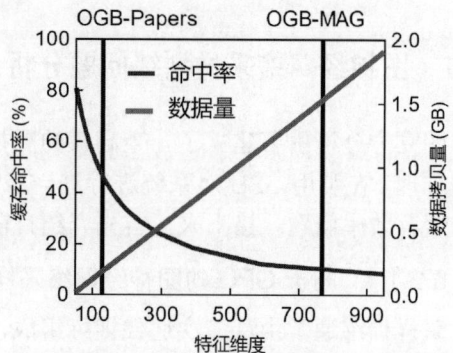

图 5-13　缓存命中率、数据拷贝量在 OGB-Papers 数据集中随特征维度变化关系图

5.2.1.3　低效率的缓存

静态缓存的命中率不仅取决于缓存大小，也取决于缓存策略。目前常见的缓存策略只有基于节点出度的策略，其假设图数据集具有幂律分布（power-law），并且还假设出度越大的节点被采样的概率越高。因此，该缓存策略会尽可能缓存出度大的节点特征数据。

然而，在实际测试中，如图 5-14 和图 5-15 所示，基于节点出度的缓存策略和理想的最优策略之间存在着较大的差距。在缓存节点比例较小的情况下，两者之间的差距会更加明显，这是由以下两方面原因造成的。

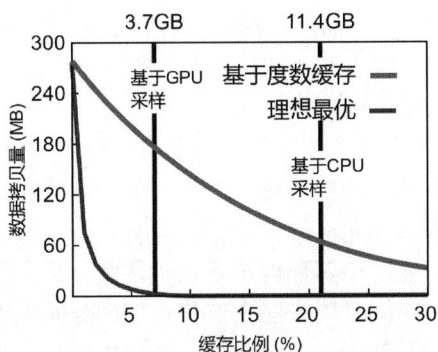

图 5-14　基于节点出度的缓存策略和理想最优缓　　　图 5-15　基于节点出度的缓存策略和理想最优缓
存策略的数据复制量随缓存节点比例变化图　　　　　　策略的数据复制量随缓存节点比例变化图

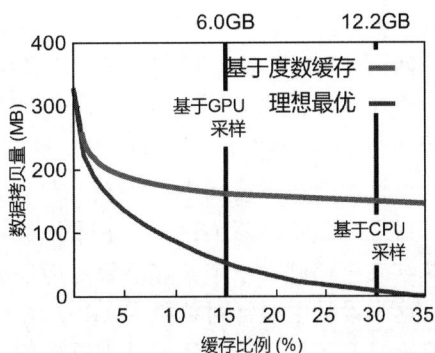

第一，不是所有的图数据集都具有明显的幂律分布现象，如论文引用图和网页链接图。此外，采样计算只会以训练集节点作为起始点，这些训练集节点通常只占总节点的一小部分，并且采样计算只会采样这些节点的少量几跳邻居。然而，基于节点出度的缓存策略将数据集的所有节点都纳入了考虑范围，并没有根据采样训练的实际情况来区分对待不同的节点。如图 5-14 所示，基于节点出度的缓存策略比理想最优策略最多需要额外复制 69 倍的节点特征数据，因此其仍有很大的提升空间。

第二，基于节点出度的缓存策略并未考虑采样算法的节点访问模式，但不同采样算法的节点访问模式会有很大的区别。例如，带权重的图数据可能会改变选择邻居的概率，但这是被现有的缓存策略忽视的。在 Twitter[10]数据集上采用邻居权重采样算法时，节点代表用户，节点的权重代表用户的注册时间，这意味着注册时间越晚的用户越有可能被采样到，因此权重采样算法会更偏向于选择新的节点，而不是出度大的节点。如图 5-15 所示，尽管 Twitter数据集具有较为明显的幂律分布现象，但在使用权重采样算法时，基于节点出度的缓存策略与理想最优策略之间仍存在着较大的性能差距。

5.2.2　空分复用训练方法

5.2.2.1　架构设计

虽然同一个迭代训练中的不同计算步骤（采样、提取、训练）之间可能具有很差的数据局部性，但是它们之间只会传递和共享相对较少的数据。如在 OGB-Papers 数据集[11]的训练中，各阶段之间需要传递的数据仅为子图拓扑结构数据（9.1MB）和子图节点特征数据（277MB），这些数据约占 2%的 GPU 内存空间。相反，不同迭代训练的同一个计算步骤却共享着大量数据，这意味着跨迭代训练具有很强的数据局部性。例如，OGB-Papers 数据集的原图的拓扑结构数据和节点特征数据的缓存占据了超过 64%的 GPU 内存空间（10.1GB），这两个数据分别被不同迭代训练的采样步骤和提取步骤共享。这说明采样训练方案更应该关注跨迭代训练的数据局部性，而不是同一个迭代训练内的数据局部性；采样训练应该采用计算步骤层面的空间复用训练方法，而不是迭代训练内的各计算步骤分时复用的训练方法。在空间复用中，每个处理器只负责一种计算任务，因此空间复用训练方法能够高效地利用 GPU 的内存空间，防止不同计算步骤的 GPU 内存使用冲突，进而增加用于缓存节点特征的 GPU 内存空间，有效降低数据复制开销，使系统能够同时充分发挥 GPU 采样计算和 GPU 节点特征数据缓存两项优化方法的性能，从而解决采样训练面临的主要问题。

受到 factored 操作系统[12]的启发，图立方训练引擎提出了基于计算任务划分的设计方法。其主要设计思想在于将 SET 计算模式的每个计算步骤（采样、提取和训练）分别放在专用的处理器上（CPU 或者 GPU），使每个专用处理器只负责单个计算步骤的计算任务，并能够将计算结果传递到下一个计算步骤对应的处理器上，然后由其他处理器负责剩余计算步骤的计算。这一设计主要针对单机多 GPU 场景，其利用空间复用方法来取代传统的分时复用方法，显著提升了采样训练的整体训练性能。图 5-16 是基于计算任务划分的架构示例，其在一个有着 2 个 8 核 CPU 和 8 个 GPU 的机器上，由系统分配 2 个采样线程、6 个提取线程和 6 个训练线程到不同的处理器，分别完成采样、提取和训练计算。

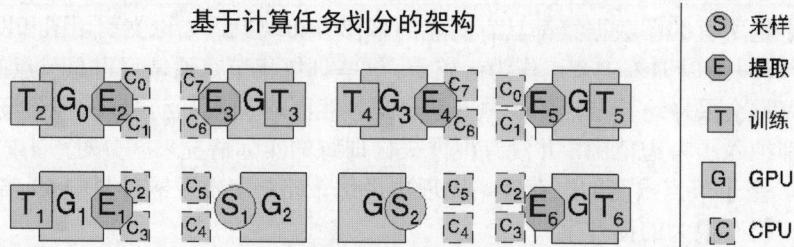

图 5-16　基于计算任务划分的架构示例

基于计算任务划分的设计方法能够天然地减少不同计算步骤对 GPU 内存的使用竞争。具体来说，系统将图的拓扑结构数据和节点特征数据缓存到不同的 GPU 内存中，使得系统可以利用更多的 GPU 内存来分别存放更大的拓扑结构数据和更多的节点特征数据。这样的设计给采样训练带来了两大优势：

（1）不需要进行数据换入换出，就能够直接支持更大的图拓扑结构数据的采样计算；

（2）可以使用更多的 GPU 内存来缓存更多的节点特征数据，以提高缓存的命中率、减少数据的复制量，同时缩短提取操作的时间。

采样训练现有的两种优化方法的本质都是将计算任务和数据复制放到 GPU 上，通过 GPU 强大的并行计算能力和内存访问带宽来提升采样训练的整体性能。由于 CPU 上仅保留了少量的计算和复制任务，因此 CPU 不再成为整个系统的性能瓶颈。然而，基于计算任务划分的设计方法有可能会导致 GPU 的计算负载不均衡问题。由于采样和训练的计算逻辑不同,因此采样和训练通常会有着不一样的计算负载。在一些特殊情况下,采样步骤和训练步骤的计算时间可能会有 10 倍以上的差距(PinSAGE 模型[13])。此外,随着图数据集、采样算法、训练模型都变得越来越多样化,采样训练很难保证采样步骤和训练步骤有着固定的计算负载,所以固定的划分方案显然无法满足变化多样的采样训练场景。而且,不同型号的 GPU 算力也不一样,当更换训练的硬件环境时,已有的划分方案在新的硬件环境下很有可能无法达到负载均衡。计算负载不均衡将会导致某些 GPU 长期处于空闲的状态,从而造成资源浪费。因此,系统需要灵活地分配合适数量的 GPU 给不同的计算任务,使得不同计算任务的吞吐量相对均匀,进而使整个采样训练能够高效进行。在某些场景下,系统还需要 GPU 能够动态切换计算任务,以防止 GPU 一直处于空闲状态,例如,在采样步骤远快于训练步骤的场景下,负责采样步骤的 GPU 在完成所有采样任务后,可以切换到训练计算任务,进而加快整个采样训练的过程。

5.2.2.2 最优 GPU 划分策略

图立方训练引擎需要能够制定最优的 GPU 划分策略,使系统能够根据实际的采样训练场景分配合适数量的采样进程和训练进程,从而尽可能地实现各处理器上的计算负载均衡,以便所有 GPU 都能拥有较高的利用率。给定一个图神经网络采样训练的任务,用户很难直观地判断应该分配多少数量的采样进程和训练进程。但是在实际的采样训练计算中,系统中各个计算步骤的性能(计算时间)是十分稳定的。首先,对于采样进程来说,同一个采样算法的输入(mini-batch 的节点)和输出(子图拓扑结构数据,samples)通常是十分规整并且高度相似的,这使得不同迭代训练的采样步骤时间几乎是相同的。其次,不同迭代训练的训练步骤时间也几乎是相同的。由于系统使用了 GPU 节点特征数据缓存的优化方法,从机器主存到 GPU 内存的数据复制量变少了,在使用了流水线机制后,提取步骤的时间很容易被训练步骤的时间所隐藏,因此,对于整个采样训练进程来说,只需要考虑训练步骤花费的时间。在经过了采样计算后,训练步骤的输入(子图拓扑结构)变得规整,数量大小也变得比较固定,因此在使用这些规整的、大小比较固定的数据来进行训练计算时,不同 GPU 的训练计算性能波动也会很小。最后,采样进程和训练进程都是异步执行的,不存在同步交互,因此同步的影响可以忽略不计。这些现象使得系统可以根据图神经网络采样训练任务各步骤的时间统计情况,来分配采样进程和训练进程的数量,从而尽可能地提高所有 GPU 的总体利用率。

给定一个图神经网络采样训练任务,假设采样进程和训练进程处理完一个迭代训练(mini-batch)的时间分别为 T_s 和 T_t,这两个时间是在正式采样训练前通过数次简单的采样训练而统计得到的。采样进程的最优分配数量 N_s 可以用 $\dfrac{T_t}{T_s} = K$ 与 $\left\lceil \dfrac{N_g}{K+1} \right\rceil = N_s$ 来进行计算,其中,K 是训练步骤时间与采样步骤时间的比值,N_g 是 GPU 总数。那么,$N_t = N_g - N_s$ 就是训练进程的最优分配数量。对采样进程数量 N_s 的计算采用了取上界的操作,这意味着系统更偏向于将 GPU 资源分配给采样进程。这是因为从采样进程到训练进程的临时切换过程比较灵活方便,反之则不行。在进行采样计算之前,采样进程需要花费大约几秒的时间将原图的拓扑结构数据复制到 GPU 内存中。然而,训练进程却可以快速开始提取步骤和训练步骤的计算任务,虽然在通常情况下,训练进程会在进行计算之前复制节点特征数据并缓存到 GPU 内存中，但是节点特征数据缓存只会影响计算的性能，并不会阻碍计算的执行。而且，在没有节点特征数据缓存的情况下，训练进程也能够执行提取步骤和训练步骤的计算任务。因此，系统会优先分配 GPU 资源给采样进程，而采样 GPU 的内存空间会优先用于采样计算任务，剩余空间则用于缓存少量的节点特征数据（大部分空间被原图的拓扑结构数据占用）。当采样进程的计算任务过早结束时，空闲的采样 GPU 资源可以快速切换，以便执行训练进程的计算任务。

对于任何采样训练任务，上述的分配策略总是能得到最优的 GPU 分配方案。然而，在某些场景下，GPU 资源的静态分配无法获得最好的采样训练性能。例如，在采样进程和训练进程的负载极度不均衡（采样时间远小于训练时间）、可用 GPU 数量较少（2 个或者 3 个）的情况下，系统仍然要分配 GPU 给采样进程，此时，无论如何分配 GPU 资源，采样 GPU 总会处于长期空闲的状态，进而造成资源浪费。

针对上述问题，系统提出了计算任务动态切换的方法，即在采样进程完成当前训练周期（epoch）内的所有迭代训练（mini-batch）的采样任务后，系统会将采样 GPU 的采样进程切换成训练进程，以进行提取步骤和训练步骤，直到所有迭代训练的训练任务完成，再切换回采样进程，进行下一个训练周期的采样任务。由于从采样进程到训练进程的切换是临时性的，因此原图的拓扑结构数据必须常驻在采样进程的 GPU 内存中，否则在进行下一个训练周期的采样计算时，系统还需要重新载入原图拓扑结构数据，从而产生过多的额外开销。基于此，采样 GPU 中可用于进行节点缓存的内存空间会变得比较少。为了能够实现快速地计算任务切换，系统会在采样 GPU 进行采样进程的同时，启动一个待定的训练进程。在进行计算任务切换时，待定训练进程能够快速地接替采样进程的工作，直接从全局队列中获取任务并执行提取步骤和训练步骤，从而避免了进程启动的额外开销。图 5-17 是计算任务动态切换的示例。

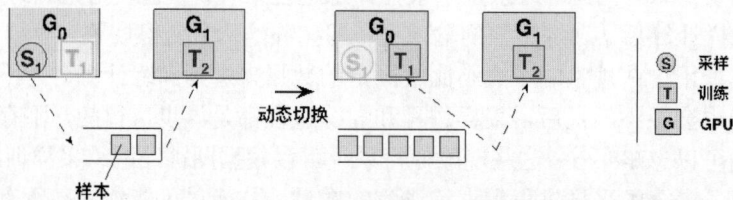

图 5-17　计算任务动态切换示例

为了确定何时进行切换，系统还会检查全局队列的剩余任务量，并通过式（5-3-1）来计算切换的收益。

$$\mathcal{P} = \begin{cases} \dfrac{M_r \times T_t}{N_t} - T_{t'}, & \text{if } N_t > 0 \\ +\infty, & \text{if } N_t = 0 \end{cases} \quad (5\text{-}3\text{-}1)$$

其中，M_r 表示全局队列的剩余任务量；T_t 是普通训练进程处理一个 mini-batch 的计算时间，$T_{t'}$ 是待定训练进程处理一个 mini-batch 的计算时间，由于待定训练进程只能利用较少的节点特征数据缓存，因此 $T_{t'}$ 通常大于 T_t；$\mathcal{P}$ 表示进行计算任务动态切换的收益，其说明了在普通训练进程完成所有的计算任务之前，待定训练进程是否能够完成至少一个计算任务。当且仅当切换收益 $\mathcal{P}$ 大于 0 时，系统会唤醒待定训练进程来进行切换。当只有一个 GPU 时，静态 GPU 分配方法不会分配普通训练进程，即 $N_t = 0$，此时如果不进行计算任务动态切换，那么训练将无法完成，因此将 $N_t = 0$ 时的切换收益设置为无限大，从而使得系统总会切换待定训练进程来完成训练的计算任务。值得注意的是，每次从全局队列获取任务之前，待定训练进程都需要重新计算当前的切换收益，以判断切换是否继续进行。

虽然该方法是针对单机多 GPU 的场景而设计的，但是在单 GPU 的场景下，该方法同样能够进行高效的计算。单 GPU 的采样训练可以视为计算任务动态切换的一个特例，即系统在单个 GPU 中同时启动采样进程和待定训练进程，对于每个训练周期（epoch），采样进程都会先完成这个训练周期内的所有采样任务，并把所有结果存放到全局队列中。然后，系统切换到待定训练进程来执行提取步骤和训练步骤。需要注意的是，系统将一个训练周期内的所有采样结果都存放到了全局队列中，由于采样结果主要是比较小的子图拓扑结构数据，因此这样的方法并不会占用过多的机器主存。本书对不同数据集和模型进行了测试，发现全局队列的最高内存占用量仅为 1.4GB（最低 200MB），这是令人可以接受的。

5.2.3　预采样缓存策略

由于基于节点出度的缓存策略并不具有很好的通用性，其在缓存效率方面与理想最优缓存策略之间还存在着较大的差距，因此还需要探索更加通用、更加高效的缓存策略。

在进行采样训练时，不同迭代过程（mini-batch）对节点的访问模式是十分相似的。这里测试了不同数据集和不同采样算法下的节点访问相似度，以训练周期（epoch）作为粒度进行了统计。比较两个训练周期内节点访问相似度的方法是：将每个训练周期内访问的节点按照访问频率从高到低进行排序，然后选取每个训练周期内访问频率最高的前 10% 的节点（记为 U）进行比较，计算不同训练周期内 U 集合中相同节点数量占 U 集合节点总数的比例，并将其作为训练周期之间的节点访问相似度。实验结果如表 5-2 所示，在不同数据集和不同采样算法下，训练周期之间均具有很好的节点访问相似度，其平均相似性甚至超过了 75%，这说明采样训练对节点的访问具有一定的规律。

表 5-2　不同数据集和不同采样算法下训练周期之间的节点访问相似性

采样算法	数据集			
	OGB-Products	Twitter	OGB-Papers	UK-2006
3 跳邻居随机采样	73.97%	78.89%	91.29%	77.46%
随机游走	78.16%	72.68%	87.14%	64.40%
3 跳邻居权重采样	77.69%	66.64%	89.57%	72.96%

根据上述实验结果，这里提出了预采样缓存策略。预采样缓存策略的主要思想是在真正的采样训练开始之前，先进行 K 个"训练周期"的采样步骤，并统计在 K 个周期内每个节点的访问频率，最后根据节点的访问频率来选择节点进行缓存，其中，访问频率越高的节点，缓存优先级就越高。注意，虽然预采样需要执行 K 个"训练周期"的采样步骤，但是在这些"训练周期"内，系统只需要进行采样步骤，而不需要进行提取步骤和训练步骤，因为在采样步骤结束时，系统就已经知道训练需要访问哪些节点了。此外，当 K 的取值比较小（$K \leqslant 2$）时，预采样缓存策略也能够比较准确地反应采样训练的节点访问规律。由于预采样计算通常

只需要执行少于 2 个 "训练周期" 的采样步骤，而后续真正的采样训练通常需要进行数百个训练周期，因此预采样缓存策略引入的额外开销相对较小，所以其是一种切实可行的缓存方案。

相比于之前的缓存策略，预采样缓存策略兼顾了通用性和缓存效率。预采样缓存策略不需要根据具体的图数据集和采样算法来人为地设计和调整缓存策略，对于任何类型的图数据集和采样算法，其都能够通过预采样计算来找到节点的访问规律，并根据节点的访问频率来模拟节点的访问概率，因此能够贴切地反映采样训练的实际节点访问需求，这说明预采样缓存策略既具有通用性也具有高效性。此外，由于预采样计算引入的额外开销比较小，因此预采样计算不需要采用离线预处理的模式，而是在采样训练开始之前，根据具体的数据集和算法实时地进行，这同样说明了预采样缓存策略的通用性。

5.3　面向图立方分析引擎的动态负载均衡技术

图立方需要通过深度优先、广度优先、随机游走等图遍历查询操作（又称 traversal query 或 graph-walking）来对图数据进行分析，如电子支付领域中的欺诈事件监测[14]、社交网络中的用户画像[15][16][17]、知识图谱中的知识查询[18][19]和智慧城市中的城市监测[20]等。然而，基于图立方的分布式图处理系统在执行图遍历查询操作时，普遍存在数据局部性差的问题，其根本原因在于一次查找需要遍历多跳的图节点，而这些节点很难以一种合适的方式预先存储到一台机器中。尤其近年来，随着高速网络（如 RDMA）的出现，分布式图处理系统的性能获得了大幅提升[92]，因此数据局部性变差会显著影响分布式图数据处理和分析的性能。

一种典型的提升数据局部性的方法是采用一个最优的划分策略，把一个查询所需要的所有的点划分到一台机器中。但该方案存在三个缺陷：第一，找到最优的图划分策略是 NP-hard 的，即很难快速计算出这样一个策略，即使是现有方案（如 METIS[24]）也需要一定的计算量和时间才能算出相对较优的图划分方案。第二，一个查询所涉及的图的点是动态变化的，这意味着对一个查询适合的图划分方案并不一定适用于另一个查询。第三，该方案需要大量的内存来记录划分方案，即每个点所在的机器（位置），当图规模变大时，单机器就很难存储所有点的位置了，这会进一步造成存储/查询的性能开销过大。

数据动态迁移是另一种重要的提升数据局部性的方法，其在数据库和分布式系统的研究领域中被广泛地研究与应用[21][22][23]。然而，传统的基于分片（sharding）的数据动态迁移方法无法在大幅提升图查询和遍历的局部性的同时，维护少量内存中存储的图的元数据（即每个点存储在哪台服务器中），其仅能维护少量称为 w/o META 的元数据。因此，本小节提出了一种分离式的数据迁移方法以满足上述两个需求。

5.3.1　图数据迁移概述

为了解决传统数据动态迁移方法在提升图遍历查询操作中的数据局部性方面的问题，本节设计了一种名为 "Split Live Migration" 的分离式动态迁移方法，以优化分布式图系统的查询和遍历操作。首先将介绍系统的基本架构，即如何存储图并对图进行查询；然后简要介绍在此基础上设计实现的图数据分离式动态迁移方法。

1．Split Live Migration 的基本架构

和典型分布式图数据库一样，Split Live Migration 将图数据存储在分布式键值存储（key-value store）结构中，如图 5-18 所示。其中，key-value 按邻接表的方式进行组织，即 key 是图节点的 ID，key 所对应 value 存储了相邻节点的 ID。为了避免维护每个图节点的位置信息，即实现 w/o META，Split Live Migration 会在初始阶段采用随机方法将 key 划分到各机器中。在运行时，系统会采用动态迁移的方法对划分进行调整，以提升数据的局部性。

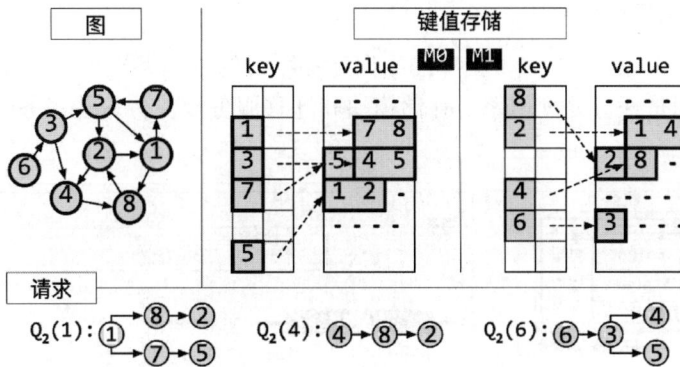

图 5-18　采用分布式键值存储存储图数据

2．基于 RDMA 的快速键值读取

键值读取操作（GET）的性能直接影响了图系统的查询速度，而 RDMA 可以用来对该操作进行加速。RDMA 是一种高带宽与低时延的数据中心网络技术，其提供了远端内存读/写功能，使服务器网卡可以绕过处理器直接读/写内存（该功能通常称为单边操作，即 one-sided RDMA）。Split Live Migration 使用 RDMA 单边操作加速对键值对的读取，如图 5-19（a）所示。首先，查询机器会根据哈希（H(key)）算出 key 所存取的节点；然后，查询机器使用 RDMA 遍历该机器的内存索引，以找到 key 对应的 value 所存取的具体位置；最后，查询机器根据 value 的具体位置，使用 RDMA 将 value 的值写回内存。当通过哈希值得出需要存取的当前机器（即查询机器）时，就可以使用本地内存对 key 和 value 进行读取了，从而实现利用数据局部性提升系统性能。

3．分离式迁移的基本思想

分离式迁移的基本思想是将键值对中的键与值的迁移过程分离开，即键不做迁移，一直存储在它的初始（随机划分）位置，而值会根据负载进行动态迁移，以提升整体图数据的局部性。这样，系统就不需要额外的元数据来记录动态迁移后的 key 需要访问的机器的新位置了。图 5-19（b）展示了 Split Live Migration 对局部性提升的效果。其中，迁移前，对一个非本地的键值进行访问，一台机器（M0）需要两次 RDMA 网络请求才能读回 value；而迁移后，仅需一次便可完成读取。

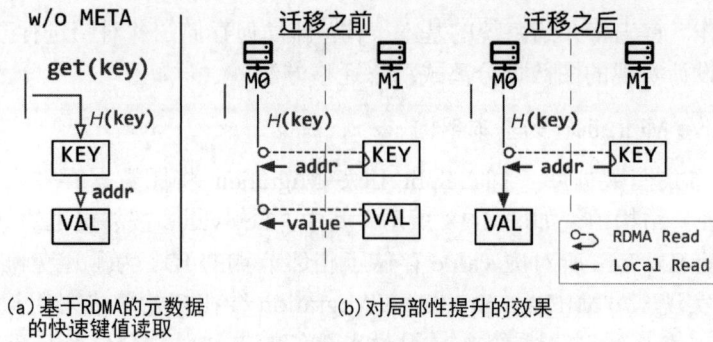

(a) 基于RDMA的元数据　　　　(b) 对局部性提升的效果
的快速键值读取

图 5-19 Split Live Migration 的基本原理

4．迁移组件与工作流程

图 5-20 展示了面向分布式数据库的数据迁移系统的总体架构，其中每一台服务器都由三部分组成，分别是任务处理引擎、存储模块和迁移服务模块。这些服务器通过 RDMA 网络进行连接。

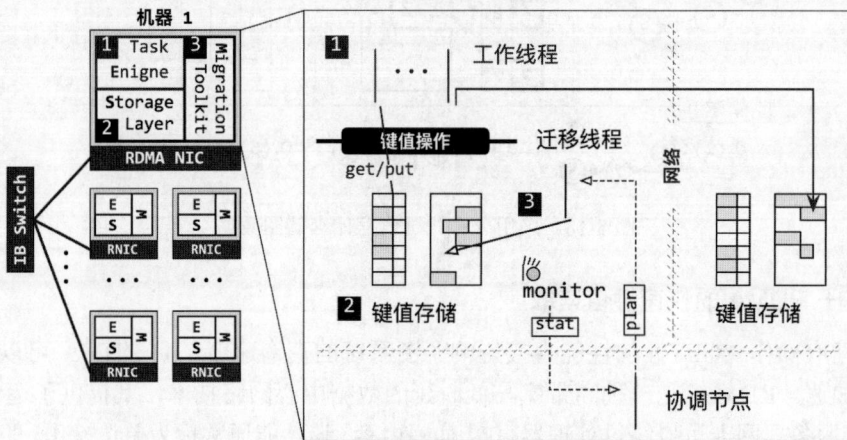

图 5-20　面向分布式数据库的数据迁移系统总体架构

每个任务处理引擎都有一个工作线程负责执行图遍历查询请求，其绑定了一个 CPU 处理器内核以提高性能。该工作线程有一个任务队列，客户端负责将例如由键值对的 GET 操作组成的图遍历查询请求发送到该任务队列中，然后工作线程处理任务队列中的请求。存储模块实现了前文描述的基于 RDMA 的键值存储。而迁移服务模块由三部分组成，即数据访问监测器、中心协调机器和迁移线程。其中，数据访问监测器负责收集统计数据，中心协调机器负责制定迁移计划，而迁移线程负责执行迁移计划。

Split Live Migration 通过中心协调机器接收来自数据访问监测器的访问情况统计结果，并基于具体的迁移策略与数据访问情况统计结果制定迁移计划。本节主要介绍迁移机制的设计方案，迁移策略的设计与选择不在本节介绍范围内。目前，Split Live Migration 采用了一种简单的基于阈值的迁移策略，第 5.3.2.3 节对其进行了详细描述。

Split Live Migration 的数据迁移工作流程基于中心协调器架构来实现。在每台服务器上，数据访问监测器都会监控工作线程对存储模块中数据的访问情况（上层图应用对远端数据的访问频率），这些访问数据由中心协调机器定期收集并用以计算新的图迁移策略。若中心协调机器决定迁移数据，则会向工作线程发送请求，要求工作线程执行数据迁移操作。在图数据迁移的过程中，工作线程仍可正常执行图处理请求，具体的数据迁移方法将在下一节进行介绍。

5.3.2　图数据迁移设计与实现

5.3.2.1　分离式动态迁移的基本协议

1．分离式迁移的数据结构

为了支持高效地图动态迁移，分离式迁移采取如图 5-21 所示的数据结构，该结构以哈希表的形式存储 key 对应的值的位置信息（地址及大小）。其中，值的位置信息用 addr 来表示，其大小为 64bit，可以有效支持原子修改，如 CPU 和 RDMA 的 atomic-compare-and-swap 操作。

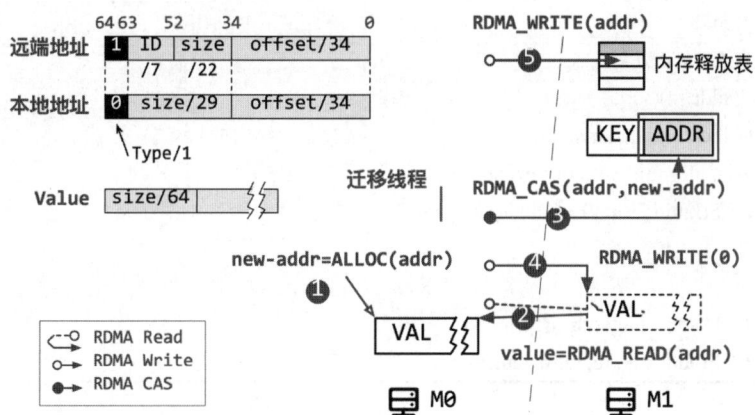

图 5-21　分离式数据迁移的数据结构

根据值所存储的机器位置，addr 可分为两种，即本地地址和远端地址。本地地址指的是值所存储的机器和键所在的机器一致，远端则不一致。因此，addr 采用了一种混合的地址编码设计方式，即有区别地编码本地地址和远端地址。如图 5-21 的右上角所示，addr 的最高位用来区分本地与远端地址。对于本地地址，其余比特位中的 29 位用来编码值的大小，34 位用来编码值的地址，这样对于单台服务器来说，可以存储的键值对的值的大小可以到 4GB。对于远端地址，仍然用 34 位来编码地址，但用 7 位来编码远端机器编号，只用剩下的 22 位来编码值的大小，因此其最大支持由 128 台机器组成的集群及大小为 32MB 的可迁移键值对。虽然可迁移的值的大小被限制为不超过 32MB，但实际应用中一般不会对很大的键值对进行迁移，并且较大的键值对也可以划分为小的键值对进行存储，因此这样的限制是可接受的。

2．单方数据迁移协议

传统数据迁移系统基于数据块（shard）这一粒度进行迁移。假设 shard 从机器 A 迁移至机器 B，则称机器 A 为源机器，机器 B 为目标机器。整个迁移过程由源机器的工作线程与目标机器的工作线程协作完成（称为双方协议）。由于每个 shard 都会包含较多数据，因此该设计能有效利用网络资源（即网络带宽）。然而，Split Live Migration 的目标是支持以图节点为粒度的数据迁移，在这种情况下，每次迁移的数据很难被有效聚合到 shard 中，这意味着源机器与目标机器的工作线程会浪费大量处理器资源来处理数据迁移请求，从而影响迁移过程中的数据处理速度。

在采用了上节描述的数据结构后，只需要迁移键的具体数据，并修改键所对应的 addr 即可完成对键值对的迁移。在此基础上，本节介绍了一种单方面的数据迁移协议，其充分利用了 RDMA 单边操作绕过处理器读/写内存的特性，由目标机器单方面地进行数据迁移。这样，源机器可以不受影响地并发读/写图数据（即使该数据仍在迁移中）。具体迁移协议如算法 5.3.1 所示。给定一个要迁移的键值对，目标机器使用 key 的信息将 value 迁移至本地，具体步骤如下：

算法 5.3.1　MIGRATE(key)

输入：时序超图节点的 key，该算法将节点的数据迁移至 MIGRATE 执行的机器中

1. Retry:
2. 　kmid=H(key).mid
3. 　addr=LOOKUP(kmid,key)
4. 　buf=ALLOC(addr.sz)
5. 　new_addr={1,local_mid,addr.sz,buf}
6. 　RDMA_READ(addr.mid,buf,addr.off,addr.sz)
7. 　**if** !RDMA_CAS(kmid,H(key).off,addr,new_addr)
8. 　　**goto** Retry
9. 　zero=0
10. 　RDMA_WRITE(addr.mid,addr.off,zero,8)
11. 　RDMA_WRITE(addr.mid,reclaim,addr,8)

首先，目标机器上的工作线程为迁移至该机器的键值对分配空间（第 2～5 行）。为了获得值的具体大小，它采用了和 GET 操作类似的方式，对需要迁移的值的位置信息进行读取，即先算出 key 所在的机器（kmid），再通过 kmid 和 key 查找到源机器的地址（addr），最后根据 addr 中的大小信息即可获得值的大小。有了值的大小后，系统便会分配相应的内存（buf），用以存储未来迁移至源机器的值。当内存分配完后，目标机器可同时根据 buf、自身机器 ID（local_mid）和值的大小生成新的 key 对应的值的地址（new_addr）。

其次，迁移线程通过一次 RDMA 单边读操作将 key 对应的值读取到本地（第 6 行）。需要注意的是，这里的值所在的机器 addr.mid 可能和键所在的机器 kmid 不一样，因为在本次数据迁移之前，该数据已经发生了一次迁移。

最后，迁移线程更新 key 所存储的 addr（第 7～8 行）。为了确保并发读取的原子性，迁移线程通过一次 RDMA Atomic Compare-And-Swap 操作对 addr 进行更新，即网卡会先判断 key 所对应的地址是否仍为 addr，若是则更新为 new_addr，否则重试整个迁移操作，即退回到第 1 行。重试前，新分配的 buf 会被释放以避免内存浪费，这是由于 key 所对应的 addr 在发生修改（如键值对被 PUT 操作修改）时，大小可能发生变化，因此旧的 buf 大小可能

会与值需要空间的大小不一致。

相比于传统双向迁移协议，单方数据迁移协议能够充分利用 RDMA 网络的特性提升性能和灵活性。由于 RDMA 的单边操作绕过了 CPU，因此单方数据迁移协议只需要一台服务器（即目标机器）参与，这节省了处理器资源并减少了工作线程对 CPU 的干扰。然而，单边操作一次只会读取一个键值对，对网络带宽的利用较低，第 5.3.2.4 节会介绍如何通过流水线（pipeline）的方法，提升单方数据迁移协议的性能。

3．内存回收方法

当数据迁移完成后，系统需要释放源机器存储的值的内存以节省系统资源。由于 RDMA 引入了新的操作语义，因此单方数据迁移协议下释放目标机器的内存需要解决以下三个问题。第一，如何标记源机器上用于存储值数据的旧内存空间失效。在数据迁移时，工作线程仍能并发地通过本地内存或者 RDMA 操作访问键值对，而 RDMA 绕过了源机器，源机器是不感知的，这意味着即使迁移已经完成，某些工作线程仍在使用旧的 addr 访问数据。第二，源机器如何及时释放旧的值对应的内存空间。不释放内存显然会造成系统内存资源的浪费，但是过早地释放内存会导致一个使用 addr 的工作线程读取到一个无效的地址（被释放的内存），进而造成系统崩溃。第三，RDMA 语义存在限制，迁移线程无法仅借助 RDMA 就完成数据迁移工作，但是借助源机器的 CPU 又会带来额外的处理器资源占用，因此内存回收过程需要最小化其对源机器 CPU 的使用。

针对第一个问题，Split Live Migration 采用了一种被动失效机制，使得使用旧 addr 访问键值对的工作线程可以检测出读取的值是旧值。具体来说，每个值数据前都存储了一个 32bit 的标志信息 size，即值的大小。当值前面存储的 size 与位置信息中解析到的 size 一致时，才认为这个值数据是有效的，否则，工作线程会重试。这样，当目标机器完成数据迁移后，它就可以通过将 size 清零，来通知并发访问的工作线程 addr 的失效，算法 5.3.1 的第 8～9 行对该操作进行了描述。

针对第二个问题，Split Live Migration 采用了一种基于租约（lease）的空间释放机制，来确保内存释放的安全性。具体而言，释放内存和访问内存的线程都遵守一个约定好的租期，即在租期内，该内存可以被安全地访问（即不会被释放），而释放内存线程只有在租约过后才会生效。

针对第三个问题，在租约的基础上，目标机器异步通知源机器，并使源机器以批量的方式完成内存释放。其中，异步释放可以高效地由单边 RDMA 操作来实现，其不占用源机器处理器的资源，而源机器的批量回收又进一步降低了单次内存释放操作的 CPU 占用。具体方法如算法 5.3.1 中的第 11 行所示。源机器维护了一张内存释放表（reclaim table），如图 5-21 所示，其组织方式为环形缓冲区（ring buffer），这种设计的好处是通知操作可以由一次 RDMA 单边写操作来实现[12]。基于内存释放表，源机器的内存释放线程可以定期扫描并且按照批量的方式释放内存，最大化地减少对 CPU 的干扰（未在伪代码中展示），从而使内存释放对性能的影响可以忽略不计。

5.3.2.2　完全局部的图数据迁移

第 5.3.2.1 节介绍了基本的分离式数据迁移策略，该策略通过固定键的位置来节省元数据的内存存储开销。但该策略的问题是最多只能消除一次远端内存访问的开销，即系统仍然需要一次网络操作来对 key 进行查找。因此该策略在数据迁移后，性能仍不是最优的，因为在 RDMA 网络下，远端数据访问延迟仍然会比本地内存访问高一个数量级[12]。本节将对分离式数据迁移策略进行完善，以保证读取 value 是完全局部的，不包含任何网络操作。

现有的基于 RDMA 的分布式键值存储[9][11]采用了对 RDMA 友好的位置缓存（location cache）来提升性能，即位置缓存在工作线程本地记录了 key 所对应的值的位置（即 addr）。当工作线程需要访问 key 的时候，它省去了查找 addr 过程的网络操作，如图 5-22（a）所示。因此，若 addr 是一个本地地址，则采用位置缓存后可以完全避免使用 key 查找 addr 的网络操作，从而达成完全局部的数据访问目的。如图 5-22（b）所示，当 VAL 被迁移至 M0 后，若 M0 在位置缓存（L$）中记录了 VAL 的地址，则其不使用 RDMA 操作就可以对值进行读取。

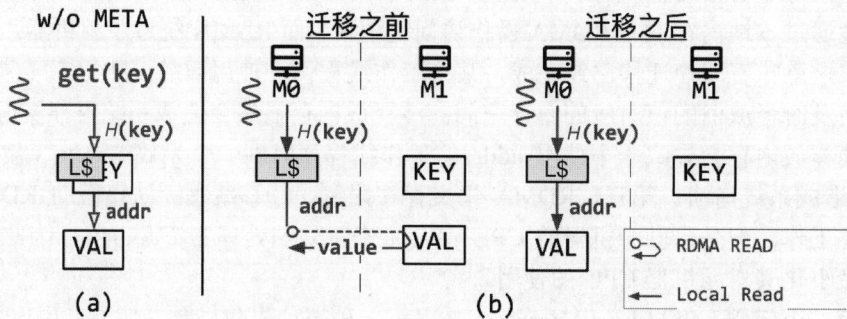

图 5-22　（a）采用位置缓存的基于 RDMA 的键值存储访问操作示意图
（b）分离式迁移与位置缓存协作后的数据访问流程

采用位置缓存后，分离式迁移可以消除大部分访问的网络操作，达成完全局部性的目标。算法 5.3.2 展示了基于位置缓存与数据迁移的 GET 操作的伪代码。其中，GET(key, buf) 将 key 对应的值存储到内存中。为了简化描述且不失一般性，假设 key 一定存储在图数据库中。在引入位置缓存后，GET 操作首先需要考虑位置缓存的情况，其关键点在于如何获取 addr。首先，通过第 2 行代码计算得到键所在机器的 kmid。在引入位置缓存后，键值对的 addr 存在以下三种情况：第一种情况是键值对在系统初始化时被划分在本机，因此键值对的 addr 位于本地内存中；第二种情况是键在远端机器上，但是已经被缓存在本地机器的位置缓存中了；第三种情况是键仍然在远端机器上。算法 5.3.2 的第 3 行代码利用算法 5.3.3 的 LOOKUP(kmid, key) 操作查找 addr，以获得地址信息并对三种情况进行区分。其中，算法 5.3.3 的第 1～2 行代码表示键是第 1 种情况，那么可以直接在本地的哈希表中查找得到 addr；第 3～4 行代码处理了第 2 种情况，即键被缓存到位置缓存中了，缓存地址需要处理失效的问题，即缓存的 addr 在远端 key 处被修改了，这里采用 5.3.2.1 节中描述的被动失效及租约机制对此进行检测（算法 5.3.2 第 14 行和算法 5.3.3 第 3 行）；第 5～8 行代码则处理了第 3 种情况，即工作线程会通过一次 RDMA-Read 操作得到键，并将其更新在位置缓存中（第 6 行），最后设置租约时间（第 8 行）。当获取了 addr 后，GET 就可以使用本地内存或者 RDMA-Read 读取键所对应的值了（第 13 行），该步骤和不引入位置缓存时一致。

算法 5.3.2　GET(key,buf)

输入：时序超图节点的 key，该算法将节点的边读到 buf 中

1.　Retry:
2.　　kmid=H(key).mid;
3.　　addr=LOOKUP(kmid,key);
4.　　**if** kmid==local_mid
5.　　　**if** addr.type==0
6.　　　　MEMCPY(buf,vals[addr.off],addr.sz);
7.　　　**else**
8.　　　　RDMA_READ(addr.mid,buf,addr.off,addr.sz);
9.　　**else**
10.　　if addr.type==1 and addr.mid==local_mid
11.　　　MEMCPY(buf,vals[addr.off],addr.sz);
12.　　**else**
13.　　　RDMA_READ(addr.mid,buf,addr.off,addr.sz);
14.　**if** CHECK(addr,buf)
15.　　**if** kmid !=local_mid
16.　　　cache.DELETE(key);
17.　**goto** Retry

算法 5.3.3　LOOKUP(kmid,key)

输入：时序超图节点的 key 和其所在的机器 kmid，返回其值所对应的位置 addr

1.　**if** kmid==local_mid
2.　　**return** keys[H(key).off];
3.　**if** cache.FIND(key)and !EXPIRED(cache.GET(key).lease)
4.　　**return** cache.GET(key).addr;
5.　RDMA_READ(kmid,addr,H(key).off,8);
6.　cache.INSERT(key,addr);
7.　cache.GET(key).lease=NOW();
8.　**return** addr;

5.3.2.3　动态迁移计划的生成

　　为了做出最优的数据迁移决策，最大化数据迁移所带来的性能收益，中心协调机器需要基于全局工作线程的访问情况制定数据划分/迁移策略，基于单机器的统计数据往往无法达成制定较优的迁移策略的目的。例如，当机器 0 上的数据同时被机器 0 和机器 1 上的工作线程访问时，只有机器 1 对该数据的访问频率超过了机器 0 对该数据的访问频率，数据迁移才能获得性能收益。除全局数据统计之外，还需按键值对粒度访问情况进行统计，以充分利用分离式迁移的细粒度调整带来的好处。

　　然而，在全局范围内进行细粒度数据统计给数据访问监测器带来了挑战。相比于传统以 shard 为粒度的粗粒度统计方式，以键值对为粒度的全局细粒度统计会引入额外的 CPU 和内存（用以存储访问信息）开销。在每台机器都进行监测的情况下，该开销又会被进一步放大，

因此需要一种轻量级的低内存占用的数据监测方法。

Split Live Migration 针对上述情况实现了对轻量级数据访问监测方法的设计。首先，工作线程只需要迁移其频繁访问的远端数据就能大幅提升系统性能。其次，用以加速 GET 操作的位置缓存已经记录了工作线程访问最频繁的远端数据，因此能复用缓存中的位置信息来作为数据监测的信息，而无须使用额外的内存进行记录。

每隔一段时间，工作线程就会将一些超过访问次数阈值的远端数据的访问情况报告给中心协调机器，同时申请迁移至其所在的机器。中心协调机器则会根据目前收集到的访问情况，生成最优的数据迁移计划，并发送给涉及迁移数据的各台机器去执行。收到中心协调机器的信息后，系统会采用第 5.3.2.1 节中所述的单方面分离式数据迁移方法进行迁移。

因为每次生成最优迁移计划都需要耗费一定时间，所以会降低数据迁移生效的实时性。同时，生成最优迁移计划需要关于本地数据的访问信息，而这些信息在缓存中并没有被记录，所以无法直接从缓存中获取。因此，系统提供了两种迁移模式供开发人员选择，以便根据实际需求在实效性和迁移计划质量上进行权衡。

（1）主动迁移机制：中心协调机器收到数据迁移请求时，便会将数据迁移到请求机器上。该方案能最快响应请求机器对数据的本地访问需求，但缺乏对全局访问情况的考量，因此生成的迁移方案并不是最优的。为了解决这一问题，在迁移完成后，工作线程会额外记录主动迁入的数据，一旦其访问量降低，则立即将数据迁回源机器。

（2）延迟迁移机制：中心协调机器会暂缓数据迁移的请求，直到确定一个最优的方案后再进行迁移。在收到请求后，中心协调机器会通知所有机器去记录迁移方案涉及数据的本地访问情况。一定时间后，中心协调机器会再次收集工作线程的数据访问情况。此时，中心协调机器就获取了全局的数据访问信息，因此可以生成全局最优的数据迁移计划，并发送给工作机器，以进行数据迁移。

5.3.2.4　迁移机制优化

对于每个键值对，单方数据迁移协议最多需要进行五次 RDMA 单边网络操作，其中包括两次 RDMA-Read 操作，分别用来查找键和获取值；一次 RDMA Atomic Compare-And-Swap 操作，用来原子性地更新键值对所对应的 addr；两次 RDMA-Write 操作，分别用来标记旧的值的失效和通知内存回收。这些操作虽然提供了轻量级迁移及节省处理器资源等好处，但也带来了额外的延迟，而且小的 RDMA 请求（如读取一个 key）无法充分发挥 RDMA 网卡的高带宽优势。

为了充分发挥 RDMA 网络的性能优势，Split Live Migration 采用了两种在 RDMA 系统中常见的性能优化方法来进行迁移加速。首先，系统采用了流水线并行（pipeline）的方式为工作线程隐藏单次迁移的延迟。具体来说，每个迁移键值对的 RDMA 操作都被设计为一个流水线中的 stage，针对不同迁移请求，系统会并发执行这些 stage，即不等上一个 stage 完成就直接执行下一个 stage。Pipeline 还能有效并行执行多个迁移请求，从而提升网络带宽的利用率。除此之外，因为内存的失效标记和回收标记并不在数据迁移的关键路径上，所以采用 Passive ACK[25]进行优化，即不等待这两个请求的网络 ACK 就进行下一步处理，这会进一步减少网络请求的数量并降低延迟。需要注意的是，Passive ACK 不会影响一致性，因为 RDMA 网卡保证了这些请求的 ACK 最终会被后续带 ACK 的 stage 所包含。采用上述两种优化方法后，单个数据迁移线程就可以每秒迁移超过百万个键值对，这足以满足对数据迁移系统的高性能需求。

本章参考文献

[1] WANG M Y. Deep graph library: Towards efficient and scalable deep learning on graphs[C]//ICLR workshop on representation learning on graphs and manifolds. 2019.

[2] FEY M, LENSSEN J E. Fast graph representation learning with PyTorch Geometric[J]. arXiv preprint arXiv:1903.02428, 2019.

[3] ABADI M, BARHAM P, CHEN J, et al. TensorFlow: a system for Large-Scale machine learning[C]//12th USENIX symposium on operating systems design and implementation (OSDI 16). 2016: 265-283.

[4] HAMILTON W, YING Z, LESKOVEC J. Inductive representation learning on large graphs[J]. Advances in neural information processing systems, 2017, 30.

[5] KIPF T N, WELLING M. Semi-supervised classification with graph convolutional networks[J]. arXiv preprint arXiv:1609.02907, 2016.

[6] VELICKOVIC P, CUCURULL G, CASANOVA A, et al. Graph attention networks[J]. stat, 2017, 1050(20): 10-48550.

[7] PEROZZI B, AL-RFOU R, SKIENA S. Deepwalk: Online learning of social representations[C]//Proceedings of the 20th ACM SIGKDD international conference on Knowledge discovery and data mining. 2014: 701-710.

[8] GROVER A, LESKOVEC J. node2vec: Scalable feature learning for networks[C]//Proceedings of the 22nd ACM SIGKDD international conference on Knowledge discovery and data mining. 2016: 855-864.

[9] LI M, ANDERSEN D G, PARK J W, et al. Scaling distributed machine learning with the parameter server[C]//11th USENIX Symposium on operating systems design and implementation (OSDI 14). 2014: 583-598.

[10] KWAK H, LEE C, PARK H, et al. What is Twitter, a social network or a news media?[C]//Proceedings of the 19th international conference on World wide web. 2010: 591-600.

[11] HU W, FEY M, ZITNIK M, et al. Open graph benchmark: Datasets for machine learning on graphs[J]. Advances in neural information processing systems, 2020, 33: 22118-22133.

[12] WENTZLAFF D, AGARWAL A. Factored operating systems (fos) the case for a scalable operating system for multicores[J]. ACM SIGOPS Operating Systems Review, 2009, 43(2): 76-85.

[13] YING R, HE R, CHEN K, et al. Graph convolutional neural networks for web-scale recommender systems[C]//Proceedings of the 24th ACM SIGKDD international conference on knowledge discovery & data mining. 2018: 974-983.

[14] WEI X, SHEN S, CHEN R, et al. Replication-driven live reconfiguration for fast distributed transaction processing[C]//2017 USENIX Annual Technical Conference (USENIX ATC 17). 2017: 335-347.

[15] XIE X, WEI X, CHEN R, et al. Pragh: Locality-preserving graph traversal with split live migration[C]//2019 USENIX Annual Technical Conference (USENIX ATC 19). 2019: 723-738.

[16] WEI X, SHI J, CHEN Y, et al. Fast in-memory transaction processing using RDMA and HTM[C]//Proceedings of the 25th Symposium on Operating Systems Principles. 2015: 87-104.

[17] DRAGOJEVIĆ A, NARAYANAN D, CASTRO M, et al. FaRM: Fast remote memory[C]//11th USENIX Symposium on Networked Systems Design and Implementation (NSDI 14). 2014: 401-414.

[18] WEI X, DONG Z, CHEN R, et al. Deconstructing RDMA-enabled distributed transactions: Hybrid is better[C]// Proceedings of the 13th USENIX Symposium on Operating Systems Design and Implementation (OSDI'18). Carlsbad: USENIX Association, 2018: 233-251.

[19] WANG D, SONG C, BARABÁSI A L. Quantifying long-term scientific impact[J]. Science, 2013, 342(6154): 127-132.

[20] GAO S, MA J, CHEN Z. Modeling and predicting retweeting dynamics on microblogging platforms[C]// Proceedings of the Eighth ACM International Conference on Web Search and Data Mining. Shanghai: ACM, 2015: 107-116.

[21] TAO R J, PAN Z X, DAS R K, et al. Is someone speaking? Exploring long-term temporal features for audio-visual active speaker detection [C]// Proceedings of the 29th ACM International Conference on Multimedia. Virtual Event: ACM, 2021: 3927-3935.

[22] ZADEH A, LIANG P P, PORIA S, et al. Multi-attention recurrent network for human communication comprehension[C]// Proceedings of the AAAI Conference on Artificial Intelligence. New Orleans: AAAI Press, 2018, 32(1): 1-9.

[23] THOMAS L, CROOK J, EDELMAN D. Credit scoring and its applications[M]. Philadelphia: SIAM, 2017.

[24] LI C, MA J, GUO X, et al. Deepcas: An end-to-end predictor of information cascades [C]// Proceedings of the 26th International Conference on World Wide Web. Perth: ACM, 2017: 577-586.

[25] FALANGIS K, GLEN J J. Heuristics for feature selection in mathematical programming discriminant analysis models[J]. Journal of the Operational Research Society, 2010, 61(5): 804-812.

第 **6** 章

图立方的规则挖掘

图立方作为时序超图模型，在这个数据爆炸的时代，其规模也将越来越大。在这些大规模的图立方数据中，通常潜藏了大量有价值的信息，用来代表现实世界的各种规则。挖掘这些规则，可以获得更丰富准确的信息，从而有助于完成面向图立方的下游分析任务。但是，这些规则信息很难通过人工的方式总结出来。与传统的时序图相比，图立方中的超边关系更加复杂，这给规则的定义和挖掘都带来了全新的挑战。本章将基于传统时序图的规则挖掘，定义图立方上的规则挖掘，包括时序环规则挖掘、频繁子图模式挖掘和周期子模式挖掘。其中，环挖掘主要针对图立方中的环规则，这种环规则常常出现在诸如金融交易、物流供应等数据网络中；频繁子图挖掘旨在从图立方中发现频繁出现的子图模式，这些模式往往具有重要的实际意义；周期子模式挖掘则着重分析图立方中多个节点之间的相互关系，以便找到更加稳定的社群结构。本章将主要介绍这几种基于时序规则的传统挖掘算法以及基于图立方的挖掘算法。

6.1 时序环规则挖掘

时序环作为一种特殊结构，在各种类型的时序图数据中频繁出现，有着重要的实际意义。例如，在生物领域，时序环可以表示某种生物反馈机制[1]；在金融领域，检测出的时序环可能代表了某一种金融诈骗行为[2]。本节将首先介绍时序环规则挖掘的问题定义，然后给出解决该问题的传统方法，最后介绍面向图立方的时序环挖掘算法。

6.1.1 问题定义

本小节考虑在有向时序图中挖掘时序环规则，这与第 4 章中研究的无向时序图不同。有向时序图的定义如下。

定义 6.1.1（有向时序图） 图 $\mathcal{G} = (\mathcal{V}, \mathcal{E})$ 是一个有向时序图，其中，$n = |\mathcal{V}|$ 表示节点数，$m = |\mathcal{E}|$ 表示时间边数。每条时序边 $e_i \in \mathcal{E}$ 都是一个三元组 (u_i, v_i, t_i)，其中，u_i 和 v_i 是 $\mathcal{V}$ 中的节点，t 是 u_i 和 v_i 之间的交互时间；u_i 和 v_i 分别是时序边的起点和终点，时间戳 t 是一个非负实数。

定义 6.1.2（时序环） 时序环是有向时序图 $\mathcal{G}$ 中由一组时序边 $p = <(u, v_1, t_1), (v_1, v_2, t_2), ..., (v_{n-1}, u, t_n)>$ 组成的简单时序环路，在该时序环路中不含有重复经过的节点。

定义 6.1.3（持续时间和时间窗口） 对于一条路径 P，定义该路径的持续时间为 $t_n - t_1$，

该路径的长度为 n。时间窗口是指所要寻找的最大持续时间值。若时间窗口限制为 δ，则要求 $t_n - t_1 \leq \delta$。在下文中，对于给定的时间窗口，只寻找持续时间小于或等于该时间窗口的简单时序环。

定义 6.1.4（长度限制的查询） 对于某个时间窗口 ω，若用户只要求查找长度小于 L 的环路，则将这样的查询称为长度限制为 L 的查询，这样的环路称为约束时序环。当 L 足够大时，长度限制为 L 的查询可获得全部的环路。

问题定义（时序环挖掘） 给定一个有向时序图 $\mathcal{G}=(\mathcal{V},\mathcal{E})$，时间窗口 ω 和长度限制 L，枚举所有长度 $l < L$ 且持续时间 $w \leq \omega$ 的简单约束时序环。

6.1.2 传统方法

与时序环规则挖掘最相关的工作有两个，其中一个是由 Kumar 和 Calders 于 2017 年提出的一种较为朴素的时序环枚举算法[3]。该算法在研究时序环的同时，提出了一个论断，即认为可以使用简单时序环及它们的数量分布情况来表现时序网络里的信息流动。具体而言，该算法通过枚举窗口内所有可能的时序路径来寻找时序环，它记录了所有当前已经形成的时序路径，并将新的点不断追加到之前的路径上，直到形成环路。该算法容易理解也便于实现，但是并不适用于大图，因为当路径越来越多时，该算法会占用过多的内存。

另一个工作是 2018 年由 Kumar 等人提出的时序环枚举算法 2SCENT[4]，这也是目前为止速度最快的时序递增环路枚举算法。该算法借鉴了 Johnson 算法的思想，是一个适用于有向时序图的衍生 Johnson 算法。Johnson 算法是一个枚举节点的暴力算法，其通过标记一定不能成环的节点来进行剪枝优化，以提高搜索效率。相比于朴素的算法，2SCENT 达到了 300 倍的时间提升效果，同时其能处理的图的大小也实现了巨大的增长。2SCENT 算法是一个两阶段的算法。在第 1 阶段（可以称为源检测阶段），它找到了所有的候选信息四元组，其中包括环路节点、开始时间、结束时间、候选节点集合。为了适应更大的图，该算法还引入了布隆过滤器（Bloom Filter），来完成对这一阶段的处理。算法 6.1.1 展示了 2SCENT 算法第 1 阶段的工作流程。在第 2 阶段，2SCENT 算法利用每一组候选信息进行动态深度优先搜索。为了避免不必要的多次重复搜索，其引入了有向时序图中的"关闭时间"这一概念，来进行剪枝。为了处理那些有多重边和高度重复活动的网络，该算法还使用了"路径束"进行搜索，使效率得到了提升。2SCENT 算法第 2 阶段的工作流程如算法 6.1.2 所示，其枚举了每个起始节点 s，并在 s 的可达点集所构成的子图上进行环挖掘（算法 6.1.3），这样做极大地减小了图的规模。在算法 6.1.3 中，进一步引入了"关闭时间"这一概念（其计算方法如算法 6.1.4 所示），通过将已经枚举过的路径节点"关闭"，来防止重复计算，从而进一步提升搜索效率。

算法 6.1.1 GenerateSeedsBloom

输入：阈值 ω，影响因子 ε，哈希函数 $h_1,\ldots,h_k$

输出：<起点,起始时间,结束时间,可达节点集合>

1. **function** GENERATESEEDSBLOOM($\omega,\mathcal{E}$)
2.   fwSeeds $\leftarrow \varnothing$；
3.   **for** $(a,b,t)\in\mathcal{E}$，按 t 升序排序 **do**

4.　　　　fwfeeds ← fwSeeds∪PROCESSEDGE(a,b,t,ω)；

5.　　　清空所有的布隆过滤器；

6.　　　bwSeeds ← $\varnothing$；

7.　**for** $(a,b,t) \in \mathcal{E}$，按 t 降序排序 **do**

8.　　　bwSeeds ← bwSeeds∪PROCESSEDGE(b,a,t,ω)；

9.　**return all** $(a,[t_s,t_e],(B_f \cap B_b))$；

10.　**function** PROCESSEDGE(a,b,t,ω)

11.　　seeds ← {}；

12.　　**if** $B(b)$ 不存在或 $|\text{Last}(b)-t| > \omega$ **then**

13.　　　　$B(b) \leftarrow [0,\dots,0]$；

14.　　　将布隆过滤器 $h_1(a),\dots h_k(a)$ 置为 1；

15.　　　Last(b) ← t；

16.　　**if** $B(a)$ 存在且 $|\text{Last}(a)-t| > \omega$ **then**

17.　　　**if** $h_1(b),\dots,h_k(b)$ 在 $B(a)$ 中均为 1 **then**

18.　　　　seeds ← $\{(b,t,B(a))\}$；

19.　　　　$B(b) \leftarrow B(b) \cup B(a)$；

20.　　**if** 到达过期时间 **then**

21.　　　**for** all summaries $B(x)$ **do**

22.　　　　**if** $|\text{Last}(x)-t| > \omega$ **then** remove $B(x)$；

23.　　**return** seeds；

算法 6.1.2　CYCLE(s)

输入：起始节点 s，时间范围 $[t_s,t_e]$，s 的可达点集 C

输出：所有以 C 的节点构成的合法环路

1.　**function** CYCLE(s)

2.　　$\mathcal{E} \leftarrow \{(u,v,t) \in \mathcal{E}|\ u,v \in C, t \in [t_s,t_e]\}$；

3.　　$V \leftarrow C$；

4.　　**for** $x \in C$ **do**

5.　　　ct(x) ← ∞；$U(x) \leftarrow \varnothing$；

6.　　**for** $(s,x,t) \in \mathcal{E}|\ t < t_n$ **do**

7.　ALLPATHS($s \xrightarrow{t} x$)；

算法 6.1.3　ALLPATHS(pr $= s \xrightarrow{t_1} v_1 \dots \xrightarrow{t_k} v_k$)

1.　$v_{\text{cur}} \leftarrow v_k$；$t_{\text{cur}} \leftarrow t_k$；

2.　ct(v_{cur}) ← t_{cur}；lastp ← 0；

3.　Out ← $\{(v_{\text{cur}},x,t) \in \mathcal{E}|\ t_{\text{cur}} < t\}$；

4.　$N \leftarrow \{x \in V|(v_{\text{cur}},x,t) \in \text{Out}\}$；

5.　**if** $s \in N$ **then**

6.　　**for** $(v_{\text{cur}},s,t) \in \text{Out}$ **do**

7.　　　**if** $t >$ lastp **then**

8.　　　　　　　$lastp \leftarrow t$；

9.　　　　**Output**　$pr \cdot (v_{cur}, s, t)$；

10.　**for**　$x \in N \setminus \{s\}$　**do**

11.　　　$T_x \leftarrow \{t | (v_{cur}, x, t) \in \text{Out}\}$；

12.　　　**while**　$T_x \neq \varnothing$　**do**

13.　　　　$t_m \leftarrow \min(T_x)$；

14.　　　　$pass \leftarrow \text{false}$；

15.　　　　**if**　$ct(x) \leqslant t_m$　**then**　$pass \leftarrow \text{false}$；

16.　　　　**else**　$pass \leftarrow \text{AllPATHS}(pr \cdot (v_{cur}, x, t_m))$；

17.　　　　**if not**　$pass$　**then**

18.　　　　　$T_x \leftarrow \varnothing$；

19.　　　　　将 (v_{cur}, t_m) 加入 UNBLOCK；

20.　　　　**else**

21.　　　　　$T_x \leftarrow T_x \setminus \{t_m\}$；

22.　　　　**if**　$t_m > lastp$　**then**

23.　　　　　$lastp \leftarrow t_m$；

24.　**if**　$lastp > 0$　**then**　$\text{UNBLOCK}(v_{cur}, lastp)$；

25.　**return**　$(lastp \neq 0)$；

算法 6.1.4　$\text{UNBLOCK}(\text{Node } v, \text{timestamp } t_v)$

1.　**if**　$t_v > ct(v)$　**then**

2.　　$ct(v) \leftarrow t_v$；

3.　　**for**　$(w, t_w) \in U(v)$　**do**

4.　　　**if**　$t_w < t_v$　**then**

5.　　　　$U(v) \leftarrow U(v) \setminus \{(w, t_w)\}$；

6.　　　　$T[w, v] = \{t | (w, v, t) \in \mathcal{E}\}$；

7.　　　　$T \leftarrow \{t \in T[w, v] | t_v \leqslant t\}$；

8.　　　　**if**　$T \neq \varnothing$　**then**

9.　　　　　$U(v) \leftarrow U(v) \bigcup \{(w, \min(T))\}$；

10.　　　$t_{max} \leftarrow \max\{t \in T[w, v] | t < t_v\}$；

11.　$\text{UNBLOCK}(w, t_{max})$；

6.1.3　基于图立方的算法

在朴素算法下，直接对图上的每个节点进行深度优先搜索或广度优先搜索，在很多情况下会产生巨大的损耗，其不仅在时间上远远不能满足现实的需求，还极容易造成空间的不足，导致系统崩溃。这主要是因为存在大部分无效的搜索，即这些搜索虽然不能对形成环路起到作用，但是它们会被不断存储下来。因此，如果能够知道时序环路会经过的节点及大致时间，然后再根据这些信息进行搜索，那么就可以降低搜索的复杂度。

因此，根据现有的方法来寻找环通常可以分为两个阶段，其中，第一阶段用来确定可能成为环的结构，第二阶段对这些结构进行进一步确认。2SCENT 算法就是这样的一种算法，而本节要介绍的基于图立方的算法则是在 2SCENT 算法的基础上进行了改进，其引入了五元组信息，通过剪枝降低空间复杂度。具体来说，在第一阶段遍历所有的时序边，以获得环路起点、环路的起始时间、环路的结束时间、可能经过的节点集合及环路最小跳数这五个信息，第一阶段将在第 6.1.3.1 节进行详细介绍；在第二阶段，利用以上信息进行动态深度优先搜索，同时结合剪枝技术，最终获得满足条件的时序环路，第二阶段将在第 6.1.3.2 节进行介绍。

6.1.3.1　获取时序环路算法

产生候选五元组模块的五元组是指〈环路起点 s，环起始时间 ts，环结束时间 te，候选节点集合 candidates，最小跳数 hop〉。其中，候选节点集合 candidates 是环路可能会经过的节点的集合；最小跳数是指通过该五元组进行搜索能获得的环路的最小长度，它可以提供一系列环路的长度下界。

在获取五元组信息时，可以按照时间戳递增的顺序读入时序边。假设边表示信息的传递过程，那么输入边 $a \xrightarrow{t} b$ 则表示节点 a 所拥有的信息在时间 t 内可以传递到节点 b。由于在时间 t 之前，还可能有一系列的时序边到达节点 a，因此 a 所拥有的信息其实包含了所有在 t 之前传递给 a 的来自其他节点的信息。若用"到达"来表示某个节点拥有的信息传递到了另一个节点，则 $a \xrightarrow{t} b$ 表示 a 可以经由时间 t 到达 b；而且，所有可以到达点 a 的节点也可以到达点 b。若定义连通集合 Arrive(u) 为可以通过一系列时序递增的边到达 u 的节点集，则通过输入边 $a \xrightarrow{t} b$，a 及 Arrive(a) 中的节点会加入 Arrive(b)。以此类推，若最终在某个点 j，发现 j 的连通集合中拥有自身，则证明存在一条由 j 出发，经过递增的时序边最终能回到 j 的时序环。但是由于时间窗口的限制，有一些点已经超出时间窗口（时间戳过小），那么不应该被加入连通集合，因此，除了记录节点编号，还需要记录由该点出发的边的时间戳，以便及时删除应当废弃的信息，从而避免占用过多内存。为了实现这一点，可以在 Arrive 集合的基础上，用二元组〈节点 n，出发时间 t〉来代替原先的节点信息。例如，Arrive(u) 中包含的二元组〈n,t〉表示从一条以 n 为起点且时间戳为 t 的时序边开始，沿着时序递增路径最终可以将信息传递给节点 u，此二元组也可以称为被 u 所拥有。

除以上两个信息之外，还需要使用最小跳数来帮助处理与环路长度有关的信息。其中，跳数的值等于经过的时序边的数量。若点 a 到点 b 的跳数为 n，则代表点 a 经过 n 条边可以到达点 b。因此，最小跳数表示至少要经过的边的数量。对于每个〈节点 n，出发时间 t〉二元组，可以通过附加一个有关最小跳数的信息来表示该节点到拥有这个二元组的节点的最小距离，即至少要经过的边数。为此，进一步扩展 Arrive 集合，除〈节点 n，出发时间 t〉之外，加入最小跳数域，用三元组〈node, time, hop〉来表示。对于每个节点 s，用集合 S 来表示它所拥有的三元组集合，即 $S[s] = \{node_1, time_1, hop_1, node_2, time_2, hop_2, \ldots, node_n, time_n, hop_n\}$，其中，三元组 $node_i, time_i, hop_i$ 表示 $node_i$ 从时间戳为 $time_i$ 的时序边开始，经过最少 hop_i 条时序边可以到达点 s。对于输入边 $a \xrightarrow{t} b$，若 $S[a]$ 中含有三元组 $node_i, time_i, hop_i$，则在时间 t 内，$node_i$ 的信息可以传递到 b，从而使 b 中也出现一个由 $node_i$ 从 $time_i$ 出发的三元组，这个三元组的 hop 值显然与 a 中三元组的 hop 值有关。点 b 在时间 t 根据 a 的集合 $S[a]$ 来更新自己的

三元组集合 $S[b]$ 的过程称为"继承"。点 b 在继承三元组时会出现以下两种情况：

（1）若 $S[b]$ 中不含有前两个域为 $\text{node}_i,\text{time}_i$ 的三元组，则在 $S[b]$ 中插入 $\text{node}_i,\text{time}_i,\text{hop}_i+1$ 这样的三元组。显然，这是由于从 a 到 b 又经过了一条边，因此 node_i 到 b 的距离应该为其到 a 的距离加一，即 hop_i+1；

（2）若 $S[b]$ 中已经含有这样的三元组，则需要将这个三元组中的 hop 值与 hop_i+1 进行比较，并取其中较小的那个，以此来确保跳数是最小的。

从集合 S 的定义可以得到获得环路的方法，即在处理一条 $i \xrightarrow{} s$ 的边后，若发现 $S[s]$ 中出现了三元组 s,t',hop，则证明找到了环路，同时还能获得该环路集合的起始时间为 t'，结束时间为 t，环路最小长度为 hop。综上所述，可能有环路由 s 从时间 t' 出发最终在 t 时刻返回 s，那么对于 $S[s]$ 中所有的三元组，若其对应的时间戳在 t' 到 t 之间，则这个三元组中的节点就成为此环路可能经过的节点。这些节点构成了候选节点集合，用来表示一系列可能出现在环路中的节点。然而，这样的节点集合并不是完全准确的，它是环路中真正经过的节点的超集。为了进一步缩小节点的范围，还需要通过 hop 值来排除在环路中出现的不满足要求的点。具体而言，对于一条边 $a \xrightarrow{} b$，若在继承来自点 a 的三元组时，发现了三元组 b,t',hop，则说明可以形成新的环路；但如果生成的新 hop 值已经大于要求的最大长度 L，那么不能生成五元组，因为通过该五元组形成的环必然超过长度限制。若发现了另一三元组不能成环并且新 hop 值大于或等于 L，则不进行三元组的继承。因为通过这个三元组里的点到点 b 的路径长度均大于或等于 L，所以这个三元组里的跳数域最后一定会被更新成更小的合法值或直接被舍弃。下面以一个例子来解释三元组的保留条件。

例 6.1.1　假设有向时序图如图 6-1 所示，想要寻找长度小于 5 的环路。在处理了时间戳 $3 \xrightarrow{3} 4$ 后，$S[4]=\{3,3,1,2,2,2,1,1,3\}$；但在处理边 $4 \xrightarrow{4} 5$ 时，$1,1,3$ 这个三元组不会被继承，因为此时新的 hop 值将更新为 4 但仍未成环，因此无须将其保存下来。

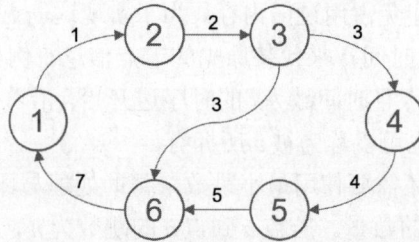

图 6-1　通过 hop 值缩小候选节点集合

至此，所有五元组都被找到了。需要注意：一个五元组并不代表一条环路，而是代表拥有同一个起点、起始时间、结束时间的一系列环路。算法 6.1.5 给出了寻找候选五元组的函数伪代码，其中，S 集合代表节点拥有的三元组信息，SearchLimit 是人为给定的限制长度值。

算法 6.1.5　Set_interaction_exact($\mathcal{G}$)

输入：图 $\mathcal{G}$ 的<起点,终点,时间戳>三元组数组

输出：<起点,起始时间,结束时间,候选点集,最小跳数>

1.　**while** (读取时序边<from,to,timestamp>) **do**
2.　**if** (self_loop) **then continue**;
3.　S[to]←pair((from,timestamp),1);
4.　**if** (S[from]≠∅) **then**　　　　　　　　　　//进行继承
5.　　**for** (S[from]中的三元组<node,time,hop>) **do**
6.　　　**if** (该三元组的时间已经在时间窗口外) **then**　　//清理
7.　　　　从 S[from]中删除这个三元组;
8.　　　**else**
9.　　　　new_hop←hop+1;
10.　　　　**if** (to=node) **then**
11.　　　　　**if** (new_hop≤SearchLimit) **then**
12.　　　　　　记录五元组信息;
13.　　　　　**else**
14.　　　　　　**if** (new_hop<SearchLimit) **then**
15.　　　　　　　**if** (S[to]中不含有这个三元组) **then**
16.　　　　　　　　S[to]←((node,time),new_hop);
17.　　　　　　　**else**
18.　　　　　　　　**if** (原 hop 值 > 新的 hop 值) **then**
19.　　　　　　　　　更新这个三元组的 hop 值;
20.　　**if** (到了程序约定的清理时间) **then**
21.　　清除已经过期的三元组;

同理，在使用布隆过滤器进行处理时，仍然可以利用 hop 值来降低搜索的复杂度。这是因为在使用布隆过滤器时，为了满足获取候选信息的需要，要对原图进行一次反向遍历和一次正向遍历。而在进行正向遍历的过程中，就可以运用三元组进行操作，其操作方式与上述方式基本一致。

6.1.3.2　时序环搜索算法

本节将沿用 2SCENT 算法中的剪枝方式，利用关闭时间和封锁节点的策略，来进行时序环的搜索。虽然该算法的第一步操作已经减少了搜索节点的数量，但是当图变得越来越大时，搜索的长度会越来越长，甚至一些搜索已经超过了要求的长度却仍在进行，从而增加了寻找环路所需的时间。若在 2SCENT 算法的基础上进行改进，按照比较直接的想法，则是获取小于某一长度 L 的环，即从点 s 开始搜索，当发现搜索长度大于或等于 L 之后就立刻停止。然而，实验证明在 2SCENT 算法上直接进行上述改进会导致非简单环路的出现。这个错误的发生与 2SCENT 算法中关闭时间的设置有关。下面通过一个例子来说明这个问题。

例 6.1.2　假设时序图如图 6-2 所示，想要寻找长度小于 5 的环路。当搜索路径为 $1\xrightarrow{1}2\xrightarrow{2}3\xrightarrow{3}4\xrightarrow{4}5$ 时，可以发现路径长度已经为最大值 4，但仍然没有成环，这说明可以停止对这段路径的搜索了。此时，由于搜索停止，因此节点 4 会加入节点 5 的阻塞列表。以此类推，最终节点 2 会加入节点 3 的阻塞列表。当搜索程序回退，当前搜索路径变成 $1\xrightarrow{1}2\xrightarrow{5}5\xrightarrow{6}6$ 时，可以发现一条长度为 4 的环路。此时由于环路成立，因此节点开始解锁，第 1 个解锁的节点是 6。由于节点的解锁是一系列的级联反应，因此最终节点 2 的关闭时间被更新为 4。

此时，虽然节点 2 在当前道路中，但是关闭时间异常地变大了。这样会导致当其他节点通往节点 2 时，由于关闭时间的不正常放大，节点 2 可能会再一次出现在搜索路径中，因此形成非简单环路。

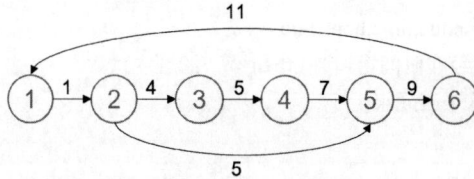

图 6-2　错误的关闭时间举例

根据关闭时间的定义可知，关闭时间是节点无法通往环路起点的最小时间值，所以大于或等于关闭时间的时间戳都无法通往环路起点。一个点的关闭时间取决于由该点出发的时序边上的时间戳，而这个时间戳是由后续的搜索来决定的。对于一个点 i，若有一系列时序边通向它，则只有时间戳小于点 i 关闭时间的边可以被当成合法的前序路径。因此，如果从某个点 j 指向点 i 的所有边的时间戳都大于或等于 i 的关闭时间，那么点 j 没有必要向点 i 进行搜索。显然，某个点的关闭时间越大，则通往该点的时间戳能通过的值就越大。因此，由关闭时间的性质可知：偏大的关闭时间会导致一部分无效的搜索；而偏小的关闭时间却会导致环路数量的错误。为了防止这样的错误发生，同时尽可能地利用剪枝搜索带来的好处，算法在搜索过程中做了如下处理：当某次搜索的路径达到要求的长度时，如果不完成后续的搜索无法得知最终是否能形成环路，那么对于这样的点，都默认其可以形成环路，以此防止图 6-2 中的错误发生，同时尽可能保留剪枝技术。这样的处理会导致一部分剪枝失效（在较差的情况下甚至起效很少，仅可以防止环路中节点的重复搜索），但是由于长度限制对搜索时间的减少影响很大，因此虽然剪枝的作用有所降低，但是总体而言仍是一个合适的策略。下面通过例 6.1.3 进行说明。

例 6.1.3　假设时序图如图 6-3 所示，目标为寻找长度小于 5 的约束环路。当前搜索路径为 $1 \xrightarrow{1} 2 \xrightarrow{4} 3 \xrightarrow{6} 4 \xrightarrow{8,11} 5$，如果此时由节点 5 向节点 7 进行搜索，那么会发现长度已经为 5，则搜索终止并将节点 5 的关闭时间设置为 9；向节点 6 进行搜索时同理。由于并没有从节点 6 和节点 7 开始进行搜索，因此这两个节点的关闭时间值仍然为程序初始化时设置的最大值。如果从节点 4 向节点 7 进行搜索，即搜索前缀为 $1 \xrightarrow{1} 2 \xrightarrow{4} 3 \xrightarrow{6} 4 \xrightarrow{9} 7$ 时，那么搜索可以继续进行，并最终获得合法的环路。

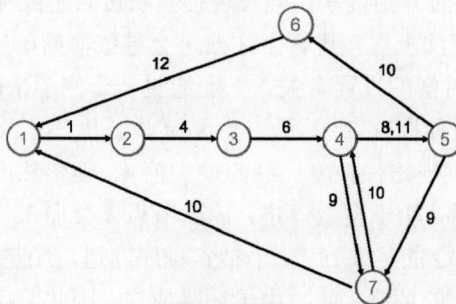

图 6-3　算法优化后的搜索示例

　　以上是基于剪枝的搜索算法的大致流程，为了更清楚地描述这些流程，本节给出了该算法的伪代码。算法 6.1.6 为搜索算法的主体，其中，subgraph 是根据第一阶段获得的五元组构建的子图，SearchLimit 是人为给定的限制长度的值，ct 为关闭时间的值，Extend 函数和 UnBlock 函数分别用于封锁节点和解锁节点。

算法 6.1.6　ALLPATH(s,vcur,timestamps,stk)

输入：环路起始点 s，当前节点 v_{cur}，当前时间戳 timestamps，先前路径束堆栈 stk
输出：所有符合要求的路径

1.　　t_{cur}←timestamps 中的最小值；
2.　　ct[v_{cur}]←t_{cur}；
3.　　lastp←0；
4.　　t_s←{(v_{cur},x,t)∈subgraph|t_{cur}<t≤ct(x)}；
5.　　**for** (t_s 中的节点值 to) **do**
6.　　　**if** (to=s) **then**
7.　　　　　T←{t | $(v_{cur},$to$,t)$∈t_s}；
8.　　　　　maxT←max(T)；
9.　　　　　lastp←max(lastp,maxT)；
10.　　　　扩展 new_stk；
11.　　　**else**
12.　　　　　ret←0；
13.　　　　　tss←{t∈t_s|t<ct(x)}；
14.　　　　　**if** (tss 不为空) **then**
15.　　　　　　扩展 new_stk；
16.　　　　　　**if** (new_stk.size()<SearchLimit) **then**
17.　　　　　　　ret←ALLPATH(s,to,tss,new_stk)；
18.　　　　　　**else**
19.　　　　　　　ret←new_stk.back().timestamps.back()+1；
20.　　　　　num←min{t∈t_s|t≥ret}；
21.　　　　　Extend(to,v_{cur},num)；
22.　　　　　**if** (ret) **then**
23.　　　　　　num←max{t∈t_s|t<num}；
24.　　　　　　lastp←max(lastp,num)；；
25.　　**if** (lastp>0) **then**
26.　　　UnBlock(v_{cur},lastp)；
27.　**return** lastp；

6.2　频繁子图模式挖掘

　　频繁子图模式是图挖掘问题中的经典问题，这一问题与现实世界中的很多问题都密切相关。例如，在金融数据中，高频出现的交易链模式、股权传递模式，很可能背后都隐藏着一些经典的金融特征。对这些频繁子图模式进行挖掘，有助于从海量金融数据中直接定位可能存在问题的图结构。本节将从频繁子图模式挖掘的问题定义出发，介绍传统挖掘算法和基于图立方优化后的挖掘算法。

6.2.1　问题定义

图立方上的频繁子图模式挖掘，旨在处理超图数据上的频繁子图模式，在介绍算法之前，首先要对图论中的一些基本概念给出定义。

图立方的频繁子图模式挖掘基于图同构进行定义，第 4 章中定义 4.4.1 介绍了无标签图的图同构概念，本节所述的图同构在其基础上加入了对节点和边的标签的限制，即要求映射的节点对和边对具有相同的标签，其正式定义如下。

定义 6.2.1（标签图同构）　若给定两个图 $G_1 = (V_1, E_1)$ 和 $G_2 = (V_2, E_2)$，如果存在函数 $f_v: V_1 \rightarrow V_2, f_e: E_1 \rightarrow E_2$ 使得每个节点和边都可以从 G_1 映射到 G_2，且满足以下两个性质，那么称 G_1 和 G_2 互为同构，记为 $G_1 \simeq G_2$。

（1）边保留性质：当且仅当 G_2 中的两节点 $f_v(v_a)$ 和 $f_v(v_b)$ 可以组成一条边时，G_1 中的两节点 v_a 和 v_b 可以组成一条边；

（2）标签保留性质：当且仅当 G_2 中的两节点 $f_v(v_a)$ 和 $f_v(v_b)$ 等价时，G_1 中的两节点 v_a 和 v_b 等价。同理，当且仅当 G_2 中的两条边 $f_e(v_a, v_b)$ 和 $f_e(v_c, v_d)$ 等价时，G_1 中的两条边 (v_a, v_b) 和 (v_c, v_d) 等价。

为了避免歧义，本小节所述图同构特指标签图同构。两个互为同构的图之间的映射关系可以表示为两个函数，即 $(f_v, f_e): G_1 \rightarrow G_2$。这两个函数分别描述了图中的点映射关系和边映射关系。在两个图的同构关系中，可以存在多组不同的映射函数。此外，在同构关系中，还有一种极为特殊的同构关系，即自同构。自同构是图与其自身构成映射关系的一种同构关系，具体实例见例 6.2.1。

例 6.2.1　假设如图 6-4 所示的两个图 G_a 和 G_b 有着同样的标签集合 $\{A, B\}$。仔细观察可以发现，虽然这两个图在 "外观" 上不同，但是有着同样的结构，即点和边之间都可以做到一一映射，因此这两个图是同构的。

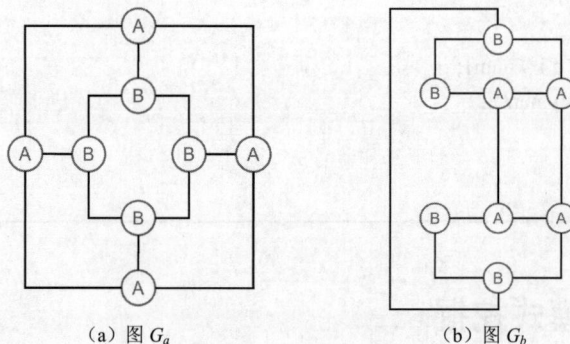

（a）图 G_a　　　　　　　　（b）图 G_b

图 6-4　图的自同构

判断两个图是否同构这一问题并不简单。因为图中的每个节点都有其单独的标签，存储时还会有很多冗余信息。目前常用的做法是对标签给出一套规范化的标记方法，这样在两个图进行对比时，就可以根据规范的顺序进行比较，从而减少检测的重复次数。

定义 6.2.2（支持度）　给定图的集族 $\mathbb{G} = \{G_1, G_2, ...\}$，子图 G 的支持度定义为 $\mathbb{G}$ 中存在

与 G 同构的子图所占的百分比，即 $s(G)=\dfrac{\left|\{G_i|G\simeq S\subseteq G_i,G_i\in\mathbb{G}\}\right|}{|\mathbb{G}|}$。

通过定义可知，支持度可以用来衡量子图出现的次数。一个子图的支持度越高，它在全图集中出现的次数就越多，因此该子图越频繁。基于支持度，下面给出频繁子图挖掘的定义。

问题定义（频繁子图挖掘）　给定图的集合 $\mathbb{G}$ 和支持度阈值 minsup，频繁子图挖掘的目标是找到所有满足 $s(G)\geqslant$ minsup 的子图 G。

6.2.2　传统方法

频繁子图挖掘任务之所以被人们广泛研究讨论，除其具有广泛的应用场景之外，还在于任务的高复杂度，其复杂性主要体现在以下两点。

第一，频繁子图挖掘任务的对象本身有着高度的复杂性。频繁项集挖掘是频繁子图挖掘的低维度任务。在频繁项集挖掘任务中，可以很容易地进行项集的计数，而在频繁子图挖掘任务中，由于存在图自同构的性质，使得同一个图可以有多种不同的表现形式，因此判断 g' 与 g 是否同构是一个非平凡的问题。此外，验证图 G 中是否存在子图 g' 与 g 同构已被证明是 NP-完全问题。例 6.2.2 介绍了仅由两个类型的节点和一个类型的边构成的一些同构图。

例 6.2.2　考虑如图 6-5 所示的三个图。这三个图都是由两个标签为 a 的节点和一个标签为 b 的节点构成的图。但是即使只基于这两类标签、三个节点，可以组成的不同子图也有很多。当标签的类别和节点的数量上升的时候，所产生的新子图的数量更是呈指数级增长。因此，频繁子图挖掘任务从结果的可选集角度来看，就远超其低维度任务频繁项集挖掘的复杂性。

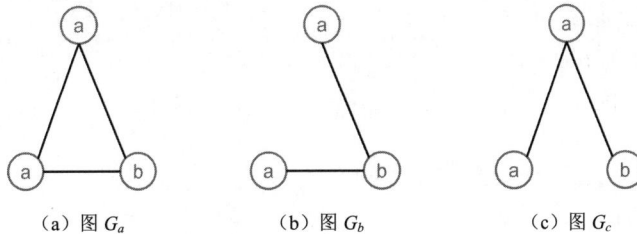

（a）图 G_a　　　　　　　（b）图 G_b　　　　　　　（c）图 G_c

图 6-5　使用 a，b 两个节点标签生成的图

第二，频繁子图挖掘任务会在计算过程中产生大量的中间数据，需要存储大量的候选集内容。在频繁项集挖掘任务中，同样一组标签生成的频繁项集是唯一的，但是同样的一组标签，在子图中可以按不同的顺序进行排列，从而生成不同的频繁子图。此外，某一个单独的标签，在频繁项集中最多只会出现一次，而在频繁子图中，即使标签的数量很少增加，但由于标签可以重复排列组合，因此生成的频繁子图数量会以指数形式上升，如例 6.2.3。

例 6.2.3　考虑如图 6-6 所示的三个子图，这三个图都是仅包含标签 a 一种类型节点的图。在频繁项集中，每个标签在同一个项集中最多只能出现一次，因此对于一个有着 n 种项的集合来说，其子集数量最多为 2^n。而在频繁子图的挖掘任务中，即使只有一种标签类型，根据其边的不同组合和节点的个数，也会有不同的子图产生，这会大大增加中间过程的存储数据量。

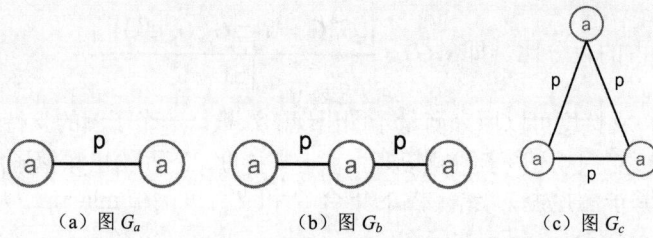

（a）图 G_a （b）图 G_b （c）图 G_c

图 6-6   仅由节点标签 a 和边标签 p 生成的图

　　综上所述，频繁子图挖掘任务有着其独特的复杂性，这导致一些最为朴素的暴力枚举算法并不适用。现有的最先进的频繁子图挖掘算法是 gSpan 算法[5]。gSpan 基于模式增长的思想，通过不断对已有模式进行填边，从而产生新的模式，并判断新模式是否满足支持度的要求。此外，gSpan 算法通过 DFS 编码等方式进行剪枝来避免重复枚举。gSpan 算法主要由两部分组成。第一部分是对原图进行预处理，其会将图中所有的边和节点按支持度进行排序，从而获得若干满足支持度的 1-edge 图（即单边图），其伪代码如算法 6.2.1 所示。第二部分则是对这些单边图进行扩展，以寻找满足条件的频繁子图，直到扩展之后子图的支持度不再符合要求为止，其伪代码如算法 6.2.2 所示。

算法 6.2.1　GraphSet_Projection(D)

输入：图的数据信息 D

输出：频繁子图挖掘结果

1.　将图 D 中的所有节点按支持度进行排序；

2.　将支持度低于标准的节点和边删去；

3.　将剩余节点和边的标签重新标注；

4.　$S^1 \leftarrow D$ 中所有频繁的 1-edge 图；

5.　将 S^1 按 DFS 字典序排列；

6.　$S \leftarrow S^1$；

7.　**for each** edge $e \in S^1$ **do**

8.　　根据 e 初始化 s, D；

9.　　Subgraph_Mining(D, S, s)；

10.　　$D \leftarrow D - e$；

11.　　**if** $|D| < $ minSup；

12.　**break**；

子算法 6.2.2　Subgraph_Mining(D, S, s)；

1.　**if** $s \neq \min(s)$ **then**

2.　　**return**；

3.　$S \leftarrow S \cup \{s\}$；

4.　$S^1 \leftarrow D$ 中所有频繁的 1-edge 图；

5.　在 D 中枚举 s 并统计其子图；

6.　**for each** c（c 是 s 的子图）**do**

7.　**if**　support(c)$\geqslant$minSup **then**

8.　　　$s \leftarrow c$;

9.　Subgraph_Mining(D,S,s);

6.2.3　基于图立方的算法

GSpan 只支持传统图中基于二元关系的频繁子图挖掘，并不能直接迁移到图立方这种多元复杂关系上进行使用。为此，本节提出基于二分的算法来处理图立方的频繁子图挖掘问题，其基本思想是将超图转化为二分图，然后进行 gSpan 挖掘，最终将挖掘得到的模式还原为超图。本节首先介绍该算法用到的关键技术，然后给出关于算法的详细介绍。

6.2.3.1　关键技术

（1）前向边和后向边：对于给定的图及遍历顺序，可以将节点 ID 设为节点被遍历的顺序，那么图中属于遍历树上的边为前向边，即前向边由节点编号较小的点指向编号较大的点；不在遍历树上的边称为后向边，即从节点 ID 较大的边的指向节点 ID 较小的边。

例 6.2.4　考虑如图 6-7 所示的图，其中，图 6-7（a）为原图，图 6-7（b）、图 6-7（c）、图 6-7（d）为三种遍历结构。图中实线为前向边，虚线为后向边。表 6-1 展示了这三种遍历结构对应的 DFS 编码。

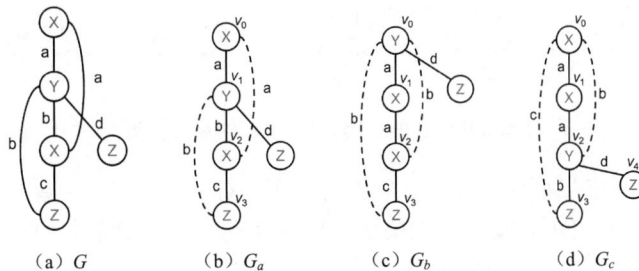

图 6-7　前向边和后向边

表 6-1　DFS 编码

边 ID	G_a	G_b	G_c
0	(0,1,X,a,Y)	(0,1,Y,a,X)	(0,1,X,a,X)
1	(1,2,Y,b,X)	(1,2,X,a,X)	(1,2,X,a,Y)
2	(2,0,X,a,X)	(2,0,X,b,Y)	(2,0,Y,b,X)
3	(2,3,X,c,Z)	(2,3,X,c,Z)	(2,3,Y,b,Z)
4	(3,1,Z,b,Y)	(3,0,Z,b,Y)	(3,0,Z,c,X)
5	(1,4,Y,d,Z)	(0,4,Y,d,Z)	(2,4,Y,d,Z)

（2）最右路：对于给定的遍历顺序，将节点按照遍历顺序进行编号，即起点设为 v_0，终点设为 v_n，那么 DFS 树中从起点到终点的遍历树称为最右路。最右路扩展包括两种方式，一种是扩展前向边，即从终点向最右路上的其他节点进行扩展，其优先级和节点的遍历顺序相同；另一种是扩展后向边，即从最右路向外扩展边，其优先级顺序与节点的遍历顺序相反。

对于频繁子图，通常需要进行递归的最右路扩展，直到没有新的频繁子图产生。

　　例 6.2.5　考虑如图 6-8 所示的最右路扩展。图 6-8（a）在扩展一条边时，可以有图 6-8（b）～图 6-8（f）这五种不同的选择（深色节点表示最右路径）。其中，图 6-8（b）、图 6-8（c）、图 6-8（d）都是从最右节点进行扩展的，而图 6-8（e）和图 6-8（f）是从非最右节点进行扩展的。图 6-9（a）～图 6-9（d）对应了图 6-8（b）的后续扩展情况，图 6-9（e）～图 6-9（g）对应了图 6-8（e）的后续扩展情况。

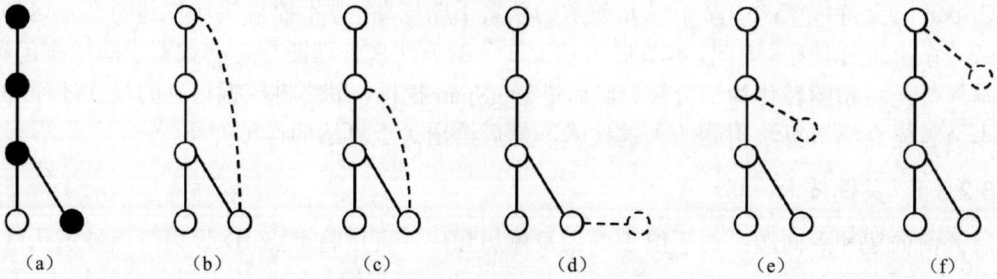

图 6-8　最右路扩展

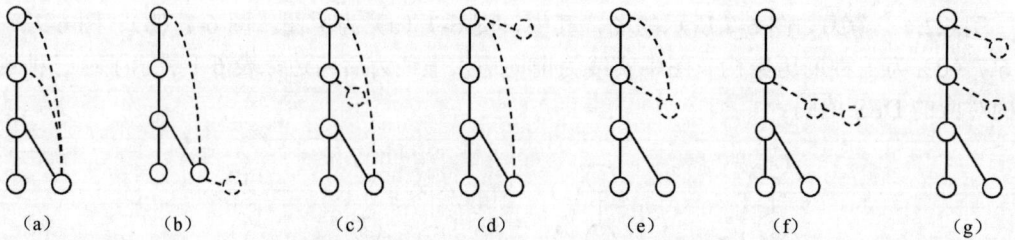

图 6-9　图 6-8（b）和（e）的后续扩展

　　（3）DFS 编码：DFS 编码代表了一个边的顺序，对于给定的图，图中任意的基于深度优先的顺序都对应了一种 DFS 编码。如果边上的标签可以进行比较，那么对于给定的图以及给定的字典序，都存在唯一最小的 DFS 编码与之对应。

　　通过最小的 DFS 编码，可以对图进行唯一性编码，以防止对相同的子图进行重复的扩展。如果候选子图不满足最小 DFS 编码，那么说明该图已经被扩展过了，则停止对该图的扩展。

　　例 6.2.6　考虑如图 6-10 所示的 DFS 编码树，其第 n 层的节点是包含了 $n-1$ 条边的子图。通过对这棵 DFS 编码树进行 DFS 遍历即可得到所有频繁子图的最小 DFS 编码。如果在这棵树中有 G_0 和 G_1 两个不同的节点表示了同一个子图，那么可以将其下的所有子树进行剪枝。

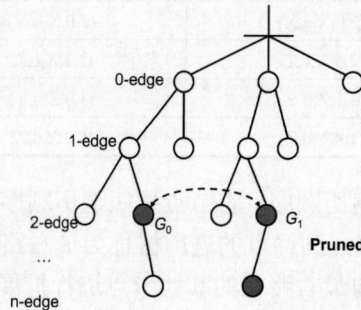

图 6-10　DFS 编码树

例 **6.2.7**　考虑如图 6-11 所示的 A-B-C-A 这个子图。虽然 ϕ_1、ϕ_2、ϕ_3、ϕ_4 这四个子图都符合这个模式,但是 C 所映射的节点在图中却只出现了两次,所以这个子图的 MNI(Minimum Number of Instances)支持度为 2。

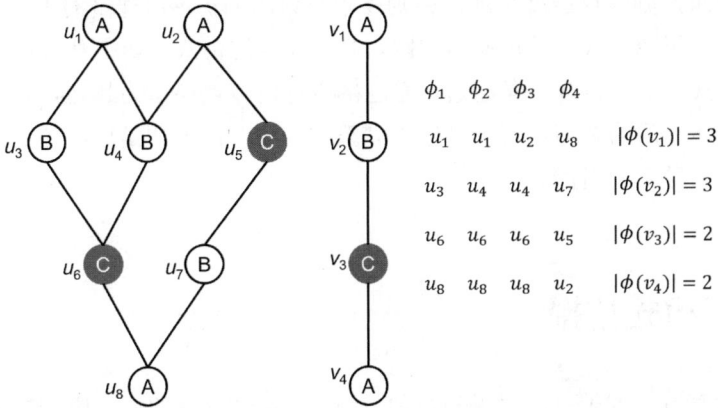

图 6-11　MNI 支持度实例

6.2.3.2　频繁子图模式挖掘算法

结合上小节所述的三个关键技术,本节对 gSpan 算法进行改编,使其能够处理图立方的频繁子图挖掘问题。算法主要分为以下三步,其伪代码如算法 6.2.3 所示。

算法 6.2.3　GraphCube_Projection(G)

输入：图立方的数据信息 D

输出：频繁子图挖掘结果

1. 将超图数据中的超边标为标签为 A 的节点，将超边中的节点标为标签为 B 的节点；
2. 将超边节点与边内的节点一一建边，此时已将超图转化为二分图 G'；
3. GraphSet_Projection(G')；
4. 将得到的频繁子图中标签为 A 的超边节点重新还原为超图；
5. **return** 还原得到的超图数据；

（1）将超图转化为二分图。以超边为单位进行转化，将每条超边都转化为若干条二元边，并将超边视为一个新节点，其他超边上的节点都与超边节点相连。基于此种二分扩展方法，可以将超图转化为二分图 G'，同时对超边节点进行单独记录（第 1~2 行）。

（2）频繁子图模式挖掘。首先，针对图 G'，根据节点和边上的标签，统计网络拓扑图中各个标签出现的频数，并按照频数从高到低进行排序；根据上一步获得的标签频数排序结果，并基于预先设定的阈值，删除低于阈值的标签，包括节点标签和边标签，即在网络拓扑图中删除标签为低频的节点和边，删除后获得的网络拓扑图记为 G_1；对于图 G_1，根据边的频数，按照频数越高对应标签的字典序越小的标准，重新对边进行标记，获得新的网络拓扑图 G_2。其次，按字典序对边进行排序，获得有序的边集合 E；边集合 E 中都是频繁边，即频繁一边图（仅由一条边构成的频繁图）。最后，遍历集合 E，对集合 E 中的每条边进行递归挖掘，获得频繁子图，即可得到最终的规则。在递归挖掘的过程中，针对待扩展的图，首先需要判断其是否满足 DFS 编码。如果满足，那么对 DFS 编码进行比较，来获得最小的 DFS 编码，并进行最右路扩展。针对扩展后的图，需计算其支持度，如果支持度大于阈值，那么说明该图符合要求，则继续进行扩展，否则停止对该图的扩展（第 3 行）。

（3）获得频繁子图模式，并还原为超图。对于获得的模式，如果其中包含两个及以上的节点，那么该模式中一定包含一条超边。通过将该超边节点还原为超边，其节点邻居即可构成一个新超边。还原后的新超边可能是原来完整的超边，也可能是原来超边的一部分，但一定存在于原图中（第 4~5 行）。

6.3 周期子模式挖掘

周期子模式是时序图中一种常见的模式。例如，在社交网络中，定期的朋友聚会、家庭聚会、每周的会议等都属于周期性的社区行为[6][7]；在生态网络中，由于季节性因素，因此生物种群会呈现周期性的迁徙[8]；在金融领域中，金融市场是一个时序的动态网络，其中也存在许多周期性的群体行为，例如，上市公司被要求每季度报告其财务业绩，这可能会导致投资者做出群体性的交易行为，对股价造成波动。金融领域中的周期性群体行为会给个体交易员、金融机构和更大的市场带来风险。监管机构必须监控和处理这些行为，以确保市场稳定。本节主要介绍图立方的周期子模式挖掘。

6.3.1 问题定义

由于图立方的表达形式为时序超图，因此本节将介绍几个重要概念，并定义时序超图上的周期子模式挖掘问题。

令 $\mathcal{G}^h = (\mathcal{V}^h, \mathcal{E}^h)$ 为时序超图，其中，$\mathcal{V}^h = \left\{ v_1^h, \ldots, v_{|\mathcal{V}^h|}^h \right\}$ 和 $\mathcal{E}^h = \left\{ e_1^h, \ldots, e_{|\mathcal{E}^h|}^h \right\}$ 分别表示时序超图的节点集合和时序超边集合。对于每一条时序超边 $e^h \in \mathcal{E}^h$，都可以用二元组 (e^h, t) 来表示，其中，e^h 为节点集合 $\left\{ v_1^h, \ldots, v_{|e^h|}^h \right\}$，且 $|e^h| \geqslant 2$，对任意 $i = 1, \ldots, |e^h|$，有 $v_i^h \in \mathcal{V}^h$；t 为时间戳（timestamp），代表了时序超边建立的时间，其必须是整数。

例 6.3.1 图 6-12 展示了一个时序超图，其中，节点集合相同的时序超边被结合到了一起，这些时序超边的时间戳被放在了贴近超边的位置。例如，超边 $\{v_1, v_3, v_4\}$ 的时间戳有 1、2、3、5，这意味着超边 $\{v_1, v_3, v_4\}$ 在这些时刻都出现过。

定义 6.3.1（时序超图的底图） 时序超图 $\mathcal{G}^h$ 对应的底图 $G^h = (V^h, E^h)$ 是一个根据 $\mathcal{G}^h$ 中所有节点和时序超边所构建的、去除时间信息后的普通超图[9]。因此，$V^h = \mathcal{V}^h$，$\mathrm{TE}^h = \{ e^h \mid (e^h, t) \in \mathcal{E}^h \}$，$E^h = \{ (e_i^h, i) \mid e_i^h \in \mathrm{TE}^h, i \in [0, |\mathrm{TE}^h| - 1] \}$，其中，$e_i^h$ 为 TE^h 中从 0 开始的第 i 个元素。E^h 中的元素以二元组 (e^h, i) 的形式进行表示，其原因是后续在超图上删除某些节点和超边而形成的子图可能存在含有相同节点集合的超边，若不在表示超边的元素中加

入唯一的超边标识，则无法区分这些超边，且违反集合的定义。下文对超图的定义都将采用这种形式。

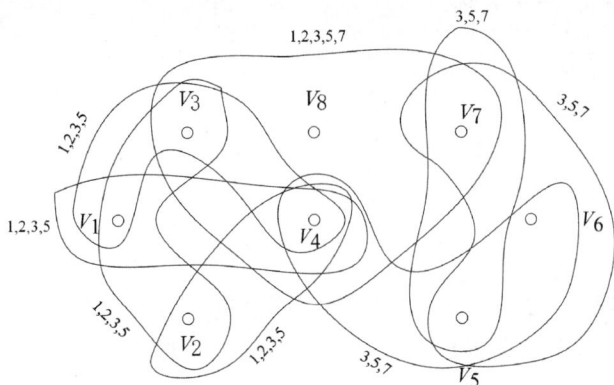

图 6-12　时序超图的例子

定义 6.3.2（节点的度）　在超图 G^h 中，对任意节点 u^h，其相邻的超边的集合可以表示为 $N_{G^h}(u^h) = \{(e^h,i) \mid u^h \in e^h, (e^h,i) \in E^h\}$，节点 u^h 的度为 $d_{G^h}(u^h) = |N_{G^h}(u^h)|$。

定义 6.3.3（超图的子图）　根据超图的实际意义，本节将超图 G^h 的子图 G^h_s 的定义分为两种，并分别命名为严格型和宽松型。严格型子图定义为 $G^h_s = (V^h_s, E^h_s)$，其中，$E^h_s \subseteq E^h$，$V^h_s = \bigcup_{(e^h,i) \in E^h_s} e^h$；宽松型子图定义为 $G^h_s = (V^h_s, E^h_s)$，其中，$\forall (e^h_s,i) \in E^h_s, \exists (e^h,j) \in E^h$，$i = j \wedge e^h_s \subseteq e^h$，$V^h_s = \bigcup_{(e^h_s,i) \in E^h_s} e^h_s$。

在定义 6.3.3 中，严格型子图和宽松型子图的主要区别在于：在严格型子图中，边集里的超边都能在原超图中找到相等的超边；而在宽松型子图中，超边的节点集合可以是原图中对应超边的节点集合的子集，即可以由对应超边节点集合移除部分节点来得到。下文主要聚焦于宽松型子图，因为其相比于严格型子图更加复杂，与之相关的挖掘方法能轻松地扩展到严格型子图上。为方便起见，除了明确提到的情况，下文中提到的子图都将指超图的子图，且都将使用宽松型定义。此外，$G^h_1 \subseteq G^h_2$ 表示超图 G^h_1 是超图 G^h_2 的子图，$G^h_1 \subset G^h_2$ 表示 $G^h_1 \subseteq G^h_2$ 但 $G^h_1 \neq G^h_2$。

例 6.3.2　图 6-13 展示了时序超图及其子图的两种定义。将图 6-13（a）中的节点 v 删除后，若采用严格型子图定义，则可得到如图 6-13（b）所示的子图，其中，节点 v 所在的所有超边在 v 被删除后也都被删除了；若采用宽松型子图定义，则可得到如图 6-13（c）所示的子图，其中，节点 v 所在的超边在 v 被删除后还有至少 2 个节点，所以该超边被保留。

定义 6.3.4（融合子图）　对于超图 G^h 及其子图 G^h_1 和 G^h_2，G^h_1 和 G^h_2 的融合子图定义为 $G^h_1 \bigcup G^h_2 = (V^h_{12}, E^h_{12})$，其中，$\mathrm{TE}^h_{12} = E^h_1 \bigcup E^h_2$，$\mathrm{TE}^h_1 = \{(e^h_1,i) \mid (e^h_1,i) \in \mathrm{TE}^h_{12}, \nexists (e^h_2,j) \in \mathrm{TE}^h_{12}, (e^h_1 \neq e^h_2 \wedge i = j)\}$，$\mathrm{TE}^h_2 = \{(e^h_1 \bigcup e^h_2,i) \mid (e^h_1,i) \in \mathrm{TE}^h_{12}, (e^h_2,j) \in \mathrm{TE}^h_{12}, e^h_1 \neq e^h_2 \wedge i = j\}$，$E^h_{12} = \mathrm{TE}^h_1 \bigcup \mathrm{TE}^h_2$，$V^h_{12} = \bigcup_{(e^h_{12},i) \in E^h_{12}} e^h_{12}$。

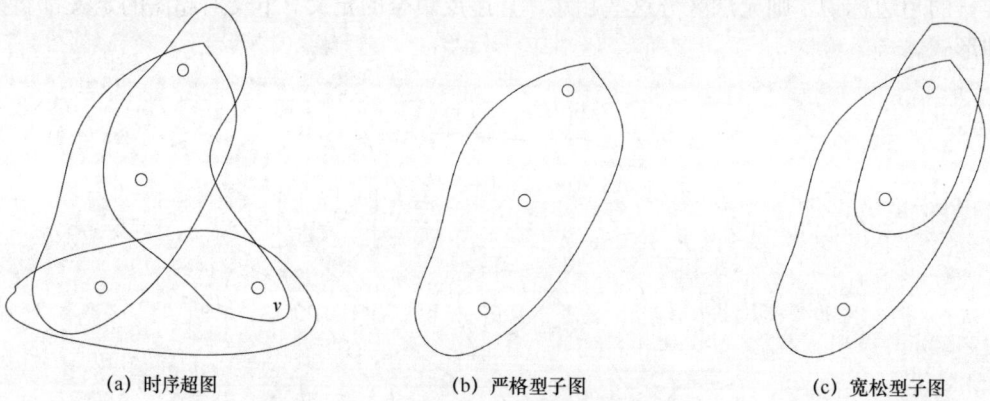

(a) 时序超图　　　　　　　　　(b) 严格型子图　　　　　　　　(c) 宽松型子图

图 6-13　时序超图及其子图的两种定义

通过以上定义可知，两个子图的融合子图的构建过程就是将两个子图中含有相同超边标识的超边点集结合起来，形成新的超边的过程。而两个子图的其余超边则直接加入融合子图的超边集合中。可以看到，$G_1^h \bigcup G_2^h \subseteq G^h$，这是因为在融合子图的超边集合里并未加入新的超边标识，且单个超边的点集内的节点全部来自原来的两个子图，并未引入新的节点。

定义 6.3.5（交集子图）　对于超图 G^h 及其子图 G_1^h 和 G_2^h，G_1^h 和 G_2^h 的交集子图定义为 $G_1^h \bigcap G_2^h = (V_{12}^h, E_{12}^h)$，其中，$E_{12}^h = \left\{ (e_1^h \bigcap e_2^h, i) \mid (e_1^h, i) \in E_1^h, (e_2^h, j) \in E_2^h, i = j, |e_1^h \bigcap e_2^h| \geqslant 2 \right\}$，$V_{12}^h = \bigcup\limits_{(e_{12}^h, i) \in E_{12}^h} e_{12}^h$。

与 4.4 节类似，本节中时序超图 $\mathcal{G}^h$ 在 j 时刻的快照 G_j^h 是由 $\mathcal{G}^h$ 中在时刻 j 建立的时序超边组成的超图，即 $G_j^h = (V_j^h, E_j^h)$，其中，$E_j^h = \left\{ (e_1^h, k) \mid (e_1^h, t) \in \mathcal{E}^h, (e_2^h, k) \in E^h, e_1^h = e_2^h, t = j \right\}$ 且 $V_j^h = \bigcup\limits_{(e_j^h, i) \in E_j^h} e_j^h$。

定义 6.3.6（时间支撑集）　对于时序超图 $\mathcal{G}^h$ 的底图 G^h 及其子图 G_S^h，G_S^h 的时间支撑集 $\mathrm{TS}(G_S^h)$ 是一个包含时间值的集合，表示时序超图中所有 G_S^h 作为其子图的快照的时间戳。设 T 为时序超图 $\mathcal{G}^h$ 中所有时间戳的集合，则有 $T = \left\{ t \mid (e^h, t) \in \mathcal{E}^h \right\}$，$\mathrm{TS}(G_S^h) = \left\{ t \mid G_S^h \subseteq G_t^h, t \in T \right\}$。

定义 6.3.7（σ 周期时间支撑集）　考虑时序超图 $\mathcal{G}^h$ 的底图 G^h 及其子图 G_S^h，设 G_S^h 的一个 σ 周期时间支撑集为 $\mathrm{PTS}^\sigma(G_S^h)$，即 $\mathrm{PTS}^\sigma(G_S^h) = \{t_1, \ldots, t_\sigma\}$，则有 $\mathrm{PTS}^\sigma(G_S^h) \subseteq \mathrm{TS}(G_S^h)$ 且 $\forall i \in [1, \sigma-1], t_{i+1} - t_i = p$，其中，$p$ 为常数且大于 0。

根据定义可知，$\mathrm{PTS}^\sigma(G_S^h)$ 的本质是一个长度为 σ 的周期时间序列，其意味着子图 G_S^h 在时序超图 $\mathcal{G}^h$ 中按照该时间序列周期性地出现。由于 $\mathrm{TS}(G_S^h)$ 中可能不止有一种长度为 σ 的周期序列，因此子图 G_S^h 对应的 σ 周期时间支撑集可能不是唯一的。本节使用 $\mathrm{PTS}^\sigma(G_S^h)$ 代表子图 G_S^h 所有 σ 周期时间支撑集的集合。

6.3.2　传统方法

现有的周期子模式挖掘主要关注传统时序图，下面介绍由 Qin 等人于 2019 年首次提出的挖掘传统时序图中周期子模式的算法[10]。该算法分为两个阶段，第一阶段利用周期和子模式的性质对原始时序图进行剪枝，第二阶段在剪枝后的时序图上挖掘周期子模式。下面将分别介绍这两个阶段。

6.3.2.1　传统时序图剪枝技术

为了得到传统时序图中的周期子模式，首先要对时序图进行剪枝，以缩小图的规模。常用的剪枝技巧包括 PNCluster 剪枝和 PECluster 剪枝，其主要思路是排除掉绝对不包含在任何周期子模式中的节点和边。

（1）PNCluster 剪枝：PNCluster 剪枝的主要目的是剪掉一定不包含在周期子模式中的节点。如算法 6.3.1 所示，PNCluster 算法首先计算时序图底图的 k 核（第 1 行），因为所有周期子模式一定在其 k 核[11]中。随后，PNCluster 算法计算所有节点的周期时间支撑集 PT_u。节点 u 的周期时间支撑集 PT_u 中的元素是长度为 σ 的周期时间戳序列，在这些时间戳里节点 u 的度数均大于或等于 k。如果一个节点的周期时间支撑集为空，那么该节点不可能出现在周期子模式中，因此将该节点加入队列 Q 中（第 7 行）。从第 8 行开始，PNCluster 算法迭代地删除队列 Q 中的节点，同时更新这些节点的邻居节点及其周期时间支撑集（第 8~16 行）。

算法 6.3.1　PNCluster($\mathcal{G}, \sigma, k$)

输入：时序图 $\mathcal{G} = (\mathcal{V}, \mathcal{E})$，周期长度 σ，周期子模式节点度数的下界 k

输出：剪枝后剩下的节点集合 V_w

1.　设 $G = (V, E)$ 为 $\mathcal{G}$ 的底图，$G_c = (V_c, E_c)$ 为 G 的 k 核；

2.　$Q \leftarrow \varnothing$；$D \leftarrow \varnothing$；

3.　**for** $u \in V_c$ **do**

4.　　$d_{G_c}(u) \leftarrow u$ 在 G_c 中的度数；

5.　　$(\mathrm{flag}, \mathrm{PT}_u) \leftarrow \mathrm{ComputePeriod}(\mathcal{G}, \sigma, k, u, V_c)$；

6.　　**if** $\mathrm{flag} = 0$ **then**

7.　　　$d_{G_c}(u) \leftarrow 0$；$Q.\mathrm{push}(u)$；

8.　**while** $Q \neq \varnothing$ **do**

9.　　$v \leftarrow Q.\mathrm{pop}()$；$D \leftarrow D \cup \{v\}$；

10.　　**for** $w \in N_{G_c}(v), d_{G_c}(w) \geqslant k$ **do**

11.　　　$d_{G_c}(w) \leftarrow d_{G_c}(w) - 1$；

12.　　　**if** $d_{G_c}(w) < k$ **then** $Q.\mathrm{push}(w)$；

13.　　　**else**

14.　　　　$(\mathrm{flag}, \mathrm{PT}_w) \leftarrow \mathrm{ComputePeriod}(\mathcal{G}, \sigma, k, u, V_c \setminus D)$；

15.　　　　**if** $\mathrm{flag} = 0$ **then**

16.　　　　　$d_{G_c}(w) \leftarrow 0$；$Q.\mathrm{push}(w)$；

17.　**return** $V_w \leftarrow V_c \setminus D$；

例 6.3.3　图 6-14 展示了 PNCluster 的剪枝结果。设 $\sigma = 3$，$k = 3$，可以看到在图 6-14（b）中，节点 v_8 被删除了，这是因为节点 v_8 的周期时间支撑集为空，而其他留下的节点均含有非空的周期时间支撑集，例如节点 v_1 的周期时间支撑集为 $\{(1,3,5),(3,5,7)\}$。

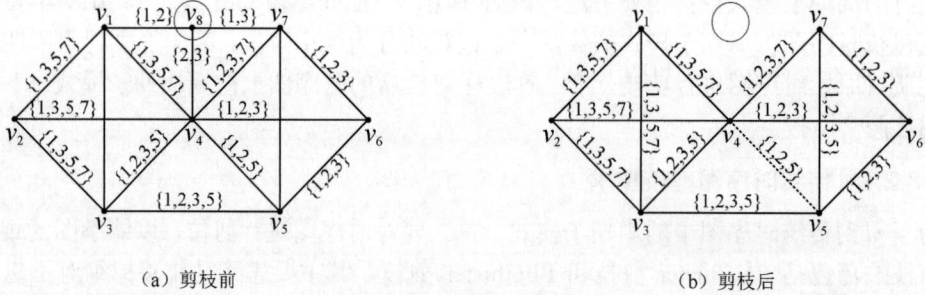

（a）剪枝前　　　　　　　　　　　　　　　　　　（b）剪枝后

图 6-14　PNCluster 剪枝结果

（2）PECluster 剪枝：PECluster 剪枝的主要目的是在 PNCluster 剪枝的基础上剪掉一定不包含在周期子模式中的边。

算法 6.3.2 展示了 PECluster 算法的剪枝过程。在第 1 行中，PECluster 算法首先得到 PNCluster 的剪枝结果。在第 2 行中，IPT_u 是 PT_u 的倒排索引，$IPT_u(t)$ 将返回 PT_u 中所有含有时间戳 t 的周期时间序列。在经过 PNCluster 剪枝后的底图 G_w 中，利用 PECluster 算法遍历所有剩下的边（第 6 行），计算 EPT_{uv}（与 PT 类似，其是周期时间序列的集合，边 (u,v) 在 EPT_{uv} 中的所有周期时间序列上都出现过）。与 PNCluster 算法类似，EPT_{uv} 为空的边 (u,v) 将被加入队列 EQ 中。从第 9 行开始，PECluster 算法迭代地删除 EQ 中的边，并更新这些边的端点的周期时间支撑集（第 11 行，第 15 行）。最后遍历这些端点的其他边（第 12 行，第 16 行），若这些边的 EPT_{uv} 为空或者与 PT_u 和 PT_v 之间没有交集，则这些边也会被加入 EQ 中（第 14 行，第 18 行）。

算法 6.3.2　PECluster($\mathcal{G}, \sigma, k$)

输入：时序图 $\mathcal{G} = (v, \varepsilon)$，周期长度 σ，周期子模式节点度数的下界 k

输出：剪枝后剩下的时序图 $\mathcal{G}$ 的底图 $G_s = (V_s, E_s)$

1.　$V_w \leftarrow$ PNCluster($\mathcal{G}, \sigma, k$)；

2.　令 PT_u 为 PNCluster 中已经计算好的节点 u 的周期时间支撑集，$u \in V_w$；令 IPT_u 为 PT_u 的倒排索引；

3.　设 $G = (V, E)$ 为 $\mathcal{G}$ 的底图，$G_w = (V_w, E_w)$ 为 G 的由 V_w 诱导的子图；

4.　$EQ \leftarrow \varnothing$；$ED \leftarrow \varnothing$；

5.　**for** $(u,v) \in E_w$ **do**

6.　　Compute EPT_{uv}；

7.　　**if** $PT_u \bigcap PT_v \bigcap EPT_{uv} = \varnothing$ **then**

8.　　　$EQ.push((u,v))$；

9.　**while** $EQ \neq \varnothing$ **do**

10.　　$(u,v) \leftarrow EQ.pop()$；$ED \leftarrow ED \bigcup \{(u,v)\}$；

11.　　UpdatePeriod(PT_u, IPT_u, v, k)；

12.　　**for** $x \in N_{G_w}(u)$ **do**

13.　　　**if** $(u,x) \notin EQ$ **and** $(u,x) \notin ED$ **then**

14.　　　　**if** $PT_u \bigcap PT_x \bigcap EPT_{ux} = \varnothing$ **then** EQ.push$((u,x))$;

15.　　UpdatePeriod(PT_v , IPT_v , u , k);

16.　　**for** $x \in N_{G_w}(v)$ **do**

17.　　　　**if** $(v,x) \notin EQ$ **and** $(v,x) \notin ED$ **then**

18.　　　　　**if** $PT_v \bigcap PT_x \bigcap EPT_{vx} = \varnothing$ **then** EQ.push$((v,x))$;

19.　**return** $G_s \leftarrow$ 包括所有 $E_w \setminus ED$ 中的边的子图;

例 6.3.4　图 6-15 显示了例 6.3.3 中的时序图继续进行 PECluster 剪枝的结果，其中，边 (v_4,v_5) 首先被删除，因为在时间序列 $(1,2,5)$ 中无法找到任何周期时间子序列。同理，其他的边，如 $(v_3,v_5),(v_4,v_6),(v_4,v_7),(v_5,v_6),(v_5,v_7),(v_6,v_7)$ 也都在 PECluster 函数的第 9~18 行被删除。

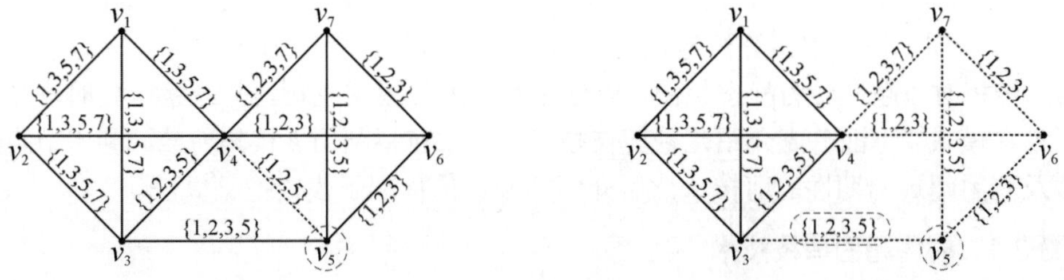

（a）剪枝前　　　　　　　　（b）剪枝后

图 6-15　PECluster 剪枝结果

6.3.2.2　传统时序图的周期子模式挖掘

在剪枝完成后，时序图将被转换为一个特殊的普通静态图，这个静态图中的每个节点都是时序图中节点与一个周期序列的组合。通过在这个静态图上执行传统的子模式挖掘算法[12]即可找到所有的周期子模式。

具体地，对于 PECluster 算法的结果 $G_s = (V_s,E_s)$，其中的每个节点 u 都有非空的周期时间支撑集 PT_u，每条边都有非空的周期时间支撑集 EPT_{uv}。由于周期子模式中的每个节点 u 和每条边 (u,v) 都至少处在一个共同的周期时间序列上，因此可以将周期子模式分解为一组节点和边，这些节点和边与相同的周期时间序列相关联。基于以上分析，可以将剪枝后的时序图转化为一个静态图 $\tilde{G} = (\tilde{V},\tilde{E})$。具体的转化方法如下：对于每个 $v \in V_s$ 和 PT_v 中的每个周期时间序列 T，都可以在 $\tilde{V}$ 中形成一个形如 (v,T) 的节点。对于 $\tilde{V}$ 中的任意两个节点 $(u,T_u),(v,T_v)$，如果 $T_u = T_v$ 并且 $T_u \in EPT_{uv}$，那么这两个节点之间可以在 $\tilde{E}$ 中形成一条边。因此，在 $\tilde{G}$ 中挖掘所有的 k 核即可得到原时序图中的所有周期子模式。

例 6.3.5　当 $\sigma = 3,k = 3$ 时，在图 6-16（a）中，节点 v_1 被转化为了图 6-16（b）中的 w_1,w_2，这是因为周期时间序列 $(1,3,5),(3,5,7)$ 均在 PT_{v_1} 中，w_3,w_4,w_5,w_6 的获得方式与之类似。w_1,w_3 之间形成了一条边的原因是图 6-16（a）中的边 (v_1,v_2) 的时间序列中含有周期子序列 $(1,3,5)$。可以看到，图 6-16（b）中的由 w_1,w_3,w_5,w_6 组成的 k 核即是一个周期子模式。

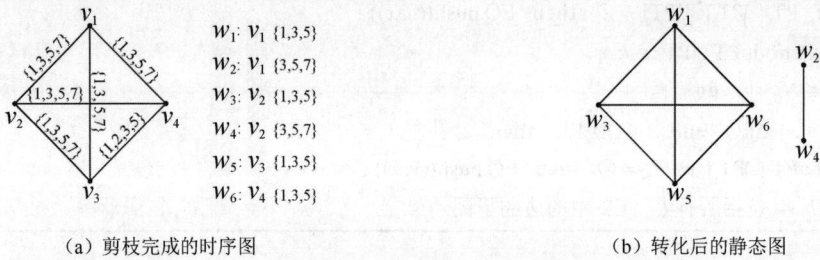

（a）剪枝完成的时序图　　　　　　　　　　　　　　　（b）转化后的静态图

图 6-16　利用子模式挖掘算法寻找周期子模式示例

6.3.3　基于图立方的算法

图立方周期子模式挖掘算法遵循与传统方法相似的步骤，即第一步进行时序超图的剪枝，第二步将时序超图转为静态超图，以便进行周期子模式挖掘，并最终得到时序超图上的周期子模式模式。下面首先介绍几种剪枝技术，其中包括利用 k 核的剪枝、利用节点周期性的剪枝及利用超边周期性的剪枝，然后介绍剪枝后的周期子模式挖掘算法。

6.3.3.1　时序超图剪枝技术

（1）利用 k 核的剪枝。首先给出时序超图的底图 G^h 的 k 核的定义。

定义 6.3.8（k 核）　对于时序超图的底图 G^h，k 核[13]是它的一个子图，记为 G_s^h，其必须满足以下所有条件：（1）$\forall u^h \in V_s^h, d_{G_s^h}(u^h) \geqslant k$，（2）$G^h$ 中不存在另一个子图 G_{s1}^h 同时满足 $G_s^h \subset G_{s1}^h$ 和条件（1）。

引理 6.3.1　时序超图的所有 MPCore 都是其底图 G^h 的 k 核的子图。

由引理 6.3.1 可知，可以先求出 G^h 的 k 核以减小底图的规模，再进行周期子模式挖掘。算法 6.3.3 给出了求解 G^h 的 k 核的方法。与在普通图上求 k 核相比，算法 6.3.3 的不同之处体现在第 10 行，即在删除一个节点后，如果超边的节点集合里仍有两个及以上节点，那么不对这条超边做后续处理。

（2）WPNCluster 削减规则。WPNCluster 削减规则的主要目的是将部分已确定不可能存在于任何 MPCore 中的节点删除。可以发现，MPCore 中的节点的度数大于或等于 k 的性质也具有周期性，即在若干长度为 σ 的周期序列上的每个时刻仍保持该性质，因此可以得到如下定义。

定义 6.3.9（(σ,k) 周期节点）　对于时序超图 $\mathcal{G}^h$ 和其底图 G^h，一个子图 $G_1^h \subseteq G^h$，节点 $u^h \in V_1^h$ 是 G_1^h 里的 (σ,k) 周期节点，当且仅当存在一个子图 $G_2^h \subseteq G_1^h$ 满足：（1）G_2^h 是 σ 周期子图；（2）$d_{G_2^h}(u^h) \geqslant k$。

理论上，可以通过迭代地删除不是 (σ,k) 周期节点的节点，减小 G^h 的规模。由此形成的超图是原超图 G^h 的子图，因此在以上定义中需要一直将节点 u^h 限定在一个子图 G_1^h 中，而不是 G^h 中。

算法 6.3.3　computeKCore(G^h, k)

输入：时序超图的底图 $G^h = (V^h, E^h)$，参数 k

输出：代表 k 核的子图 $G_s^h = (V_s^h, E_s^h)$

1. $Q \leftarrow$ 空队列；

2. **for** u^h **in** V^h **do**

3.   **if** $d_{G^h}(u^h) < k$ **then**

4. $Q.\text{push}(u^h)$；

5. **while** $(!Q.\text{empty}())$ **do**

6. $u^h \leftarrow Q.\text{front}()$；$Q.\text{pop}()$；

7. $V \leftarrow V - \{u^h\}$；

8.   **for** (e^h, i) **in** $N_{G^h}(u^h)$ **do**

9. $e^h \leftarrow e^h - \{u^h\}$；

10.   **if** $|e^h| < 2$ **then**

11. $v^h \leftarrow e^h$ 中最后一个节点；$E^h \leftarrow E^h - \{(e^h, i)\}$；

12.   **if** $d_{G^h}(v^h) < k$ **and** v^h **not in** Q **then**

13. $Q.\text{push}(v^h)$；

14. **return** $G_s^h \leftarrow G^h$；

接下来的问题在于如何判断一个节点是不是 (σ, k) 周期节点。较为直接的方案是在每个节点处枚举可能存在的符合条件的 σ 周期子图，但这显然比较耗时。为此，本节给出了适用于时序超图的 (σ, k) 弱周期节点的定义。

定义 6.3.10（(σ, k) 弱周期时间支撑集） 对于时序超图 $\mathcal{G}^h$ 的底图 G^h 和一个子图 $G_1^h \subseteq G^h$，节点 $u^h \in V_1^h$ 在 G_1^h 中的 (σ, k) 弱周期时间支撑集可以记为 $\text{WPTS}_k^{\sigma}(u^h, G_1^h) = \{t_1, \cdots, t_{\sigma}\}$，满足 $\forall i \in [1, \sigma-1], t_{i+1} - t_i = p$，$\forall t \in \text{WPTS}_k^{\sigma}(u^h, G_1^h), d_{G_t^h \bigcap}(u^h) \geqslant k$，其中，$p$ 为常数且大于 0。

定义 6.3.10 中将节点 u^h 的 (σ, k) 弱周期时间支撑集限定在子图 G_1^h 中的原因与定义 6.3.9 类似。由以上定义可知，节点 u^h 在 G_1^h 中的 (σ, k) 弱周期时间支撑集是一个长度为 σ 的周期时间序列，在该序列里每个时刻的 G_1^h 的快照（即 G_1^h 与时序超图 $\mathcal{G}^h$ 的快照的交集）中，节点 u^h 的度数都大于或等于 k。因此，节点 u^h 在 G_1^h 中的 (σ, k) 弱周期时间支撑集可能不唯一。令 $\text{WPTSS}_k^{\sigma}(u^h, G_1^h)$ 为节点 u^h 在 G_1^h 中的所有 (σ, k) 弱周期时间支撑集的集合，下面给出 (σ, k) 弱周期节点的定义。

定义 6.3.11（(σ, k) 弱周期节点） 节点 u^h 是 G_1^h 中的 (σ, k) 弱周期节点，当且仅当 $\text{WPTSS}_k^{\sigma}(u^h, G_1^h) \neq \varnothing$。

可以看到，节点 u^h 在 G_1^h 中是 (σ, k) 弱周期节点，是节点 u^h 在同一子图中是 (σ, k) 周期节点的必要不充分条件。由此，WPNCluster 剪枝规则的目标即为删除时序超图中不满足定义 6.3.11 的节点。下面给出剪枝后剩余节点集合的定义。

定义 6.3.12（(σ, k) 弱周期节点簇） 对于时序超图 $\mathcal{G}^h$ 的底图 G^h，设 G^h 的子图 G_s^h 为 (σ, k) 弱周期节点簇，当且仅当以下所有条件成立：（1）$\forall u^h \in V_s^h, u^h$ 是 G_s^h 中的 (σ, k) 弱周期节点；（2）G^h 中不存在另一个子图 G_{s1}^h 满足 $G_s^h \subset G_{s1}^h$ 和条件（1）。

引理 6.3.2 任何 MPCore 都是 (σ, k) 弱周期节点簇的子图。

根据引理 6.3.2，通过求出 (σ,k) 弱周期节点簇可以进一步缩小 MPCore 所在的范围。下面给出求解 (σ,k) 弱周期节点簇的算法 WPNCluster。算法 6.3.4 是求解时序超图中 (σ,k) 弱周期节点簇算法的主体框架。从第 3 行开始，该算法通过遍历每个节点，并直接计算其所有弱周期时间支撑集，判断其是不是弱周期节点。如果一个节点不符合要求，那么就将其加入队列中等候删除。删除一个节点可能导致其相邻超边中的节点的度数或弱周期时间支撑集发生改变，因此该算法还使用了 updatePT 函数灵活地对被影响的节点进行更新，对于更新后不再满足要求的节点，也将其加入队列中等待删除。由于本节关注的是时序超图，因此在删除节点后，当超边的节点数小于 2 时，才会做进一步处理。此外，算法中还引入了一个结构 TDgree，用于高效地更新 PT，本节将在算法 6.3.6 中详细介绍它的作用。

算法 6.3.4　WPNCluster($\mathcal{G}^h, G_c^h, \sigma, k$)

输入：时序超图 $\mathcal{G}^h$，$\mathcal{G}^h$ 的底图的 k 核（G_c^h），参数 σ 和 k
输出：(σ,k) 弱周期节点簇 G_s^h

1.　$Q \leftarrow \varnothing$；$D \leftarrow \varnothing$；
2.　$PT \leftarrow \{\}$；$IPT \leftarrow \{\}$；$TDgree \leftarrow \{\}$；
3.　**for** ($u^h \in V_c^h$ 以节点度数升序) **do**
4.　　**if** ($u^h \in D$) **then continue**；
5.　　computePT($\mathcal{G}^h, G_c^h, u^h, \sigma, k, PT, TDgree$); //计算节点的所有 (σ,k) 弱周期时间支撑集
6.　　**if** ($PT[u^h] = \varnothing$) **then**
7.　　　Q.push(u^h)；
8.　　**while** (!Q.empty()) **do**
9.　　　$v^h \leftarrow Q$.front()；Q.pop()；
10.　　$V_c^h \leftarrow V_c^h - \{v^h\}$；$D \leftarrow D \bigcup \{v^h\}$；
11.　　**for** ((e^h, i) $\in N_{G_c^h}(v^h)$) **do**
12.　　　$e^h \leftarrow e^h - \{v^h\}$；
13.　　　**if** ($|e^h| < 2$) **then**
14.　　　　$w^h \leftarrow e^h$ 中最后一个节点；$E_c^h \leftarrow E_c^h - \{(e^h, i)\}$；
15.　　　　**if** ($w^h \in Q$) **then continue**；
16.　　　　**if** ($d_{G_c^h}(w^h) < k$) **then**
17.　　　　　Q.push(w^h)；**continue**；
18.　　　　**if** ($w^h \notin PT$) **then continue**；
19.　　　　updatePT($\mathcal{G}^h, w^h, (e^h, i), k, PT, IPT, TDgree$)；
20.　　　　**if** ($PT[w^h] = \varnothing$) **then** Q.push(w^h)；
21.　**return** $G_s^h \leftarrow G_c^h$；

算法 6.3.5 展示了如何计算单个节点的所有（σ,k）弱周期时间支撑集。其整体思路比较简单，首先对节点的所有邻接超边的时间支撑集 TS 中的所有时间戳进行计数（第 2～5 行），由于单个邻接超边的时间支撑集中的时间戳不会重复，因此在 cntTime 中某一个时间戳的计数就代表该节点在该时刻的度数。然后将所有度数大于或等于 k 的时间戳按顺序收

集起来组成 availableTime（第 7～10 行）。至此，该算法的问题就转变为在有序且无重复的序列 availableTime 中，找出所有长度为 σ 的等差序列了。算法首先枚举等差数列的前两项（第 11～13 行），然后依次查找序列中剩下的元素是否存在这种等差关系（第 15～17 行）。如果找到一个等差数列，那么就将当前节点在这个等差数列所代表的所有时刻上的度数保存到 TDgree 中（第 19～23 行），以便后续更新 PT。

算法 6.3.5 computePT($\mathcal{G}^h, G_c^h, u^h, \sigma, k, \text{PT}, \text{TDgree}$)

输入：时序超图 $\mathcal{G}^h$ 和底图 G_c^h，节点 u^h，参数 σ, k，保存所有节点的 $\text{WPTSS}_k^\sigma(\cdots,\cdots)$ 的字典 PT，保存每个节点在每个时刻的度数的字典 TDgree

输出：代表 k 核的子图 $G_s^h = (V_s^h, E_s^h)$

1. $\text{cntTime} \leftarrow \{\}$;
2. **for** ($(e^h, i) \in N_{G_c^h}(u^h)$) **do**
3.   **for** ($t \in \text{TS}((e^h, \{(e^h, i)\}))$) **do** // $(e^h, \{(e^h, i)\})$ 是由超边 (e^h, i) 单独构成的子图
4.   **if** ($t \in \text{cntTime}$) **then** $\text{cntTime}[t] \leftarrow \text{cntTime}[t] + 1$;
5.   **else** $\text{cntTime}[t] \leftarrow 1$;
6. $\text{availableTime} \leftarrow []$;
7. **for** ($t \in \text{cntTime}$) **do**
8.   **if** ($\text{cntTime}[t] \geq k$) **then** $\text{availableTime.append}(t)$;
9. **if** ($\text{availableTime.size}() < \sigma$) **then return**;
10. $\text{availableTime.sort}()$; $\text{PT}[u^h] \leftarrow \{\}$;
11. **for** ($i_1 \in [0, \text{availableTime.size}() - 2]$) **do**
12. **for** ($i_2 \in [i_1 + 1, \text{availableTime.size}() - 1]$) **do**
13. $\text{diff} \leftarrow \text{availableTime}[i_2] - \text{availableTime}[i_1]$;
14. $\text{curTime} \leftarrow \text{availableTime}[i_2]$; $\text{yes} \leftarrow \text{true}$;
15.   **for** ($i_3 \in [0, \sigma - 3]$) **do**
16. $\text{curTime} \leftarrow \text{curTime} + \text{diff}$;
17.   **if** $\text{curTime} \notin \text{availableTime}$ **then** $\text{yes} \leftarrow \text{false}$; **break**;
18.   **if** ($\text{yes} = \text{true}$) **then**
19. $\text{curTime} \leftarrow \text{availableTime}[i_1]$;
20.   **for** ($i_3 \in [0, \sigma - 1]$) **do**
21.   **if** $u^h \notin \text{TDgree}$ **then** $\text{TDgree}[u^h] \leftarrow \{\}$;
22. $\text{TDgree}[u^h][\text{curTime}] \leftarrow \text{cntTime}[\text{curTime}]$;
23. $\text{curTime} = \text{curTime} + \text{diff}$;
24. $\text{PT}[u^h].\text{insert}\big((\text{availableTime}[i_1], \text{diff}, \sigma)\big)$;
25. **return** $G_s^h \leftarrow G^h$;

算法 6.3.6 的目标是对在 WPNCluster 算法中由于邻居节点被删除而邻接超边发生变化的节点进行"增量式"更新。其中，参数 (e^h, i) 代表被删除的超边，算法 6.3.6 枚举了 (e^h, i) 的时间支撑集（第 2 行），对其中的每个时刻 t，如果在该时刻，节点 u^h 的度数小于 k（第 5

行），那么所有包含时刻 t 的弱周期时间支撑集都将失效，从而被删除（第 6～7 行）。算法 6.3.6 中的改进部分体现在结构 TDgree 上。由算法 6.3.5 可以看到，TDgree 统一地保存了每个节点的所有弱周期时间支撑集在所有时刻上的该节点的度数（第 20～23 行）。

算法 6.3.6　updatePT($\mathcal{G}^h, u^h, (e^h, i), k, \text{PT}, \text{IPT}, \text{TDgree}$)

输入：时序超图 $\mathcal{G}^h$，节点 u^h，引起节点更新的超边 (e^h, i)，参数 k，保存所有节点的 $\text{WPTSS}_k^\sigma(\cdots, \cdots)$ 的字典 PT，用于更新 PT 的字典 IPT，保存每个节点在每个时刻的度数的字典 TDgree

1.　**if** u^h **not in** IPT **then** computeIPT($u^h, \text{PT}[u^h], \text{IPT}$);
2.　**for** t **in** $\text{TS}((e^h, \{(e^h, i)\}))$ **do**
3.　　**if** t **in** $\text{TDgree}[u^h]$ **then**
4.　　　**if** $\text{TDgree}[u^h][t] < k$ **then continue**;
5.　　　**if** $(\text{TDgree}[u^h][t] \leftarrow \text{TDgree}[u^h][t] - 1) < k$ **then**
6.　　　　**for** pt **in** $\text{IPT}[u^h][t]$ **do**
7.　　　　　**if** pt **in** $\text{PT}[u^h]$ **then** $\text{PT}[u^h] \leftarrow \text{PT}[u^h] - \{\text{pt}\}$;
8.　　　　　**if** $\text{PT}[u^h] = \varnothing$ **then return**;
9.　**return**;
10.　子程序 computeIPT($u^h, \text{PT}_{u^h}, \text{IPT}$)
11.　$\text{IPT}[u^h] \leftarrow \{\}$;
12.　**for** pt **in** PT_{u^h} **do**
13.　　start $\leftarrow$ pt[0] ;
14.　　**for** i **in** $[0, \text{pt}[2] - 1]$ **do**
15.　　　**if** start **not in** $\text{IPT}[u^h]$ **then** $\text{IPT}[u^h][\text{start}] \leftarrow []$;
16.　　　$\text{IPT}[u^h][\text{start}]$.append(pt) ; start $\leftarrow$ start + pt[1] ;
17.　**return**;

（3）WPNECluster 削减规则。WPNECluster 削减规则的主要目的是在 WPNCluster 剪枝规则的基础上，剪掉一定不包含在任何 MPCore 中的边。

下面先给出一些 WPNECluster 削减规则需要用到的基本性质。

引理 6.3.3　设 WPNCluster 算法的结果是子图 G_s^h，那么对任意 MPCore 中的任意一条超边 (e^h, i) 和任意节点 $u^h \in e^h$，一定存在 $\text{wpts} \in \text{WPTSS}_k^\sigma(u^h, G_s^h)$ 满足 $\text{wpts} \subseteq \text{TS}((e^h, \{(e^h, i)\}))$，并且存在 $v^h \in e^h, v^h \neq u^h$，使得 $\text{wpts} \in \text{WPTSS}_k^\sigma(v^h, G_s^h)$。

也就是说，MPCore 中的超边里的任意一个节点都与同在该超边的另一个节点有公共弱周期时间支撑集，且该弱周期时间支撑集是该超边的时间支撑集的子集。通过引理 6.3.3 可知，可以在 WPNCluster 算法结果的基础上，将每条超边中不符合要求的节点移除，并迭代地在新的子图上继续进行类似处理，以此继续减小超图的规模。下面给出 WPNECluster 算法减小的具体目标。

定义 6.3.13（(σ, k) **弱周期节点超边簇**）考虑时序超图 $\mathcal{G}^h$ 和其底图 G^h，G^h 的一个子图 G_s^h 是其上的（σ, k）弱周期节点超边簇，当且仅当下面所有条件成立：（1）$\forall (e^h, i) \in E_s^h (\forall u^h \in e^h, \exists v^h \in e^h, v^h \neq u^h \wedge (\exists \text{wpts} \in \text{WPTSS}_k^\sigma(u^h, G_s^h) \bigcap \text{WPTSS}_k^\sigma(v^h, G_s^h), \text{wpts} \subseteq \text{TS}((e^h, \{(e^h, i)\}))))$;

（2）不存在另一个子图 $G_{s1}^h \subseteq G^h$ 满足 $G_s^h \subset G_{s1}^h$ 和条件（1）。

引理 6.3.4　所有 MPCore 都是 (σ,k) 弱周期节点超边簇的子图。

下面将给出求解 (σ,k) 弱周期节点超边簇的 WPNECluster 算法的基本框架，如算法 6.3.7 所示。从第 2 行开始，算法 6.3.7 遍历所有超边，并对每条超边都使用 handleEdge 算法，将其中不符合条件的节点移除（第 8 行）。将一个节点从它所在的一个超边移除时，由于损失了一条邻接超边，因此该节点的度数和 (σ,k) 弱周期时间支撑集可能会发生变化，甚至导致其度数小于 k 或者不再是 (σ,k) 弱周期节点，所以需要在 handleEdge 函数中传入 nodeQ 来收集这些节点，以便后续集中处理。从第 9 行开始，nodeQ 中的每个节点 u^h 都存在两种可能：

（1）将要从 G_s^h 中删除；

（2）PT[u^h] 发生变化。

对于节点 u^h 所有现存的已被处理的邻接超边（标识小于或等于 i_1），节点 u^h 的以上两种变化都可能会导致超边中的一些节点不再满足要求（即不同属于一个超边的另一个节点有可能是该超边时间支撑集的子集的公共弱周期时间支撑集）。所以第 11～14 行重新将节点 u^h 的邻接超边收集到 edgeQ 中，以便重新执行 handleEdge 函数。从第 15 行开始，算法 6.3.7 将已确认不存在于最终答案里的节点删除，此过程与之前的算法相似，故不再重复描述。

算法 6.3.7　WPNECluster($\mathcal{G}^h, G_s^h, k, \text{PT}, \text{IPT}, \text{TDgree}$)

输入：时序超图 $\mathcal{G}^h$，WPNCluster 算法的结果 G_s^h，参数 k，与算法 6.3.6 中含义相同的 PT，IPT，TDgree

输出：(σ,k) 弱周期节点超边簇 G_{s1}^h

1.　nodeQ ← 空队列；edgeQ ← 空队列；

2.　**for** (e_1^h, i_1) **in** E_s^h 以标识 i_1 升序 **do**

3.　　**if** (e_1^h, i_1) **not in** E_s^h **then continue**;

4.　　edgeQ.push((e_1^h, i_1))；

5.　**while** (!edgeQ.empty()) **do**

6.　　(e_2^h, i_2) ← edgeQ.front()；edgeQ.pop()；

7.　　**if** (e_2^h, i_2) **not in** E_s^h **then continue**;

8.　　handleEdge ($\mathcal{G}^h, G_s^h, (e_2^h, i_2), \text{nodeQ}, \text{PT}, \text{IPT}, \text{TDgree}$)；

9.　　**while**(!nodeQ.empty()) **do**

10.　　　u^h ← nodeQ.front()；nodeQ.pop()；

11.　　　**for** (e_3^h, i_3) **in** $N_{G_s^h}(u^h)$ 以标识 i_3 升序 **do**

12.　　　　**if** $i_3 > i_1$ **then break**;

13.　　　**if** (e_3^h, i_3) **not in** edgeQ **then**

14.　　　　　edgeQ.push((e_3^h, i_3))；

15.　　　**if** PT[u^h] $= \varnothing$ **or** $d_{G_s^h}(u^h) < k$ **then**

16.　　　　$V_s^h \leftarrow V_s^h - \{u^h\}$；

17.　　　　**for** (e_3^h, i_3) **in** $N_{G_s^h}(u^h)$ **do**

18.　　　　　$e_3^h \leftarrow e_3^h - \{u^h\}$；

19.　　　　**if** $|e_3^h| < 2$ **then**

20. $v^h \leftarrow e_3^h$ 中最后一个节点；

21. $E_s^h \leftarrow E_s^h - \{(e_3^h, i_3)\}$ ；

22.   **if** $PT[v^h] = \varnothing$ **or** $d_{G_s^h}(v^h) + 1 < k$ **then continue**;

23.   **if** $d_{G_s^h}(v^h) < k$ **then**

24.   **if** v^h **not in** nodeQ **then** nodeQ.push(v^h) ；

25.   **continue**;

26.   updatePT($\mathcal{G}^h, v^h, (e_3^h, i_3), k, PT, IPT, TDgree$);

27.   **if** v^h **not in** nodeQ **then** nodeQ.push(v^h) ；

算法 6.3.8 的主要功能是从一个超边中移除不符合要求的节点。算法第 2～6 行，首先为每个节点的所有是该超边时间支撑集子集的弱周期时间支撑集计数。对于所有节点，必须存在一个计数值大于或等于 2 的弱周期时间支撑集（第 10～11 行），否则将该节点从超边的节点集合中移除。该操作主要分为两部分，一部分是判断超边是否还有两个及以上节点，若不是，则处理剩下的那个节点（第 15～19 行），另一部分是处理被移除的那个节点（第 20～22 行）。

算法 6.3.8   handleEdge($\mathcal{G}^h, G_s^h, (e^h, i), k, nodeQ, PT, IPT, TDgree$)

输入：时序超图 $\mathcal{G}^h$，当前子图 G_s^h，将要处理的超边 (e^h, i)，参数 k，节点队列 nodeQ，与算法 4 中含义相同的 PT，IPT，TDgree

1.   cntPT $\leftarrow \{\}$ ；

2.   **for** u^h **in** e^h **do**

3.   **for** pt **in** $PT[u^h]$ **do**

4.   **if** pt $\notin TS((e^h, \{(e^h, i)\}))$ **then continue**;

5.   **if** pt **in** cntPT **then** cntPT[pt] $\leftarrow$ cntPT[pt] + 1；

6.   **else** cntPT[pt] $\leftarrow 1$ ；

7.   **for** u^h **in** e^h **do**

8.   **if** $|e^h| < 2$ **then break**;

9.   yes $\leftarrow$ false ；

10.   **for** pt **in** $PT[u^h]$ **do**

11.   **if** pt **in** cntPT **and** cntPT[pt] ≥ 2 **then** yes $\leftarrow$ true , **break**;

12.   **if** yes = false **then**

13. $e^h \leftarrow e^h - \{u^h\}$ ；

14.   **if** $|e^h| < 2$ **then**

15. $v^h \leftarrow e^h$ 中最后一个节点；

16. $E_s^h \leftarrow E_s^h - \{(e^h, i)\}$ ；

17.   **if** $d_{G_s^h}(v^h) < k$ **then** nodeQ.push(v^h) , **continue**;

18.   updatePT($\mathcal{G}^h, v^h, (e^h, i), k, PT, IPT, TDgree$);

19.   nodeQ.push(v^h) ；

20.   **if** $d_{G_s^h}(u^h) < k$ **then** nodeQ.push(u^h) , **continue**;

21.   updatePT($\mathcal{G}^h, u^h, (e^h, i), k, PT, IPT, TDgree$);

22.   nodeQ.push(u^h) ；

例 6.3.6　图 6-17 显示了 WPNCluster 算法和 WPNECluster 算法的剪枝效果，其中，$\sigma = 3$，$k = 3$。图 6-17（a）为原时序超图，可以看到在图 6-17（b）中，经过 WPNCluter 剪枝算法，原图的 v_2，v_6，v_8 节点被删除了，因为它们的周期时间支撑集都为空集。图 6-17（c）为图 6-17（b）中的底图继续执行 WPNECluster 算法的剪枝结果，首先，由于图 6-17（b）中节点 v_4 的周期时间支撑集中并不含有超边 $\{v_4, v_5\}$ 所含有的周期时间序列 $(3,5,7)$，因此节点 v_4 被移出超边 $\{v_4, v_5\}$；又由于仅剩一个节点的超边也会被删除，因此导致节点 v_5 的周期时间支撑集变为空集，从而被删除，进而使得 v_7 节点也被删除。最终得到图 6-17（c），即 WPNECluster 算法的剪枝结果。

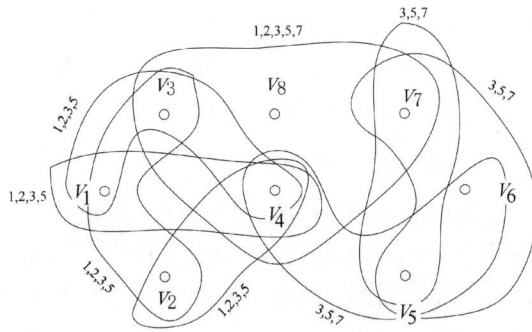

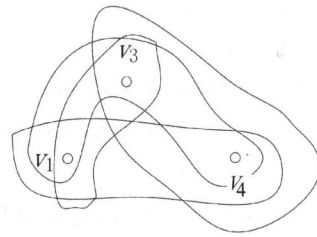

（a）原时序超图

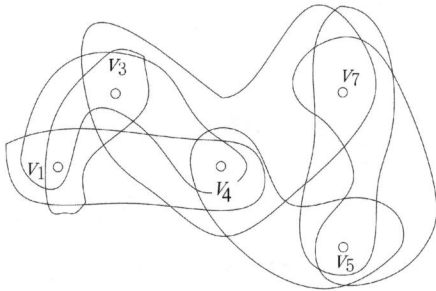

（b）WPNCluster 算法剪枝结果　　　　　　　　　（c）WPNECluster 算法剪枝结果

图 6-17　时序超图剪枝结果

6.3.3.2　时序超图的周期挖掘

根据 MPCore 的定义，一个 MPCore 一定是一个 σ 周期子图，且存在一个 σ 周期时间支撑集 pts，使得该 MPCore 不会是任何一个同样含有该 σ 周期时间支撑集的 σ 周期 k 核的子图（以符号 $\subset$ 表示）。由于该 MPCore 的所有超边和所有节点都含有 pts 这一 σ 周期序列，作为 σ 周期时间支撑集和 (σ, k) 弱周期时间支撑集，因此，可以用所有将 pts 作为 σ 周期时间支撑集之一的超边连同这些超边里将 pts 作为 (σ, k) 弱周期时间支撑集之一的节点组成一个以 pts 为标识的普通超图，在这个普通超图里，该 MPCore 一定是这个普通超图的 k 核（定义 6.3.8）。根据这个思路，本节给出以下定义。

定义 6.3.14（σ 周期分层超图）　考虑时序超图 $\mathcal{G}^h$ 和其底图 G^h，G^h 的一个子图 G_s^h，若

G_s^h 的所有超边和节点都已被计算出所有 σ 周期时间支撑集和 (σ,k) 弱周期时间支撑集，则由 G_s^h 转换成的 σ 周期分层超图 G_{layer}^h 同时满足如下条件：（1） $G_{\text{layer}}^h = (G_{\text{pts}_1}^h,\dots,G_{\text{pts}_L}^h)$；（2） $G_{\text{pts}_l}^h = (V_l^h, E_l^h)$，$l \in [1,L]$；（3） $E_l^h = \{(e_1^h,i_1) \mid (e_2^h,i_1) \in E_s^h,\ \text{pts}_l \subseteq \text{TS}((e_2^h,\{(e_2^h,i_1)\})),\ e_1^h = \{u^h \mid u^h \in e_2^h,\ \text{pts}_l \in \text{WPTSS}_k^\sigma(u^h,G_s^h)\}\}$；（4） $V_l^h = \bigcup_{(e_1^h,i_1)\in E_l^h} e_1^h$。

　　根据以上定义，在构建 σ 周期分层超图时，对 G_s^h 的每一条超边 (e^h,i) 的每个 σ 周期时间支撑集 pts，将该超边中所有将 pts 作为 (σ,k) 弱周期时间支撑集的节点组合成新的超边，然后将新的超边加入 G_{layer}^h 的 pts 层超图 G_{pts}^h。为了证明 σ 周期分层超图对找出的所有 MPCore 的有效性，本文先给出以下引理。

　　引理 6.3.5　考虑时序超图的底图 G^h 的一个子图 G_s^h，且所有 MPCore 都是 G_s^h 的子图，对于任意 MPCore 和使其满足定义 6.3.14 第二个条件的 σ 周期时间支撑集 pts，该 MPCore 一定是由 G_s^h 转化成的 σ 周期分层超图中的 pts 层超图 G_{pts}^h 的 k 核（定义 6.3.8）。

　　根据引理 6.3.5，通过找出 σ 周期分层超图的每一层超图的 k 核，即可找出所有的 MPCore，而这意味着直接对每一层超图应用算法 6.3.3 即可。因此，可通过算法 6.3.9 将削减后的时序超图转化为 σ 周期分层超图。最后，通过算法 6.3.10 得到所有的 MPCore。

算法 6.3.9　Transform($\mathcal{G}^h, G_{s1}^h, k, \sigma$)

输入：时序超图 $\mathcal{G}^h$，最终的剪枝结果 G_{s1}^h，参数 k,σ

输出：转化后的分层静态超图

1.　$G_{\text{layer}}^h \leftarrow$ empty list; allPTS $\leftarrow$ empty list;
2.　**for** $u^h \in V_{s1}^h$ **do**
3.　　**for** pts $\in \text{WPTSS}_k^\sigma(u^h, G_{s1}^h)$ **do**
4.　　　**if** pts $\notin$ allPTS **then** allPTS.append(pts);
5.　**for** pts $\in$ allPTS **do**
6.　　$E_l^h \leftarrow \{(e_1^h,i_1) \mid (e_2^h,i_1) \in E_{s1}^h, \text{pts} \subseteq \text{TS}((e_2^h,\{(e_2^h,i_1)\})), e_1^h \leftarrow \{u^h \mid u^h \in e_2^h, \text{pts} \in \text{WPTSS}_k^\sigma(u^h,G_{s1}^h)\}\}$;
7.　　$V_l^h \leftarrow \bigcup_{(e_1^h,i_1)\in E_l^h} e_1^h$.;
8.　　G_{layer}^h.append(($G_l^h \leftarrow (V_l^h, E_l^h)$, pts));
9.　**return** G_{layer}^h;

算法 6.3.10　MPCore(G_{layer}^h, k)

输入：σ 周期分层超图 G_{layer}^h，参数 k

输出：所有的极大 σ 周期 k 核 mpcores

1.　mpcores $\leftarrow$ empty list;
2.　**for** $(G_l^h, \text{pts}) \in G_{\text{layer}}^h$ **do**
3.　　$G_{\text{lc}}^h \leftarrow$ computeKCore(G_l^h, k);
4.　　**if** G_{lc}^h is not empty **do** mpcores.append((G_{lc}^h, pts));
5.　**return** mpcores;

本章参考文献

[1] DONG C Y, SHIN D, JOO S, NAM Y, CHO K H. Identification of feedback loops in neural networks based on multi-step granger causality[J]. Bioinformatics, 2012, 28(16): 2146-2153.

[2] HOFFMANN F, KRASLE D. Fraud detection using network analysis: EP20140003010[P]. 2015.

[3] KUMAR R, CALDERS T. Finding simple temporal cycles in an interaction network[C]//Proceedings of the Workshop on Large-Scale Time Dependent Graphs (TD-LSG 2017) Co-Located with the European Conference on Machine Learning and Principles and Practice of Knowledge Discovery in Databases (ECML PKDD 2017). Skopje, 2017: 3-6.

[4] KUMAR R, CALDERS T. 2SCENT: An efficient algorithm for enumerating all simple temporal cycles[J]. Proceedings of the VLDB Endowment, 2018, 11(11): 1441-1453.

[5] YAN X, HAN J. Gspan: Graph-based substructure pattern mining[C]//2002 IEEE International Conference on Data Mining. Proceedings. IEEE, 2002: 721-724.

[6] GIRVAN M, NEWMAN M E J. Community structure in social and biological networks[J]. Proceedings of the National Academy of Sciences, 2002, 99(12): 7821-7826.

[7] FOURNET J, BARRAT A. Contact patterns among high school students[J]. PLOS ONE, 2014, 9: e107878.

[8] FISCHHOFF I R, SUNDARESAN S R, CORDINGLEY J, LARKIN H M, SELLIER M J. Social relationships and reproductive state influence leadership roles in movements of plains zebra, equus burchellii[J]. Animal Behaviour, 2007, 73(5): 825-831.

[9] BRETTO A. Hypergraph theory: An introduction[M]. Cham: Springer, 2013.

[10] QIN H, LI R H, YUAN Y, et al. Periodic communities mining in temporal networks: Concepts and algorithms[J]. IEEE Transactions on Knowledge and Data Engineering, 2020, 34(8): 3927-3945.

[11] SEIDMAN S B. Network structure and minimum degree[J]. Social Networks, 1983, 5(3): 269-287.

[12] BATAGELJ V, ZAVERSNIK M. An O(m) algorithm for cores decomposition of networks[R/OL]. CoRR, 2003.

[13]冷明, 孙凌宇, 边计年, 等. 一种时间复杂度为 O(m)的无向超图核值求解算法[J]. 小型微型计算机系统, 2013, 34(11): 2568-2573.

第 **7** 章

图立方的推理归纳

在前面的章节中，实现了对图立方数据的存储与查询，并能够挖掘图立方中存在的特定模式。图立方知识图谱通常包含大量的实体和关系，对其进行推理和归纳可以帮助人们更深入地理解知识图谱并发现隐藏的关联关系，从而支持各种知识驱动的任务，提高相关应用的准确性和智能性。对知识图谱的推理归纳通常通过机器学习方法来实现，因而需要将实体和关系表示为计算机可处理的形式。传统的知识图谱表示通常采用基于规则或手工特征工程的方式，这种方法不仅需要大量的人力和时间成本，而且缺乏灵活性和可扩展性。因此，近年来，越来越多的研究者开始使用表示学习技术来解决这个问题。知识图谱表示学习的主要思想是通过机器学习算法将实体和关系转化到低维连续的向量空间中，通过低维向量来表示高维度实体、关系的分布，以便于将机器学习算法应用于知识图谱下游的分类预测任务。本章将基于构建的图立方知识图谱，使用机器学习算法为实体和关系学习嵌入表示，以挖掘元组之间潜在的语义关系。同时，设计了图立方超关系评分函数，实现了对图立方知识图谱的推理与归纳。

7.1 图立方表示学习

在图立方多元关系知识图谱中，存在传统的二元关系和更高阶的多元关系。传统的知识图谱中只存在二元关系，即表达图谱中"头实体 h"和"尾实体 t"之间存在着一种"关系 r"，其构成了三元组 (h,r,t)。而更高阶的多元关系则可以视为二元关系的泛化形式，即表达图谱中多个实体 $e_1,e_2,...,e_k$ 之间存在一种"组合关系 r"，这种组合形式可能是有序的也可能是无序的，其构成了多元组 $(r,e_1,e_2,...,e_k)$。本节将从传统图谱出发，从知识图谱的二元关系逐步递进到多元关系，详细介绍图立方知识图谱表示学习的方法。

7.1.1 问题定义

传统知识图谱表示学习将事实三元组嵌入连续向量空间中，将复杂的图谱语义相似性转化为可度量的向量空间距离，从而完成图谱的表示学习任务。传统知识图谱表示学习根据利用知识图谱信息的程度可分为基于事实三元组的知识图谱表示和融合多源信息的知识图谱表示两种。

基于事实三元组的知识图谱表示学习仅根据观察到的事实三元组来执行嵌入任务，将其进行向量表示，这些向量可用于其他下游任务。该模型具备以下要点：

（1）表示形式：实体通常表示为目标空间中的向量，而关系通常表示为目标空间中的操作，如向量、矩阵和高斯分布等；

（2）得分函数：用于衡量三元组存在的可能性，三元组得分越高，其在图谱中出现的概率越大；

（3）优化方法：通常使用梯度下降的方法进行优化求解。

根据事实三元组得分函数定义的不同，又可分为基于距离的模型和基于语义匹配的模型两类。前者将实体和关系嵌入投影到特定的表示空间中，并使用特定的距离函数计算模型得分，而后者通过为三元组设计语义匹配函数来实现元组的相似性评分。

融合多元信息的知识图谱则利用外部资源学习知识图谱的嵌入表示，如实体类别、文本描述、关系路径等，以此来提高知识图谱表示学习嵌入的效果。

7.1.2　传统方法

7.1.2.1　距离模型

距离模型在学习实体和关系的表示时，会将三元组存在的合理性建模为三元组内部隐含的距离。给定一个知识图谱，实体首先被投影至低维向量，然后将关系投影为实体之间的平移或旋转算符，通常表示为向量或矩阵。最后，每个三元组通过两个实体之间的距离评分函数来衡量三元组存在的合理性。合理的三元组往往具有较低的距离值。下面介绍几种经典的基于距离的知识图谱表示学习模型。

（1）TransE[1]：TransE 是一种经典的知识图谱表示学习模型，通过其可得到精准的关系类型并降低计算复杂度。TransE 模型将实体和关系嵌入同一空间 $\mathbb{R}^d$ 中，由于三元组 (h,r,t) 中的关系 r 用平移向量 r 表示，因此 h 和 t 可以通过 r 以低误差进行连接，即 $h+r \approx t$，这是根据词嵌入 word2vec[11]中词向量语义之间的平移不变性得到的，如"辽宁 – 沈阳 ≈ 浙江 – 杭州"。在知识图谱中，如果将这种规律类比为关系"省会"，那么可以得到"辽宁 + 省会 ≈ 沈阳"和"浙江 + 省会 ≈ 杭州"。图 7-1（a）说明了这种规律。将得分函数定义为 $h+r$ 和 t 之间的距离，即 $f_r(h,t)=-\|h+r-t\|_2^2$，是因为该模型认为头实体向量和关系向量的和与尾实体向量在空间中的距离很小，距离越小代表越相似，因此可以通过最大化正负三元组之间的间隔学习实体的嵌入。若三元组存在，则函数期望有很高的得分。

TransE 模型设计简单，架构灵活，但无法区分不同的映射关系。以 N_to_1 关系为例，给定这样一个关系 r，$\exists i \in \{1,\dots,p\}$，有 $(h_i,r,t) \in T$，T 是三元组集合。根据 TransE 模型，$\forall i \in \{1,\dots,p\}$，均有 $h_i + r \approx t$，则有 $h_1 \approx \dots \approx h_p$。这意味着头实体是相似的，尽管它们是完全不同的实体，例如"性别"关系下的实体"张三""李明"和"陈涛"等。相同的缺点在 1_to_N 和 N_to_N 关系中也存在。

（2）TransH[2]：该模型将不同类型关系下的同一实体表示成不同形式。在这样的表示下，即使实体"张三"、"李明"和"陈涛"在关系"性别"下的表示非常相似，但在其他关系下它们仍然可能相距很远。在 TransH 模型中，每个关系都有一个超平面，三元组中的头、尾实体向该平面做投影，并将实体作为向量进行建模，将每个关系 r 作为超平面上的向量 r，并将向量 w_r 作为法向量。对于给定三元组 (h,r,t)，实体表示 h 和 t 被投影到超平面上，如图 7-1（b）所示，

分别记为 $h_\perp = h - w_r^{\mathrm{T}} h w_r$ 和 $t_\perp = t - w_r^{\mathrm{T}} t w_r$。若 (h,r,t) 存在，则投影可以通过 r 以很小误差进行连接，即 $h_\perp + r \approx t_\perp$。因此，TransH 模型的得分函数定义为 $f_r(h,t) = -\| h_\perp + r - t_\perp \|_2^2$。

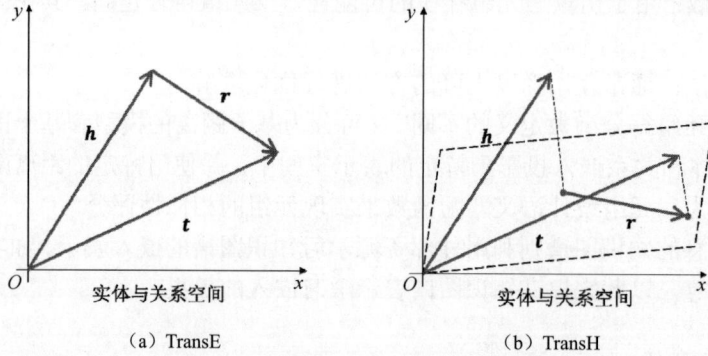

（a）TransE　　　　　　　　　　　（b）TransH

图 7-1　TransE，TransH 的简单说明

通过 TransH 引入关系超平面，使得同一实体在不同关系中表现出不同的角色，但实体和关系依旧在同一个空间 $\mathbb{R}^d$ 中进行表示。

（3）TransR[3]：TransR 模型认为实体在不同关系下侧重于不同的属性，因此，关系不同其语义空间也不同。与 TransH 类似，TransR 为每种关系都定义了一个关系空间 $\mathbb{R}^k$，实体被表示为实体空间 $\mathbb{R}^d$ 中的向量，而关系被表示为 $\mathbb{R}^k$ 中的平移向量。图 7-2 给出了 TransR 的简单说明，对于给定三元组 (h,r,t)，将 h 和 t 映射到 r 的空间，表示为 $h_\perp = \mathbf{M}_r h$ 和 $t_\perp = \mathbf{M}_r t$，其中，$\mathbf{M}_r \in \mathbb{R}^{k \times d}$ 是从实体向量空间到关系向量空间的投影矩阵。因此，得分函数可以定义为 $f_r(h,t) = -\| h_\perp + r - t_\perp \|_2^2$。

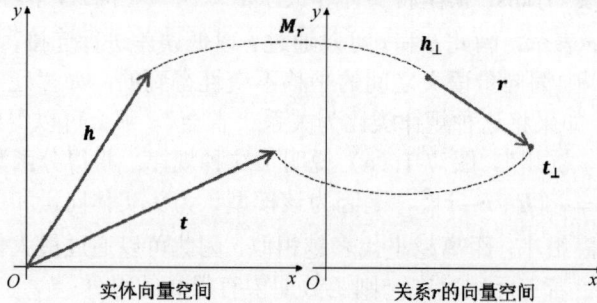

图 7-2　TransR 的简单说明

虽然 TransR 在建模复杂关系方面非常强大，但是其每个关系都有一个向量空间（即投影矩阵），因参数增加导致计算复杂，从而失去了 TransE/TransH 模型简单高效的特性。由于 h 和 t 使用相同的投影矩阵并不合理，因此在更深入的研究中需要设置每个关系与两个矩阵相关联，这两个矩阵分别用于投射头、尾实体。目前，大量表示方法通过改进 TransE、TransH 和 TransR 方法中的投影和距离规律，扩展出了大批新模型，使得性能更加优越，计算更加便捷。

（4）TransD[4]：TransD 模型是 TransR 的简化模型，它将关系的投影矩阵解析成向量乘积，使其可以涵盖与实体关联的不同类型。对于给定三元组 (h,r,t)，定义映射向量 $w_h, w_t \in \mathbb{R}^d$ 和 $w_r \in \mathbb{R}^k$，以及向量表示 $h,t \in \mathbb{R}^d$ 和 $r \in \mathbb{R}^k$，两个投影矩阵 $\mathbf{M}_r^1$ 和 $\mathbf{M}_r^2$ 分别定义为

$\mathbf{M}_r^1 = w_r w_h^{\mathrm{T}} + \mathbf{I}$ 和 $\mathbf{M}_r^2 = w_r w_t^{\mathrm{T}} + \mathbf{I}$，其中，$\mathbf{I}$ 为单位矩阵。然后，将这两个投影矩阵分别应用于 h 和 t，得到它们的投影，即 $h_\perp = \mathbf{M}_r^1 h$ 和 $t_\perp = \mathbf{M}_r^2 t$。TransD 的得分函数与 TransR 相同，但降低了 TransR 的计算复杂度，使得计算效率更高。

（5）RotatE[5]：RotatE 提供了一种全新的嵌入思路。受欧拉公式 $e^{i\theta} = cos\theta + isin\theta$ 启发，该模型定义 $h,t \in \mathbb{R}^d$，每个关系都从 h 到 t 旋转而来，即 $t = h \circ r, \|r_i\| = 1$，其中，$\circ$ 是哈达玛积，对每个元素都有 $t_i = h_i \circ r_i$。RotatE 模型的旋转操作如图 7-3 所示，其得分函数可以定义为 $f_r(h,t) = -\|h \circ r - t\|_2^2$。该模型不仅具有可伸缩性，还能够推断和建模各种关系模式。

此外，还有其他一些基于距离模型的算法，如 TransE 的基础模型 UM、结构表示模型（SE）和 KG2E 等。其中，UM 将所有实体嵌入同一空间中，并定义 $r = 0$，然后直接计算实体对的欧氏距离，根据距离大小判断是否

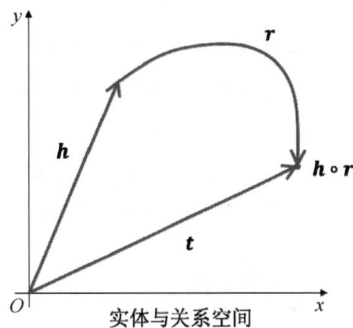

图 7-3　RotatE 的旋转操作

存在关系。结构表示模型[6]（SE）在 UM 的基础上，为每个关系定义了矩阵 $\mathbf{M}_r^1$ 和 $\mathbf{M}_r^2$，来建立实体到关系的投影，并通过实体对的欧几里得距离函数反映语义相关度。KG2E[7]则将实体和关系用多元高斯分布中的随机向量进行表示。

7.1.2.2　语义匹配模型

语义匹配模型通过相似性得分函数来学习向量表示的三元组特征，并通过张量分解计算潜在语义相似度，衡量三元组存在的合理性。下面介绍几种著名的语义匹配知识图谱表示学习模型。

（1）RESCAL[8]：RESCAL 又称双线性模型。该模型将每个实体映射成向量，以便挖掘其潜在语义；将每个关系映射成矩阵，以便表示实体对潜在语义之间的相互作用关系。三元组 (h,r,t) 的得分由双线性函数定义，即 $f_r(h,t) = h^{\mathrm{T}} \mathbf{M}_r t = \sum_{i=0}^{d-1} \sum_{j=0}^{d-1} [\mathbf{M}_r]_{ij} \cdot [h]_i \cdot [t]_j$，其中，$h,t \in \mathbb{R}^d$ 是实体的向量表示，$\mathbf{M}_r \in \mathbb{R}^{d \times d}$ 是关系的矩阵表示。这个得分函数描述了所有 h 和 t 之间的相互作用，如图 7-4 所示。由此可见，在 RESCAL 模型中，每个关系都需要 $\mathcal{O}(d^2)$ 个参数表示。因其参数较多，所以该模型计算较为复杂。

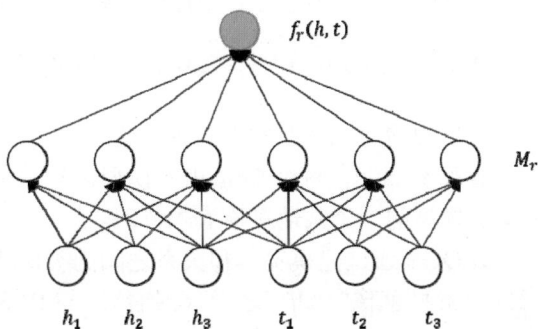

图 7-4　RESCAL 的简单说明

（2）DistMult[9]：DistMult 模型通过将 $\mathbf{M}_r$ 定义为对角矩阵，对 RESCAL 模型进行了简化。对于每个关系 r，该模型将关系表示为向量 $r \in \mathbb{R}^d$ 并定义 $\mathbf{M}_r = \mathrm{diag}(r)$。因此，得分函数可以定义为 $f_r(h,t) = h^\mathrm{T}\mathrm{diag}(r)t = \sum_{i=0}^{d-1}[r]_i \cdot [h]_i \cdot [t]_i$，用来表示 h 和 t 在同一维度上的分量之间的作用关系，如图 7-5（a）所示。DistMult 模型中每个关系都有 $\mathcal{O}(d)$ 个参数。然而，从定义可知，对于任何 h 和 t 都有 $h^\mathrm{T}\mathrm{diag}(r)t = t^\mathrm{T}\mathrm{diag}(r)h$，这表明 DistMult 模型只能表示对称关系，这对大多数的知识图谱来说是远远不够的。

（3）全系嵌入模型（HolE）[10]：HolE 充分利用了 RESCAL 和 DistMult 模型的优点，即高效且表示能力强。该模型将实体和关系映射到 $\mathbb{R}^d$ 中，形成向量表示。对于给定三元组 (h,r,t)，实体表示通过循环运算得到 $h \star t \in \mathbb{R}^d$，即 $[h \star t]_i = \sum_{k=0}^{d-1}[h]_k \cdot [t]_{(k+i)\bmod d}$。然后，将向量 $h \star t$ 与关系表示相匹配，并对三元组进行评分。其得分函数定义为 $f_r(h,t) = r^\mathrm{T}(h \star t) = \sum_{i=0}^{d-1}[r]_i\sum_{k=0}^{d-1}[h]_k \cdot [t]_{(k+i)\bmod d}$。如图 7-5（b）所示，对于每个关系，HolE 模型只需要 $\mathcal{O}(d)$ 个参数，因此其比 RESCAL 更高效。同时，由于循环运算是不可交换的，即 $h \star t \neq t \star h$，因此 HolE 可建模非对称关系。

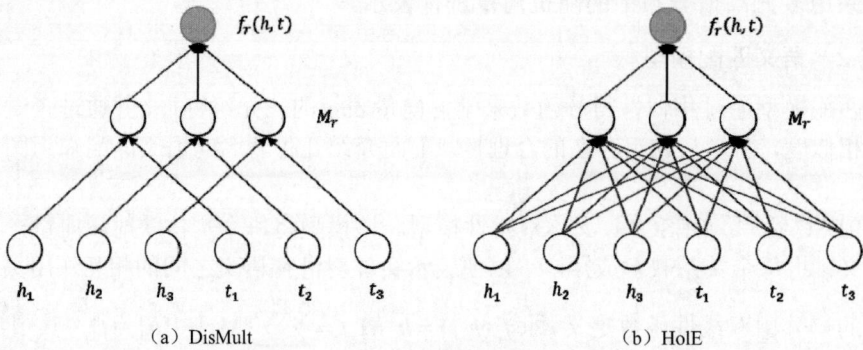

图 7-5　DistMult 和 HolE 的简单说明

（a）DisMult　　　　　　　　　　（b）HolE

（4）复杂嵌入模型（ComplEx）[11]：ComplEx 将向量嵌入扩展到复数域，从而扩展了 DistMult 模型，实现了对非对称关系的建模。该模型使得实体和关系的嵌入不再只存在于实数向量空间 $\mathbb{R}^d$，而是存在于复数向量空间 $\mathbb{C}^d$。因此，基于三元组 (h,r,t) 的得分函数为 $f_r(h,t) = \mathrm{Re}(h^\mathrm{T}\mathrm{diag}(r)\bar{t}) = \mathrm{Re}\left(\sum_{i=0}^{d-1}[r]_i \cdot [h]_i \cdot [\bar{t}]_i\right)$，其中，$\bar{t}$ 是 t 的共轭复数，$\mathrm{Re}(\cdot)$ 表示取复数的实部。因为虚部的存在，所以得分函数是非对称的。这表明如果事实三元组是非对称关系，那么函数得分不同。近期研究表明，每个 ComplEx 模型都有一个等价的 HolE 模型；相反地，HolE 模型是 ComplEx 模型的一个共轭对称嵌入特例。

（5）ANALOGY[12]：ANALOGY 通过建模实体和关系之间的类比相似性，来改进 RESCAL 模型，例如"莫言"之于"《红高粱》"就像"余华"之于"《活着》"。与 RESCAL 相同，ANALOGY 模型使用双线性得分函数 $f_r(h,t) = h^\mathrm{T}\mathbf{M}_r t$，其中，$h,t \in \mathbb{R}^d$ 是实体的向量表示，$\mathbf{M}_r \in \mathbb{R}^{d\times d}$ 是

关系的线性映射矩阵。为表示类比关系，该模型规定了关系线性映射的正态性和可交换性，分别表示为 $\mathbf{M}_r\mathbf{M}_r^{\mathrm{T}} = \mathbf{M}_r^{\mathrm{T}}\mathbf{M}_r,\ \forall r \in \mathbb{R}$ 和 $\mathbf{M}_r\mathbf{M}_{r'} = \mathbf{M}_{r'}\mathbf{M}_r,\ \forall r, r' \in \mathbb{R}$。虽然 ANALOGY 将关系表示为矩阵，但是矩阵可以块对角化为稀疏的准对角矩阵，从而使每种关系仅有 $\mathcal{O}(d)$ 个参数。研究表明，之前介绍的 DistMult、HolE 和 ComplEx 模型都可以总结为 ANALOGY 在特定约束下的特例。

（6）简单嵌入模型（SimplE）[13]：SimplE 改进了传统模型按三元组形式进行组合学习的方式，它允许每个实体的两个嵌入独立学习，应用于知识图谱多关系学习中最简单的张量分解技术。SimplE 利用一个关系的逆来解释三元组中两个向量的独立性。也就是说，对于有 $\mathbf{h}_{e_i}$ 和 $\mathbf{t}_{e_j}$ 两个向量的实体 $\mathbf{h}$，对于关系 r 来说，有 $\mathbf{r}$ 和 $\mathbf{r}^{-1}$ 两个向量的关系 $\mathbf{r}$，其相似性得分函数可以定义为 $f_r(h,t) = \dfrac{1}{2}((\mathbf{h}_{e_i}, \mathbf{r}, \mathbf{t}_{e_i}) + (\mathbf{h}_{e_j}, \mathbf{r}^{-1}, \mathbf{t}_{e_j}))$。

除此之外，随着深度学习的发展，利用神经网络进行语义匹配的表示学习模型成为了一个新的研究方向。例如，语义匹配能量（Semantic Matching Energy，SME）模型在输入层将实体和关系嵌入低维向量，在隐藏层定义投影矩阵进行表示，最后定义线性（Linear）和双线性（Bilinear）两种得分函数；张量神经网络（Tensor Neural Network，NTN）模型利用双线性张量关联不同维度下的头、尾实体向量，以此取代神经网络中的线性变换层，并定义含有三阶张量的得分函数，通过神经网络更准确地描述实体和关系之间的深层次关系；ConvE 等卷积神经网络以"图像"的形式重塑实体和关系的数值表示，然后应用卷积滤波器提取特征，从而学习最终的嵌入。

7.1.2.3　融合多源信息的表示学习

上一节中介绍的算法，不管是三元组还是多元组都仅考虑了元组的事实信息，而忽略了与元组相关的其他信息。融合多源信息的表示学习除元组结构信息之外，还利用外部资源学习知识图谱的嵌入表示，如实体类别、文本描述、关系路径等。

（1）融合实体类别的嵌入表示：知识图谱中的实体作为真实世界存在的载体，拥有各自的类别信息，并将其作为标签。为融合实体类别信息，图立方利用嵌入限制、强正则化约束对实体和关系进行平滑性假设，通过流形空间构建实体和关系的类别嵌入向量，使得同一类别实体的向量表示距离更小，从而更好地捕捉同类实体与关系的语义信息。

（2）融合文本描述的嵌入表示：知识图谱的三元组形式表达了实体间存在的组合逻辑关系，其类似于自然语言处理中文本的单词与单词间潜在的逻辑联系，也称为知识的语义关系。为融合三元组中实体和关系的语义信息，图立方使用了基于实体描述的知识融合模型。该模型利用连续词袋和卷积神经网络来学习实体和关系中的语义信息，并对语义信息和三元组的结构信息同时进行训练，最终为基础的 TransE 模型嵌入补充了语义相似性信息，丰富了实体和关系的嵌入表示。

（3）融合关系路径的嵌入表示：知识图谱异质图中的实体由关系组合直接或间接关联了与之相关的实体，进而构成了知识的组合形式，其中，实体间的关系路径潜在表达了知识图谱中实体间的组合与交互信息。为融合关系路径信息，图立方使用了基于关系路径的翻译模型 PTransE，来定义关系路径向量。该路径融合了从特定头实体到特定尾实体之间的所有实体和关系向量，从而可以利用多个关系中包含的语义信息，使建模利用的信息更加丰富，从而更好地嵌入学习特定的图结构信息。

7.1.3　图立方表示学习

在多元关系的图立方知识图谱中，依然保留着传统图谱的表示学习方法，即将实体和关系嵌入连续的向量空间中，并将基于实体和关系的向量表达用于下游的任务——预测和分类实体与关系。其模型结构和传统图谱类似，也包含了得分函数和优化器，但其得分函数相较于二元关系更加复杂多样，既要包含实体和关系间的信息，也要考虑实体与实体间潜在的组合联系。下面介绍在图立方多元关系中设计应用的模型算法。

7.1.3.1　多元关系表示学习

知识图谱的多元关系可以视为对二元关系的一般性扩展，因此在得分函数上图立方也尝试对传统模型进行拓展，以达到在兼容传统关系的同时提升多元关系的表示学习效果的目的。常用的优化方法包括以下两种梯度下降方法。

（1）语义匹配模型：在传统的二元关系模型中，语义匹配模型 DistMult 通过关系的对角矩阵 $\mathbf{M}_r$ 将得分函数设计为实体和关系向量的点积，即 $f_r(h,t) = \boldsymbol{h}^{\mathrm{T}}\mathbf{M}_r\boldsymbol{t}$，进而从语义的角度揭示了实体间组合而成的关系之间的联系。

在多元关系中，依然可以采用这样的思路，即基于实体 $e_1, e_2, \cdots, e_k$ 组合而成的关系 r_i，引入关系的位置向量 $\boldsymbol{r}_{ij}$ 并将点积穿插在实体向量 $\boldsymbol{e}_j$ 和 $\boldsymbol{e}_{j+1}$ 之间，即 $f_{r_i}(e_1, e_2, \ldots, e_k) = e_1 r_{i1} e_2 r_{i2} \ldots e_k$，其中，$\boldsymbol{e} \in \mathbb{R}^d$ 是实体的向量表示，$\boldsymbol{r} \in \mathbb{R}^d$ 是关系的向量表示。这个得分函数描述了在关系 r_i 中的所有实体 $e_1, e_2, \ldots, e_k$ 之间的相互作用，以保证在多元关系中既考虑了相邻元组间的关系连接，又考虑了整体的组合作用。

（2）卷积模型：在传统的二元关系模型中，经典的卷积模型 ConvE 将实体向量和关系向量重组成二维"图片状"并使用卷积层和感知层计算最终得分。这种组合形式在卷积中实现了实体与关系的深层次交互，取得了不错的预测效果。

在多元关系中，基于实体 $e_1, e_2, \ldots, e_k$ 组合而成的关系 r_i，将多元组 $(r_i, e_1, e_2, \ldots, e_k)$ 拆解为 (r_i, e_j)，如图 7-6 所示，并分别使用对应位置的卷积核学习关系 r_i 和实体 e_j 的交互信息；然后，将对应位置的特征图合并后展平成一维向量 $\mathrm{vec}(\mathbf{T}_i) \in \mathbb{R}^{cmn}$ 用以投影变换，其中，c 为卷积核的通道数，m 和 n 分别为卷积后二维特征图的长宽；最后，针对不同位置的特征图使用对应的投影矩阵 $\mathbf{W}_i \in \mathbb{R}^{cmn \times d}$，投影成长度为 d 的一维嵌入向量。因此，该模型的得分函数可以定义为 $f_{r_i}(e_1, e_2, \ldots, e_k) = \sum_j \mathrm{Conv}(r_i, e_j)$，其中，$\boldsymbol{e} \in \mathbb{R}^d$ 是实体的向量表示，$\boldsymbol{r} \in \mathbb{R}^d$ 是关系的向量表示。

7.1.3.2　超关系注意力网络图立方表示学习

本小节将详细介绍一种针对图立方设计的超关系注意力网络表示学习模型（Knowledge Hyper-relational-Graph Attention Network Model，KHGAT）。该模型针对多元关系图立方的关系结构，使用了图注意力机制，实现了"节点级别"和"超边级别"的聚合函数，使得消息能够通过实体传播到关系，实现"节点级别"的聚合，再由关系传递回实体，实现"超边级别"的聚合，二者相互组合帮助实体和关系嵌入学习相关邻域的结构信息。在分类任务中，损失函数包含"节点类别损失"与"关系类别损失"，两者均使用交叉熵函数来计算模型预测的标签和真实标签的差距，并使用梯度下降的训练算法以达到最小化类别损失的分类效果。

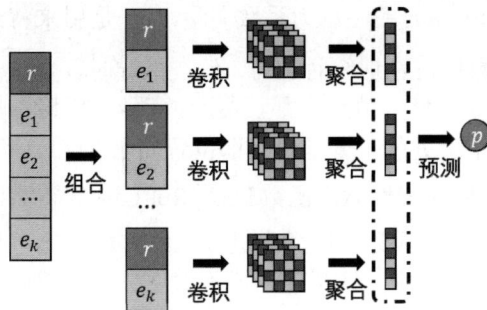

图 7-6　多元关系卷积模型结构

在图神经网络的表示学习任务中，图注意力网络（Graph Attention Network，GAT）取得了出色的成绩。然而，在图立方这种存在异质信息的图结构中，直接套用它的设计并不合适，因为它只考虑了节点消息的传递过程，却忽略了知识图谱中"关系"这类重要的边特征。在知识图谱中，实体间的关联关系扮演着极其重要的角色，同一个实体可能因为关系的差异使得它在不同元组中扮演着不同的角色。由于传统的图神经网络无法很好地建模图立方中的超边关系，因此本节提出了一种图立方超关系嵌入方法。该方法将图立方中相邻的元组及超关系与注意力机制同时结合，为实体（节点）和关系（超边）提出了对应的聚合函数，即 $\boldsymbol{h}_i^{(l)} = \text{Aggregate}_{\text{entity}}\left(\boldsymbol{h}_i^{(l-1)}, \{\boldsymbol{f}_j^{(l)} \mid \forall r_j \in \mathcal{N}_{e_i}\}\right)$ 和 $\boldsymbol{f}_j^{(l)} = \text{Aggregate}_{\text{relation}}\left(\boldsymbol{f}_j^{(l-1)}, \{\boldsymbol{h}_i^{(l)} \mid \forall e_i \in \mathcal{N}_{r_j}\}\right)$，其中，$\boldsymbol{h}_i^{(l)}$ 是实体（节点）e_i 在网络中第 l 层的嵌入表示，$\boldsymbol{f}_j^{(l)}$ 是多元关系 r_j 在网络中第 l 层的嵌入表示，$\mathcal{N}_{e_i}$ 是实体（节点）e_i 邻接的关系集合，$\mathcal{N}_{r_j}$ 是关系 r_j 包含的节点集合，$\text{Aggregate}_{\text{entity}}$ 是一个将多元关系聚合到实体（节点）嵌入的聚合函数，$\text{Aggregate}_{\text{relation}}$ 则是一个将实体（节点）嵌入聚合到其所在多元关系嵌入的聚合函数。具体地，超关系注意力网络表示学习模型在两个聚合函数的设计中使用了多头注意力机制，分别实现了"实体（节点）级别聚合"和"超关系级别聚合"这两个维度的功能。

1. 实体（节点）级别聚合

如图 7-7 所示，对于给定的关系（超边）r_j，KHGAT 首先学习该关系（超边）所包含的实体元组 $e_1, e_2, \ldots, e_k$ 的嵌入表示，并基于它们的嵌入表示使用聚合函数更新本层关系（超边）的嵌入表示。但由于不同实体（节点）在该关系（超边）中所处的位置及所携带的信息都不尽相同，因此在聚合的时候它们所产生的影响也应该是不一样的，所以本模型引入了实体（节点）级别的注意力机制，旨在聚焦该多元关系中对超边有意义的实体（节点）e_i。基于计算得到的注意力分数和对应实体（节点）在该层的嵌入表示 $\boldsymbol{h}_i^{(l)}$，来更新本层关系（超边）r_j 的嵌入表示 $\boldsymbol{f}_j^{(l)}$，其形式化公式如下：$\boldsymbol{f}_j^{(l)} = \sigma\left(\sum_{e_k \in \mathcal{N}_{r_j}} \alpha_{jk} \mathbf{W}_1 \boldsymbol{h}_k^{(l-1)}\right)$，其中，$\sigma$ 是非线性激活函数，α_{jk} 是节点 e_k 在关系（超边）r_j 中的注意力系数，其计算公式为 $\alpha_{jk} = \text{softmax}(\boldsymbol{a}_1^{\mathsf{T}} \boldsymbol{u}_k) = \dfrac{\exp(\boldsymbol{a}_1^{\mathsf{T}} \boldsymbol{u}_k)}{\sum_{e_l \in \mathcal{N}_{r_j}} \exp(\boldsymbol{a}_1^{\mathsf{T}} \boldsymbol{u}_l)}$，

u_k = LeakyReLU ($[W_1 h_k^{(l-1)} \| W_{pos}]$)，其中，$W_{pos}$ 为位置编码向量，LeakyReLU 为非线性函数，u_k 是实体（节点）e_k 关于关系 r_j 的注意力系数向量，α_1^{T} 是用来将注意力向量变换为实数的参数向量，其中的参数系数均可在训练时学习，但在推导时其数值固定。在注意力系数的计算过程中，本模型针对每个实体（节点）都使用变换矩阵 W_1 将实体嵌入投影到注意力空间中，再拼接上节点在超边中所处的位置信息（即位置向量 W_{pos}，可以是 One-Hot 编码或其他的可学习向量），然后使用非线性激活函数 LeakyReLU 计算得到注意力向量，在计算完所有的注意力向量后使用 softmax 函数对注意力进行压缩和归一化，最终获得它们的注意力系数。最后，在关系 r_j 的聚合函数中，使用计算得到的注意力系数对其邻接的各个实体嵌入进行加权聚合，再通过非线性激活函数 σ 得到该层关系的嵌入表示 $f_j^{(l)}$。

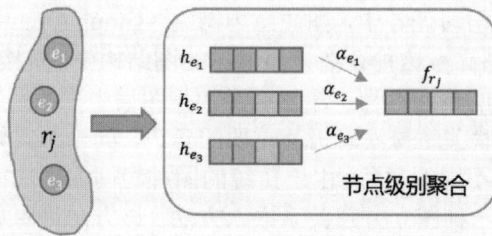

图 7-7　节点级别聚合示意图

此外，本模型还引入了多头注意力机制，来加强注意力向量的学习效果，因为不同的注意力向量可以捕获不同实体、关系中蕴含的邻域信息。其本质是通过同时计算多个注意力向量并将它们拼接在一起，作为最终的嵌入表示，即 $f_j^{(l)} = \prod\limits_{m=1}^{M} \sigma\left(\sum\limits_{e_k \in \mathcal{N}_{r_j}} \alpha_{jk}^m W_1^m h_k^{(l-1)} \right)$，其中，$m$ 表示多头注意力向量的数量，通常被设置为 3～5 之间的一个正整数。使用多头注意力机制是为了更好地发挥注意力效果，因为不同的注意力向量能够尝试在自己的聚合函数中捕捉节点、关系在表示空间不同层面上的隐藏信息，并最终通过连接的方式将这些捕捉的信息汇聚起来。在知识图谱中，由于实体在不同关系中扮演着不同角色，因此不同的注意力向量能聚焦于不同种类的关系下实体嵌入的表达与交互信息。

2．多元关系级别聚合

如图 7-8 所示，对于给定的实体（节点）e_i，KHGAT 为关系（超边）使用实体（节点）级别的聚合函数，来更新本层实体（节点）的嵌入表示。然而，该实体在不同超边中所处的位置及携带的表达信息也不尽相同，因此在聚合超边信息的时候，它们对实体嵌入表达所产生的影响也是不一样的，所以本模型引入了超关系级别的注意力机制，重点关注实体所在的关系（超边）中对实体嵌入表达有意义的那些超关系 r_j。基于计算得到的注意力分数和对应关系（超边）在该层的嵌入表示 $f_j^{(l)}$，来更新本层实体（节点）e_i 的嵌入表示 $h_i^{(l)}$，其形式化表达公式如下：

$$h_i^{(l)} = \prod_{m=1}^{M} \sigma \left(\sum_{r_j \in \mathcal{N}_{ei}} \beta_{ij}^m \mathbf{W}_2^m f_j^{(l-1)} \right)$$

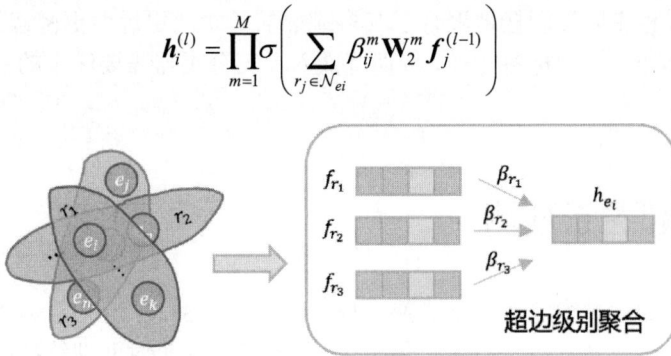

图 7-8　多元关系级别聚合示意图

3. 分类任务及模型训练

实体（节点）分类和关系类型分类的结构示意图如图 7-9 所示。由于图立方中的实体和关系均有对应的标签信息，因此分类任务基于学习到的实体和关系的嵌入表示使用分类器来预测实体、关系的标签属性。具体来说，对于每个实体和关系元组，在经过 L 个 KHGAT 层后，将得到对应的嵌入表示，通过将对应的嵌入表示输入 softmax 层，就可以进行实体或关系的分类了，其公式表示为 $\hat{y}_{\text{entity}} = \text{softmax}(\mathbf{W}_e h_{e_i} + b_e)$ 和 $\hat{y}_{\text{relation}} = \text{softmax}(\mathbf{W}_r h_{r_j} + b_r)$，其中，$\mathbf{W}_e$、$\mathbf{W}_r$ 分别是实体和关系的参数矩阵，用以将向量投影到分类空间中；b_e 和 b_r 是它们的偏置单元；而 $\hat{y}_{\text{entity}}$ 和 $\hat{y}_{\text{relation}}$ 分别是模型对实体和关系的分类标签的预测打分，是一个归一化向量。然后，使用交叉熵（Cross Entropy）作为分类任务的损失函数，即 $\mathcal{L}_e = \sum_{e_i} \log(\hat{y}_{e_i})$，$\mathcal{L}_r = \sum_{r_j} \log(\hat{y}_{r_j})$，$\mathcal{L}_t = \mathcal{L}_e + \alpha \cdot \mathcal{L}_r$，其中，$e_i$ 和 r_j 分别是实体和关系的真实标签（Groud Truth）。通过交叉熵函数能够计算模型预测的标签和真实标签的差距，因此能在学习中通过损失函数来约束模型最小化预测结果和真实标签的偏差。α 为设定的超参数，它能够将实体类别损失 $\mathcal{L}_e$ 和关系类型损失 $\mathcal{L}_r$ 结合起来，其是 KHGAT 网络编码器对图谱中不同实体与关系信息特质的一种约束，促使实体和关系的嵌入在各自的表达空间中形成独特的组合范式。最终，KHGAT 模型学习到的实体关系嵌入不仅具有丰富的图结构信息，还能满足不同实体、关系与元组的类别特性。

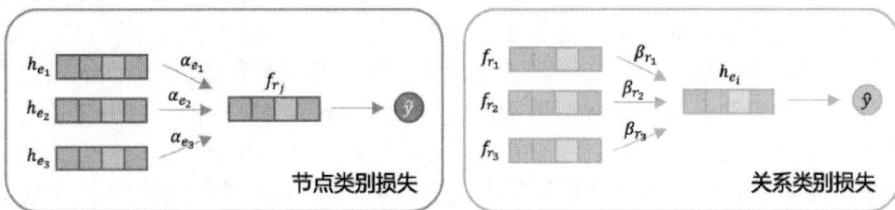

图 7-9　实体（节点）分类和关系类型分类的结构示意图

在 KHGAT 模型的编码器中，使用了多层基于"节点级别聚合"及"超边级别聚合"的图神经网络架构，这使得节点和超边在学习嵌入的过程中不仅考虑了其邻域的图结构信息，还在聚合信息的过程中隐性间接地聚合了其多跳邻居等距离更远但更密切的关系信息，而损失函数则通过实体和关系的标签特征，来训练嵌入及其分类器需要满足的基于元组信息结构的特定条件。

7.2　图立方超关系预测

随着自然语言处理技术的发展与成熟，Transformer、BERT 等神经网络模型也开始在计算机科学的其他领域发光发热，其内部的神经元参数可以在长时间训练持续输入海量相关数据的同时捕捉数据之间更高阶的特征与关联，实现对海量数据的压缩与映射，达到"博览群书，取其精魄"的目的。而预训练后的微调，是针对下游任务使泛化的模型有针对性地捕捉当前任务的数据特征的过程。因为有了预训练学习的知识储备，所以在微调模式中不需要大量数据和多轮训练，仅需要基于保存模型继续使用更新的数据集进行迭代训练就能达到较好的效果，这样既节省了时间和计算资源，又能很快得到希望的效果。图立方知识图谱系统引入了自然语言模型 BERT，并尝试应用到了二元关系与多元关系的补全与预测中，取得了不错的效果。

在传统的知识图谱中，二元关系描述了两个实体之间存在的某种逻辑关系，但真实的关系可能更加复杂，既可能在多个实体之间存在着某种逻辑关系，也可能在三元关系间存在着一些限制，这些被统称为超关系。图立方多元知识图谱中既包含二元关系又包含超关系，本节将针对图立方中的超关系预测模型进行介绍。

7.2.1　问题定义

在介绍图立方知识图谱预测模型使用的预训练模型前，本节首先回顾预训练语言模型（Pre-Train Language Model，PTM），以便了解预训练模型如何从传统的语言序列衍生到知识图谱等领域，以及其在定制化任务中的架构衍生与改进。近年来，大量的研究工作表明，大型语料库上的预训练模型可以学习通用的语言表征，这对于下游的自然语言处理任务是非常有帮助的，其可以避免从零开始训练新模型。而随着算力的发展、深层模型（Transformer）的出现及训练技能的不断提高，知识图谱预训练模型成为自然语言处理中的一种重要技术，它是基于大规模文本语料库预先训练的深度神经网络模型。该模型通过学习大量的语言知识，可以实现对文本信息的自动理解和语义分析。与传统的 NLP 模型不同，知识图谱预训练模型可以对文本中的语言上下文和含义进行更加准确的理解和分析，进而提供更加精准的语言处理服务。知识图谱预训练模型通常使用 Transformer 等深度神经网络模型进行训练，并将知识图谱的元组逻辑组合、实体的关系路径等与真实文本相对应的语料作为输入，通过 BERT、GPT 等模型架构，自动学习语言结构的规律和语义之间的关系，从而实现对语言信息的深入理解和处理。预训练模型广泛应用于自然语言处理中的各个领域，包括机器翻译、问答系统、情感分析、文本分类等。随着大数据时代的到来，知识图谱这类自然语言处理信息的新型载体，能够在融合真实世界文本语料信息的同时保留实体间高阶的逻辑关系，因此基于知识图谱的预训练模型将得到进一步的发展和应用。

7.2.2 传统方法

1. ELMo 模型

ELMo 模型[14]用以解决词向量中一词多义和上下文信息缺失等问题。它既考虑了词语使用的复杂特征（例如，语法和语义），又考虑了这些用法如何在不同的语言语境中进行变化（即一词多义）。

如图 7-10 所示，ELMo 由一个多层 BiLSTM 组成，其使用过程可以分为两个阶段，第一个阶段利用语言模型进行预训练；第二个阶段是在做下游任务时，从预训练网络中提取对应单词网络各层的文本嵌入作为新特征补充到下游任务中。预训练是一个简单的语言模型任务，共分为两个方向，一个是用前文预测后文，另一个是用后文预测前文。在微调阶段训练好这个网络后，输入一个新句子，句子中的每个单词都能得到对应的三个嵌入，分别是：最底层的单词文本嵌入；在文本嵌入后是第一层双向 LSTM 中对应单词位置的嵌入，这层编码单词的句法信息更多一些；最后是第二层 LSTM 中对应单词位置的嵌入，这层编码单词的语义信息更多一些。之后为这三个嵌入中的每个嵌入都赋予一个权重（这个权重可以学习得来），然后根据各自权重进行累加求和，将三个嵌入整合成一个。最后将整合后的嵌入作为新句子，并将其作为补充的新特征提供给下游知识图谱预测任务进行使用。

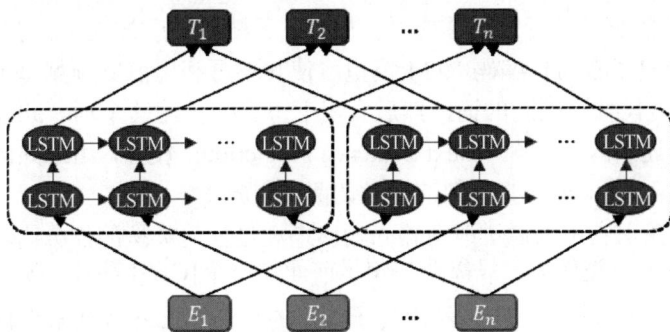

图 7-10   ELMo 模型架构

在包含语言文本信息的知识图谱模型中，图立方可以通过 ELMo 模型学习实体文本表述的单词嵌入，来获得原始文本数据的上下文实体信息，从而帮助实体嵌入更好地捕获与其邻接的实体和关系的交互信息。

2. GPT 模型

ELMo 的本质依旧是得到更好的词向量，而 GPT[15]探索了一种新的半监督式的语言理解方法，它结合了无监督预训练和监督微调，目标是学习一种通用的表达，使这种表达只要稍微改变就能迁移至其他任务。假设 GPT 拥有大量未标记的文本和几个带有人工标注训练示例的数据集（目标任务），并且不要求这些目标任务与未标记的语料库位于同一领域，那么其训练过程可以分两步。首先，GPT 在未标记的数据上使用语言建模目标，来学习神经网络模型的初始参数，然后使用相应的监督目标使这些参数适应目标任务。

GPT 的预训练任务是语言模型，即从左往右预测每个字。其使用的框架是 Transformer，该框架具有两个优势：一是解决了长距离依赖，使得每个位置的距离都是 1；二是后步不依赖前步，可以并行处理。GPT 的微调过程如图 7-11 所示，其针对不同类型的任务可以有不同的微调方法。

图 7-11　GPT 微调过程

3. BERT 模型

GPT 模型最大的弊端是受限于单向语言模型，无法双向感知文本上下文。BERT[16]为了消除这个弊端，提出了双向自编码 PTM 模型，使其不再利用前文预测每个位置的单词，而直接用[MASK]符号代替被预测的词，然后利用上下文来预测这个词。此外，为了提升句子级别任务的性能，还引入了一个"Next Sentence Prediction"任务，用来共同表示预训练文本对。BERT 和 GPT 一样，也分为预训练和微调两个步骤。

BERT 的优势在于它可以通过改造输入输出来满足任何类型的任务需求，并且非常简单和直观。例如，对于分类任务，只需要在句子前面加一个[CLS]符号，便可以利用它的值预测分类结果；对于 NER 任务，可以利用句子输入的每个 Token 特征来进行 Token 级别的分类。BERT 曾经在 11 个 NLP 任务上刷新了最高准确率，所以后续大部分的 PTM 模型都以 BERT 为蓝本。

有学者认为，微调模型的所有参数都有可能导致结果欠佳，尤其是在资源匮乏的情况下。因此，文本分类任务迁移学习的早期结果提倡仅微调小型分类器的参数。这种方法不太适用于 PTM 模型，因为其必须训练整个解码器，以输出给定任务的目标序列。

当前有两种可替代的微调方法，用于更新 PTM 参数的子集。第一种是"Adapter Layers"，它在微调时保持大多数原始模型固定不变，仅更新 Adapter 层和层归一化参数。Adapter 层是附加的 Dense-ReLU-Dense 块，这些块被预先存到 Transformer 网络中。通过新设计的前馈网络使其输出维数与输入维数相匹配，这样就可以将它们直接插入网络，而无须更改结构或参数。第二种是"Gradual Unfreezing"，其在逐步解冻过程中，随着时间的流逝，会对越来越多的模型参数进行微调。逐步解冻最初应用于包含单个块层（a single stack of layers）的语言模型体系结构。在此方法中，微调开始时仅更新最后一层的参数，然后在训练了一定数量的更新参数之后，就会更新倒数第二层的参数，以此类推，直到整个网络的参数都发生微调。

一般来说，对于 Adapter Layers 方法，在像 SQuAD 这样的资源较少的任务上效果很好，但对于资源较高的任务则需要更大的维度才能实现良好的性能。而 Gradual Unfreezing 方法可以在微调过程中为模型训练加速，但其会造成轻微的性能下降。

在 BERT 这一类模型中，引入或者强化知识图谱中包含的信息，进而增强 BERT 对背景知识或常识信息的编码能力，是 PTM 一个比较热门的研究方向。目前，在这方面的工作主要可以归纳为两类，第一类是构造任务使得知识图谱可以与 PTM 一起进行预训练，第二类是将知识图谱的子图转换成子序列，然后带入编码器进行训练。第一类方法的核心是通过知识图谱构建实体信息的编码表示，这部分实体信息的表征可以通过类似拼接的方式融入现有的 PTM，再通过构造类似实体预测等任务，对实体信息进行有监督的学习。这一领域的代表作有 ERNIE、KEPLER、JAKET 等。第二类结合 PTM 和知识图谱的方法的核心在于将知识图谱的子图构造为 Transformer 的子序列，再利用特殊的 Attention Mask 技巧来约束序列之间的注意力，其代表性模型有 KG-BERT 和 CoLAKE，而图立方知识图谱预训练模型则是基于 KG-BERT 的优化版本。

4．KG-BERT 模型

BERT 可以解析深层次的语义信息，并充分利用具有丰富语义信息的上下文表示，实现知识图谱的嵌入。由于 BERT 是处理自然语言的模型，因此只能处理序列结构中的句子输入，而图结构无法直接输入 BERT 模型中。但 KG-BERT 通过使用维基语料库作为预训练模型载体，将实体和关系与真实世界的文本语料相对应，并将三元组转换为文本序列，输入预训练语言模型 BERT 中，然后通过某种训练得到三元组的表示。

KG-BERT 将描述实体和关系的词序列作为 BERT 模型的输入句子进行微调。在 BERT 中，"句子"可以是任意连续的文本或单词序列。为了对具有图结构的三元组进行建模，KG-BERT 将 (h,r,t) 打包成一个完整的序列。因此，序列是指模型的输入标记词序列，在 KG-BERT 模型中，其是由 (h,r,t) 里头尾实体的文本描述和关系描述这三个句子组合在一起形成的。

针对三元组建模的 KG-BERT 体系结构如图 7-12 所示。在输入序列最前面的是分类词标记符号 [CLS]。头实体描述被表示为一个包含词标记 $\text{Tok}_1^h,...,\text{Tok}_a^h$ 的句子，关系被表示为一个包含词标记 $\text{Tok}_1^r,...,\text{Tok}_b^r$ 的句子，尾实体描述被表示为一个包含词标记 $\text{Tok}_1^t,...,\text{Tok}_c^t$ 的句子。表示实体和关系的句子被一个特殊的词标记符号 [SEP] 分隔开。对于给定的词标记，输入向量是由标记、分段和位置嵌入求和得到的。被 [SEP] 分开的词标记段嵌入不同，其中，头尾实体描述中的词标记共享相同的段嵌入 e_A，而关系描述中的词标记则具有不同的段嵌入 e_B。不同维度的词标记 $i \in \{1,2,...,512\}$ 在同一位置中有相同的位置嵌入。词标记 i 对应的输入表示 E_i 会被输入 BERT 模型架构中，该架构是基于 Transformer 的多层双向变压器编码器的。在 MLM 任务中，特殊词标记 [CLS] 和第 i 个输入词标记中的隐藏向量分别记为 $C \in \mathbb{R}^H$ 和 $T_i \in \mathbb{R}^H$，其中，H 为预先训练 BERT 中的隐藏块大小。与 [CLS] 对应的最终隐藏块输出 C 被用于计算三元组的序列表示得分。微调过程中引入的唯一参数 $W \in \mathbb{R}^{2 \times H}$，表示输出层的权重。三元组 (h,r,t) 的得分函数为 $s_\tau = f_r(h,t) = \text{sigmoid}(CW^T)$，其中，权重矩阵 W 与 C 相乘可获得三元组正确的概率 s_τ，$s_\tau \in \mathbb{R}^2$ 是一个二维实向量，$s_{\tau 0}, s_{\tau 1} \in [0,1]$ 且 $s_{\tau 0} + s_{\tau 1} = 1$。在给定正三元组集合 $\mathbb{D}^+$ 和构造的相应负三元组集合 $\mathbb{D}^-$ 时，KG-BERT 用 s_τ 和三元组标记计算交叉熵损失，即 $\mathcal{L} = -\sum_{\tau \in \mathbb{D}^+ \bigcup \mathbb{D}^-}(y_\tau \log(s_{\tau 0}) + (1 - y_\tau)\log(s_{\tau 1}))$，其中，$y_\tau \in \{0,1\}$ 是标记该三元组

是正例还是负例的标签，即标记是正三元组还是负三元组。正三元组表示的是正确的三元组，负三元组表示的是错误的三元组，对于负样本还需要进行负采样构造。负采样方法会影响模型的预测能力，下节将给出详细介绍。通过梯度下降方法，可以更新预先训练好的参数权值和新的权值 **W**。

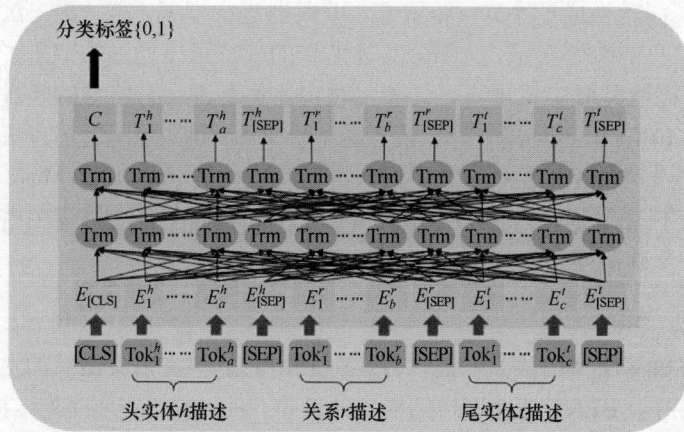

图 7-12　针对三元组建模的 KG-BERT 模型体系结构

　　以上模型是针对三元组进行建模的，其对于关系分类任务并不适用，因此下面的模型只针对实体进行建模，其体系结构如图 7-13 所示，这里将 sigmoid 的二分类改成了 softmax 的关系多分类，同时只使用 h 和 t 实体描述句子作为输入。

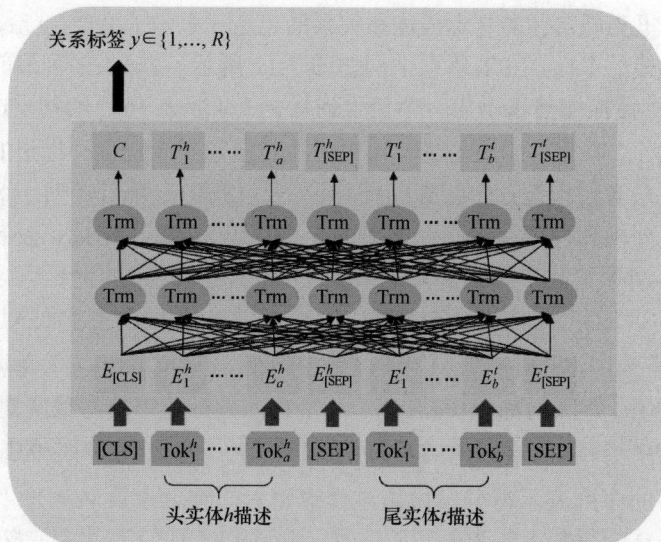

图 7-13　针对实体建模的 KG-BERT 模型体系结构

　　研究表明，使用这种模型预测两个实体之间的关系比使用会破坏关系的 KG-BERT 模型更好，因为其用一个随机关系 r_0 代替了关系 r 生成的负三元组。该微调方法中引入的唯一新参数是分类层权重 $\mathbf{W}' \in \mathbb{R}^{R \times H}$，其中，$R$ 为知识图谱中的关系个数。其三元组 (h, r, t) 的得分函数为 $s'_\tau = f_r(h, t) = \mathrm{softmax}(\mathbf{CW}'^{\mathrm{T}})$，其中，$s'_\tau \in \mathbb{R}^R$ 是一个 R 维实向量，$s'_{\tau i} \in [0, 1]$ 且 $\sum_i^R s'_{\tau i} = 1$。该方法用 s'_τ 和关系标记计算交叉熵损失，即 $\mathcal{L}' = -\sum_{\tau \in \mathbb{D}^+} \sum_{i=1} y'_{\tau i} \log(s'_{\tau i})$，其中，$\tau$ 是三元组集合，$y'_{\tau i}$ 表明了三元组中的关系是否对应实体，若 $y'_{\tau i} = 1$，则 $r = i$；若 $y'_{\tau i} = 0$，则 $r \neq i$。

5. 模型轻量化压缩

　　目前，PTM 最被人诟病的地方就是既大又慢，因此无法部署到移动端，而基于预训练自然语言模型的知识图谱预测效果又非常出色，所以有必要针对大语言模型使用相关的轻量化压缩技术优化模型的推理部署过程。和传统的神经网络模型压缩方法类似，知识图谱大语言模型的主要压缩方法包括结构优化、剪枝、量化和蒸馏。

　　（1）结构优化：结构优化一般在层数和长度上展开或者如 ALBERT 一样复用其中一层的权重。此外，也可以改进 Self-Attention 结构。

　　（2）剪枝：剪枝是剪掉模型的一部分，使其轻量运行，一般有以下几个部分可以裁剪：①连接权重，权重剪枝类似于 Attention Mask 为 0，这种剪枝理论上并不能减小模型规模，但是实际上可以通过稀疏矩阵来实现；②神经元，直接给神经元剪枝就很像 Drop-out，其在预训练阶段直接剪掉整层神经元 LayerDrop，然后在微调阶段进行精调，这种剪枝减小了模型规模，但性能损失不大，性价比高；③超参数调整，减少 Attention 的 Multi-head 个数等。

　　剪枝的选择策略有以下几种：

　　① Saliency-Based，即按重要性对模型各结构进行排序，剪掉最不重要的部分，如在 Loss 中加上 L1 正则，发挥其筛选参数的作用，实质上就是一种自动对权重进行排序并剪枝的方式；

　　② Loss-Based，即 Loss 越小的结构越倾向于剪掉它，如早期的 OBD 和 OBS 基于损失函数相对于权重的二阶导数，来衡量网络中权重的重要程度并进行裁剪，以及很多避免二阶求导的改进方法利用归一化的目标函数相对于参数的导数的绝对值来衡量重要程度；

　　③ Feature Reconstruction Error，它的工作原理是如果剪掉这个结果对最终结果没影响，那么就进行剪枝，即最小化特征输出的重建误差。

　　（3）量化：量化是指直接降低模型中参数的精度，并不只是 bits 位数的降低，而是直接将参数聚类到指定的个数（k-means 量化），甚至在极限情况下将参数二值化，这种方法会使模型精度下降得很明显。

　　（4）蒸馏：知识蒸馏旨在把一个大模型或者多个 Ensemble 模型学到的知识迁移到另一个轻量级单模型上，以便部署。简单地说，就是用小模型去学习大模型的预测结果，而不是直接学习训练集中的 Label。

　　在蒸馏的过程中，通常将原始大模型称为教师模型（Teacher），新的小模型称为学生模型（Student），训练集中的标签称为硬标签（Hard Label），教师模型预测的概率输出为软标签（Soft Label）。蒸馏的核心思想是好模型的目标不是拟合训练数据，而是学习如何泛化新的数据。所以蒸馏的目标是让学生模型学习教师模型的泛化能力，其理论上得到的结果会比单纯拟合训练数据的学生模型要好。以二分类为例，与其让小模型学习 0/1 分类，不如让其拟合大模型的概率或者 Logits，从而得到更平滑的模型输出。

从各个研究来看，BERT 蒸馏水平的提升一方面体现在"微调阶段蒸馏->预训练阶段蒸馏"，另一方面则体现在"蒸馏最后一层知识->蒸馏隐层知识->蒸馏注意力矩阵"。

Distilled BiLSTM 的教师模型采用精调过的 BERT-large，学生模型采用 BiLSTM+ReLU，其蒸馏的目标是减小 Hard Label 的交叉熵和 Logits 之间的 MSE。在参数量减少为原来的 $\frac{1}{100}$，速度提升 15 倍的情况下，其效果可以和 ELMo 打成平手。BERT-PKD 不同于之前的研究，其提出了 Patient Knowledge Distillation，即从教师模型的中间层提取知识，避免在蒸馏最后一层时出现拟合过快的现象（有过拟合的风险），从而有效稳定模型。

上述这些工作都是对精调后的 BERT 进行蒸馏，使学生模型学到的都是与任务相关的知识。Facebook 则提出了 DistillBERT，即在预训练阶段进行蒸馏。在尺寸减小了 40%，速度提升 60%的情况下，其效果好于 BERT-PKD，预测结果占教师模型的 97%。DistillBERT 的教师模型采用了预训练的 BERT-Base，学生模型则是 6 层的 Transformer，并采用 PKD-skip的方式进行初始化。和之前蒸馏目标不同的是，为了调整教师和学生模型的隐层向量方向，新增了一个 Cosine Embedding Loss，使其蒸馏最后一层 Hidden 层。最终损失函数由 MLM Loss、教师–学生最后一层的交叉熵和隐层之间的 Cosine Loss 组成。

TinyBERT 的教师模型采用了 BERT-Base，并且提出了基于注意力矩阵的蒸馏方法，采用教师-学生注意力矩阵 Logits 的 MSE 作为损失函数，同时对 Embedding 进行了蒸馏，而且同样采用 MSE 作为损失。此外，在预训练和微调阶段同时进行蒸馏，最终得到了接近 BERT-Base的效果。

MobileBERT 则致力于降低每层的维度，在保留 24 层的情况下，减少了约 77%的参数，速度提升了 5.5 倍，在 GLUE 上平均只比 BERT-Base 下降了 0.6%，其蒸馏效果好于 TinyBERT和 DistillBERT。MobileBERT 压缩维度的核心在于 Bottleneck 机制，即在 Transformer 的输入输出各加入一个线性层，从而实现维度的缩放。

7.2.3　图立方超关系预测

7.2.3.1　超关系知识图谱模型轻量化

在传统知识图谱的二元关系中，三元组具有严格的形式化要求，即当两个实体 h,t 之间存在某种关系 r 时，它们才能组成三元组 (h,r,t)，但在一些更为复杂的真实关系中，其存在一些应用限制，特别是对于一些含有辅助信息的关系。

例如，在图 7-14 中，三元关系推断可以很好地表示图中 A 部分的关系，即爱因斯坦曾就读于苏黎世联邦理工学院和爱因斯坦曾就读于苏黎世大学。但是无法很好地表示图中 B部分的关系，即爱因斯坦在苏黎世联邦理工学院学习数学并获得了学士学位，以及其在苏黎世大学学习物理并获得了博士学位。然而，使用多元关系却可以很好地表示 B 部分的关系。在多元关系中，一个关系可以被表示为元组 $<h,r,t,Q>$，其中，h、r、t 分别表示头实体、关系、尾实体，它们构成主三元组，如图中 B 部分的<爱因斯坦, 就读于, 苏黎世联邦理工学院>

和<爱因斯坦, 就读于, 苏黎世大学>；Q 为辅助信息，如图中 B 部分的<学位, 学士><学术专业, 数学><学位, 博士>和<学术专业, 物理学>，这样就可以准确地描述一个关系了。

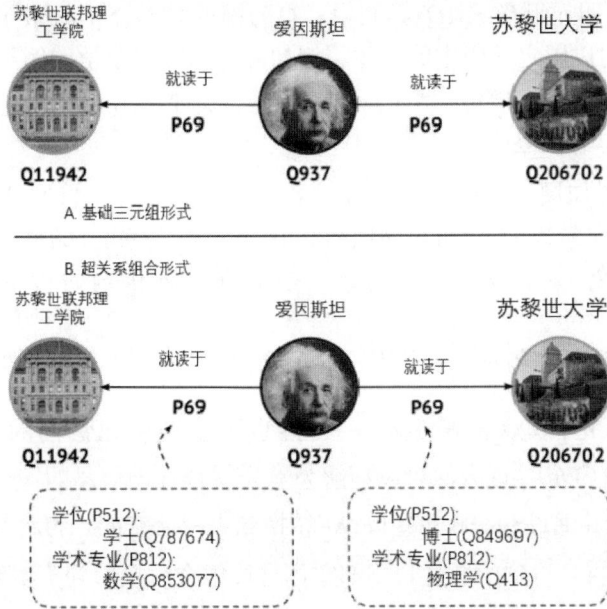

图 7-14　三元组和多元组在超关系上的表示区别

图立方知识图谱预训练模型通过改进基于 Transformer 架构的 KG-BERT 预训练模型，并使用 TinyBERT 轻量化压缩方法，实现了融合多源信息的超关系预测模型。该模型既利用成熟的 ELMo 架构融合了实体原始的文本语料，又不受限于 GPT 的单向架构，最终实现了利用图神经网络强化对超关系实体和关系邻域的高阶交互信息。

7.2.3.2　信息传递模型 StarE

图神经网络中经常使用信息传播模型实现对图的表示学习，图立方也将这种信息模型引入了知识图谱中。因此，无向图可以形式化为 $G = (V, E)$，其中，V 表示节点集合，E 表示边集合，对于每个节点 $v \in V$ 都有对应的表示向量 $\boldsymbol{h}_v$ 和邻居节点 $N_G(v)$，其信息传递的框架为 $\boldsymbol{h}_v^{k+1} = \mathrm{UDP}(\boldsymbol{h}_v^k, \mathrm{Aggregate}_{u \in N_G(v)}(\boldsymbol{h}_v^k, \boldsymbol{h}_u^k, \boldsymbol{e}_{uv}))$，其中，UDP(·) 是节点更新函数，Aggregate(·) 是邻居聚合函数，$\boldsymbol{h}_v^k$ 是第 k 层节点 v 的表示向量，$\boldsymbol{e}_{uv}$ 是节点 u 和节点 v 之间的边的向量表示。不同的图编码模型会使用不同的邻居聚合、节点更新策略，而在知识图谱这类异质图中，边的表示往往需要考虑两个实体（节点）间的关系向量（即节点与节点之间的边）。

在多元关系图谱的表示学习中，除本身存在的三元组 (h, r, t) 之外，往往还会增加逆边 (t, r^{-1}, h) 和自环 (v, r^*, v)，以便在邻居聚合、更新节点时，保留节点本身的信息。对于有向图编码，R-GCN 模型使用了多个权重矩阵 $\mathbf{W}_r$ 来表示不同关系 r，以此来实现多关系的聚合，即 $\boldsymbol{h}_v^{k+1} = f\left(\sum_{(u,r) \in N_G(v)} \mathbf{W}_r^{k+1} \boldsymbol{h}_u^k\right)$。而为了解决权重矩阵 $\mathbf{W}_r$ 参数爆炸的问题，ComGCN 提出了一种基于向量分解的方法，即 $h_v^{k+1} = f\left(\sum_{(u,r)\in N_G(v)} \mathbf{W}_{\lambda(v)}^{k+1}\phi(h_u^k, h_v^k)\right)$。针对超关系模型，图立方进一步提出了带键值对的四元组 (h,r,t,Q)，其中，Q 为键值对集合 $\{(qr_i, qv_i)\}$，$qr_i \in R$ 用以限定关系对，而 $qv_i \in V$ 用以限定元组中的实体。例如，爱因斯坦上学的例子可以实例化为(爱因斯坦, 就读于, 苏黎世大学, (学位, 博士), (学术专业, 物理学))，其中，q_{r_1} =学位，q_{v_1} =博士；q_{r_2} =学术专业，q_{v_2} =物理学。

该神经网络模型如图 7-15 所示。对于多元组 (h,r,t,Q)，将实体（节点）的向量表示 h_h, h_t 和限制对的向量表示 h_q 输入网络中，由于每类关系 r 都有对应的限制向量 h_q，用以对齐并变换为实体（节点）的向量，因此其传播模型可以形式化表示为 $h_v^{k+1} = f\left(\sum_{(u,r)\in N_G(v)} \mathbf{W}_{\lambda(r)}^{k+1}\phi_r(h_u^k, g(h_r, h_q)_{uv})\right)$，其中，函数 $g(\cdot)$ 用以聚合关系向量 h_r 和限制向量 h_q，常用的方法是连接 $[h_r, h_q]$ 或点积 $h_r \odot h_{rq}$，当然也可以使用记忆门的方法优化计算，即 $g(h_r, h_q) = \alpha \odot h_r + \alpha \odot h_q$。该方法可以理解为首先聚合辅助信息的键值对，然后对所有的辅助信息进行汇总，并通过一个权重矩阵 $\mathbf{W}_q$ 转换到主三元空间，再将其与主三元组的关系进行加权组合，从而将其得到的向量与尾部实体进行组合后投影到头实体，最终通过聚合得到新的头实体表示。

基于图立方多元关系信息传递模型为图谱中的节点和关系学习到的向量，可以应用到图谱的关系预测及节点分类等下游任务中。在链路预测模型中，如图 7-16 所示，它由两部分组成，分别是：

（1）基于图立方多元信息传播模型的编码器 StarE；

（2）一个类似于 CoKE 的基于 Transformer 架构的解码器。

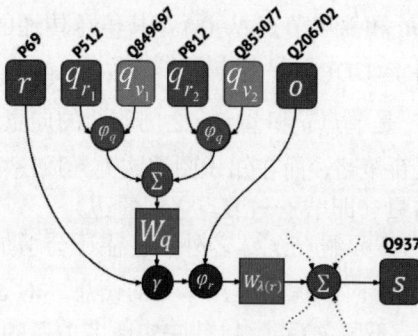

图 7-15　图立方多元关系使用的信息传递模型 StarE　　图 7-16　图立方多元关系模型的链路预测模型

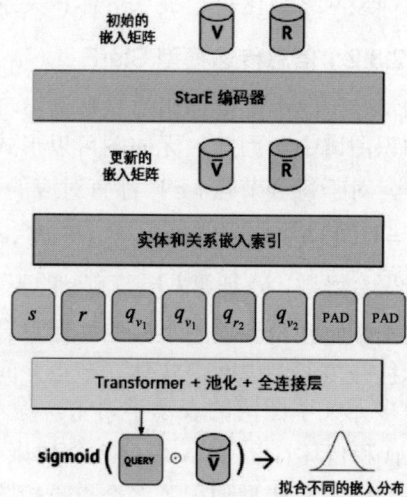

该模型的具体操作过程如下：首先初始化图中节点和关系的嵌入向量 $\mathbf{R}$ 和 $\mathbf{V}$，然后

在每轮迭代中使用图立方信息传递模型 StarE 编码器更新节点和关系的表示 $(\mathbf{R'}, \mathbf{V'})$。在解码器部分，首先基于待预测元组从编码器更新的嵌入中索引出对应的表示向量，并依次排列成序列后输入 Transformer 中，再经过池化层和全连接层得到中间的表示向量，最终带入预测节点向量点积得到预测分数。其中，全连接层的非线性函数常使用 sigmoid 和 ReLU 等。

7.2.3.3　图立方超关系预测模型的设计架构

基于超图神经网络的多元关系知识图谱表示学习模型使用图神经网络和注意力机制为实体（节点）和关系（超边）学习了富有表达力的嵌入表示，本节在关系预测模型中设计出了三种不同架构的评分函数——HConvE、HCapsE 和 HGateE，它们分别尝试从不同的维度学习元组中实体和关系嵌入的交互信息，并将其用于超关系预测的任务。这三种函数的设计思路如下：

（1）HConvE 受传统知识图谱 ConvE 和 ConvKB 卷积方法的启发，试图尝试为超关系引入卷积神经网络，以捕获深层的交互关系。

（2）HCapsE 受胶囊网络在计算机视觉领域出色的表达效果的启发，希望这种特殊模式的注意力机制可以捕获关系实体嵌入表达中的语义交互信息。

（3）HGateE 则尝试将多元关系视为信号序列的输入，使用时序网络捕捉实体在关系中的位置信息等特征，用以辅助预测任务。

1.　基于超关系的卷积评分函数

过去，ConvE 模型借助二维卷积神经网络设计了在传统知识图谱上使用的卷积评分函数，它首先将头实体和关系实体的 d 维嵌入向量重塑为 $d_1 \times d_2$ $(d = d_1 \times d_2)$ 大小的二维向量，并按某个维度拼接成一张更大的二维向量（即 $2d_1 \times d_2$ 或 $d_1 \times 2d_2$），再使用大小为 ω 的卷积核（其中，ω 大小常设为 2～5 之间的某个正数）处理这张二维向量，然后通过全连接层重新投影成维度大小为 d 的嵌入并与尾实体做点积，最终通过非线性激活函数得到预测分数。如图 7-17 所示，在多元超关系中，本模型依然沿用 ConvE 的处理思路，对于超关系元组 $(r, e_1, e_2, \ldots, e_k)$ 而言，首先将实体和关系的嵌入分别重塑为二维特征向量，即 $r \in \mathbb{R}^d \to \overline{r} \in \mathbb{R}^{d_1 \times d_2}$，$e_i \in \mathbb{R}^d \to \overline{e}_i \in \mathbb{R}^{d_1 \times d_2}$，其中，$d = d_1 \times d_2$。然后分别将关系嵌入与对应实体嵌入按第一维度进行拼接，重塑成一张更大的二维向量（这个示例中按第一维度做拼接操作，在本节的超参数搜索实验中尝试了不同维度的组合形式），即 $[\overline{r}][\overline{e}_i] \in \mathbb{R}^{2d_1 \times d_2}$。紧接着，本模型对处于不同位置的实体使用不同位置的卷积核函数 ω_i 生成对应的特征图嵌入 $\mathcal{T}_i \in \mathbb{R}^{cmn}$，其中，$c$ 为卷积核的通道数；m 和 n 分别为卷积后二维特征图的长和宽，其长度取决于卷积核大小及卷积步长。然后，将对应位置的特征图合并后展平成一维向量 $\mathrm{vec}(\mathcal{T}_i) \in \mathbb{R}^{cmn}$，用以投影变换，针对不同位置的特征图使用对应的投影矩阵 $\mathbf{W}_i \in \mathbb{R}^{cmn \times d}$ 投影成长度为 d 的一维嵌入向量。最后，将所有位置投影得到的向量计算点积后相加，并通过非线性激活函数 ReLU 得到该多元组的评分，整体计算的流程如图 7-17 所示，其简化公式为：$f_r(e_1, e_2, \ldots, e_k) = g(\sigma(\mathrm{vec}(f([\overline{r}][\overline{e}_i] \cdot \omega_1))\mathbf{W}_1), \ldots, \sigma(\mathrm{vec}(f([\overline{r}][\overline{e}_k] \cdot \omega_k))\mathbf{W}_k))$，其中，函数 $f([\overline{r}][\overline{e}_i] \cdot \omega_i)$ 对实体和关系嵌入进行卷积和后续投影变换操作；函数 g 对各个经过卷积投影变换的最终实体关系嵌入计算哈达玛积，最后通过非线性函数得到预测评分。

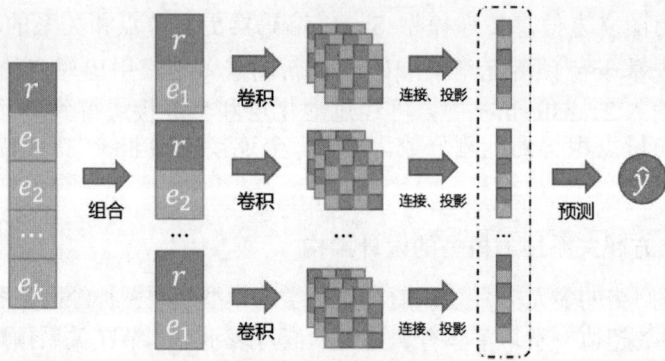

图 7-17　图立方多元关系模型的卷积评分函数计算流程

2. 基于超关系的胶囊网络动态路由评分函数

胶囊网络曾被用于计算机视觉领域，其使用胶囊（每个胶囊都视为一组神经元）捕捉图像中的个体信息，然后通过路由过程指定当前层中的胶囊如何连接到下一层的某部分胶囊。这种结构可以编码图像的局部与整体在空间上的联系，而深层的嵌入交互也能帮助推理出全新的知识信息。其中，每个胶囊都能参与捕捉图像中对象与对象之间的变化，使动态路由在扩大模型感受的同时也能重点关注那些有价值的重要信息，这和注意力机制很像，因此图立方超关系预测模型尝试为知识图谱的评分函数模型引入胶囊网络，使用它捕捉实体和关系嵌入中的深层交互信息（局部）及其与元组关联性特征（整体）的联系。

如图 7-18 所示，对于超关系元组 $(r,e_1,e_2,...,e_k)$，基于实体和关系学习嵌入表示，并按顺序以第一维度对齐，将它们拼接成一张二维向量 $A=[r,e_1,e_2,...,e_k]$。然后使用大小为 k 的卷积核 ω 逐行对该二维向量进行一维卷积操作，即尝试捕获嵌入表示中实体和关系每个维度下的交互信息，从而生成对应的特征图嵌入 $\mathcal{T}_i=\sigma(\omega\cdot A_i+b)$，其中，$b$ 是偏置单元，σ 是非线性函数（例如 ReLU）。在训练中本模型会使用多个卷积核，因为不同的卷积核可以尝试在对应通道中捕获不一样的交互信息，图中 5 种不同颜色的嵌入对应着 5 个不同的卷积核所捕获的特征图。然后，将得到的 5 种特征图按嵌入维度拆分成 d 个胶囊，每个胶囊都按顺序放入这 5 种特征图嵌入对应维度的信息，由于图中示例的 $d=6$，因此拆成了 6 个维度为 5 的胶囊，即 $u_1,u_2,...,u_6$。一般来说，用 k 个卷积核处理 d 维嵌入时，将生成 d 个 k 维的胶囊向量作为胶囊网络的输入层。

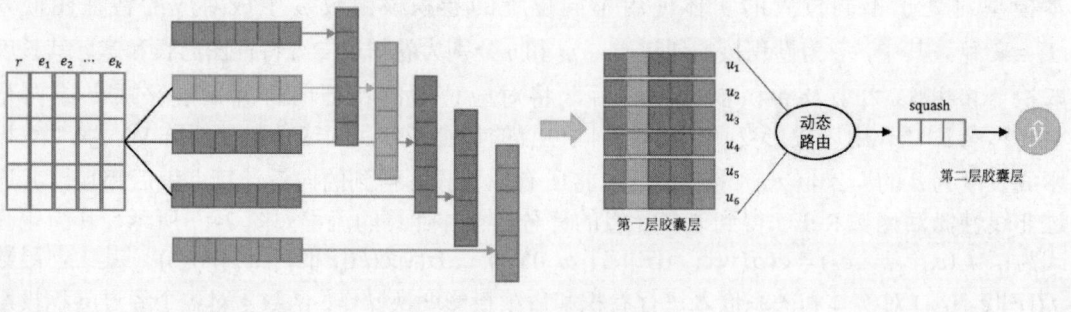

图 7-18　图立方胶囊网络示意图

本模型使用两层胶囊层架构来进行路由并输出元组的评分。在第一层中，本模型构造了 d 个维度为 k 的胶囊，其分别对应着前面生成的 k 个特征图嵌入，该层胶囊尝试捕获元组嵌入中每个维度之间的特征及其交互信息，这些信息将被动态路由到第二层胶囊中；第二层胶囊压缩了第一层胶囊获取的信息，在动态路由中重新选择重要的胶囊信息并更新到第二层的压缩胶囊中，最终输出层胶囊的模长将作为该元组的得分，即评分函数的输出。

3. 基于超关系的门控网络评分函数

循环神经网络的 LSTM（Long Short-Term Memory）和 GRU（Gated Recurrent Unit）模型利用门控网络机制，对输入信息进行有选择性地过滤，从而实现了自适应学习功能。在基于文本或序列输入的场景下，它们不仅能够适应变长的序列输入，而且通过门控网络的设计，能够在处理序列输入时对前一部分输入和处理的信息进行"记忆"或"遗忘"，从而实现对学习到的知识进行过滤或巩固加深的目的。对于具有多元超关系的元组，由于存在多个实体之间的相互关联，因此可以将它们视为若干个长度不同的序列，进而利用循环神经网络学习它们之间的交互信息。

然而，在元组关系中，除考虑实体与实体排列成的序列之外，还需要考虑关系与实体之间的联系。神经网络的参数在拟合输入与输出的计算过程中会通过神经元的多次变换交互拟合期望的输出结果。因此，本模型将关系及其对应的位置信息编码写入循环神经网络的参数，并作为初始化内容，以便模型更好地拟合超关系中实体与关系之间的深层联系，在训练并更新参数的过程中，使实体与关系的嵌入也能得到充分且深层地交互拟合，而 RNN 独特的门控结构也能进一步完善数据中有助于预测的交互信息。这种方法相比于将关系直接作为神经网络的输入，能够避免为模型引入额外的参数，降低了模型过拟合可能带来的风险。

该模型架构如图 7-19 所示，对于超关系元组 $(r, e_1, e_2, ..., e_k)$，基于它们在图立方表示学习模型中学习到的嵌入表示，本模型首先将实体按位置排列成序列 $[e_1, e_2, ..., e_k]$，并将同样数量的长短期记忆网络单元 LSTM 组合成长度为 k 的 RNN 序列模型。每个 LSTM 模型都包含待输入的对应位置实体嵌入 e_i、隐状态 H_i 和记忆单元 C_i。最终，将第 k 个单元的 LSTM 的隐状态作为评分函数的输出。

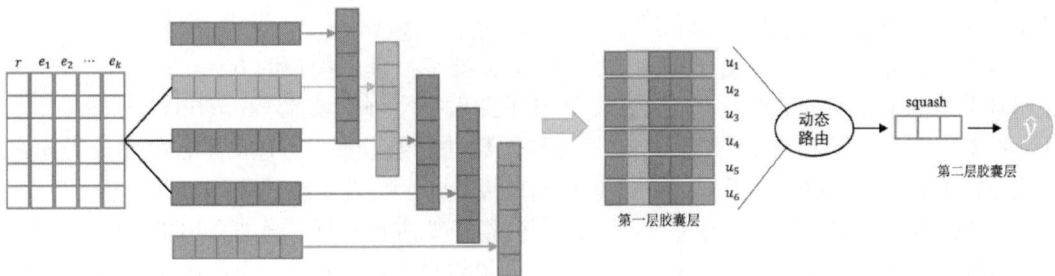

图 7-19　基于超关系的门控网络评分函数模型架构

本小节基于图立方表示学习模型设计了三种不同架构的评分函数模型（HConvE、HCapsE 和 HGateE），它们分别基于卷积神经网络、胶囊网络和循环神经网络，能够适用于不同的知识图谱关系预测任务。

7.3　图立方子图表示学习

7.3.1　问题定义

由前文可知，图立方作为一种新颖的数据表示模型，在表征和分析时序超图数据方面具有广泛的应用前景，特别是在金融领域，分析以时间为序的离散数据时，如股票价格、汇率、市场指数等重要金融指标，其可以呈现出金融市场的动态变化趋势和波动情况。由于金融数据在收集角度和来源上存在多样性，因此可以利用图立方技术来有效建模多源金融数据，例如来自不同地域和机构的多支股票，可以将其组织成多个金融股票市场关系子图，其中，节点表示不同的股票，边表示它们之间的价格相关性。从这些股票市场关系子图中挖掘出能够有效表征整体金融子图的高维度信息，有助于呈现特定时段内金融市场中不同资产之间的相互作用和关联关系，从而为企业或金融监管机构深入了解市场行为提供有力工具。从子图数据挖掘的视角来看，现实应用中的金融子图分类任务可以视为图分类问题的一种特例。在图分类问题中，研究者们面对一系列图数据，主要工作目标是建立图与相应类别标签之间的映射关系，以便对未知图进行类别标签的预测。

关于图分类的历史，可追溯至 20 世纪 50 年代，当时图论首度成为数学学科的一部分。图论最初侧重于研究离散结构，主要关注图和网络等结构的性质与特征。初期，研究者们主要致力于开发能够解决特定图问题的算法，如寻找最短路径或判定图是否为二分图的算法。这些算法多采用启发式方法，未涉及机器学习。然而，随着计算机科学和人工智能的发展，机器学习被引入对图分类的研究中。从 20 世纪 90 年代至 21 世纪初，研究者们开始尝试利用机器学习算法进行图分类。这一探索包括将图表示为向量或矩阵的形式，以便机器学习算法加以处理。近十年来，随着深度学习技术的成功应用，其在计算机视觉和自然语言处理领域取得了显著成就。利用深度学习技术来解决图分类问题，通过自动学习图的分层表示实现最先进的分类效果的想法应运而生。

本节首先介绍图分类任务的基本研究方法，主要包括基于图核的方法、基于图匹配的方法和基于图深度学习的方法。然后详细阐述基于图数据增强的域流（filtration）图变换框架，这一框架为图分类预测精度的提升提供了通用的数据增强方案，可适用于各种图分类问题。其核心在于通过增强图的表达能力，提高预测效果。由于图立方被归类为一种异质时序关系超图，因此本节的最后将对上述基于域流的图变换框架进行扩展，详细介绍将其应用于超图的技术细节。该方法通过深入挖掘超图内部的子图结构模式，为解决由现实应用驱动的图立方子图分类问题提供了新的视角。

7.3.2　传统方法

本节首先对现有的图分类方法进行回顾和归纳，并将其划分为两大主要类别。下面对这两大类的方法进行详细介绍。

　　第一类是基于相似度计算的图分类方法。这类方法通过计算不同图对之间的相似度来进行图的分类，主要包括图核方法和图匹配方法。其中，图核方法主要通过定义图核来计算图的相似度，属于传统图分类方法的一种。在过去的许多年中，出现了多种基于图核的分类方法，其共同思想是将图分解为某种子结构，然后通过比较不同图上的这些子结构来计算图的相似度，进而进行图的分类。而基于图匹配的分类方法则考虑了一些跨图因素，其通过计算图之间的相似度分数来进行分类。

　　第二类是基于深度学习的方法。随着深度学习在图像、文本等领域的成功应用，研究人员开始着眼于将深度学习方法应用到基于图数据进行建模的分析应用中。在这一趋势下，图神经网络在图分类问题中的应用引发了广泛关注，其中包括卷积算子和池化算子这两个重要部分。卷积算子能够有效地从图结构和节点特征中提取到图的特征信息，而池化算子则能够对提取到的特征信息进行汇总，从而得到关于整个图的表示，以便后续的分类任务。这种分层的特征提取和表示方法有助于提高图分类模型的性能和表达能力。

7.3.2.1　图核

　　现有基于图核的方法主要包括基于邻居聚合的方法、基于匹配的方法、基于子图模式的方法及基于游走和路径的方法等。

1．基于邻居聚合的方法

　　基于邻居聚合的方法是一种普遍的范式，现有的大多数图神经网络都源自这个范式。该方法的思路是：如果两个节点具有相同的标签，它们的邻居也被标记为相似，那么它们被认为是相似的。更进一步，如果两个图由具有相似邻居的节点组成，也就是说它们具有相似的局部结构，那么它们被认为是相似的。邻居聚合方法为每个节点都分配了一种属性，通过迭代，邻居的属性被聚合起来形成一种新的属性，最终代表其扩展邻居的结构。本节以经典的 Weisfeiler-Lehman 子树核为例进行介绍。

　　定义 7.3.1（WeisfeiLer-Lehman 子树核）　令 G 和 G' 为两个图，定义 $\Sigma_i \subseteq \Sigma$ 为在 G 和 G' 的第 i 次 WL 测试迭代中出现的节点标签全集，Σ_0 是 G 和 G' 的初始标签集。假设当 $i \neq j$ 时，$\Sigma_i \bigcap \Sigma_j = \varnothing$。假设 $\Sigma_i = \{\sigma_{i,1}, \sigma_{i,2}, \ldots, \sigma_{i,|\Sigma_i|}\}$ 是有序的，定义映射 $c_i : \{G, G'\} \times \Sigma_i \to \mathbb{N}$，其中，$c_i(G, \sigma_{i,j})$ 表示标签 $\sigma_{i,j}$ 在 G 中出现的次数。在图 G 和 G' 上迭代 h 次的 WL 子树核定义为 $k(G, G') = <\Phi(G), \Phi(G')>$，其中，$\Phi(G) = (c_0(G, \sigma_{0,1}), \ldots, c_0(G, \sigma_{0,\Sigma_0}), \ldots, c_h(G, \sigma_{h,1}), \ldots, c_h(G, \sigma_{h,\Sigma_h}))$，$\Phi(G') = (c_0(G', \sigma_{0,1}), \ldots, c_0(G', \sigma_{0,\Sigma_0}), \ldots, c_h(G', \sigma_{h,1}), \ldots, c_h(G', \sigma_{h,\Sigma_h}))$。

　　根据 Shervashidze 和 Schweitzer 等人的证明，上述定义等价于比较两个图的"共享子树"，因此其被命名为 WL 子树核（Weisfeiler-Lehman Subtree Kernel）[17]。WL 子树核的主要思想是将每个图转换为一组子树特征向量，然后通过比较这些特征向量来计算图之间的相似性。它的具体实现方式如下：将图的节点标记为不同的颜色，以表示节点的"标记"。通常，每个节点的标记由该节点的标签和其相邻节点的标记共同决定。对于每个节点，将其子树视为一个新的子图，并使用同样的方法为子树中的节点赋予标记。这样就可以得到一组子树特征向量，其中每个向量都对应图中的一个子树。计算每对子树之间的相似性通常可以通过比较它们的标记序列来实现。例如，可以使用相似度函数（如余弦相似度或雅卡尔相似系数

（Jaccard similarity coefficient））来计算相似性得分。然后将相似性得分组合成一个核矩阵，其中每个元素都表示两个图之间的相似性。相比于传统的基于节点的图核方法，WL 子树核可以捕获更多的局部结构信息，因为它考虑了每个节点的子树。由于 WL 子树核的计算量与 WL 测试是相同的，因此其时间复杂度为 $O(h \times |E|)$，其中，h 为迭代次数，E 为边集。

2．基于匹配的方法

基于匹配的方法的思路是识别两个图的连通分量的最佳匹配。例如，在比较两种化学分子时，将一个图中的每个原子都映射到另一个图中最相似的原子上，这样就可以进行比较了。本节以金字塔匹配核为例进行介绍[18]。

定义 7.3.2（金字塔匹配核） 令 G 和 G' 为两个图，给定参数 d 和 L，将图的邻接矩阵进行谱分解并且取每个节点对应特征向量的前 d 维数据，将其缩放到不同尺度下，得到对应的直方图 $\text{Hist}_G^l(i)$，以此表示图 G 在第 l 层分辨率下的直方图的第 i 个元素。金字塔匹配核定义为

$$k(G, G') = I(\text{Hist}_G^L, \text{Hist}_{G'}^L) + \sum_{l=0}^{L-1} \frac{1}{2^{L-l}} (I(\text{Hist}_G^l, \text{Hist}_{G'}^l) - I(\text{Hist}_G^{l+1}, \text{Hist}_{G'}^{l+1}))$$，其中，$I(\text{Hist}_G^l, \text{Hist}_{G'}^l) = \sum_{i=1}^{D} \min(\text{Hist}_G^l(i), \text{Hist}_{G'}^l(i))$ 且 $D = 2^l \cdot d$。

3．基于子图模式的方法

基于子图模式的方法的思路是将图的比较转化为其中一些子图模式或者图的连通分量之间的比较。这种思路可以在许多应用中找到，例如在自然语言处理中，比较两篇文档是很难的，因此有一种能够完全忽略文档结构，只分析文档中的词组出现次数的方法，也就是所谓的文本词袋（bag-of-words）基础技术。

Graphlet 指的是图 G 中的小的子图，图 7-20 显示的就是所有包含 4 个节点的小图（graphlet）。根据边的不同，可以将这些小图分为 11 种不同的 graphlet[20]。下面给出 graphlet 核的定义。

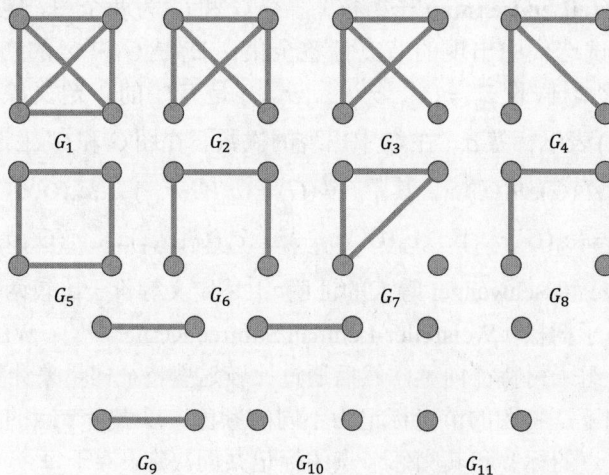

图 7-20　包含 4 个节点的 graphlet

定义 7.3.3（graphlet 核） 令 G_i 和 G_j 为两个图，且 $|V(G_i)| \geqslant k$，$|V(G_j)| \geqslant k$，$G = \{\text{graphlet}_1, \text{graphlet}_2, \ldots, \text{graphlet}_r\}$ 为节点个数为 k 的 graphlet。令 $f_G \in \mathbb{N}^r$ 的第 i 个坐标为 G 中 graphlet$_i$ 出

现的次数，即 $f_{G,i} = \#(\text{graphlet}_i \subseteq G)$，那么 graphlet 核被定义为 $k(G_i, G_j) = f_{G_i}^T f_{G_j}$。

显然，graphlet 枚举的时间代价是很高的，因为对于图 G，k-graphlet 的个数是 $\binom{|V(G)|}{k}$ 级别的，所以计算 f_G 的时间复杂度是 $O(|V(G)|^k)$。

4．基于游走和路径的方法

基于游走和路径的方法中最经典、最有影响力的就是由 Borgwardt 和 Kriegel 等人提出的最短路径核[19]，它的思路是通过比较两个图中所有点对之间的最短路径的属性和长度来比较两个图的相似度。

定义 7.3.4（**最短路径核**）　令 G 和 G' 为两个图，S_i 和 S_j 是对应的最短路径图，那么 $k(S_i, S_j) = \sum_{e_i \in E_i} \sum_{e_j \in E_j} k_{\text{walk}}^{(1)}(e_i, e_j)$，其中，$k_{\text{walk}}^{(1)}(e_i, e_j)$ 是一个长度为 1 的半正定核。令 $e_i = (u_i, v_i)$，$e_j = (u_j, v_j)$，可以得到：$k_{\text{walk}}^{(1)}(e_i, e_j) = k_v(l(v_i), l(v_j))k_e(l(e_i), l(e_j))k_v(l(u_i), l(u_j)) + k_v(l(v_i), l(u_j))k_e(l(e_i), l(e_j))k_v(l(u_i), l(v_j))$，其中，$l(v)$ 对于无标签图为 1，对于有标签图为节点 v 的标签；$l(e)$ 对于无标签图为 e 的长度，对于有标签图为 e 的标签；k_v 和 k_e 为 dirac 函数。

根据定义 7.3.4，计算最短路径核需要枚举所有边对，由于边的数量是 $O(|V|^2)$ 级别的，因此枚举的复杂度为 $O(|V|^4)$，而 $k_{\text{walk}}^{(1)}(\cdot, \cdot)$ 的复杂度为 $O(1)$，所以算法的复杂度为 $O(|V|^4)$。

7.3.2.2　图神经网络

基于图神经网络的方法大部分满足消息传递、消息聚合和消息读取框架，令 h_{u,N_G}^k 为节点 u 在第 k 层聚合的邻域信息，$h_{u,I}^k$ 为节点 u 在第 k 层聚合的自身信息，$\tilde{A}_{uv}$ 为带权邻接矩阵，$N_G(u)$ 为 u 的邻居，h_u^k 为 u 的第 k 层信息，Aggregate^{N_G} 和 Aggregate^I 分别为邻域和自身的聚合网络，Combine 为消息聚合操作，Readout 为读取操作，h_G 为图的信息，那么基于图神经网络的方法可以分三部分进行表达：

（1）消息传递：节点聚合邻域的信息，即 $h_{u,N_G}^k = \text{Aggregate}^{N_G}(\{(\tilde{A}_{uv}, h_v^{k-1}) \mid v \in N_G(u)\})$，$h_{u,I}^k = \text{Aggregate}^I(\{\tilde{A}_{uv} \mid v \in N_G(u)\})h_v^{k-1}$；

（2）消息聚合：将节点邻域信息和自身信息结合，得到新一轮的自身信息，即 $h_u^k = \text{Combine}(h_{u,N_G}^k, h_{u,I}^k)$；

（3）消息读取：根据节点的消息得到图的信息，即 $h_G = \text{Readout}(\{h_u^k, u \in V\})$。现有的一些经典的图神经网络算法，例如 GCN[21]、GraphSAGE[22]，GIN 等可以被归纳为表 7-1。

表 7-1　经典图神经网络算法归纳

算法	Aggregate^{N_G}	Aggregate^I	Combine
GCN	$\sum\limits_{u \in N_G(v)} \dfrac{W^t h_u^t}{\sqrt{\|N_G(u)\|\|N_G(v)\|}}$	$\dfrac{W^t h_u^t}{\sqrt{\|N_G(u)\|\|N_G(v)\|}}$	$\sigma(\text{Sum}(h_{u,I}^t, h_{u,N_G}^t))$
SAGE	$\sum\limits_{u \in N_G(v)} \dfrac{h_u^t}{\sqrt{\|N_G(v)\|}}$	h_v^t	$\sigma(W^t \cdot \text{CONCAT}(h_{u,I}^t, h_{u,N_G}^t))$
GIN	$\sum\limits_{u \in N_G(v)} \alpha_{vu} W^t h_u^t$	$(1 + \epsilon)h_v^t$	$\text{MLP}_\theta(\text{Sum}(h_{u,I}^t h_{u,N_G}^t))$

7.3.3　基于域流的图分类框架

7.3.3.1　基于域流的图数据增强算法

在数学和拓扑学中，域流（filtration）是一种将数据集（通常是拓扑空间的子集）逐步增加的方法，这些数据集是按一定的顺序排列的。通过这种方法可以获得有关数据集结构和性质的更多信息。一个域流通常是一个递增序列，其中，每个元素都是数据集的子集。这些子集在拓扑空间上具有一定的结构，例如，可以是开集、闭集、紧集、凸集等。域流可以是有限的，也可以是无限的。在某些情况下，域流的元素可以被分配一个指标（index），该指标可以是任何可进行比较的对象（例如整数、实数、布尔值等），用于说明子集递增的顺序。

图上的域流可以定义为一个单调非降的子图序列，即 $\varnothing \subseteq G_1 \subseteq G_2 \subseteq \ldots \subseteq G$，其中，$G_i$ 称为 filtered graph。域流是根据边上的权重而得到的，如图 7-21 所示，将边上的权重作为指标，将其划分为 3 层，便可以得到图中的一个域流序列。

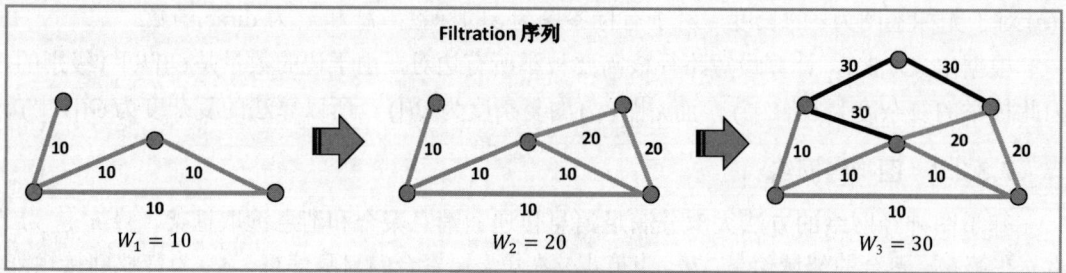

图 7-21　图的域流序列

如果将边权抽象成时间，那么域流便是一个随着时间而演变的图。由于每个时间戳都可作为一层的标记，那么域流便可有 $O(m)$ 个图，其中，m 是原图中边的个数。因此，本节引入了细粒度控制变量 l 和权重函数 w。基于域流的图变换框架旨在利用权重函数 w 和细粒度控制变量 l，将原本的图分为若干个快照，对域流序列进行简化和离散化。由于只需抽取一些关键快照变化，因此能够起到缩小图规模的作用。事实上，不论是时间还是其他指标，都可以将其抽象成边上的权重。本节首先将所有子图立方的权重抽象到 $[w_{\min}, w_{\max}]$ 区间内，然后选取 l 个不同的权重，使其满足 $w_{\min} \leqslant w_1 \leqslant w_2 \leqslant \cdots \leqslant w_l \leqslant w_{\max}$，并抽取 l 个快照，每个快照为 $G_i = (V_i, E_i)$，其中，$E_i = \{(u,v) \in E \mid w(u,v) \leqslant w_i\}$，$V_i = \{v \in V \mid (u,v) \in E_i\}$，这些快照称为 Filtration-Enhanced Snapshot（FES）。将这些快照之间的相同节点连上一些"更新边"，可以得到一个新图，称为 Filtration-Enhanced Graph（FEG）。由于 FEG 是根据域流产生的，因此其可以捕捉到原图中的一些变化信息，而这些"更新边"的实际意义是表示图上的节点属性在这个变化过程中正在被更新迭代。对于不同快照之间重叠的部分，当只考虑快照之间新增的边后，又会得到一种简化的版本。本节将类似图 7-22 的上半部分的图和快照称为 Full 版本，而将只考虑新增边的情况称为 Partial 版本，如图 7-22 的下半部分所示。图 7-22 展示了整个域流增强图变换的过程。

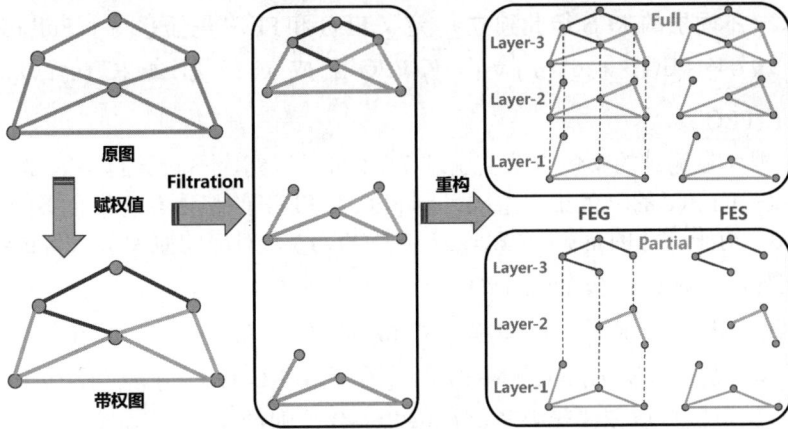

图 7-22　域流增强图变换的过程

7.3.3.2　图表达能力的证明

给定两个无向图 $G_1 = (V_1, E_1)$ 和 $G_2 = (V_2, E_2)$，判断它们是否同构，即判断是否存在一个双射 $f: V_1 \to V_2$，使得 $(u, v) \in E_1$ 当且仅当 $(f(u), f(v)) \in E_2$。图同构问题是一个经典的 NP 问题，目前尚无有效的多项式时间算法。

WL 测试（Weisfeiler-Lehman Test）是由 Weisfeiler 和 Lehman 于 1968 年提出的，被用于判断两个无向图是否同构。在实际应用中，WL 测试被广泛应用于图分类、图聚类、图匹配等领域。WL 测试通过对图的节点进行标记，将图同构问题转化为一个标签等价问题。它的基本思想是对图的节点进行一轮轮的标记，并通过比较每个节点的标记来判断两个图是否同构。WL 测试算法的执行过程如下：

（1）初始化：对于每个节点 $v \in V_1 \cup V_2$，将它的标记初始化为 1；

（2）迭代：在每一轮迭代 i 中，对于每个节点 $v \in V_1 \cup V_2$，计算它的邻居节点的标记集合的多重集合（即一个元素可以出现多次的集合），并将这个多重集合中的元素加上 v 的标记集合，得到一个新的标记集合 $M_v^{(i)}$。对于每个节点 $v \in V_1 \cup V_2$，将 $M_v^{(i)}$ 排序后利用哈希函数得到新的颜色，即 $s_v^{(i)} = C^i(v)$；

（3）比较：对于每个节点 $v \in V_1 \cup V_2$，比较它的颜色 $s_v^{(i)}$ 和它的邻居节点的颜色 $s_u^{(i)}$，其中，u 是 v 的邻居节点。如果存在 v 的一个邻居节点 u，使得 $s_v^{(i)} \neq s_u^{(i)}$，那么算法终止并输出不同构，否则进行下一轮迭代；

（4）终止：如果算法执行了 k 轮迭代后仍未终止，那么输出同构。在实际应用中，通常将 k 设置为一个较小的常数（如 3 或 4），以便在较短的时间内得到较好的性能。

本节利用 WL 测试来说明图的表达能力。对于原图 G 和 G'，以及变换后的图 FEG 和 FEG′，如果变换后的图更容易在 WL 测试中被区分，那么认为变换后的图表达能力更强。

引理 7.3.1　如果 G 和 G' 为两个图或者两个 FEG，那么以下的叙述是正确的：（1）对于任意的 $u \in G, u' \in G'$，如果 $s_u^{(i)} \neq s_{u'}^{(i)}$，那么 $s_u^{(i+1)} \neq s_{u'}^{(i+1)}$；（2）对于任意的 $u \in G, v \in G$，如果 $s_u^{(i)} \neq s_v^{(i)}$，那么 $s_u^{(i+1)} \neq s_v^{(i+1)}$。

证明：哈希函数有两个输入参数包含邻居多重集合，以及自身上一次迭代的颜色，如果两个节点的本身颜色不同，那么下次迭代后的颜色必定不同。

引理 7.3.2（不同层的 FES 彼此独立） 定义 FEG 和 FEG′ 是任意两个 Full FEG 且 $l \geqslant 2$，如果 $\{C^i(u)\big|\forall u \in V_l(\text{FEG})\} \neq \{C^i(u')\big|\forall u' \in V_l(\text{FEG}')\}$ 成立，那么 $\{C^i(u) \,|\, \forall u \in V(\text{FEG})\} \neq \{C^i(u) \,|\, \forall u' \in V(\text{FEG}')\}$。

证明： 根据 WL 测试的染色方法及引理 7.3.1 可以得到，不同层的 FES 是彼此正交的。若第 l 层的 FEG 和 FEG′ 的颜色集合不同，则 FEG 和 FEG′ 的整体颜色集合不同。

引理 7.3.3 对于任意的 $u_l \in V_l(\text{FEG})$，$u_l' \in V_l(\text{FEG}')$，对应的原图节点为 $u \in G$，$u' \in G'$，如果 $C^i(u) \neq C^i(u')$，那么 $C^i(u_l) \neq C^i(u_l')$。

证明： 根据 WL 测试算法，如果有 $C^0(u_l) = <l, C^0(u)>l$，那么在第一次迭代中若 $C^1(u) \neq C^1(u')$，则 $C^0(N(u)) \neq C^0(N(u'))$。因此，$C^0(N(u_l)) \neq C^0(N(u_l'))$ 成立，即 $C^1(u_l) \neq C^1(u_l')$，所以在后续迭代中若 $C^i(u) \neq C^i(u_l')$，则 $C^i(u_l) \neq C^i(u_l')$。

定理 7.3.1 如果 G 和 G' 在第 i 次 WL 测试的迭代中出现不同，那么 FEG 和 FEG′ 至少在第 i 次 WL 测试的迭代中出现不同。

证明： 使用反证法，即假设 $C^i(V_l(\text{FEG})) = C^i(V_l(\text{FEG}'))$ 成立。如果 G 和 G' 在第 i 次 WL 测试的迭代中出现不同，那么一定至少存在一个点对 $u \in G$，$u' \in G'$ 满足 $C^{i-1}(u) = C^{(i-1)}(u')$ 且 $C^i(u) \neq C^i(u')$。G 和 G' 的不同是由所有满足以上条件的点对造成的。根据引理 7.3.3，相应地，在 Full FEG 中的节点也一定满足 $C^i(u_l) \neq C^i(u_l')$，这与假设相反。此外，根据引理 7.3.2，有 $C^i(\text{FEG}) \neq C^i(\text{FEG}')$，也就是说 FEG 和 FEG′ 在第 i 次的 WL 测试中被区分了。

由此证明了 Full FEG 和原图的表达能力至少一样强。下面通过一个例子说明 Full FEG 的表达能力至少是强于原图的。如图 7-23 所示，以公共邻居的个数为边权，将层级设置为 2，得到变换后的图。显然，原图是不能被 WL 测试区分的，而变换后的 Full FEG 是能够被 WL 测试区分的。

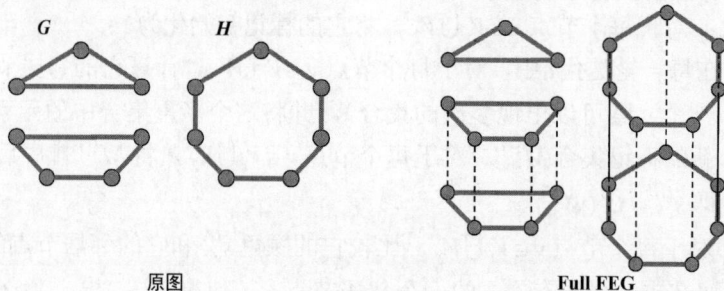

图 7-23　原图与 Full FEG 的表达能力示例

7.3.3.3　图分类框架

定义 7.3.5（权重函数） 对于图 $G = (V, E)$，定义权重函数 $w : E \to \mathbb{R}$，用于给图上的边附上边权。

定义 7.3.6（分类函数） 对于图 $G = (V, E)$，定义分类函数 $\varPhi(\cdot, \cdot) : G \to L$，其中，$L = \{L_1, L_2, \ldots, L_t\}$ 为标签集合；$\varPhi(\cdot, \cdot)$ 有两个输入，分别为图 G 和参数 params。

根据定义 7.3.5 和定义 7.3.6，可以概括出图分类框架的核心主要包含三部分，分别是：（1）使用权重函数对图 G 赋予边权；（2）生成 FEG 或者 FES；（3）使用分类函数对 FEG 或者 FES 进行分类并得到最终结果。其中，常见的权重函数有图的核数、边上节点对的公共邻居个数等；分类函数可以为图核或者图神经网络。图立方分类框架如图 7-24 所示。

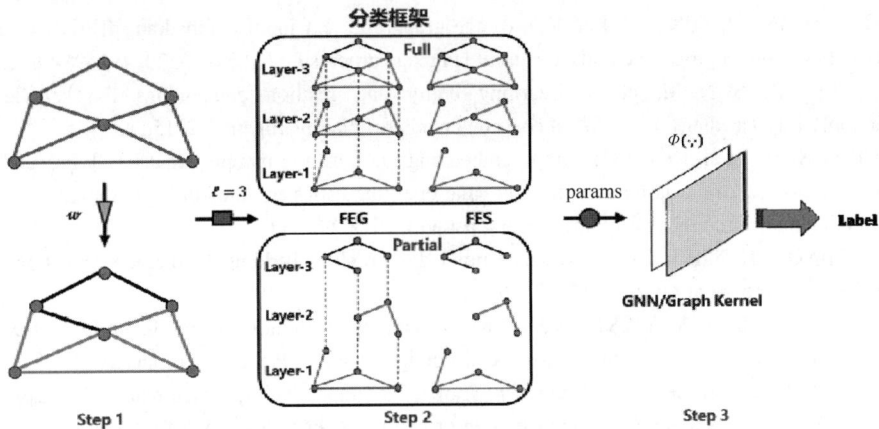

图 7-24　图立方分类框架

7.3.3.4　基于图立方的域流框架

本节最初介绍的域流框架仅考虑了无向简单图中的图分类应用场景。该框架首先利用自定义的适当权重函数为无向简单图中的每条边分配权重。然后，通过这些权重，构建了由不同节点序列组成的快照 FES。通过连接不同快照之间的重叠边生成了 FEG，这可以视为利用经过数学和拓扑学理论验证的域流数据增强技术产生了新图。最终，借助上文介绍的基于图核或图深度学习的方法，完成图分类任务。

为了扩展基于域流框架的通用图数据分类增强技术，本节首先考虑到图立方的本质是一个异质时序超图。这一特性使得图立方中的附加时间戳信息天然地提供了快照 FES 的来源。具体来说，通过时间戳信息可以将原本复杂的图立方切片成多个时间步，从而捕获图立方在不同时间点的动态演化过程，以便有效追踪系统状态的变化，进而方便问题排查和性能优化。同时，将图立方切片后，每个图都能够专注于展示特定时间点的详细状态和交互，这有助于降低单个图的复杂度，使信息更加清晰易懂。

由时间戳引导的序列超图描述了超图元素实体对象之间的交互和消息传递顺序，其通常与节点和超边的状态变化紧密相关。这与最初在域流框架中通过边权反映数据变化关系的初衷是一致的。因此，将域流框架扩展到超图是一种自然且合理的进一步选择。在技术层面上，借助图立方中额外的时间戳信息，极大地简化了权重函数的设计难度。同时，可以基于附加的时序关系来设计更合理且具有鲁棒性的边权函数。在获得具有时序引导的不同快照 FES 后，可以直接利用域流框架中的策略来生成适用于图立方的 FEG。需要注意的是，这里使用超边作为快照连接的载体，进一步增强了域流框架的表达能力。最终，在获得具有时序引导的基于超边的 FEG 后，可以将其输入前述基于图核或图深度学习的方法中，从而有效地完成图立方的子图分类任务。

本章参考文献

[1]　BORDES A, USUNIER N, GARCIA-DURAN A, et al. Translating embeddings for modeling multi-relational data[J]. Advances in neural information processing systems, 2013, 26.

[2] WANG Z, ZHANG J, FENG J, et al. Knowledge graph and text jointly embedding[C]//Proceedings of the 2014 conference on empirical methods in natural language processing (EMNLP). 2014: 1591-1601.

[3] LIN Y, LIU Z, SUN M, et al. Learning entity and relation embeddings for knowledge graph completion[C]//Proceedings of the AAAI conference on artificial intelligence. 2015, 29(1).

[4] JI G, HE S, XU L, et al. Knowledge graph embedding via dynamic mapping matrix[C]//Proceedings of the 53rd annual meeting of the association for computational linguistics and the 7th international joint conference on natural language processing (volume 1: Long papers). 2015: 687-696.

[5] SUN Z, DENG Z H, NIE J Y, et al. Rotate: Knowledge graph embedding by relational rotation in complex space[J]. ArXiv preprint arXiv:1902.10197, 2019.

[6] BORDES A, GLOROT X, WESTON J, et al. A semantic matching energy function for learning with multi-relational data: Application to word-sense disambiguation[J]. Machine Learning, 2014, 94: 233-259.

[7] HE S, LIU K, JI G, et al. Learning to represent knowledge graphs with gaussian embedding[C]//Proceedings of the 24th ACM international on conference on information and knowledge management. 2015: 623-632.

[8] NICKEL M, TRESP V, KRIEGEL H P. A three-way model for collective learning on multi-relational data[C]//ICML. 2011, 11(10.5555): 3104482.3104584.

[9] YANG B, YIH W, HE X, et al. Embedding entities and relations for learning and inference in knowledge bases[J]. arXiv preprint arXiv:1412.6575, 2014.

[10] WANG Y, GEMULLA R, LI H. On multi-relational link prediction with bilinear models[C]//Proceedings of the AAAI Conference on Artificial Intelligence. 2018, 32(1).

[11] TROUILLON T, WELBL J, RIEDEL S, et al. Complex embeddings for simple link prediction[C]//International conference on machine learning. PMLR, 2016: 2071-2080.

[12] LIU H, WU Y, YANG Y. Analogical inference for multi-relational embeddings[C]//International conference on machine learning. PMLR, 2017: 2168-2178.

[13] KAZEMI S M, POOLE D. Simple embedding for link prediction in knowledge graphs[J]. Advances in neural information processing systems, 2018, 31.

[14] MATTHEW E. P, MARK N, MOHIT I, et al. Deep contextualized word representations[C]//NAACL'18: Proceedings of the 2018 Conference of the North American Chapter of the Association for Computational Linguistics: Human Language Technologies: vol. 1. 2018: 2227-2237.

[15] RADFORD A, NARASIMHAN K, SALIMANS T, et al. Improving language understanding by generative pre-training[J]. 2018.

[16] YAO L, MAO C, LUO Y. KG-BERT: BERT for knowledge graph completion[J]. arXiv preprint arXiv:1909.03193, 2019.

[17] SHERVASHIDZE N, SCHWEITZER P, VAN LEEUWEN E J, et al. Weisfeiler-lehman graph kernels[J]. Journal of Machine Learning Research, 2011, 12(9).

[18] GRAUMAN K, DARRELL T. The pyramid match kernel: Efficient learning with sets of features.[J]. Journal of Machine Learning Research, 2007, 8(4).

[19] BORGWARDT K M, KRIEGEL H P. Shortest-path kernels on graphs[C]//Fifth IEEE international conference on data mining (ICDM'05). IEEE, 2005: 8 pp.

[20] SHERVASHIDZE N, VISHWANATHAN S V N, PETRI T, et al. Efficient graphlet kernels for large graph comparison[C]//Artificial intelligence and statistics. PMLR, 2009: 488-495.

[21] KIPF T N, WELLING M. Semi-supervised classification with graph convolutional networks[J]. arXiv preprint arXiv:1609.02907, 2016.

[22] HAMILTON W, YING Z, LESKOVEC J. Inductive representation learning on large graphs[J]. Advances in neural information processing systems, 2017, 30.

[23] XU K, HU W, LESKOVEC J, et al. How powerful are graph neural networks[J]. arXiv preprint arXiv:1810.00826, 2018.

[24] LEMAN A A, WEISFEILER B. A reduction of a graph to a canonical form and an algebra arising during this reduction[J]. Nauchno-Technicheskaya Informatsiya, 1968, 2(9): 12-16.

第 **8** 章

基于图立方的金融舆情分析

　　金融舆情是指公众通过媒体表达对金融话题的信念、态度、意见和情绪，其涵盖了事件发展的全过程[1]。金融行业以信用与预期为基础，舆情影响广泛，包括由事件引发的金融资产价格波动、影响投资者利益和金融机构声誉等，如"黑天鹅"事件。分析舆情事件中的各个因素之间的联系，有助于纾解市场情绪，对提供风险预警与决策支持至关重要[2]。图立方作为一个重要工具，能够揭示舆情事件中不同因素之间的相互关系，帮助相关人员理解影响因素，从而有效地缓解市场情绪波动，为金融市场的风险预警和决策制定提供支持。典型的金融舆情分析要素包括：金融舆情的主题，即具有一定社会讨论度的事件或社会现象；金融舆情的内容，即公众对某一事件或社会现象的观点、态度等；金融舆情的传播，即舆情的传播渠道及传播路径。本章将介绍基于图立方的金融舆情分析要素及其涉及的相关技术，这些技术主要包括基于图立方的金融舆情主题检测、基于图立方的金融舆情情感分析，以及基于图立方的金融舆情传播路径预测。

8.1　基于图立方的金融舆情主题检测

8.1.1　问题概述

　　金融舆情主题指的是在金融领域受到公众关注的具体话题或事件，其反映了公众对金融市场的关注焦点、担忧情绪及期待态度，具有一定的影响力和预示性[3]。金融舆情主题是定义特定金融舆情传播的主要特征之一。从宏观影响和微观影响的角度来看，金融舆情主题可以分为话题主题和事件主题两类。其中，话题主题以影响宏观金融经济运行的因素变化为舆情传播主题，如通货膨胀、物价水平、利率和汇率变化趋势等；而事件主题则以金融机构、金融市场中发生的特定事件为舆情传播主题，如涉及股票、债券、外汇、商品等金融市场中的各种交易和投资行为。

　　金融舆情主题检测旨在从大量的金融新闻、社交媒体评论、股票交易等文本数据中挖掘关键信息，以便发现潜在的舆情主题，并用来进行舆情分析与研判。金融舆情主题检测具有以下重要意义：

　　（1）辅助投资决策：金融舆情主题检测可以挖掘金融市场中的重要信息和潜在风险，为投资者提供决策支持和参考，有助于提高投资决策的精度和效率；

　　（2）预测金融市场走势：金融舆情主题检测可以从金融新闻、社交媒体评论等数据中发现影响市场走势的主题和因素，从而预测和判断金融市场的未来走势；

（3）监测市场变化：金融舆情主题检测可以帮助金融从业者及时了解、监测市场的变化和风险，从而制定合理的风险管理策略和应对措施；

（4）提高金融机构竞争力：金融舆情主题检测可以帮助金融机构及时获取市场信息和竞争情报，有助于提高机构的竞争力，并进一步扩大市场份额。

8.1.2　经典算法

在众多舆情文本处理方法中，主题模型因其可以快速从大量文本中自动提取主题信息而被广泛应用于金融舆情主题检测任务。主题模型的基本思路是假设每个文档都由多个主题组成，而每个主题又由多个单词组成。按照主题提取方式的不同，研究者们将主题模型概括为基于矩阵分解的主题检测模型和基于概率的主题检测模型两类。本节将详细介绍这两类方法中的经典算法。

1. 潜在语义分析（LSA）[4]

LSA 是基于矩阵分解的主题检测模型的经典算法之一。给定一个包含 $|V|$ 个单词的词汇表和一个包含 $|\text{Doc}|$ 个文档的语料库，构造一个单词—文档矩阵 $\mathbf{X} \in \mathbb{R}^{|V| \times |\text{Doc}|}$，LSA 的目的是应用奇异值分解方法将 $\mathbf{X}$ 分解为三个矩阵的乘积，如式（8-1-1）所示：

$$\mathbf{X} = \mathbf{U}\boldsymbol{\Sigma}\mathbf{V}^{\mathrm{T}}$$

（8-1-1）

其中，$\mathbf{U} \in \mathbb{R}^{|V| \times m}$ 为单词—主题矩阵，$\mathbf{V} \in \mathbb{R}^{m \times |\text{Doc}|}$ 为文档—主题矩阵，$\mathbf{V}^{\mathrm{T}}$ 表示主题空间中的文档表示，$\boldsymbol{\Sigma} \in \mathbb{R}^{m \times m}$ 是矩阵 $\mathbf{X}$ 的奇异值对角矩阵。通过 LSA 算法提取语料库的主题，最终得到相应的单词—主题矩阵 $\mathbf{U}$ 和文档—主题矩阵 $\mathbf{V}$，如图 8-1 所示，其中，$\mathbf{U}$ 的数值表示每个单词在每个主题中的重要性，例如，在主题 t_1 中，"企业家"和"地产"的重要性分别为 0.41 和 0.38；文档—主题矩阵 $\mathbf{V}$ 显示了文档中每个主题的重要性，例如，在第一个文档 D_1 中，主题 t_1 的重要性为 0.61，而主题 t_2 的重要性为 −0.38。

文档＼单词	D_1	D_2	D_3	D_4
企业家	1	0	1	0
地产	0	0	1	0
股票	1	1	0	0
跌停	1	0	1	0
损失	0	1	0	1

（a）单词—文档矩阵 $\mathbf{X}$

主题＼单词	t_1	t_2	t_3
企业家	0.41	−0.25	0.32
地产	0.38	0.58	0.39
股票	0.44	0.07	−0.78
跌停	0.41	−0.25	0.32
损失	0.52	−0.32	0.11

（b）单词—主题矩阵 $\mathbf{U}$

主题＼文档	t_1	t_2	t_3
D_1	0.61	−0.38	0.18
D_2	0.34	0.66	0.31
D_3	0.59	−0.12	−0.64
D_4	0.19	0.62	−0.23

（c）文档—主题矩阵 $\mathbf{V}$

图 8-1　LSA 中的矩阵

在 LSA 方法中，$\mathbf{X}$ 提供了文档和文档中不存在的单词之间的语义连接，提高了文本分类和文本聚类的性能。然而，LSA 仍然存在几个固有的问题：

（1）奇异值分解会导致计算需求过多和内存消耗过高。

（2）单词—主题和文档—主题矩阵中既有正元素，又有负元素，用户无法从这些数值中直观地确定相应的单词或主题的重要性，这使得 LSA 结果难以解释。

2. 隐含狄利克雷分配（Latent Dirichlet Allocation，LDA）[5]

为解决 LSA 的上述问题，研究人员提出了基于概率的主题检测模型，其中，最具代表性的方法就是 LDA。假设语料库 $\text{Doc} = (D_1, D_2, D_3, \ldots, D_n)$ 中一共有 K 个主题，其中每篇文档 D_i 都包含了 N_w 个单词。LDA 认为每篇文档 D_i 都具有自己的主题分布 θ，且该主题分布 θ 服从狄利克雷分布 $\text{Dirichlet}(\alpha)$，其中，α 为分布的超参数，是一个 K 维向量。LDA 还假设每个主题都有各自的词分布 ϕ，且该词分布 ϕ 服从狄利克雷分布 $\text{Dirichlet}(\beta)$，其中，β 为分布的超参数，是一个 V 维向量。因此，对于 D_i 中的第 j 个词 w_j，我们可以从主题分布 θ 中得到其隐含主题 z_j 的分布是一个多项式分布 $\text{Multinomial}(\theta)$，且该隐含主题 z_j 对应的单词 w_j 的分布为多项式分布 $\text{Multinomial}(\beta)$。LDA 算法框架如图 8-2 所示，其目标是通过遍历语料库中每篇文档的每个词，找到每篇文档的主题分布和每个主题的词分布。例如，给定一个包含两个主题"贷款"和"消费"的财务分析文档，通过 LDA 模型，我们得知"贷款"

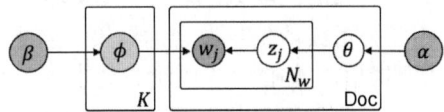

图 8-2　LDA 算法框架

和"消费"这两个主题出现的概率分别是 60%和 40%。关于"贷款"的主题由借款、征信、风险、投资和楼盘等词组成，每个词出现的概率分别为 80%、10%、5%、5%和 0%。关于"消费"的主题也由同一组单词组成，每个词出现的概率分别为 0%、0%、0%、80%和 20%。

由于 LDA 算法在单词和文档之间加入了主题的概念，因此可以轻而易举地泛化到新文档中去。然而，在舆情分析中发现，LDA 在处理短文本消息时效果欠佳，目前一种可行的方法是将短文本连成长文本进行处理。此外，LDA 在进行主题挖掘时并未考虑文档中单词与单词之间的语义连贯性，因此经常存在提出的主题与文本原意背离的情况。

8.1.3　基于图立方的金融舆情主题检测方法

虽然经典算法已经在文本挖掘的诸多领域取得了令人瞩目的成果，但是日益增长的金融舆情文本及金融舆情传播、演化的不确定性、复杂性也使传统金融舆情主题检测模型存在一定的局限。传统主题检测模型通常只考虑单词之间的关系，而无法处理复杂的上下文关系。在这种情况下，一些词语可能会被错误地分配到不同的主题中，从而导致主题检测的结果不准确。其次，舆情事件之间、舆情事件要素之间往往具有不同程度的影响关系与逻辑关联，通过大数据技术分析舆情主题的方式，由于缺乏对舆情影响因素的深入加工和分析，因此导致对舆情信息关联关系的挖掘能力明显不足、对舆情影响因素的分析能力还未达到期望的效果。

金融图立方作为领域知识关联可视化及关系推理的一种很好的表现方式，在描述金融舆情事件的时空信息、溯因分析上具有独特之处，可以直观地展现金融舆情事件及影响因素之间的逻辑信息，为金融舆情分析工作提供更多隐藏线索。近年来，涌现出了大量基于图神经网络的图立方主题检测模型，其可以有效地处理长文本、学习复杂的上下文关系、自动确定主题数量等，且因具有更好的性能和可解释性而被学术界和工业界广泛使用。

图立方舆情主题检测模型工作流程

相比于以自然语言处理技术为主的金融舆情主题检测模型，基于图立方的舆情主题检测模型是以舆情知识或舆情事理图谱（即"金融字典+NLP+KG+ELG"）为核心的智能分析方法。具体而言，它基于自然语言处理技术，进行语义关联与知识融合，将舆情文本处理提升到洞察感知和智能理解的层面，从而帮助人们更好地理清舆情内容的脉络和关联，而不只是对舆情信息进行简单的聚合展现。目前，对舆情事理图谱的应用探索甚少，本书主要介绍基于图立方舆情主题检测的主要流程，其核心思想是首先根据舆情文本中涉及的实体（如企业、个人、事件等）构建舆情图谱，然后利用图表示学习模型进行图谱表征学习，最后将得到的实体向量嵌入主题检测模型中，以实现图立方舆情主题检测。具体流程如下：

（1）舆情图立方构建及表征学习：金融舆情的影响具有持续性和时变性，这种影响会通过公司间的关联关系进行传递，即公司在某个时刻的新闻是前一段时间内自身及关联图谱中相邻公司舆情信息聚合的结果。因此，可以根据时序新闻序列和公司间的关联图谱构建舆情事理图谱，如图 8-3 所示。其中，图 8-3（a）为 t_0 及之前时刻的新闻序列，图 8-3（b）为公司或企业之间的关联图谱，图 8-3（c）为舆情事理图谱。在图 8-3 中，$News_1$ 对应 G_f 中的公司 a 及 G_T 中的节点 0，由于公司 a 及其关联邻居节点 b、d 在新闻序列中存在对应的新闻 $News_3$ 和 $News_6$，因此在 G_T 中构建了相应的节点 3 和节点 6，图中虚线表示 t_0 时刻各节点对应于节点 0 的舆情事理图谱。

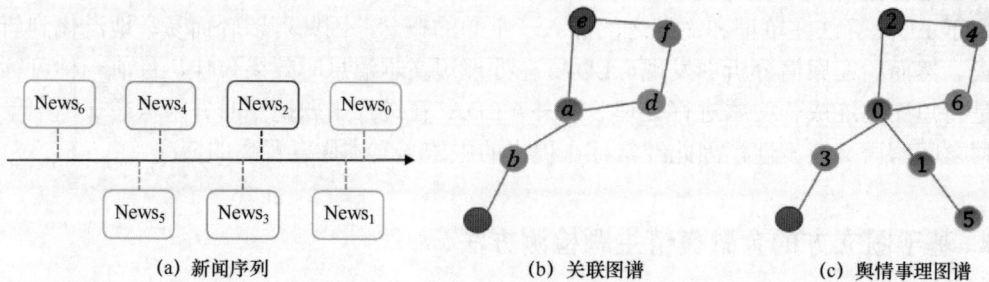

(a) 新闻序列　　　　　　　　(b) 关联图谱　　　　　　　　(c) 舆情事理图谱

图 8-3　舆情事理图谱构建样例

为进行后续的主题检测工作，在实际操作时需要对构建好的舆情图谱进行表征学习，即通过图表示学习模型（如 TransE 等）将时序三元组结构以低维向量的形式进行表征，进而为图谱中的每个实体进行嵌入表示。有关图表示学习模型的详细内容可参见第 7 章。

（2）主题检测模型构建：基于图立方的舆情主题检测模型在实现方面，与 8.1.2 节所述的主题模型检测流程相似，具体内容可参见 8.1.2 节。不同的是，在实际应用中需要图谱表征算法先将上节提到的图谱中的每个实体表示成向量，嵌入基于 LDA 的模型中，具体模型如图 8-4 所示。设 $News = \{News_1, News_2, \ldots, News_n\}$ 是文档的集合，其中，每个文档 $News_i \in News$ 都有 N_w 个词和 N_e 个实体，w_j 表示 $News_i$ 中的第 j 个词，e_h 表示 $News_i$ 中第 h 个实体的 L 维向量，z_j 和 t_h 分别是 w_j 和 e_h 的潜在主题分配。设 K 是语料库 News 中含有的主题个数，φ_k 是主题的主题词多项式，θ_i 是 $News_i$ 的文档—主题多项式，α 和 β 分别是 θ_i 和 φ_k 上的 Dirichlet 先验超参数，μ_0 和 C_0 是 μ_k 的先验超参数，m 和 σ 是先验对数正态分布的均值和标准差。与传统基于词袋模型的主题检测方法相比，该方法将外部知识通过图立方进行表征，并与主题模型相结合，以便提取更连贯的主题和更好的主题表示。

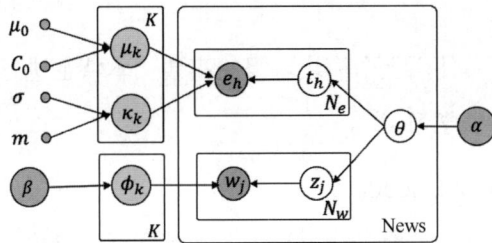

图 8-4　基于图立方的主题检测模型

8.2　基于图立方的金融舆情情感分析

8.2.1　问题概述

　　情感分析，也称意见挖掘，旨在从主观性材料中挖掘出人类表达的情感观点和极性。在金融领域中，投资者对市场的情感观点和极性往往反映在相关的金融新闻和股票评论等舆情信息中。对金融舆情包含的情感信息进行极性分析（积极和消极），能够为金融市场的风险预估提供重要的证据支持。

　　目前，金融领域的情感分析研究大多仅关注社交平台或新闻媒体上的文本内容，因此大多使用以下三种方法，即基于词典的方法、基于规则的机器学习方法和基于深度学习的方法。基于词典的方法和基于规则的机器学习方法依赖于人工构建的词典或文本特征，这些词典或特征往往仅适用于特定领域，其泛化和语义表征能力较弱。得益于深度学习技术强大的语义分析与表征能力，近年来，研究者们主要关注的是基于文本的深度情感分析模型。然而，随着多媒体技术的发展，金融舆情信息并不仅仅包含文本信息，还包含图片、音频和视频等多模态的数据，这些多模态信息往往包含更加准确和丰富的情感信息。因此，亟须研究基于多模态信息的金融舆情情感分析方法。

　　近年来，虽然对基于多模态信息的情感分析理论和方法的研究有了明显的发展和进步，但是业界还未见到面向金融舆情的多模态情感分析研究成果。阻碍金融领域多模态情感分析研究的一个重要因素是缺乏金融领域的多模态情感分析基准数据集。现有的多模态情感分析数据集大多源自电视节目或视频网站中的视频片段，例如，MOSI、CMU-MOSEI、CH-SIMS和 CHEAVD 等。这些数据集的模态一般包括文本、音频、视觉和姿态等。然而，面向金融领域多模态情感分析的公开数据集还未出现。

8.2.2　基于文本的情感分析方法

　　由于基于词典和规则的机器学习方法的泛化和语义分析能力较弱，因此本节将重点介绍基于文本的深度时序情感分析方法。情感分析模型一般由以下两个模块组成：

　　（1）语言表示学习模块，也就是文本特征学习模块，用于为文本舆情信息构造对应的特征向量；

（2）情感分析模块，其使用上个模块获得的舆情文本特征进行情感极性的分类研究。

8.2.2.1　舆情文本特征学习

1．独热编码（One-Hot Encoding）

早期的文本特征学习方法一般会使用独热编码对文本的每个词进行编码，其中每个词的向量维度由词表的大小决定。例如，当一个词在词表中处在第 i 个位置时，该词就可以表示为一个第 i 个位置为 1，其他位置为 0 的向量。然而，这样的特征表示方法有以下两个缺点：

（1）特征维度爆炸：如果词表很大，那么每个词的表示维度将会非常巨大，从而使得计算代价高昂；

（2）忽视了词语之间的关联关系：使用独热编码时，在特征空间中，词语<喜欢>和<爱>、<讨厌>具有相同的语义距离，这显然是不合理的。传统解决方案是引入更多关于词的特征，但这种做法通常比较耗时。

2．将独热编码转换为预训练词向量

独热编码是一种将符号表示为二进制向量的方法，但它存在维度高、无法捕捉关系、不适合连续数据、可能导致维度爆炸、无法处理未知类别及在处理文本数据时效率低下等局限性。为了解决独热编码的局限性问题，目前可使用以下几种算法：

（1）直接使用矩阵乘法：如果词典包含 n 个词语，那么词语的独热编码可以表示为 n 维，整个词典的表示应该为 $n \times n$ 的矩阵，用 $\mathbf{X}$ 表示。词嵌入如果是 m 维的向量，那么变换矩阵应该是 $n \times m$ 维，用 $\mathbf{W}$ 表示。因此，使用训练集训练变换矩阵中的参数就可以得到 n 个词语的词嵌入矩阵 $\mathbf{Z}$，如式（8-2-1）所示。

$$\mathbf{Z} = \mathbf{XW} \tag{8-2-1}$$

（2）Word2Vec 的两个经典模型：Word2Vec 的主要目的是得到词向量。这里简单介绍如图 8-5 所示的 Word2Vec 的两种模型，即 CBOW 和 Skip-gram[6][7]。CBOW 的核心思路是给出一个词的上下文，得到这个词的词向量；Skip-gram 则是给出一个词，得到这个词的上下文。

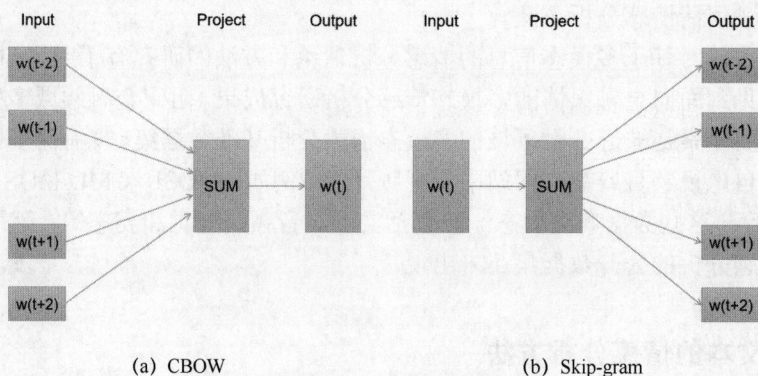

(a) CBOW　　　　　　　　　　(b) Skip-gram

图 8-5　Word2Vec 的两个经典模型

基于 Word2Vec 的思想，可以很方便地把预训练得到的词向量应用于下游任务和测试，但 Word2Vec 无法解决一词多义的问题。例如，在训练集和下游任务中，如果出现了同一个词，但它们的意思并不相同，那么预训练出来的词向量就会导致下游任务的错误。ELMo 模型、GPT 模型和 BERT 模型都是基于 Word2Vec 的思想并在其上面不断改进优化的。

（3）GloVe 模型：GloVe 是用来提取文本特征的模型[8]，它的性能通常比 Word2Vec 要更优一些。在 GloVe 提出之前，词嵌入可以通过两类方法来实现，一类是构建全局共现矩阵奇异值分解算法（如 LSA 和 SVD），这类方法不使用神经网络，更具统计意义，能够较好地使用全局的统计信息，训练速度快；另一类是基于窗口的方法（如 Word2Vec），其能够更好地捕捉语法信息。但它们都有各自的缺点，前者在单词类比任务上表现较差，后者则无法利用语料库中的全局统计信息。GloVe 融合了上述两类方法的优势，既考虑了全局的统计信息，又考虑了局部的窗口信息，取得了很好的应用效果。

（4）ELMo 模型：ELMo[9]模型是为了解决一词多义问题而提出的。它不仅使用语言模型对具有独热编码的单词进行预训练以提取单词特征，还使用了基于具体任务的双层双向 LSTM 进行训练，以提取词语的句法特征和语义特征，最后将三个特征的信息进行融合，得到词向量。ELMo 相对于 Word2Vec，增加了句法特征和语义特征。从本质上讲，Word2Vec 虽然考虑了上下文，但是因为窗口大小有限，所以并没有考虑词语之间的顺序问题，而 ELMo 解决了这个问题。同时，ELMo 证明了在多层 RNN 中，不同层的 RNN 能够学习的特征是具有差异性的。这些特点都使得 ELMo 在处理下游任务时更具优势。

但是，ELMo 模型同样存在一些缺点。首先，它并不是完全双向的 LSTM，所谓的双向 LSTM，只是两个不同方向的单向 LSTM 的拼接，这样的拼接计算并不能同时考虑上下文信息；其次，LSTM 存在固有问题，即梯度消失会影响模型效果；最重要的是，由于 ELMo 模型需要在多层双向语言模型上进行预训练，每一层的训练都需要经过多次迭代，因此整个模型的预训练时间较长，尤其是在大规模数据集上进行训练时，可能会导致模型训练的时间成本过高。

这种针对下游任务构造和任务相关的神经网络来获得额外的特征向量并将其作为下游任务输入的模式是一种基于特征的预训练（Feature-based Pre-Training）。不过这种方式融合上下文的信息不够充分，而且在捕捉长距离依赖上不如 Transformer，因此提出了基于 Transformer 的 BERT 模型。但不可否认的是，ELMo 是第一个开始关注上下文的预训练模型，其为 BERT 的提出奠定了基础。

除了基于特征的预训练方法，还有一类基于微调的预训练（Fine-tuning Pre-Training）方法。这类方法是指在某些通用任务上预训练完成的模型架构，并将结果直接复制到下游任务中，下游任务根据自身需求修改目标输出，并利用该模型进行进一步训练。也就是说，下游任务和预训练使用的模型是相同的，只需要对预训练后的参数进行针对特定任务的微调，就可以在特定任务上获得最优结果。

一个典型的例子是 GPT（Generative Pre-trained Transformer）模型，它采用基于微调的预训练方法。在 GPT 中，模型首先在大规模文本数据上进行预训练，然后将预训练的模型架构直接用于下游任务，如文本生成、问答等，其只需微调模型参数就可以适应特定任务。不过，由于 GPT 采用单向语言模型，只能通过上文预测下一个词，因此在某些情况下存在一定的限制。如果对 GPT 的细节感兴趣，可以阅读相关的论文，本文不针对其细节进行详细介绍。这种基于微调的预训练方法在 NLP 领域有着重要的作用，其为模型的开发和应用提供了便利。

基于 ELMo 使用上下文的思想和 GPT 的 Transformer 架构，BERT[11]提出了带掩码的语言模型，这是受到了一篇叫 CLoze task 的论文的启发而提出的。这个带掩码的语言模型每次都选一些单词进行掩盖，而其目标函数就是要预测那些被掩盖的单词，这样就使得模型能够看到双向的信息，从而训练出一个深度双向 Transformer。除这个类似于完型填空的语言模型之外，BERT 还训练了一个上下句匹配的模块，来捕捉句子级别的特征。

BERT 整体框架包含 Pre-training 和 Fine-tuning 两个阶段。在 Pre-training 阶段，模型在通用任务上利用无标签数据进行预训练，从而使预训练好的模型获得了一套初始化参数。在 Fine-tuning 阶段，具有初始化参数的预训练模型被迁移到特定任务中，利用有标签数据继续调整参数，直至在特定任务上重新收敛。

Bert$_{base}$: $L = 12, H = 768, A = 12$, Total Parameters = 110M
Bert$_{large}$: $L = 24, H = 1024, A = 16$, Total Parameters = 340M

图 8-6　BERT 模型示例

基于多层双向的 Transformer 架构，使 BERT 成了真正意义上的双向语言模型。作者提供了两个 BERT 模型，如图 8-6 所示。其中，L 表示 Transformer 层的数量，H 表示隐藏状态的维度，A 表示自注意力头的个数，Total Parameters 表示整个模型的参数量。

BERT 目前已经在很多 NLP 任务上取得了最优的性能，包括 GLUE、SQuAD v1.1 和 SQuAD v2.0 等。目前，很多基于文本的（金融）时序情感分析方法的预训练模型都使用了 BERT 或是基于 BERT 进行改进的，都取得了不错的应用效果。

8.2.2.2　情感分析模块

在使用 BERT 训练好语言表示之后，可以将这些语言表示输入一个全连接层神经网络或者多分类器上进行情感分析，这个全连接层或多分类器就是情感分析模块，其情感分析结果的精确度取决于上游语言表示学习模块所学文本特征的质量。因此，基于文本的时序情感分析方法应该重点考虑语言表示学习模块的构建和改进过程。

8.2.3　基于多模态的情感分析方法

多年来的深入研究表明，多模态系统比单模态系统更能有效地识别说话者的情绪。人类自然地交流及表达情绪和情感的方式通常是多模态的，仅凭借文本信息不足以预测人类的情感，特别是在讽刺或模棱两可的情况下。2015 年有研究者发表了一项多模态情绪分析调查报告，该报告指出："多模态系统始终比最佳的单模态系统更准确，其精确度平均提高了 9.83%"[12]。

多模态情感分析的重点是建模模态内的相互作用（特定模态的信息）和跨模态的相互作用（不同模态之间的交互信息）。如图 8-7 所示，多模态情感分析模型主要由以下几个模块组成：

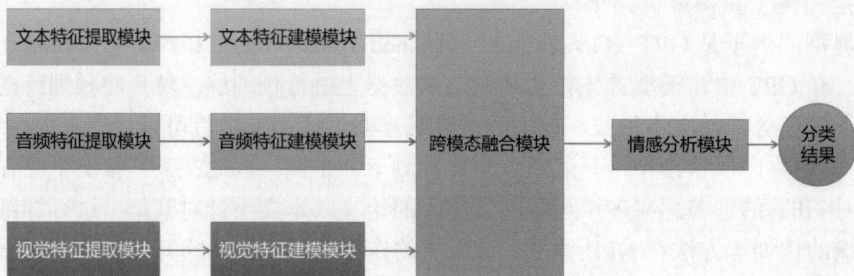

图 8-7　多模态情感分析模型的组成

（1）特征提取：使用合适的视觉、声学和文本特征提取器来提取视觉、声学和文本特征，并将提取出的三个模态的特征作为下游任务的输入；

（2）单模态建模：该模块用于建模模态内的信息；

（3）跨模态融合：该模块用于建模跨模态的交互信息；

（4）情感分析：将特定单模态模块和跨模态融合模块的输出结合在一起，作为全连接层或者多分类器的输入，以便进行情感预测。

一般来讲，特征提取模块相对独立，但特定单模态建模和跨模态融合模块的结构决定了多模态情感分析模型的具体框架，这两者可以并行或串联，也可以颠倒顺序，而情感分析模块使用前面两个模块的输出得到最终结果。

虽然目前在金融舆情领域还没有多模态情感分析数据集，但是在日常领域数据集中包含了一些金融舆情主题，因此将使用这类数据集进行情感分析得到的结果应用于金融舆情领域也是可以的，本节将以 CMU-MOSI 和 CMU-MOSEI 为例，进行多模态情感分析方法的介绍。

8.2.3.1　多模态特征提取

特征提取模块独立地提取和金融评论相关的视频中的各个模态（视觉、音频、文本）的特征，其中，每个模态都有自己对应的特征提取器。本节将以 CMU-MOSI 和 CMU-MOSEI 等数据集上的多模态数据处理为例，介绍视频中多模态特征的提取过程和方法。

（1）视觉特征：在多模态情感分析中，面部表情是最直观、最重要的视觉特征。目前，视觉特征提取方法一般有两类，一类是传统的面部表情特征提取方法，比如面部动作单元（Face Action Unit，FAU）、面部特征点（Face Landmarks）、三个正交平面的局部二值模式（Local Binary Patterns on Three Orthogonal Planes，LBPTOP）等；另一类是基于深度神经网络的方法提取人脸表情特征，其可以在没有事先干预的情况下自动学习表情特征，比如卷积神经网络（Convolutional Neural Network，CNN）。一般进行视觉特征提取使用的工具是 OpenFace[13]、MediaPipe[14]和 TalkNet[15]等。

（2）音频特征：早期的音频特征提取主要集中在口语声学特性方面，例如，音高、强度、说话频率和音质等在情绪分析中起着重要作用的声音参数。音频特征提取方法也分为两类，一类是传统方法，由专家有针对性地手工提取特征，这些特征主要分为韵律学特征、频谱特征和音质特征三种，比如音高、基频、能量、共振峰、时长、梅尔倒谱系数（Mel-Frequency Cepstral Coefficients，MFCC）等，其特征提取工具包括 OpenSMILE[16]、COVAREP[17]和 OpenEAR[18]等；另一类是基于深度学习的方法，利用语音信号或者频谱图，通过语音情感识别相关任务，从而学习到深度特征。由于数据集匮乏，因此一般把从大规模训练数据中学习到的深度特征作为音频特征，比如 VGGish[19]和 wav2vec[20]。

（3）文本特征：文本特征的提取在 8.2.2 节中有详细介绍，这里不再赘述。文本特征提取方法一般有三类，分别是：基于情感词典的方法、基于传统的方法（GloVe，Word2Vec）和基于深度学习的方法（GPT，ELMo 和 BERT）。由于金融领域情绪分析的数据集规模较大，因此需要利用基于超大规模数据集预训练的语言模型来辅助学习文本特征。

8.2.3.2　多模态数据融合的不同架构

在介绍多模态情感分析方法之前，本节首先简要介绍下现有的主流多模态数据融合机制，并对它们各自的特点进行分析。

1．基于早期融合的模型（特征级融合）

在这类模型中，所有模态都被连接起来作为一个融合的特征向量。然后将这个连接后的特征向量作为隐马尔可夫模型（Hidden Markov Models，HMMs）、支持向量机（Support Vector Machine，SVMs）、隐条件随机场（Hierarchical Conditional Random Fields，HCRFs）和 RNN 等预测模型的输入。其中，循环神经网络，特别是 LSTM 网络，常被用来进行序列数据的建模和预测。

在情感分析任务中，基于此架构的最经典的方法是 EF_LSTM[21]，它在每个时间步都连接所有模态的特征，并组成一个多模态特征向量输入 LSTM 模型，以预测情感极性的类别。虽然通过简单连接解决了多模态问题，但是它在训练数据较少时容易导致过拟合。此外，由于其忽视了对特定模态的建模，因此导致该方法失去了每个模态中的上下文信息和时间依赖性。

2．基于晚期融合的模型（决策级融合）

此种多模态融合机制首先对每个模态建立不同的模型（即建模特定模态内的信息），以便获得各个模态的高层次语义特征。然后，将基于不同模态特征的预测结果通过拼接、平均、加权和、多数投票等方式进行融合。然而，这样的建模忽略了不同模态之间的相互作用，因为建模跨模态融合通常比决策投票或直接使用全连接层进行预测要复杂。

3．基于非时间的融合

不同于前两种模型只建模了特定模态信息和跨模态交互信息中的一种，此类方法同时考虑了模态内信息和模态间的交互信息。使用该类融合机制的最经典方法是张量融合网络（Tensor Fusion Network，TFN）。该方法首先用 LSTM 和全连接深度网络（Fully Connected Deep Network）来建模文本模态信息，视觉和声音模态信息则是通过平均池化（Mean Pooling）操作和全连接深度网络进行建模的。然后，创建一个多维张量，这个张量涵盖了不同模态之间的单一模态、双模态和多模态交互信息。它在数学上等价于通过特定模态模块后的视觉特征、声学特征和文本特征的外积。最后，再把这个多维张量输入情感分析模块，以便进行情感预测。

低秩多模态融合（Low-rank Multimodal Fusion，LMF）[23]、时序张量融合网络（Temporal Tensor Fusion Network，T2FN）[24]及更加细粒度的在话语层次建模的层次特征融合网络（Hierarchical Feature Fusion Network，HFFN）[25]等都是对 TFN 的延伸。

不过，以上方法都只是在视频或话语层面考虑了各个模态的特定模态信息和跨模态交互信息，并没有更加细粒度地考虑每个时间步之间的作用，因此才有了下面融合多模态信息的架构。

4．基于时间的融合

此类方法和前一种方法的架构类似，但是此方法分别对不同时间步的特定模态和不同模态之间的信息进行了建模和融合。此类模型一般由两部分构成：

（1）LSTM 系统：对于每种特定模态数据，都使用 LSTM 网络来建模其在特定模态上的作用。对于每个时间步 t，特定模态对应 t 时刻的特征被输入相应的 LSTM 上。

（2）注意力模块：对应于跨模态融合模块，其负责关注 LSTM 系统在不同时间内的跨模态作用，以便建模跨模态交互信息。

早期针对视频的基于时间融合机制的情感分析方法是记忆融合网络（Memory Fusion network，MFN）[26]，其由三个模块组成，即 LSTM 系统（System of LSTMs）、Delta 注意力网络（Delta-memory Attention Network）和多视角门控记忆（Multi-view Gated Memory）。其中，Delta 注意力网络是一种特别的注意力机制，用来发现 LSTM 系统在不同时间窗口内的跨模态相互作用；多视角门控记忆是一个统一的内存，它随时间变化更新跨模态编码，当前时间的跨模态编码受前一时间的跨模态编码和当前时间窗口的跨模态相互作用的共同影响。最终，使用最后一个时间步的跨模态编码进行情感预测。记忆融合网络是基于时间融合机制的情感分析方法的基础，后续还有一些基于该方法的改进，如动态融合图（Dynamic Fusion Graph，DFG）[27]、Multilogue-Net[28]等。

针对单话语的情感分析的典型方法为多模态单话语自注意力（Multimodal Uni-utterance Self Attention）[29]，其针对每个模态都使用单独的双向 GRU 和一个全连接层进行建模，以得到三个模态的嵌入，然后将三个模态的嵌入连接在一起作为信息矩阵。为了建模跨模态作用，其将信息矩阵应用到 self_attention 中，以产生自注意力矩阵，然后将信息矩阵和自注意力矩阵连接起来输入情感预测模块，以便进行情感分析。以此为基础进行改进的方法还有用于多模态情感分析的情感词感知融合网络（Sentiment Words Aware Fusion Network for Multimodal Sentiment Analysis）[30]等。这些方法从本质上来讲，或是 LSTM 系统有所区别，或是注意力模块不同。

5. 词级融合

词级融合作为一类特殊的模型，可以划分到上述基于晚期和基于时间融合的模型中。但是，词级融合模型有一个很突出的特点，即序列中的每个单词都与伴随的非语言（音频、视觉）特征进行融合，以学习变化向量，从而达到消除文本歧义的目的。

基于该类机制的最典型方法是循环注意变异嵌入网络（Recurrent Attended Variation Embedding Network，RAVEN）[31]，其话语中的每个单词均来自视觉和音频模态的两个序列。该模型由三部分组成，分别是：

（1）非语言子网：对应于特定模态模块，将视觉和声音特征输入各自的 LSTM 中进行特定模态的建模，并计算非语言（视觉或声音）嵌入；

（2）门控模态混合网络：把原始单词、视觉和声音的嵌入作为输入，并使用一个注意力门机制产生非语言转移向量，以便描述由非语言上下文导致的词语义变化；

（3）多模态移位模块：通过把非语言转移向量整合到原始词嵌入，来计算多模态移位后的单词表示。门控模态混合网络和多模态移位模块共同对应于跨模态融合模块。

6. 多模态多话语融合

单话语方法将每个话语都当作一个独立实体，忽视了其与视频中其他话语之间的依赖关系。也就是说，话语级情感分析不能从多个话语中提取语境。实际上，同一个视频中的多个话语之间高度相关。为此，一些研究工作将话语的上下文信息引入了对话语的情感预测中。此类融合机制的框架通常由以下两部分构成：

（1）上下文提取模块：此模块用于建模视频中相邻话语中各个模态的上下文交互信息。同时，由于各个相邻话语在目标话语的情感分类中都不是同等重要的，因此有必要强调相关话语语境中哪些话语对预测目标话语的情感更加重要，这通常使用全连接神经网络或者自注意力机制进行区分；

（2）跨模态融合模块：该模块负责把上述模块各个模态的输出进行融合，并且选择更重要的模态加大权重。

目前，基于这种融合机制的方法取得了最佳的性能，其中，性能最突出的是多注意力循环神经网络（Multi-Attention Recurrent Neural Network，MA-RNN）[32]，它的注意力机制采用了 Transformer 中的多头注意力机制。

7. 其他融合机制

受到 Seq2Seq 模型的启发，多模式循环翻译网络模型（Multimodal Cyclic Translation Network model，MCTN）[33]利用从源模态到目标模态的转换，生成了一个中间表示，来捕获两种模态之间的联合信息。同时，引入循环转换损失，包括从源模态到目标模态的正向转换，以及从预测模态到源模态的反向转换。这样循环翻译，以确保学习到的联合表示能从两种模态中捕获最大的信息。目前，基于该类模型的性能最佳的方法是 MMLatch[34]。

基于量子的模型（Quantum based models）主要基于量子论（Quantum Theory，QT），解决了神经网络模型可解释性差的问题。量子论包含了建模复杂作用和相关性的原则方法，基于该机制的最典型的模型是全面的类量子多模态网络（Comprehensive Quantum-Like Multimodal Network，QMN）[35]，其通过在不同阶段使用叠加和纠缠，来分别表示特定模态内部的作用及跨模态之间的作用。

还有一类机制把情感分析和情绪识别综合起来了，目前典型的方法是 UniMSE[36]。它提供了一个心理学的视角来进行情感和情绪的联合建模。此外，其还融合了具有多层次文本特征的声学和视觉模态表示，并引入了模态间对比学习（encoder-decoder 结构）。目前，该方法是所有多模态情感分析方法中性能最佳的。

8.2.4　基于图立方的金融情感分析方法

8.2.2 节和 8.2.3 节介绍的都是关于时序情感分析的方法，但并没有真正做到基于图立方进行金融情感分析。由于情感是具有即时性的，因此每个视频都有它自己的情感极性，而且很难受到其他时间相近或是主题相关的视频的影响。所以，基于图立方的金融情感分析应该建立在单视频情感分析的基础上，通过单视频的情感去建模多视频之间的情感联系或趋势。这里介绍以下几种思路，用于将之前的方法拓展到基于图立方的金融情感分析方法中。

（1）统计方法：这类方法在计算出图立方数据集中所有单个舆情数据（文本或视频）的情感后，将时间相近、主题相关的视频节点划分在一起，然后使用数学方法统计这些视频的情感极性，以此来判断该类主题的视频（或该段时间的视频）节点的总体情感极性（或情感趋势）。

（2）图神经网络：这类方法在计算出图立方数据集中所有单个视频节点的情感后，由于不同的视频之间存在属性关联，且部分用户节点丢失信息（无视频或评论信息），因此无法准确预测出情感。对于没有情感标签的节点，可以考虑使用基于图神经网络的相关方法，即根据其邻居信息和边的信息赋予其情感标签。通过这样的方法就可以使图立方中的情感信息更加完整，使得一组视频的情感极性或趋势预测结果更加准确。

8.3　基于图立方的金融舆情传播路径预测

8.3.1　问题概述

无线通信和互联网的飞速发展极大改变了人们对金融领域信息的获取和互动方式，这使得金融舆情的形成和传播更加迅速和广泛。因此，理解当下的金融舆情传播规律并预测其传播路径和影响是有意义的，也是有挑战的。金融舆情的成因是多个主体之间的信息互动，本节将由一个金融主题产生的舆情称为一个信息级联（Information Cascade），其本质是一个有向图，由多个参与信息互动且具有时间信息的用户节点和连接在用户节点之间的有向边组成，其中，有向边代表了信息传递的方向。本节研究的问题可以大体分为两类：一类是在宏观层面上预测在某一时刻参与某一舆情的用户节点总数，另一类是在微观层面上预测在某一时刻某一用户将参与到哪些舆情中。前者能估计出在舆情传播路径上的用户总数，后者则随着时间推移找到可能的传播路径，两者在不同场景、不同需求下分别发挥自身优势，以发挥舆情传播路径预测的效用。

随着金融舆情传播路径预测问题定义的明确，研究者们开始尝试使用基于特征的传统机器学习方法，提取包括时间、结构、用户、舆情等在内的特征。时序特征通常由一段时间内用户与舆情产生互动的时间戳序列体现，这段时间通常包含舆情产生的时间点和最初开始传播的时间段，因为这一段时间中的互动行为往往最丰富，所以更有利于寻找特征。结构特征指由信息级联构成的级联图中蕴含的信息，以评价网络结构和复杂度的拓扑结构信息为主，例如节点平均度、中心性、特征向量、图密度、集聚系数等。用户特征需要辅以用户在社交平台的其他数据，例如用户的日常行为习惯、用户之间的社交关系等信息，来共同构建特征并进一步完成预测。舆情特征的提取同样需要结合舆情中包含的文字、图像、视频等信息。用户特征和舆情特征的提取工作均需要特定数据的支持，需要结合具体情况进行具体分析，难以统一描述。因此在后续小节将要继续介绍的深度模型中，时间特征和结构特征更被研究者所重视。

8.3.2　时序舆情传播路径挖掘

舆情的传播可以视为在时间轴上发生的事件形成序列的过程，因此可以用概率统计生成式方法去计算信息项的传播情况。目前，被提出的用于分析时序舆情传播的方法有很多是基于泊松过程（Poisson Processes）的衍生方法，例如强化泊松过程，PETM 等，也有一些是基于生存分析理论（Survival Analysis）的方法，例如自激霍克斯点过程（Self-exciting Hawkes Point Processes）和传染病模型（Epidemic Models）等。

上述方法在建模过程中往往会引入较强的假设，反而忽略了数据蕴含的原始特征，因此深度模型在预测舆情传播路径上表现更加出色。例如，基于循环神经网络的模型可以更灵活有效地获取数据时序特征，基于图表示学习的方法不需要事先手工设定需要提取的特征等，因此本节将从时序数据和图数据两方面简要介绍相关的典型深度模型。除了这两个主要类别，如上文提到的基于舆情内容本身特征的方向，随着计算机视觉和自然语言处理的相关技术进入深度学习时代也逐渐发展，因此也产生了更多结合内容特征提取的方法，以提高预测的准确度。

DeepCas[37]是首先提出基于图表示学习进行信息传播预测的方法。该方法首先利用DeepWalk 的思想对级联图进行采样，然后将采样得到的节点序列输入双向门控循环单元（Bidirectional Gated Recurrent Units，Bi-GRU）得到节点的嵌入向量，并结合注意力机制聚合嵌入向量，将其用于最后的预测。在该模型的 Bi-GRU 中，与输入序列同向的部分使得节点序列的向量在学习中逐渐丰富，而与输入序列反向的部分则使序列中的早期节点知道哪些节点受到了它们传递的舆情的影响，因此该模块是充分挖掘传播路径中的信息的关键。

DeepHawkes[38]融合生成式模型和深度模型两者的优势进行预测。对于某一个舆情的传播情况，该方法按照时间顺序记录传播路径，然后将节点序列输入循环神经网络，并结合非参数的时间衰减机制得到聚合后的级联图特征向量，并将其用于最后的预测。

DeepCas 方法和 DeepHawkes 方法在关注时序特征的方法中比较有代表性，其主要思想均是先将级联图转化成多条路径，然后将路径代表的节点序列输入基于循环神经网络构建的深度模型进行学习。这两种方法都可以很好地学习时间轴上的信息，但是都忽略了级联图本身的图信息。因此，研究人员开发了另一类在保留学习时间轴信息的同时加入了学习图结构信息的方法，即将模型的输入设置为同时具有空间和时间信息的数据，也就是下一小节所介绍的基于图立方的舆情传播路径挖掘方法。

8.3.3　基于图立方的舆情传播路径挖掘

图立方数据的复杂性体现在图数据的动态性和异构性等方面，这种复杂性往往会给模型设计带来更多的挑战，但是更丰富的数据类型与彼此之间的联系能够使舆情特征被更充分地表达，从而提高预测任务的准确率。

CasCN[39]是较早提出同时处理级联图的空间和时间信息以进行传播预测的方法。该方法用 $g_i^{t_j} = \{V_i^{t_j}, E_i^{t_j}, t_j\}$ 表示级联 C_i 在 t_j 时刻的状态，其中，$V_i^{t_j}$ 表示参与级联的用户节点集，$E_i^{t_j}$ 表示用户节点间交互形成的边集。在一段时间 T 内，每个舆情的传播过程可被表示为一个由若干个 g_i^t 构成的序列，即 G_i^T。给定待预测时间段 Δt，其预测目标为 $\Delta S_i = \left| V_i^{T+\Delta t} \right| - \left| V_i^T \right|$。

CasCN 的第一步是将 G_i^T 转换成易于处理和学习的形式。这是因为原图虽然是有向无环图，但是如果只用一个邻接矩阵来表示，那么无法体现出该图动态变化的过程，而如果只采样扩散路径（8.3.2 节中介绍的模型所采用的思路），那么会丢失节点之间的关系信息，所以该方法结合这两者将 G_i^T 表示为一个邻接矩阵的序列。

CasCN 的第二步分为两个阶段：第一个阶段是对上一步输出的邻接矩阵序列中的每个矩阵进行图卷积。该模型采用的图卷积形式是基于 ChebNet 的形式，即根据数据特点对卷积核进行调整；第二个阶段利用 LSTM 捕捉第一阶段输出的空间特征序列中的时序信息。

时序特征由 LSTM 输出的每个时刻的隐状态 $\{h_1, h_2, ..., h_T\}$ 表示，同时考虑到时间衰减效应，因此要将每个隐状态向量乘一个系数。该系数可以通过不同的经验公式计算得到，但是一般的经验公式都对数据的分布有先决要求，所以该方法在学习过程中自动更新该系数。该系数针对不同时刻的隐状态有所区别，因此一共需要使用 l 个系数，而隐状态 h_t 用到的是第

$m = \left\lfloor \dfrac{t-t_0}{\lceil T/l \rceil} \right\rfloor$ 个系数，其中，t_0 是开始时间，一般是 0，而 l 代表人为将观察时间 $[0, T]$ 分成

不相交的 l 段。第二步最后的输出是将乘以系数后的隐状态 $\{h'_1, h'_2, ..., h'_\mathrm{T}\}$ 相加得到的一个向量。最终，将该向量输入 MLP，输出预测值 $\Delta \tilde{S}_i$。其中，损失函数为 $\mathcal{L} = \dfrac{1}{P}\displaystyle\sum_{i=1}^{P}\left(\log\Delta S_i - \log\Delta\tilde{S}_i\right)$。

CasCN 模型是典型的时空图神经网络（Spatio-temporal Graph Neural Network，STGNN）模型，相比于只关注时序信息的模型，该模型学习到了图表示变化的过程而非单纯序列变化的过程；相比于其他领域的时空图神经网络模型，该模型考虑了图结构传播的特殊性，从而专门设计了图卷积核，同时加入时间衰减系数以提高解决该问题的方法的准确率。

随着对这个问题的研究的深入，用户之间的社交关系也被考虑进来了，此时的输入就变成了异构时空图，DyHGCN[40]和 DHGPN[41]就是两个典型处理模型的例子。加入社交关系图后虽然增加了图的复杂度，但是仍然符合图立方较宽泛的定义。同时，社交图为舆情传播的预测提供了更多可靠信息，例如两个因为相同兴趣互相关注的人更有可能参与到相同的舆情传播中。

DyHGCN 模型首先构造异构时空图，该图包含一种节点、两种边，这两种边分别是社会关系边和信息传播边，其中，社会关系边不会发生改变，而信息传播边随着时间进行变化。异构时空图中的节点将在 HGCN 模块进行编码，由于图在每个时刻 t_i 的边均不同，因此表示为 $A = \{\mathbf{A}^F\} \bigcup \{\mathbf{A}^R_{t_i}\}_{i=1}^{n}$，其中，$\mathbf{A}^F$ 为社交网络的邻接矩阵，$\mathbf{A}^R_{t_i}$ 为各个时刻级联图的邻接矩阵。在 DyHGCN 模型中进行嵌入，使 $\mathbf{X}^{(l+1)}_F = \mathrm{ReLU}(\mathbf{A}^F\mathbf{X}^{(l)}\mathbf{W}^{(l)}_F)$，$\mathbf{X}^{(l+1)}_R = \mathrm{ReLU}(\mathbf{A}^R(\mathbf{X}^{(l)} + t_i)\mathbf{W}^{(l)}_R)$，其中，$\mathbf{X}^{(0)} \in \mathbb{R}^{|V|\times d}$ 是以正态分布随机初始化的用户节点作为嵌入，t_i 是以正态分布随机初始化的时间作为嵌入的。之后对这两个结果进行融合，如式（8-3-1）和式（8-3-2）所示。

$$\mathbf{X}^{(l+1)}_{\mathrm{FR}} = \left[\mathbf{X}^{(l+1)}_F; \mathbf{X}^{(l+1)}_R; \mathbf{X}^{(l+1)}_F \odot \mathbf{X}^{(l+1)}_R; \mathbf{X}^{(l+1)}_F - \mathbf{X}^{(l+1)}_R\right] \tag{8-3-1}$$

$$\mathbf{X}^{(l+1)}_{t_i} = \mathbf{X}^{(l+1)}_{\mathrm{FR}}\mathbf{W}_1 \tag{8-3-2}$$

其中，$\mathbf{W}_1$、$\mathbf{W}^{(l)}_R$ 和 $\mathbf{W}^{(l)}_F$ 是待学习参数，$l = 1, ..., L$ 为层数。

对于每个用户，找到该用户在 $\{\mathbf{X}^{(L)}_{t_i}\}_{i=1}^{n}$ 中各个时刻对应的特征向量，构成 $\mathbf{U}_t = \left[\boldsymbol{u}_{t_1}, ..., \boldsymbol{u}_{t_n}\right] \in \mathbb{R}^{n\times d}$。采用以下方式融合这些向量，如式（8-3-3）、式（8-3-4）和式（8-3-5）所示（假设该用户在 t 时刻转发了信息，即 $t \in [t_3, t_4)$）：

$$t' = \mathrm{Lookup}(t_3) \tag{8-3-3}$$

$$\boldsymbol{\alpha} = \mathrm{softmax}\left(\frac{\mathbf{U}^\mathrm{T}_t t'}{\sqrt{d}} + \boldsymbol{m}\right) \tag{8-3-4}$$

$$\tilde{\boldsymbol{u}} = \sum_{i=1}^{n}\alpha_i\mathbf{U}_{t_i} \tag{8-3-5}$$

其中，$\boldsymbol{m} \in \mathbb{R}^n$，当 $t' \geqslant t_j$ 时，$\boldsymbol{m}_j = 0$，否则 $\boldsymbol{m}_j = -\infty$。该操作是计算时间点 t_i 之前的向量对该时间点的影响，同时可以避免对后面时间点的向量产生影响。$\mathrm{Lookup}(\cdot)$ 函数为一个 MLP，用于将实值映射为一个向量。

最后，利用得到的用户向量 $\tilde{\boldsymbol{U}} = \left[\tilde{\boldsymbol{u}}_A, \cdots\right]$ 来做预测。因为预测结果是序列形式，所以采用多头注意力。同时又因为用户之间在级联图中有时间关系，所以在用户向量之间可以用自注意力。采用的多头自注意力机制如式（8-3-6）、式（8-3-7）和式（8-3-8）所示。

$$\mathrm{Attention}(\mathbf{Q}, \mathbf{K}, \mathbf{V}) = \mathrm{softmax}\left(\frac{\mathbf{Q}\mathbf{K}^\mathrm{T}}{\sqrt{d_k}} + \mathbf{M}\right)\mathbf{V} \tag{8-3-6}$$

$$h_i = \text{Attention}(\tilde{\mathbf{U}}\mathbf{W}_i^Q, \tilde{\mathbf{U}}\mathbf{W}_i^K, \tilde{\mathbf{U}}\mathbf{W}_i^V) \tag{8-3-7}$$

$$\mathbf{Z} = [h_1; h_2; \cdots; h_H]\mathbf{W}^O \tag{8-3-8}$$

这里同样有，当 $i \leqslant j$ 时，$\mathbf{M}_{ij} = 0$，否则为负无穷。最终得到的用户向量为 $\mathbf{Z} \in \mathbb{R}^{L \times d}$，表示 L 步的预测结果。之后将该表示输入全连接层得到概率向量 $\hat{y} = \mathbf{W}_3\text{ReLU}(\mathbf{W}_2\mathbf{Z}^T + b_1) + b_2$，损失函数为交叉熵 $\mathcal{L}(\theta) = -\sum_{i=2}^{L}\sum_{j=1}^{|V|} y_{ij}\log(\hat{y}_{ij})$，其中，$\mathbf{W}_i^Q$、$\mathbf{W}_i^K$、$\mathbf{W}_i^V$、$\mathbf{W}_3$、$\mathbf{W}_2$、$\mathbf{W}^O$、$b_1$ 和 b_2 均为可训练参数。

DHGPN 模型的架构与 DyHGCN 类似，其最主要的改动在于对异构图的图学习，该模型采用的图感知网络（Graph Perception Network，GPN）如式（8-3-9）、式（8-3-10）和式（8-3-11）所示，用来表示节点 v 在上一层的嵌入向量更新方式：

$$e_{uv} = \text{ReLU}(f_{\text{MLP}}^l(h_v^{l-1})\mathbf{W}_a^l f_{\text{MLP}}^l(h_u^{l-1})) \tag{8-3-9}$$

$$\alpha_{uv} = \text{softmax}(e_{uv}) = \frac{\exp(e_{uv})}{\sum_{k \in N_G(v)\bigcup\{v\}}\exp(e_{kv})} \tag{8-3-10}$$

$$h_v^l = \text{ReLU}\left(\sum_{u \in N_G(v)\bigcup\{v\}} \alpha_{uv} \cdot f_{\text{MLP}}^l(h_u^{l-1})\right) \tag{8-3-11}$$

其中，h_v^{l-1} 为节点 v 上一层的特征，$N_G(v)$ 为节点 v 的邻居节点，$\mathbf{W}_a^l$ 为每一层的可训练参数。

同样从异构图角度出发，CollaborateCas[42]将级联图抽象为级联节点，同时考虑了多个舆情传播可能对彼此产生的影响，并基于此来构建模型。

该方法首先将级联图构建为异构二分图，即将一个舆情传播的级联抽象为一个节点，与某一时刻参与其中的用户相连，构成一个二分异构图。然后使用异构图注意力网络（Heterogeneous Graph Attention Network，HAN）得到级联节点和用户节点的特征向量，这一步用来学习图的空间特征。在学习时序特征时，仍然针对单个级联图，将间隔时间参数化并使用图注意力网络得到每个用户节点加入时序信息的特征向量，最终链接两者进行预测。

本章参考文献

[1] 朱晓航. 金融网络舆情应对研究[M]. 北京: 经济管理出版社, 2021.

[2] 张世晓. 金融舆情演化机理与监测管理机制研究[M]. 武汉: 湖北人民出版社, 2014.

[3] 王兰成. 网络舆情分析技术[M]. 北京: 国防工业出版社, 2014.

[4] GRIFFITHS T, JORDAN M, TENENBAUM J, et al. Hierarchical topic models and the nested Chinese restaurant process[C]//Advances in neural information processing systems. 2003: 16.

[5] BLEI D M, LAFFERTY J D. Dynamic topic models[C]//Proceedings of the 23rd international conference on Machine learning. 2006: 113-120.

[6] MIKOLOV T, CHEN K, CORRADO G, et al. Efficient estimation of word representations in vector space[EB/OL]. (2013-01-16)[2025-04-03]. https://arxiv.org/abs/1301.3781.

[7] MIKOLOV T, SUTSKEVER I, CHEN K, et al. Distributed representations of words and phrases and their compositionality[J]. Advances in neural information processing systems, 2013, 26.

[8] PENNINGTON J, SOCHER R, MANNING C D. Glove: Global vectors for word representation[C]// Proceedings of the 2014 conference on empirical methods in natural language processing (EMNLP). 2014: 1532-1543.

[9] PETERS M E, NEUMANN M, IYYER M, et al. Deep contextualized word representations[EB/OL]. (2018-02-15)[2025-04-03]. https://arxiv.org/abs/1802.05365.

[10] RADFORD A, NARASIMHAN K, SALIMANS T, et al. Improving language understanding with unsupervised learning[EB/OL]. (2018)[2025-04-03]. https://cdn.openai.com/research-covers/language-unsupervised/ language_understanding_paper.pdf.

[11] DEVLIN J, CHANG M W, LEE K, et al. Bert: Pre-training of deep bidirectional transformers for language understanding[EB/OL]. (2018-10-11)[2025-04-03]. https://arxiv.org/abs/1810.04805.

[12] D'MELLO S K, KORY J. A review and meta-analysis of multimodal affect detection systems[J]. ACM computing surveys (CSUR), 2015, 47(3): 1-36.

[13] BALTRUŠAITIS T, ROBINSON P, MORENCY L P. Openface: an open source facial behavior analysis toolkit[C]//2016 IEEE winter conference on applications of computer vision (WACV). IEEE, 2016: 1-10.

[14] Google. Mediapipe[EB/OL]. (2024-12-26)[2025-04-03]. https://google.github.io/mediapipe/.

[15] TAO R J, PAN Z X, DAS R K, et al. Is Someone Speaking? Exploring Long-term Temporal Features for Audio-visual Active Speaker Detection[C]//Proceedings of the 29th ACM International Conference on Multimedia. New York: Association for Computing Machinery, 2021: 3927-3935.

[16] EYBEN F, WÖLLMER M, SCHULLER B. Opensmile: the munich versatile and fast open-source audio feature extractor[C]//Proceedings of the 18th ACM international conference on Multimedia. New York: ACM, 2010: 1459-1462.

[17] DEGOTTEX G, KANE J, DRUGMAN T, et al. COVAREP—A collaborative voice analysis repository for speech technologies[C]//2014 IEEE International Conference on Acoustics, Speech and Signal Processing (ICASSP). Piscataway: IEEE, 2014: 960-964.

[18] EYBEN F, WÖLLMER M, SCHULLER B. OpenEAR—introducing the Munich open-source emotion and affect recognition toolkit[C]//2009 3rd International Conference on Affective Computing and Intelligent Interaction and Workshops. Piscataway: IEEE, 2009: 1-6.

[19] HERSHEY S, CHAUDHURI S, ELLIS D P, et al. CNN architectures for large-scale audio classification[C]// 2017 IEEE International Conference on Acoustics, Speech and Signal Processing (ICASSP). Piscataway: IEEE, 2017: 131-135.

[20] SCHNEIDER S, BAEVSKI A, COLLOBERT R, et al. wav2vec: Unsupervised pre-training for speech recognition[EB/OL]. arXiv preprint, 2019. https://arxiv.org/abs/1904.05862.

[21] GKOUMAS D, LI Q, LIOMA C, et al. What makes the difference? An empirical comparison of fusion strategies for multimodal language analysis[J]. Information Fusion, 2021, 66: 184-197.

[22] ZADEH A, LIANG P P, PORIA S, et al. Multi-attention recurrent network for human communication comprehension[C]//Proceedings of the AAAI Conference on Artificial Intelligence. Palo Alto: AAAI Press, 2018, 32(1).

[23] LIU Z, LAKSHMINARASIMHAN V B, LIANG P P, et al. Efficient low-rank multimodal fusion with modality-specific factors[C]//Proceedings of the 56th Annual Meeting of the Association for Computational Linguistics (Long Papers). Stroudsburg: ACL, 2018: 2247-2256.

[24] LIANG P P, TSAI Y H H, ZHAO Q, et al. Learning representations from imperfect time series data via tensor rank regularization[C]//Proceedings of the 57th Annual Meeting of the Association for Computational Linguistics. Stroudsburg: ACL, 2019: 1569-1576.

[25] MAI S, HU H, XING S. Conquer and Combine: Hierarchical Feature Fusion Network with Local and Global Perspectives for Multimodal Affective Computing[C]//Proceedings of the 57th Annual Meeting of the Association for Computational Linguistics (ACL). Florence: ACL, 2019.

[26] AMIR ZADEH P P L, MAZUMDER N, PORIA S, et al. Memory Fusion Network for Multi-View Sequential

Learning[C]//Proceedings of the Thirty-Second AAAI Conference on Artificial Intelligence (AAAI-18). New Orleans: AAAI Press, 2018.

[27] ZADEH A B, LIANG P P, PORIA S, et al. Multimodal Language Analysis in the Wild: CMU-MOSEI Dataset and Interpretable Dynamic Fusion Graph[C]//Proceedings of the 56th Annual Meeting of the Association for Computational Linguistics (Volume 1: Long Papers). Melbourne: ACL, 2018: 2236-2246.

[28] SHENOY A, SARDANA A. Multilogue-Net: A Context Aware RNN for Multi-Modal Emotion Detection and Sentiment Analysis in Conversation[EB/OL]. arXiv preprint, 2020[2025-04-03]. https://arxiv.org/abs/2002.08267.

[29] GHOSAL D, AKHTAR M S, CHAUHAN D, et al. Contextual Inter-Modal Attention for Multi-Modal Sentiment Analysis[C]//Proceedings of the 2018 Conference on Empirical Methods in Natural Language Processing. Brussels: EMNLP, 2018: 3454-3466.

[30] CHEN M, LI X. SWAFN: Sentimental Words Aware Fusion Network for Multimodal Sentiment Analysis[C]//Proceedings of the 28th International Conference on Computational Linguistics. Barcelona: COLING, 2020: 1067-1077.

[31] WANG Y, SHEN Y, LIU Z, et al. Words Can Shift: Dynamically Adjusting Word Representations Using Nonverbal Behaviors[C]//Proceedings of the AAAI Conference on Artificial Intelligence. Honolulu: AAAI, 2019, 33(01): 7216-7223.

[32] KIM T, LEE B. Multi-Attention Multimodal Sentiment Analysis[C]//Proceedings of the 2020 International Conference on Multimedia Retrieval. Dublin: ACM, 2020: 436-441.

[33] PHAM H, LIANG P P, MANZINI T, et al. Found in Translation: Learning Robust Joint Representations by Cyclic Translations Between Modalities[C]//Proceedings of the AAAI Conference on Artificial Intelligence. Honolulu: AAAI, 2019, 33(01): 6892-6899.

[34] PARASKEVOPOULOS G, GEORGIOU E, POTAMIANOS A. MMLatch: Bottom-Up Top-Down Fusion for Multimodal Sentiment Analysis[C]//ICASSP 2022-2022 IEEE International Conference on Acoustics, Speech and Signal Processing. Singapore: IEEE, 2022: 4573-4577.

[35] ZHANG Y, SONG D, LI X, et al. A quantum-like multimodal network framework for modeling interaction dynamics in multiparty conversational sentiment analysis[J]. Information Fusion, 2020, 62: 14-31.

[36] HU G, LIN T E, ZHAO Y, et al. UniMSE: Towards Unified Multimodal Sentiment Analysis and Emotion Recognition[EB/OL]. arXiv preprint arXiv:2211.11256, 2022.

[37] LI C, MA J, GUO X, et al. Deepcas: An end-to-end predictor of information cascades[C]//Proceedings of the 26th international conference on World Wide Web. New York: ACM, 2017: 577-586.

[38] CAO Q, SHEN H, CEN K, et al. Deephawkes: Bridging the gap between prediction and understanding of information cascades[C]//Proceedings of the 2017 ACM on Conference on Information and Knowledge Management. New York: ACM, 2017: 1149-1158.

[39] CHEN X, ZHOU F, ZHANG K, et al. Information diffusion prediction via recurrent cascades convolution[C]//2019 IEEE 35th international conference on data engineering (ICDE). Piscataway: IEEE, 2019: 770-781.

[40] YUAN C, LI J, ZHOU W, et al. DyHGCN: A dynamic heterogeneous graph convolutional network to learn users' dynamic preferences for information diffusion prediction[C]//Machine Learning and Knowledge Discovery in Databases: European Conference, ECML PKDD 2020, Ghent, Belgium, September 14-18, 2020, Proceedings, Part III. Cham: Springer International Publishing, 2021: 347-363.

[41] FAN W, LIU M, LIU Y. A dynamic heterogeneous graph perception network with time-based mini-batch for information diffusion prediction[C]//International Conference on Database Systems for Advanced Applications. Cham: Springer International Publishing, 2022: 604-612.

[42] ZHANG X, SHANG J, JIA X, et al. CollaborateCas: Popularity Prediction of Information Cascades Based on Collaborative Graph Attention Networks[C]//International Conference on Database Systems for Advanced Applications. Cham: Springer International Publishing, 2022: 714-721.

第**9**章

基于图立方的金融风险预测

    金融领域的风险问题广泛存在于贷款、信托、投资等多个金融场景中。准确辨识、及时预警和有效防控金融风险，能够帮助企业合理配置资源并做出明智决策，从而减少潜在金融风险可能带来的损失。此外，这也有助于监管机构制定科学、完善的风险监管策略，从源头上预防系统性金融风险的发生。相较于传统仅使用结构化信息进行建模的风险辨识模型，基于图立方的金融风险辨识模型引入了图谱结构并结合图神经网络，构建了金融风险在图谱中的传播机制。这一模型提供了更为丰富的结构与属性信息，如风险节点、风险边和风险子图等，可用于识别多种风险模式。此外，金融图谱实体之间的多种关系，例如供应链关系，常常也会导致风险的产生。这些金融实体之间的风险关系可以被建模为超边。金融风险预测的核心步骤是发现与风险相关的金融实体和关系，并评估各个实体和关系的风险状态。因此，本章将重点介绍基于图立方的金融风险辨识和风险预警这两个关键方面。通过引入图谱结构和图神经网络，该方法能够更好地捕捉风险传播机制，识别风险模式，从而提供有效的风险防控策略。

9.1 基于图立方的金融风险辨识模型

9.1.1 问题概述

    在四大传统金融（银行、信托、保险和证券）的基础上，近年来涌现了互联网金融和消费金融，它们共同承担了为国民和企业提供贷款、信托和投资的工作，在经济发展和人民生活中发挥着重要作用，是关乎国民生计的重要生命线。但金融行业在繁荣发展的同时，频发的债务违约、公司爆雷等金融安全问题，严重威胁着这条金融生命线的安全。因此，通过针对金融领域的风险辨识和预警监控技术，实现对风险的监管和监督，对保障国民经济的健康发展和维持人民生活的幸福、稳定有着重要作用。

    金融风险是指在金融市场上由于各种不确定因素和不可预测的情况导致投资者或金融机构面临损失的可能性。根据其来源和性质的不同，金融风险可以分为市场风险、操作风险、流动性风险、法律风险和信用风险等。其中，市场风险是指由于金融市场的波动性、不确定性和不可预测性导致的风险，包括股票、债券、货币和商品价格波动等。这种风险难以预测和控制，是所有金融风险中最为常见的一种。操作风险是指由于内部控制缺陷、管理疏忽、员工犯错等因素导致的风险，包括操作失误、欺诈、内部失控等。流动性风险由市场变化和交易对手的不可预测性产生，可能导致资产无法按时变现或者成本超出预期。法律风险是指由于法律规定或者司法裁定等因素导致的损失风险，包括合同纠纷、知识产权纠纷和政策风险等。信用风险是指在银行贷款或投资债券过程中，由于借贷个人或企业未能偿还贷款或履行合同义务而造成损失的风险，即债务违约风险。按照违约主体的不同，信用风险又大致可分为个人信用风险和企业信用风险两类。个人信用风险主要是个人信用卡贷款和消费贷款的逾期风险；而大型企业除了向银行申请贷款，还可以通过发行债券的方式向投资者借债，因此企业信用风险主要包含贷款逾期、债券违约等。由于贷款行为在国民经济体系中具有举足轻重的地位，因此建立信用风险的评估与预防机制对银行、债券发行者及投资者都意义重大。所以，从预测和防控的可行性角度来看，目前对于金融风险的关注主要集中在信用风险（Credit Risk）上。

信用评级（Credit Rating）是使用最为广泛的信用风险评估指标，它利用企业的历史财务数据对其信用进行等级划分。企业的信用等级越高则表示其债务违约的概率越低。相反，企业的信用等级越低则表示其违约概率越高。一些国际评级机构如标准普尔、穆迪及惠誉会对上市企业进行公开评级。除此之外，银行等金融机构也会基于企业负债状况、盈利能力、征信状况及发展前景等信息，对贷款用户或企业进行独立的信用风险评级。不同银行具有不同的评级流程和模型，由于涉及商业机密，因此并不会公开评级信息；而第三方评级机构会定期调整并公开评级结果，其在企业公开募股、发行债券和监督部门制定决策过程中都会起到重要作用。

在一些实际的业务场景下，信用的评级可分为多分类和二分类问题。无论是第三方评级机构还是银行，在对信用风险的评估上主要依赖专家系统和有监督的统计学习模型。例如在贷款逾期预测方面，借贷机构会通过各种渠道采集用户的运营商、财务状况及征信等数据，再通过监督学习方法构建违约概率预测模型。虽然一些有监督的统计机器学习模型具有较低的复杂度和较好的可解释性，但是只能利用企业的结构化信息，如工商数据、财务比率和行业指数等，而忽视了企业间持股关系、供应链关系和担保关系等非结构化信息。一个直接解决这些问题的想法是使用图结构对企业间复杂的关联关系进行建模，使得风险信息得以在图谱上传播和聚合。在这种情况下，企业的信用风险评级不再只由企业本身的属性信息决定，而需要充分考虑关联企业间的相互作用与影响。

近年来，图神经网络、图自编码器等网络表示学习方法，使得图结构信息能够被有效学习，并转化为结构化的嵌入表示，为基于知识图谱的信用风险挖掘提供了基础。虽然已经有研究者开始利用知识图谱辅助完成信用风险的挖掘与预测，但是基于此领域的研究仍存在诸多难点与挑战，包括企业多元关系的信息丢失、风险标签稀少导致的样本不均衡问题、金融时序信息的多尺度性导致的复杂时序建模问题，以及预测结果的可解释性问题等。

9.1.2　传统金融风险辨识模型

1. 专家系统和评分卡模型

关于信用评级的研究最早可以追溯到 20 世纪 50 年代[1]。早期的信用评级主要依靠将过往的经验编制成决策规则，对财务报表进行分析，从而对客户信用等级进行主观评价。例如著名的 5C 信用分析法，其从借贷人的道德品质（Character）、还款能力（Capacity）、资本实力（Capital）、担保状况（Collateral）及经营环境（Condition）五方面对借款人的还款意愿和还款能力进行评估[2]。

专家分析法对分析员的背景知识与行业经验有较高的要求，因此无法在短时间内处理大量的信用评级工作。此外，这种方法较为依赖专家的主观判断，缺乏客观的评价标准。为了解决这个问题，金融机构引入了评分卡（Scorecard）模型[3]，如图 9-1 所示。评分卡模型是一种信用评级的通用建模框架，它将贷款用户的各类原始信息经过数据清洗和特征工程后，使用线性模型进行建模，并输出风险评级作为结果。从学习方式来看，评分卡模型是一个典型的监督学习任务。

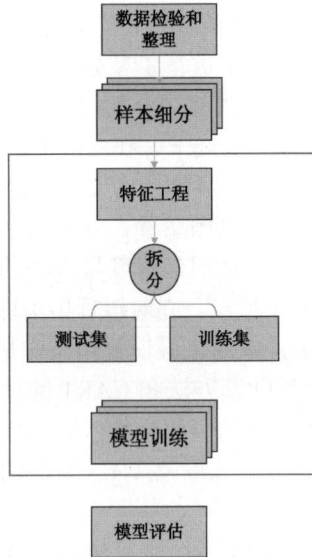

图 9-1　评分卡模型

2．统计学习方法

在统计学习方法方面，逻辑回归（Logistic Regression）被广泛应用于信用评级预测，如 Dong 等人[4]提出的基于随机参数逻辑回归的评分卡模型。由于其重要地位，因此逻辑回归也常被用作基线方法或融合方法中的一种。

判别分析（Discriminant Analysis，DA）是另一种常用的统计学习方法，它使用若干解释变量构造线性判别函数，并输出判别分数[5]。Boyacioglu 等人[6]较为全面地比较了神经网络、支持向量机和逻辑回归、DA 等统计学习方法的性能。

贝叶斯分类器（Bayesian Classifier）是一种根据先验概率计算后验概率并选取最大后验概率作为分类结果的分类器[7]。Giudici[8]等人构造了条件贝叶斯网络以挖掘解释变量对信用评分的内在作用关系；Gemela[9]使用贝叶斯网络作为年度财报的信用信息挖掘方法；Wu 等人[10]则使用决策树来增强朴素贝叶斯挖掘到的信用评级中的因果关系，以辅助决策。

综上所述，统计学习方法一般服从严格的数学假设，例如，逻辑回归假设输入变量与输出的对数几率之间呈线性关系；判别分析假设输入特征服从多维正态分布；贝叶斯分类器则假设输入特征之间相互条件独立，并服从正态分布。然而，这些数学假设在实际金融场景中的数据上并不一定成立。此外，统计模型的线性建模方式也无法拟合金融变量与风险间复杂的非线性关系。为了解决这些问题，一些更加复杂的机器学习方法被引入评分卡模型。尽管存在上述问题，但统计学习方法因其具有较低的复杂度和极高的可解释性这两大优势，所以仍是金融机构使用的主流方法之一。

3．机器学习方法

在机器学习方面，几乎所有的有监督分类的算法都可以用于构建评分卡模型。下面先对模型进行简要介绍，然后再列举相应的应用研究。

（1）K 近邻（K-Nearest Neighbors，KNN）：通过输入特征间的欧氏距离定义邻居信息，并将 K 个最近邻居中出现的频率最高的类型作为当前企业的分类结果。Henley 等人[11]最早将 KNN 应用于信用评估，并对超参数 K 进行了参数分析。Mukid 等人[12]在此基础上进一步使用了加权 K 近邻算法，通过高斯函数为邻居分配权重。由于每次预测新样本所属类型都需要遍历所有样本，因此 KNN 的效率十分低下，在实际应用中并不常见。

（2）决策树（Decision Tree）：是一种利用历史数据构建决策规则的分类方法。这些规则被构建为树状结构，每个分支代表一种判断条件，叶子节点代表不同类别，经过训练，决策树能得到新样本到类别间的映射关系。按照信息度量方法的不同，决策树大致可分为三类，分别是：CHAID、C5 和 CART。Yap 等人[13]在对银行信用评分模型的改进中用到了决策树；Bijak 等人[14]使用 CHAID 和 CART 决策树来验证分箱操作是否会对信用评级准确率有较大地提高；Kao 等人[15]提出了一种结合贝叶斯方法和 CART 的信用评级模型。尽管决策树能清晰地展示信用评级的决策过程，具备较好的可解释性，但决策树的搜索策略使得其无法得到全局最优解。为了解决这个问题，Jiang 等人[16]在 C4.5 的基础上融入了模拟退火算法，最终取得了较好的效果。

（3）随机森林（Random Forest）：是多个决策树的组合，其中，每个决策树只使用随机选择的 k 个样本进行训练，对于新的输入特征，每个决策树都会给出分类预测结果，该模型将占比最高的分类作为最终的分类结果。Mercadier 等人[17]使用随机森林对信用违约掉期进行拟合，Saitoh 等人利用随机森林建立了一种半监督的企业信用评分方法，用来对缺乏监督信息的企业进行信用评级预测。尽管随机森林相比于单个决策树有更加强大的性能，但其计算复杂度较高，应用于大规模数据时需要消耗大量计算资源，而且在处理高维稀疏数据时不如其他算法表现出色。

（4）支持向量机（Support Vector Machine，SVM）：是由 Vapnik[18]提出的一种二元广义线性分类器。它通过解释由变量和风险标签构成的监督信息对，求解样本的最大边距超平面，并以此作为分类的决策边界。Li 等人[19]最早使用 SVM 进行银行贷款评级任务，随后 Xiao 等人[20]进一步检验了不同核函数对 SVM 分类效果的影响。Zhou 等人[21]构建了三种具有不同特征权重的 SVM，并在分类准确率和算法复杂度上做出了权衡。除此之外，Zhou 等人[22]还将最小二乘 SVM 作为基础，提出了多个集成模型。Hens 等人[23]则通过采样和减少特征数量的方式降低了 SVM 的复杂度。虽然上述研究取得了一定的进展，但是 SVM 模型中对超参数的选择和调优仍面临挑战。另外，在应用于大规模数据时，SVM 同样面临高复杂度问题。

（5）模糊逻辑（Fuzzy Logic）：由 Zadeh[24]提出的一种对模糊对象进行精确描述和建模的数学系统。其将只取 0 和 1 这两个值的普通集合推广为在[0,1]上取无穷多个值的模糊集合，并使用"隶属度"这一概念描述元素与模糊集合之间的关系。由于在表达界限不清晰的定性知识与经验上具有独特优势，因此模糊逻辑也常被用于信用评级研究。Hoffmann 等人[25]

对基于遗传算法和神经网络的两种模糊分类器在信用评级上的表现进行了比较；Laha 等人[26]提出了融合模糊分类器和 KNN 的信用评级方法。在具体应用于金融风险辨识问题时，模糊度量和隶属函数的选择对模糊逻辑模型的性能有较大影响。

（6）神经网络（Neural Network）：是一种模仿人类脑部信息传播过程的模型，理论上可以作为任何非线性映射的逼近。由于其强大的表示学习性能，因此 West 等人[27]很早就将神经网络引入信用评级预测上了，并比较了多层感知机、径向基网络、多专家网络、学习向量量化网络和模糊自适应网络等五种神经网络的性能。Lee 等人[28]进一步提出了一个融合判别分析和神经网络的两阶段混合模型。此后，一大批神经网络模型的变种相继被应用于信用评级，包括概率神经网络[29]、部分逻辑神经网络[30]及可塑性神经网络[31]等。神经网络往往依赖大量数据进行训练，在数据量不足的情况下容易出现过拟合，因此需要采用正则化等方法消除过拟合。

4．集成学习方法

单台机器学习模型对数据存在偏好，并不能在所有数据集上都表现得很好，使模型泛化性能受到了限制。为了解决这个问题，一些研究者想到了将多个分类器进行组合，形成一个强分类器的方法，即集成学习（Ensemble Learning）。集成学习按照个体分类器间的依赖关系可以分为提升法、自助法和堆积法三种类型。

（1）提升法（Boosting）：它的核心思想是为训练样本动态分配权重。其首先使用初始权重训练出一个弱分类器，并给分类误差较高的样本分配更高的权重，使得这些样本在后面的学习中得到更多的重视。然后，基于调整后的权重训练下一个弱分类器，并以此类推。最终，将多个弱分类器通过集合策略进行整合，得到强分类器。在信用风险预测方面，Canbas 等人[32]对三种统计学习方法（判别分析、逻辑回归和似然估计）进行了 Boosting 组合学习，并将结果加权作为最终分类。Huang 等人[33]则将决策树、多层感知机和支持向量机三种机器学习方法进行了 Boosting 组合。Finlay 等人[34]进一步比较了各种集成学习方法在信用评级方面的表现，并指出 Boosting 和 Bagging 比其他集成分类方法效果更好。

（2）自助法（Bootstrap aggregation，Bagging）：Bagging 则采取有放回的随机采样方法得到多个采样集，并分别使用采样集独立训练多个分类器，再通过结合策略得到最终的强学习器。在信用风险预测方面，Wang 等人[35]使用 Bagging 方法结合了多个决策树模型，有效降低了噪声数据和冗余特征对结果的影响；Paleologo 等人使用 SuBagging[36]策略结合了支持向量机、决策树和 KNN 等多种异质分类器，在非平衡样本上取得了较好的效果。除此之外，Bagging 也常与特征选择过程相结合，在训练多个分类器的同时筛选属性信息，例如，Zhang 等人[37]对传统 Bagging 策略进行了改进，提出了 Vertical Bagging，其使用所有训练样本和部分属性信息训练每个分类器；Xiao 等人[38]将集成学习与代价敏感学习相结合，提出了一种基于不平衡数据的动态分类器集成方法；Marques 等人[39]尝试将数据重采样算法（Bagging 和 AdaBoost）与属性子集选择方法（随机子空间和旋转森林）相结合，以此构建复合集成学习模型。

（3）堆积法（Stacking）：Stacking 是对 Boosting 和 Bagging 方法的改进。上面提到的两种集成学习方法本质上都是对弱分类器的结果做平均或投票，这种结合方式较为简单，但导致学习的误差较大。为此，研究者提出了堆积法，其在使用 Stacking 结合策略时，不再只对弱分类结果做简单的逻辑处理，而是将各个弱分类器的输出作为输入，通过训练模型来得到最终分类结果。理论上，Stacking 方法可以表示上面提到的两种集成学习方法。Lee 等人[28]使用 Stacking 策略将反向传播网络与传统判别分析方法相结合，对信用评级模型进行改进。Lee 等人[40]进一步提出了一个两级集成模型，即首先利用 MARS 建立信用评分模型，然后将得到的显著变量作为神经网络模型的输入节点。

9.1.3　基于图结构的金融风险辨识方法

通过前文对传统金融风险预测方法的介绍，可以得出如下结论：尽管传统的统计学习和机器学习模型具有较低的复杂度和较好的可解释性，但是它们只能利用结构化特征，如企业工商数据、财务比率、行业指数等，无法考虑企业间持股关系、供应链关系和担保关系等非结构化信息，导致它们预测风险的效果无法提高。

基于图结构的金融风险预测模型可以解决这个问题。这种模型用图或知识图谱来表示企业间复杂的关联关系，可将非结构化信息转换为图结构中的节点和边，并使用图神经网络等技术进行特征学习和分类。由于风险信息可以在图谱上传播，因此企业的信用风险不再只由自身的信息决定，对企业风险的辨识需是充分考虑关联企业间相互作用与影响后的结果，这样得到的风险预测结果才能更加准确。

基于图结构中金融风险类型的不同，金融风险辨识方法可以大致分为三类，分别是：风险节点辨识、风险边辨识及风险社群发现。

1. 风险节点辨识

早期利用图结构预测金融风险的方法更多的是直接将结构化数据上的方法进行迁移。例如，Li[41]等人提出利用矩阵分解对网络中的异常节点进行残差分析；Erfani[42]等人尝试直接将邻接矩阵输入 SVM，从而对图结构进行异常发现。这些传统的图学习方法主要存在以下两点重要缺陷：

（1）真实世界的网络往往含有巨大数量的节点和边，其邻接矩阵也具有极高维度，如果直接将邻接矩阵作为输入，那么这些机器学习方法往往无法扩展到如此高维度的数据上；

（2）它们无法有效捕捉图结构上复杂的非线性关系特征。

因此，早期方法对图特征的表示并不足以支撑有效的风险节点辨识。为了解决这个问题，最近的研究开始采用深度学习方法辨识图中的风险节点。由于图神经网络编码非欧氏空间数据的强大性能及优秀的可扩展性，因此其逐渐成为图风险节点辨识任务中使用最广泛的深度学习方法。Ding[43]等人通过重构图的结构和节点属性信息，并计算重构误差来衡量节点的异常分数。他们提出的 DOMINANT 算法使用多层 GCN 作为编码器，得到节点的嵌入表示，再通过结构解码器和属性解码器分别重构图的结构信息和节点的属性信息。他们假设风险/异常节点会具有更高的重构误差，并基于此计算节点的异常分数，用于风险节点辨识。DOMINANT 的损失函数可以用式（9-1-1）表示：

$$\mathcal{L}_{\text{DOMINANT}} = (1-\alpha)\mathcal{R}_S + \alpha\mathcal{R}_A = (1-\alpha)\| \mathbf{A} - \hat{\mathbf{A}} \|_F^2 + \alpha\| \mathbf{X} - \hat{\mathbf{X}} \|_F \tag{9-1-1}$$

其中，$\alpha \in (0,1)$ 是调节参数，$\mathcal{R}_S$ 和 $\mathcal{R}_A$ 分别表示结构和属性重构误差，$\|\cdot\|_F$ 表示 F 范数。参

数 α 会根据图的结构特性进行选取，以便调节结构重构与属性重构的权重。例如，平均节点度较大的图，邻居结构信息更加丰富，因此往往采用更大的 α 值。当训练结束后，通过重构误差来计算每个节点的风险状态，如式（9-1-2）所示：

$$\text{score}(i) = (1-\alpha)\|\mathbf{a}_i - \hat{\mathbf{a}}_i\|_2 + \alpha\|\mathbf{x}_i - \hat{\mathbf{x}}_i\|_2 \qquad (9\text{-}1\text{-}2)$$

其中，$\mathbf{a}_i$ 和 $\mathbf{x}_i$ 分别表示节点 i 的结构和属性特征，而 $\hat{\mathbf{a}}_i$ 和 $\hat{\mathbf{x}}_i$ 分别表示它们相应的重构特征，$\|\|_2$ 表示 L2 范数。如图 9-2 所示，DOMINANT 只使用了一个视图下的属性图来进行异常检测，而 Peng[44]等人则进一步使用了不同视图下的节点属性信息，这样做是因为异常信息可能在某一视图下难以检测，但在另一视图下非常明显。

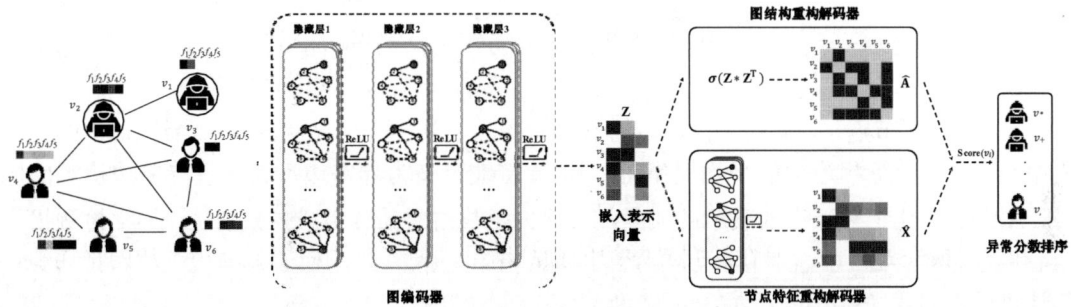

图 9-2　DOMINANT 模型框架图

2．风险边辨识

与风险节点辨识旨在识别出单个风险节点不同，风险边辨识的目的是识别出节点间的异常连接关系。例如，欺诈用户与正常用户间的连接或企业间不正常的持股、投资关系等。受风险节点辨识方法的启发，Ouyang[45]等人提出的 UGED 尝试使用全连接神经网络和自编码器对风险边进行检测，其模型框架如图 9-3 所示。具体地，由于每条边 (u,v) 存在的概率由节点 u,v 及 u,v 的邻居结构共同决定，因此边 (u,v) 存在的概率可以被定义为 $\Pr(v\,|\,u, N_G(u))$ 和 $\Pr(u\,|\,v, N_G(v))$，其中，$N_G(u)$ 表示节点 u 的邻居信息。为了计算每条边存在的概率，UGED 首先通过全连接层生成每个节点的低维向量，并将节点 u 及其邻居节点 $k \in N_G(u)$ 的嵌入表示进行均值池化操作后，作为节点 u 的嵌入表示。同时，UGED 利用另一个全连接层来预测边存在的概率，即 $\Pr(v|u, N_G(u)) = \text{softmax}(\mathbf{W} \cdot h_u)\big|_v$，其中，$\mathbf{W}$ 表示可训练的参数矩阵，h_u 表示节点 u 的嵌入表示。UGED 通过使用交叉熵损失函数，计算预测边概率与实际边的差异，

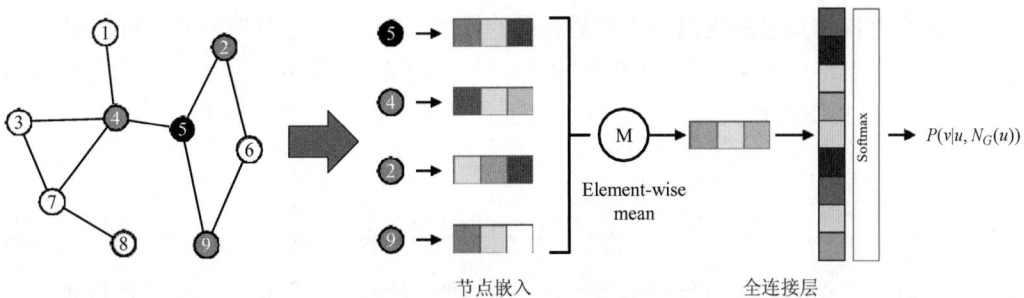

图 9-3　UGED 模型框架图

从而对模型进行训练和优化。Ouyang 等人认为，存在的边中具有最低预测概率的最有可能是风险边，因此将 $1-\text{Pr}(v\,|\,u,N_G(u))$ 作为边的风险分数。

虽然引入了深度学习方法，但是 UGED 在编码节点特征时并未考虑图中复杂的拓扑关系，从而导致得到的节点的嵌入表示并未包含图结构信息，进而降低了风险边预测结果的准确率。一个直接解决该问题的想法是引入图神经网络对图结构进行编码。但 Duan 等人[46]指出由于训练集中可能存在异常边，因此直接使用传统的 GCN 编码将无法捕获真实边的分布。为了解决这个问题，他们提出在 AANE 训练时，同时考虑异常分数计算和对节点嵌入表示的优化。在每个训练轮次中，AANE 首先通过多层 GCN 生成节点嵌入表示 $\mathbf{Z}$，再训练一个指示矩阵 $\mathbb{I}$ 用于辨识异常边。具体地，指示矩阵中的每一项 $\mathbb{I}_{uv}$ 满足式（9-1-3）：

$$\mathbb{I}_{uv}=\begin{cases}1,&\text{if }\hat{\mathbf{A}}_{uv}<\text{mean}_{v'\in N_G(u)}\hat{\mathbf{A}}_{uv'}-\mu\cdot\text{std}_{v'\in N_G(u)}\hat{\mathbf{A}}_{uv'}\\0,&\text{otherwise}\end{cases}\tag{9-1-3}$$

其中，$\hat{\mathbf{A}}_{uv}$ 表示节点 u 与 v 之间存在边的预测概率，μ 是预先定义的阈值。当边 (u,v) 的预测概率小于与节点 u 相连边的平均概率时，(u,v) 将被定义为异常边。在进行异常边检测的同时，AANE 优化了节点嵌入表示的质量，其损失函数由两部分组成，分别是：异常检测损失 $\mathcal{L}_{\text{aal}}$ 和重构损失 $\mathcal{L}_{\text{afl}}$。$\mathcal{L}_{\text{aal}}$ 旨在惩罚异常边的预测结果，使其预测概率显著小于边的平均值，其计算过程如式（9-1-4）所示。

$$\mathcal{L}_{\text{aal}}=\sqrt{\sum_{u\in V}\sum_{v\in N_G(u)}((1-\hat{\mathbf{A}}_{uv}^2)(1-\mathbb{I}_{uv})+\hat{\mathbf{A}}_{uv}^2\mathbb{I}_{uv})}\tag{9-1-4}$$

而 $\mathcal{L}_{\text{afl}}$ 旨在量化移除潜在异常边造成的重构损失，即 $\mathcal{L}_{\text{afl}}=\left\|\mathbf{B}-\hat{\mathbf{A}}\right\|_2^2$，其中，$\mathbf{B}$ 是移除所有预测的异常边后的邻接矩阵。

3．风险社群发现

在现实生活中，风险节点也有可能集中出现，并相互关联，从而形成一个子图。例如，欺诈用户会集体在社交网络中发表诈骗帖子并相互转载，从而进行团伙欺诈。不同于单独的风险节点和风险边，风险社群中的单个节点或边可能是正常的，但当将其作为一个子图考虑时，就可能会具有风险。同时，这些风险社群的大小和内部结构往往各不相同，这也使得风险社群的发现更具挑战性。Wang 等人[47]针对在线购物数据，构建了包含用户和物品两种类型节点的二部图，并从中检测涉嫌欺诈的群体。Wang 等人假设欺诈团伙内部节点的嵌入表示更加接近，而正常用户的特征则会远离欺诈团伙。基于这个假设，他们提出了 DeepFD，其将两个用户共同浏览过的物品占二者总物品的比例作为两个用户的相似度 sim_{ij}。通过一个基于全连接层的自编码器生成用户的特征表示，并重构节点的特征。最小化重构前后的用户间相似度，并将其作为损失函数 $\mathcal{L}_{\text{sim}}$ 对模型进行训练，其中，损失函数 $\mathcal{L}_{\text{sim}}$ 如式（9-1-5）所示。

$$\mathcal{L}_{\text{sim}}=\sum_{i,j=1}^{m}\text{sim}_{ij}\cdot\left\|\widehat{\text{sim}}_{ij}-\text{sim}_{ij}\right\|_2^2\tag{9-1-5}$$

其中，$\widehat{\text{sim}}_{ij}$ 表示重构后的节点特征相似度。最终，通过计算向量空间中稠密的区域辨识出风险社群。

9.1.4　基于图立方的金融风险辨识方法

上述基于图结构的金融风险辨识方法都是基于静态图进行建模的，然而在真实世界中，网络结构往往具有时序信息，因而需要建模为动态图，以表示不断变化的对象及其之间的关系。动态图上包含丰富的时间信号，图结构和节点属性会随时间发生演变。一方面，这些信息从本质上导致动态图上的异常节点检测更具挑战性。因为动态图通常引入了大量的时序数据，所以必须捕捉时间信号以进行异常检测。另一方面，它们可以提供更多有关异常的详细信息。实际上，有些异常在每个时间戳的图快照中都可能看起来很正常，只有在考虑图结构的变化时，它们才变得异常。

在动态图上的金融风险辨识同样可以分为风险节点辨识、风险边辨识和风险社群发现三种类型。在动态风险节点辨识方面，Zheng[48]等人提出的 OCAN 使用基于 LSTM 的自编码器编码用户的历史社交信息，并用于训练生成对抗网络。其中，生成器用于产生位于特征空间低密度区域的正常用户，而辨别器用于辨别生成的正常节点与原始正常节点。训练好的生成对抗网络可以用于检测异常节点。

在动态风险边辨识方面，Zheng 等人[49]同时考虑了时序状态下的图的结构和节点属性信息，以便辨识动态图下边的异常。他们提出的 AddGraph 将 GCN 和 GRU 进行了组合，并引入了注意力机制来更好地获取每个时间戳上的重要异常信息，模型框架如图 9-4 所示。具体地，在每个时间戳上，GCN 对 $t-1$ 时刻输出的隐藏状态 $\boldsymbol{H}^{t-1}$ 进行编码，得到 t 时刻的节点表示，并输入 GRU 中得到 t 时刻的状态向量 $\boldsymbol{H}^t$。在这之后，AddGraph 通过相连的节点特征，计算每条边的异常分数，如式（9-1-6）所示。

$$f(u,v,w) = w \cdot \sigma((\beta \cdot (\|\boldsymbol{a} \odot \boldsymbol{h}_u + \boldsymbol{b} \odot \boldsymbol{h}_v\|_2^2 - \mu))) \tag{9-1-6}$$

其中，u 和 v 是对应的节点，w 是边的权重，$\boldsymbol{a}$ 和 $\boldsymbol{b}$ 是训练参数，β 和 μ 是超参数。

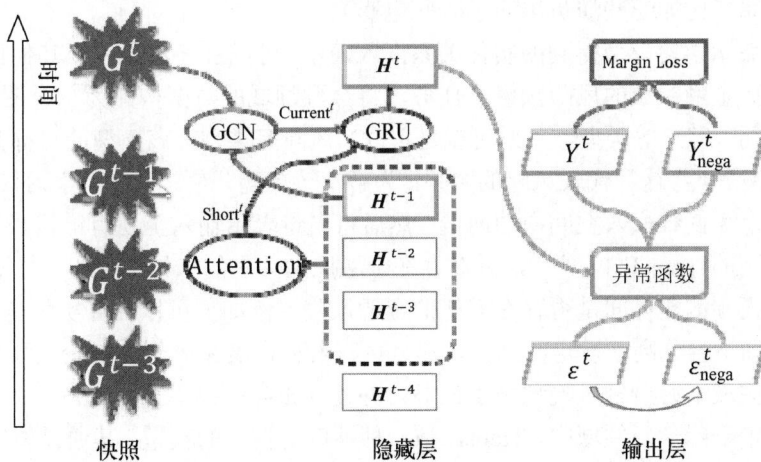

图 9-4　AddGraph 模型框架

在动态风险社群发现方面，DeepSphere[50]将 LSTM 和自编码器相结合，以便检测某个时间戳上的图是否为异常的。具体地，DeepSphere 将动态图描述为一组三阶张量，即

$\{\tilde{\mathbf{A}}_k, k = 1, 2, \cdots\}$，其中，$\tilde{\mathbf{A}} \in \mathbb{R}^{N \times N \times T}$。在给定时间维度下，$\tilde{\mathbf{A}}$ 会退化为图快照的邻接矩阵。为了识别异常张量，DeepSphere 首先使用 LSTM 自编码器将每个图快照嵌入特征空间中，然后提出了一个二分类目标函数。该目标函数通过学习一个超球体（hypersphere），使得正常的图快照被覆盖，即正常的图快照坐标位于超球体以内，而异常的图快照位于超球体外部，从而达到在时序状态下发现风险社群的目的。

9.2　基于数据的金融风险预警方法

随着金融市场的不断发展和全球化进程的加速，金融风险越来越复杂严重。金融风险预警作为监管的重要手段，能提前发现、预防潜在风险，在维护金融市场稳定和投资者利益方面变得日益重要。本节主要研究基于数据的风险预警方法，其可以利用大量数据和复杂特征来准确预测结果，预测性能通常优于同领域的可解释性模型。

9.2.1　基于知识图谱的金融风险预警方法

知识表示学习[51]是一种把复杂图结构（包括知识图谱、知识超图、图立方等一系列图结构）中的信息（比如人、地方、事物之间的关系），转化成计算机能够理解的方式（即向量）的方法。这种方法的优点在于可以在保留原有结构信息的基础上令计算机更容易处理和理解这些信息，并进一步推理、预测和分析，以提高包括风险预警在内的下游机器学习任务的性能。以知识图谱结构为例，一个关于电影的知识图谱包括电影、演员、导演等实体信息及电影和演员之间的实体关系等，其可将每个电影和演员都通过数字向量进行表示，可告知计算机关于电影和演员的信息（比如类型、特点等），计算机可通过这些向量来推理不同电影和演员之间的关系（比如哪些演员出演了哪些电影）。

基于知识表示学习模型得到的实体关系嵌入表示，可以进一步输入至其他已有的链接预测模型，以完成金融领域的风险预警子任务。将金融领域的数据构建为一个图结构，其中，实体可以是公司、客户等类型，关系可以是关联、风险等类型，该模型的目标是预测实体间是否存在如"失信人"这种代表风险的关系。为解决该问题，对知识表示学习模型进行训练，将实体关系表示为低维嵌入空间中的向量，然后将向量表示输入至现有链接预测模型，例如知识图谱结构下的 TransE 模型[52]，以对存在金融风险关系的未知三元组、超边或时序超边进行打分，从而预测实体间是否存在潜在的金融风险。例如，可以计算实体 A、B、C 之间的关系得分，如果得分高于设定的阈值，那么意味着存在潜在风险。如此，可利用知识表示学习模型辅助完成下游金融风险预警子任务，并使其预测结果更加准确。

在知识图谱表示学习领域中，TransE 是一种被广泛使用的模型，其通过将实体和关系映射到向量空间中来表示知识图谱。然而，TransE 在处理复杂关系（如一对多、多对一和多对多）时表现不佳，这限制了其在复杂实际应用场景中的适用性。为了解决这些问题，研究人员相继提出了一些改进模型，如 TransR[53]、TransD[54]、TransA[55]和 TransG[56]，并针对多元和复杂问题提出了不同的优化方法。然而，这些现有方法忽视了知识图谱本身丰富的本体信息价值，导致其在下游链接预测方面性能提升有限[57]。

　　基于上述问题，研究人员提出了一种基于投影变换的本体感知知识图谱表示学习模型，即 TransO。该模型在对知识图谱三元组进行显式建模的同时，针对不同本体信息提出了具体的编码策略，在保持模型较低复杂性的前提下，嵌入了丰富的本体信息以提高下游链接预测模型的预测效果。

　　TransO 整体框架如图 9-5 所示。首先，通过将实体和关系分别嵌入实体空间和关系空间中构建初始嵌入；其次，使用基于投影变换的方法处理实体类型和关系类型本体信息，并通过特定约束策略处理 RDFS 最小推理片段中的层次结构；最后，通过训练模型学习最优嵌入表示，以便用于知识图谱下游任务的进一步处理。

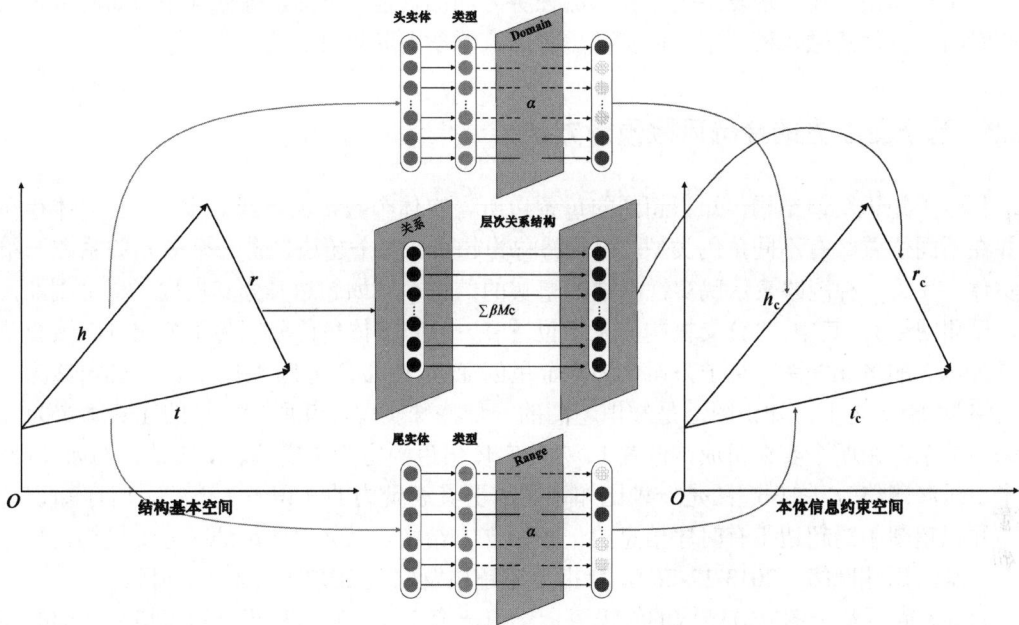

图 9-5　TransO 模型整体框架

　　该模型利用实体投影矩阵对处在结构基本空间中的实体向量表示进行映射，使其向量表示在某些维度上进行缩放，从而突出其在本体信息约束空间中的语义信息。此外，TransO 模型为结构基本空间中的每个关系都引入了一个对角投影矩阵，这是为了使训练目标保持实体和关系对应向量的一般表示能满足表达式要求。如果仅对实体向量进行投影，而不对关系向量表示进行任何处理，那么会出现空间不一致情况。值得说明的是，本体信息约束将会对投影矩阵进行操作和处理，引入投影矩阵会便于嵌入本体信息，从而提高模型的表示学习能力。三元组 (h,r,t) 在本体信息约束空间的评分函数如式（9-2-1）所示：

$$f_2(h,r,t) = \mathbf{M}_h + \mathbf{M}_r + \mathbf{M}_t \tag{9-2-1}$$

其中，h、t 和 r 分别代表结构基本空间中的头、尾实体和关系，$\mathbf{M}_h$、$\mathbf{M}_t$ 和 $\mathbf{M}_r$ 分别代表根据不同的本体建模策略得到的对应头、尾实体和关系的投影矩阵，用于计算投影矩阵的欧氏距离。

　　为了更好地强化模型的区分能力，TransO 采用基于间隔的损失函数对结构基本空间中的三元组和本体信息约束空间中的三元组样本数据进行区分训练。对于结构基本空间，其定义的损失函数如式（9-2-2）所示：

$$\mathcal{L} = \sum_{(h,r,t)\in T} \sum_{(h',r',t')\in T'} \max(\gamma_1 + f_1(h,r,t) - f_1(h',r',t'),0) \qquad (9\text{-}2\text{-}2)$$

其中，$f_1(h,r,t)$ 对应正例三元组在结构基本空间中的得分，$f_1(h',r',t')$ 对应负例三元组在结构基本空间中的得分，γ_1 为预先设定的关于间隔的超参数且 $\gamma_1 > 0$。

总的来说，TransO 模型可更好地利用知识图谱中的本体信息，同时保持较低的模型复杂度，从而提高了知识图谱链接预测等下游任务的性能。但知识图谱相较于图立方结构，未考虑多元关系及时间维度的信息，无法更准确地捕捉实体和关系间的动态演变关系，因此无法进一步提高模型在处理复杂关系和预测任务方面的性能。下面，将重点介绍如何将多元关系和时间维度信息融入模型中，以实现更优的表示学习和推理能力。

9.2.2　基于图立方的金融风险预警方法

相较于知识图谱结构，知识超图的每条边所含实体个数都大于或等于 2，且实体存在顺序并在不同位置赋有不同角色类型，因此特称为超边。每个超边包含一个多元关系和一组有序实体，其是一种能够表示现实世界中的事实的结构。例如超边（分支机构，金星创业，小米，乐渊网络），其中，"分支机构"表示位置 1~3 的实体角色分别为子公司 1、核心公司和子公司 2 的多元关系，且子公司 1 为"金星创业"，核心公司为"小米"，子公司 2 为"乐渊网络"。相比之下，知识图谱是知识超图的一种特殊实现，其所含关系的元数固定为二，即每个关系都由两个实体组成，位置 1、2 的实体角色固定为头实体、尾实体，例如（投资，小米，乐渊网络）。知识超图是一种比知识图谱更具表现力的知识表示形式。时序知识超图即为知识超图中的超边带有时序信息的一种图立方结构。例如时序超边（分支机构，金星创业，小米，乐渊网络，2013-12-26），特指上述超边发生于 2013 年 12 月 26 日。

目前，尚无基于图立方结构的知识表示学习研究工作，但已有基于知识超图结构的知识表示学习研究工作，根据学习方法的不同，可将其分为以下三类：

（1）基于规则的方法：其注重可解释性，可使用规则来解释推理结果产生的原因。其中，马尔可夫逻辑网络（Markov Logic Network，MLN）[58] 是一个比较流行的代表模型。

（2）基于平移的方法：其源自知识图谱表示学方法的多元泛化思想，这类方法将实体和关系嵌入同一向量空间，以学习实体和关系之间的联系。

（3）基于张量分解的方法：其通过将高阶张量分解为多个低阶张量，实现对嵌入向量的学习。最新的基于 SOTA 的模型 RAM[59] 就利用实体角色的关联性挖掘获得了最佳性能。尽管这些现有知识表示学习技术在知识超图结构上取得了一定成功，但都是基于超边不含时间属性这一假设，即学习到的实体嵌入向量只是一个静态表征，但时序超边的时间属性同样应该发挥重要作用。

基于这一需求，鉴于基于张量分解的方法在知识表示学习领域逐渐成为主流，且在同类任务中可获得更优性能，研究人员提出了一种用于图立方结构的基于张量分解的表示学习模型 THM。该模型整体框架如图 9-6 所示。其设计以获取图立方的静态结构和动态时序信息为导向，首先，通过整合实体在时序超边中的角色和位置差异，获取实体与关系的静态嵌入向量；其次，利用实体所在时序超边的时序信息差异，获取实体在特定时间戳下的动态嵌入向量；最后，将两类嵌入向量按一定比例融合，以便用于下游的链接预测任务。

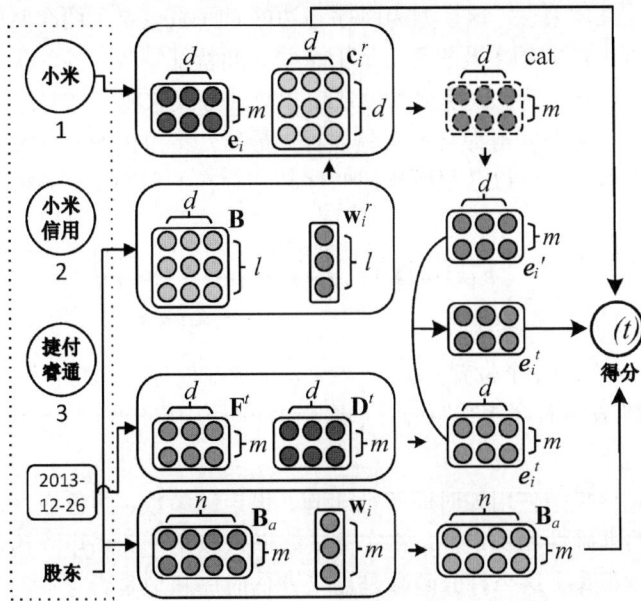

图 9-6　THM 模型整体框架

1. 结构静态嵌入

在静态嵌入部分，利用图立方的静态结构信息来获取实体与关系的静态嵌入向量。THM 模型充分利用了实体在不同时序超边中的角色和位置差异，以及不同实体上的角色位置差异。通过对实体角色及位置信息的充分挖掘，可以有效地获取图立方在静态结构上的信息。

在实体与关系的表征过程中，该模型使用了各种技术和方法，例如多元关系表示、实体嵌入、关系嵌入等。其中，多元关系表示可以支持多元关系的表示形式，实体嵌入可以突出实体间的角色差异与位置差异，关系嵌入可以突出不同实体上的角色位置差异。获得实体嵌入、关系矩阵的过程如式（9-2-3）和式（9-2-4）所示。

$$e_i' = (e_i^1, \mathrm{cat}(e_i^2, m \cdot d / n), \ldots, \mathrm{cat}(e_i^n, m \cdot d \cdot (n-1) / n)) \tag{9-2-3}$$

$$\mathbf{R}_i^r = \sum_{l \in L} \sigma(\mathbf{w}_i^r)[l] \cdot \sigma(\mathbf{B}_a[l]) \tag{9-2-4}$$

其中，e_i^j 表示时序超边中第 j 个位置上的原实体嵌入表征，m 表示实体嵌入层数，d 表示实体嵌入维度，n 表示关系元数，$\mathrm{cat}(v, x)$ 函数用来将向量 v 向左移动 x 步，e_i' 表示时序超边中第 i 个位置上实体融入位置信息后的嵌入表示，$\mathbf{w}_i^r$ 表示关系 r 中第 i 个位置上实体的角色权重，$\mathbf{B}_a$ 表示关系基，l 表示角色集合中的第 l 个角色，$\sigma()$ 表示归一化函数，$\mathbf{R}_i^r$ 表示角色关系矩阵中关系 r 在第 i 个位置上的取值。

该模型是一种有效获取图立方的静态结构信息的方式，其可以提高预测的准确性和稳定性，为图立方和相关领域的研究提供帮助和支持。通过充分挖掘图立方的结构信息，可以提高模型的准确性和稳定性，从而更好地适应实际场景和问题。

2．时序动态嵌入

为了获取实体在特定时间戳下的动态嵌入向量，该模型充分利用了实体所在不同时序超边的时序信息差异。具体来说，该模型为时序超边的时间戳设定了两个时间特征矩阵，分别表示其在当前时间戳出现的频率及权重。基于这些时间特征矩阵，可以获得实体的时序动态嵌入向量。为了确定混合比例，该模型以设定超参数的方式来将实体时序动态嵌入向量与结构静态嵌入进行融合，从而获得最终的实体表征。最后，将角色嵌入、实体最终表征和角色关系矩阵输入打分函数，就可以获得所预测时序超边存在的概率了，该模型按式（9-2-5）编码时序信息：

$$z_i[k] = \begin{cases} e_i'[k] \cdot \varphi(\mathbf{F}^t[k] \cdot t + \mathbf{D}^t[k]), 0 \leqslant k \leqslant \lambda d \\ e_i'[k], & \lambda d < k \leqslant d \end{cases} \tag{9-2-5}$$

其中，k 表示实体嵌入的第 k 个位置，$0 \leqslant \lambda \leqslant 1$ 表示控制时序信息特征占比的超参数，$\mathbf{F}^t$ 表示时序频率矩阵，$\mathbf{D}^t$ 表示时序权重矩阵，t 表示时序超边中的时间戳，z_i 表示融入时序信息的实体嵌入表征。

在实现过程中，该模型使用如时间特征矩阵、设定超参数、角色嵌入、角色关系矩阵等技术，来提高模型的准确性和稳定性。将实体最终嵌入和角色关系矩阵输入打分函数，即可获得时序超边存在的概率。这个打分函数是用来评估时序超边是否存在的，因此可以根据分值的大小来判断时序超边的存在概率。

3．模型训练

在模型的训练阶段，先从训练集中随机选取一定数量的时序超边，作为训练集的一个小批次采样，以提高训练效率。首先，对这个小批次采样中的每个时序超边都会生成 n 个查询，每个查询都将该时序超边中的一个实体替换成另一个实体，从而形成一个新的时序超边；其次，对于每个查询，会生成一个候选答案集，其中，包含从训练集中随机选取的 k 个不同于原实体的实体，这些实体将被替换至原实体位置；最后，令最小化交叉熵为损失函数，以此来训练模型，使得模型可以更好地适应数据集。该模型按式（9-2-6）进行训练：

$$\eta = -\left(\sum_{h \in S} \sum_{i \in \alpha} \frac{\exp(\phi(h))}{\sum_{e_i \in C_e} \exp(\phi(p_1^r : e_1, \cdots, p_i^r : e_i, r, t))} \right) \tag{9-2-6}$$

其中，p_k^r 表示关系 r 在位置 k 的角色类型，S 表示训练集小批次采样，h 表示单个时序超边 $(p_1^r : e_1, p_2^r : e_2, \cdots, r, t)$，$\phi()$ 表示打分函数，C_e 表示候选实体集合，η 表示损失函数经验风险值。

总之，THM 是一种有效的基于图立方的表示学习模型，其能够充分考虑时序信息对实体表示的影响，提高模型对动态变化的预测能力，提升下游链接预测任务的性能表现。然而，这些基于数据的模型从本质上来讲，都是黑盒的，其推理结果无法解释这一特性进一步阻碍了它们在具有重要影响的金融领域应用方面的发展。下面，将介绍同时具备可解释性与高性能推理表现的金融风险预警方法。

9.3　可解释的金融风险预警方法

决策透明性在金融领域至关重要，可解释的金融风险预警模型可以揭示其在做出特定决策时所依据的逻辑和因素，这使得金融从业者和监管机构能够理解模型是如何得出的预测结果和决策，从而确保决策的合理性和合规性。

为了使基于黑盒的模型在实现高性能推理的同时，实现结果的可解释性，研究人员提出了一个可结合图立方表示学习模型的可解释性风险预警方法。该方法通过变分 EM 算法[60]迭代调整图立方表示学习模型的参数值与规则权重值，实现了打分函数的知识表示学习模型推理结果与逻辑规则推理结果同步，以及通过规则权重推理解释图立方表示学习模型预测结果的双驱动效果。本节首先概述可解释的金融风险预警方法所涉及的四个核心概念间的关系，然后分别介绍其定义，最后详述基于图立方的可解释性双驱动风险预警方法的实现细节。

9.3.1　背景知识

本节介绍学习可解释的风险预警方法所需的背景知识。该可解释性方法应用到的四个概念间的关系如下：马尔可夫随机场是一种概率图模型，用于建模随机变量之间的依赖关系；逻辑规则是表示事物之间关系的逻辑语句；马尔可夫逻辑网络是将逻辑规则与概率图模型相结合的一种方法；马尔可夫毯是随时间变化的马尔可夫随机场。因此，马尔可夫随机场是逻辑规则、马尔可夫逻辑网络和马尔可夫毯等模型的基础，其提供了一种灵活且强大的框架，用于描述和分析实体之间的复杂关系及其随时间变化的动态情况。

1.　马尔可夫随机场

马尔可夫随机场是一种无向图模型，如图 9-7 所示。其中，每个节点都表示一个随机变量（如图 9-7 中的节点 t_i）；每条边都表示变量之间的依赖关系（如图 9-7 中节点 t_1 与 t_2 间的连线），且其是双向对称的；团是图中节点的子集（如图 9-7 中虚线内区域所示），团中任意两个节点间皆需要有边相连，以表示节点之间的相关关系。不同节点间的影响力大小或团间的影响力大小可以用势函数进行度量，势函数是节点子集到非负实数的映射（图 9-7 中单条虚线所表示区域的求值映射），定义域是马尔可夫随机场的团或子团，其源自物理中的势能定义。马尔可夫随机场可以通过联合分布函数进行表示，而联合分布函数又可以基于团分解为多个势函数的乘积，每个团都对应一个势函数。

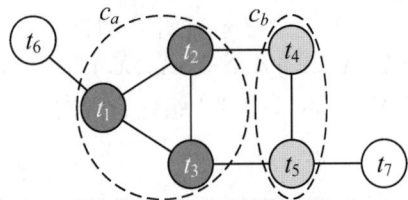

图 9-7　马尔可夫随机场示意图

近年来，随着深度学习技术的不断发展，概率图模型和神经网络相结合的方法也被广泛研究和应用。概率图模型为表达和学习变量之间的依赖关系提供了一个强大的框架，能够有效地解决复杂系统中的推理问题，对处理实际问题具有重要意义。

2. 逻辑规则

逻辑规则是由表示领域知识的谓语和变量组成的，其能够紧凑地编码知识并用于知识推理。然而，使用硬逻辑规则进行推理，存在逻辑规则集不完善和规则间相互矛盾的问题，无法处理逻辑规则的不确定性。以图 9-8 为例，对于不存在的元组"父亲（丹尼尔，艾伦）"，逻辑规则可以通过替换实体的变量而得到，但是如果规则集不完善或规则间相互矛盾，那么无法进行准确推理。因此，需要寻求更加灵活的推理方式来处理逻辑规则的不确定性，即马尔可夫逻辑网络。

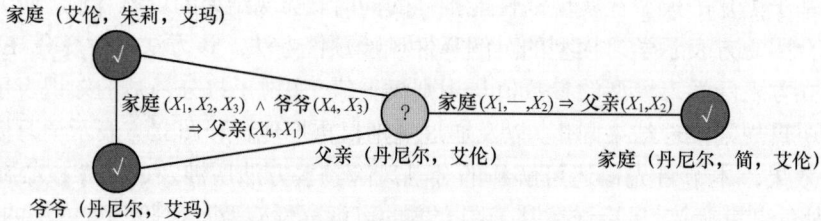

图 9-8 逻辑规则推理示意图

常用的三种元模式规则包括：

（1）关系相同实体顺序相反的对称规则（例如，夫妻(X,Y)=>配偶(X,Y)）；

（2）关系不同实体顺序相反的反向规则（例如，丈夫(X,Y)=>妻子(Y,X)）；

（3）关系不同实体顺序相同的子关系规则（例如，招聘(X,Y)=>雇佣(X,Y)）。具体的逻辑规则在表 9-1 中进行展示。

表 9-1 逻辑规则表

数 据 集	规 则 类 型	逻 辑 规 则
JF17K	反向规则	$theater.theater\_production\_staff\_gig(X,Y,Z) \Rightarrow theater.theater\_designer\_gig(Z,Y,X)$
FB-AUTO	对称规则	$exterior\_color(X,Y) \Rightarrow exterior\_color(Y,X)$
FB15k	子关系规则	$/medicine/symptom/symptom\_of(X,Y) \Rightarrow /medicine/disease\_cause/diseases(X,Y)$

3. 马尔可夫逻辑网络

马尔可夫逻辑网络是用于构建马尔可夫随机场的模板，它由一组加权的逻辑规则组成，这些规则用于定义马尔可夫随机场中的势函数。为了处理硬逻辑规则的不确定性和图数据中的噪声，为每个逻辑规则都引入了一个权重。对于规则集中的每个逻辑规则（如家庭$(X_1,X_2,X_3) \wedge$ 爷爷$(X_4,X_3) \Rightarrow$ 父亲(X_4,X_1)），通过将逻辑规则中的占位符实例化为实体（X_i），可以得到一组闭合规则。表 9-2 展示了马尔可夫逻辑网络的示例。

表 9-2 马尔可夫逻辑网络示例

命 题	逻 辑 规 则	权 重
孩子的爷爷是三口之家孩子爸爸的父亲	$l_1 : \forall X_1 \forall X_2 \forall X_3 \forall X_4$，家庭 $(X_1,X_2,X_3) \wedge$ 爷爷 $(X_4,X_3) \Rightarrow$ 父亲 (X_4,X_1)	0.7
三口之家中的爸爸是孩子的父亲	$l_2 : \forall X_1 \forall X_2$，家庭 $(X_1,-,X_2) \Rightarrow$ 父亲 (X_1,X_2)	0.2

4. 马尔可夫毯

马尔可夫毯可视为马尔可夫随机场中与某一变量（预测元组）相关的子图，其示意图如图 9-9 所示。马尔可夫随机场将可观测元组的集合分解为预测元组、集合 A 和集合 B 三个互斥的部分。其中，集合 A 中的元组与预测元组共同包含在某一势函数内，集合 B 中的元组则不与预测元组共同包含在任何一个势函数内。如果给定集合 A（图 9-9 中虚线框所示区域），预测元组（t）与集合 B 交集为空，那么集合 A 是预测元组的马尔可夫毯。然后利用预测元组的马尔可夫毯来解释推理路径，即预测元组用于实例化的闭合规则所形成的马尔可夫随机场的子图。在马尔可夫随机场中，预测元组是马尔可夫毯内的一个节点，其与集合 A 中的其他节点通过边相连，构成一个子图，用于表示预测元组与其他元组之间的依赖关系。马尔

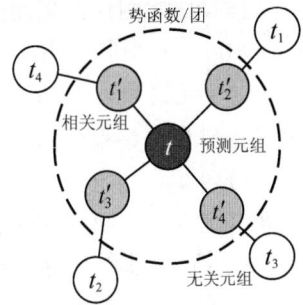

图 9-9 马尔可夫毯示意图

夫随机场中的势函数将这些依赖关系转化为概率值，用于进行概率推断和预测。

9.3.2 基于图立方的双驱动风险预警方法

基于图立方的双驱动风险预警方法的整体框架如图 9-10 所示。该风险预警方法的关键思想是扩展马尔可夫逻辑网络使其可表示多元关系。然后，将带有打分函数的图立方表示学习模型与马尔可夫逻辑网络相结合完成推理。该组合模型可以通过变分 EM 算法进行有效训练，在实现相同推理结果的同时，利用表示学习模型向量空间中的语义信息和马尔可夫逻辑网络逻辑规则中的领域知识，综合提升整体推理能力。此外，图立方表示学习模型的预测结果可通过与马尔可夫毯相关的逻辑规则来解释。

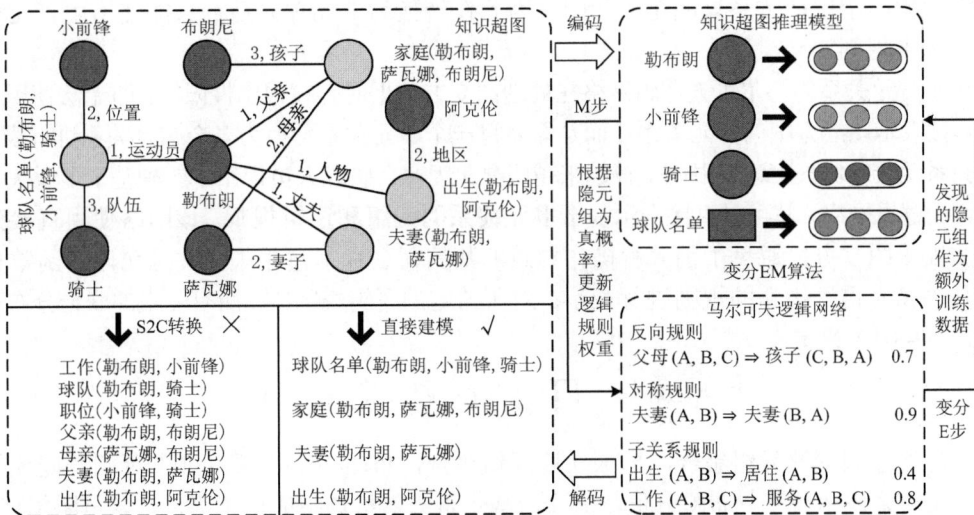

图 9-10 基于图立方的双驱动风险预警方法整体框架

本节首先介绍如何令马尔可夫逻辑网络可表示多元关系；其次，说明如何使用变分 EM 算法训练马尔可夫逻辑网络和图立方表示学习模型；最后，介绍如何使用马尔可夫毯所含的

逻辑规则来解释结果。

1. 马尔可夫逻辑网络构建

假设在元组层面采用基于知识图谱二元关系的马尔可夫逻辑网络，那么在处理图立方中的 n 元关系元组时，需要进行 S2C 转换以将其分解为 C_n^2 个三元组进行表示。具体来说，对于一个 n 元关系元组 $R(e_1,e_2,\ldots,e_n)$，需要将其转换为 C_n^2 个三元组，使这些知识图谱三元组可以作为变量来构建马尔可夫网络。

以图 9-11 中的"球队名单"关系为例，如果采用 S2C 转换为二元关系进行表示，那么需要产生 3 个二元关系元组，分别是"角色（勒布朗，小前锋）""球队（勒布朗，骑士）"和"职位（小前锋，骑士）"，即原本由 1 个三元关系元组表示的知识需要用 3 个二元关系元组进行表示。

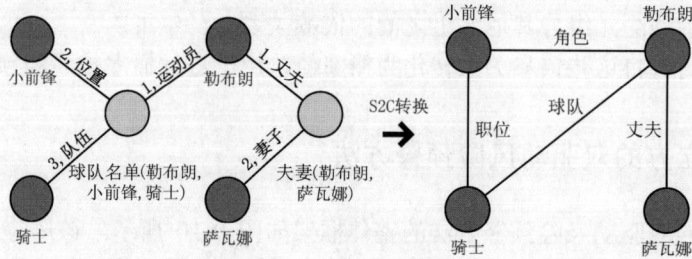

图 9-11　S2C 转换示意图

需要注意的是，在基于知识图谱二元关系的马尔可夫逻辑网络中，逻辑规则的形式受到了限制，即不能使用由 n 元谓语构成的逻辑规则，基于知识图谱二元关系的马尔可夫逻辑网络仅限于利用从知识图谱中挖掘出来的逻辑规则来计算马尔可夫随机场的团值。这是因为在知识图谱中，关系只能是二元的，因此在转换为二元关系后，只能使用由二元谓语构成的逻辑规则。

基于二元关系的马尔可夫逻辑网络在处理图立方数据时存在根本性限制，即无法使用二元谓语直接表示图立方中的多元关系，而是需要将一个多元关系转换为多个二元关系进行表达。随着关系元数的增长，这种限制变得越来越明显。因此，研究人员提出了一种基于多元关系的马尔可夫逻辑网络，其可以直接表示基于多元关系的元组和逻辑规则。该网络使用直接建模的方式表示图立方，避免了因分解操作导致的数据冗余和信息丢失，并且允许势函数直接使用基于多元谓语构建的规则进行表示。对于给定的逻辑规则集，所有元组的联合分布可以通过式（9-3-1）来定义。

$$\Pr(b_O,b_H)=\frac{1}{Z}\prod_{\gamma\in\mathcal{C}}\varphi(\{t=(e_1,e_2,\cdots,e_k,r)\}_{t\in\gamma}) \tag{9-3-1}$$

其中，b_O 表示可观测元组集合，b_H 表示隐元组集合，$\Pr(b_O,b_H)$ 表示可观测元组与隐元组的概率分布，Z 表示概率分布配分值，γ 表示马尔可夫随机场中的单个团，$\mathcal{C}$ 表示团集合，t 表示元组，$\varphi()$ 是由 n 元关系组成的势函数，e 表示实体嵌入向量，r 表示关系嵌入向量。

2. 变分 EM 算法

变分 EM 算法是由变分 E 步和 M 步组成的一种迭代优化算法。在变分 E 步中，逻辑规则中的领域知识会被编码到图立方推理模型中，用于推断隐元组的真实后验分布。由于图立方具有复杂的图结构，实现精确推断较为困难，因此该模型使用均值场变分分布来近似真实后验分布，这使得变分分布能够对每个隐元组进行独立推理。在 M 步中，从向量空间学习到的语义信息会与逻辑规则的权重相结合。马尔可夫逻辑网络引入了规则权重，以解决逻辑规则的不确定性。为了结合马尔可夫逻辑网络和图立方推理方法，该模型转向优化对数似然函数的下限，因为该下限可被 EM 算法有效优化。

　　具体地，变分 E 步旨在推断隐元组的真实后验分布。在推断过程中，每个隐元组的后验分布都需要考虑图中所有其他元组的信息。由于精确推断通常是不可行的，因此该模型使用均值场变分分布来近似真实后验分布，从而将复杂的图结构转化为简单的分解形式。具体而言，将隐元组的真实后验分布分解为一系列独立的边缘分布，每个分布只考虑一个隐元组与其邻居元组之间的信息交互。在变分 E 步中，需要计算出每个隐元组的边缘分布，即条件概率分布。为此，首先根据当前的参数估算出所有元组的势函数和联合概率分布。然后，根据已知的可观测元组的分布 $p_t(b_t b_{M(t)})$ 来近似隐元组的真实后验分布 $p_v(b_t)$ [61]，其计算过程如式（9-3-2）所示。

$$\log p_v(b_t) = E_{p_v(b_{M(t)})}[\log p_t(b_t b_{M(t)})] + \text{const} \tag{9-3-2}$$

其中，E 表示期望，$M(t)$ 表示元组 t 的马尔可夫毯，所有与元组 t 一起出现在闭合规则集的任何逻辑规则 l 中的元组都可以在 $M(t)$ 中找到，const 表示训练所得的常量值。

　　在 M 步中，使用从向量空间学习到的语义信息来更新逻辑规则的权重。具体而言，利用梯度上升算法来最大化对数似然函数的下限。这个下限是一个关于参数估计的凸函数，因此可以使用 EM 算法的 M 步来更新参数估计，其计算过程如式（9-3-3）所示。

$$\text{PL}(w) = E_{p_v(b_H)} \sum_{t \in T} \log p_t(b_t | b_{M(t)}) \tag{9-3-3}$$

其中，$\text{PL}(\cdot)$ 表示最大化对数似然函数，w 表示权重值，T 表示元组集合。

　　总之，变分 EM 算法是一种有效的知识图谱推理方法，它将逻辑规则和向量空间中学习到的语义信息相结合，并使用均值场变分分布来近似隐元组的真实后验分布。这种方法对金融领域的大数据处理和分析具有重要的应用价值。其可以自动从数据中学习语义信息，并结合领域知识进行推理和预测，从而有效地解决了传统方法推理结果不可解释及预测效率低下的问题。

3. 推理解释

　　每个预测元组 t 在任意逻辑规则 l 中，同时出现的元组 $t' = r(e_1, e_2, \ldots, e_k)$ 都可以在马尔可夫毯 MB(t) 中被找到。马尔可夫毯中出现的所有实体和关系都可以被合并为集合 E' 和集合 R'，元组集合 $T_{e'}$ 由马尔可夫毯中所有包含实体 e' 的元组组成。对于每个实体 e'，它对于元组 t 为真的置信度可以通过式（9-3-4）进行计算。

$$c_{e'} = \sum_{t' \in T_{e'}} p_t(b_{t'} | b_{\text{MB}(t)}) \tag{9-3-4}$$

根据式（9-3-4），已知每个实体和关系的贡献 $c_{e'}$，只要用单个实体的贡献除以实体的贡献总和，就可以得到每个实体的贡献百分比。

　　基于图立方的双驱动风险预警模型的关键目标之一是可解释性，为此在图 9-12 中提供了一个关于结果解释的例子，其中，白色圈代表的是要推理的隐元组，规则 l_1 和 l_2 经变分

EM 算法训练后得到的权重分别为 0.7 和 0.2。首先，提取出规则集中可推理出隐元组的两条规则，结合图立方中可实例化这两条规则的可观测元组，从马尔可夫网络中抽取出三个变量，其中，浅灰色圈为最初图立方中存在的可观测元组，概率为 1；深灰色圈为后期图立方推理所得的可观测元组，概率分别为之前推理所得的概率值；随后，分别构建代表推理规则的两个团；然后，根据式（9-3-4）可计算求得隐元组为真的概率为 0.32；与隐元组为真相关的关系包括家庭和爷爷，这两种关系对隐元组成立的贡献值大小分别为 0.725 和 0.275；艾伦、丹尼尔、艾玛、朱莉和简是与该隐元组成立相关的实体，这些实体对隐元组成立的贡献值大小分别为 0.267、0.115、0.352、0.252 和 0.014。由此可见，该风险预警模型可以有效地预测隐元组为真的概率，并推断每个关系和实体对该隐元组为真的置信度，最终实现了可解释性。

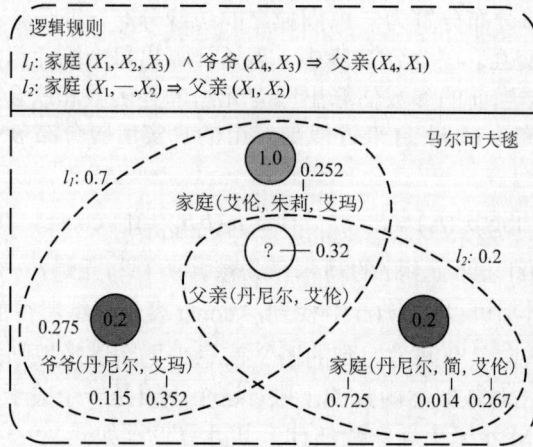

图 9-12　马尔可夫毯解释推理结果示意图

总之，该方法是一个新颖的可解释的风险预警方法，其通过将马尔可夫逻辑网络与图立方知识表示学习模型相结合，在实现高性能推理的同时具备了推理结果的可解释性。

本章参考文献

[1] THOMAS L, CROOK J, EDELMAN D. Credit scoring and its applications[M]. SIAM, 2017.

[2] THOMAS L C. A survey of credit and behavioural scoring: forecasting financial risk of lending to consumers[J]. International Journal of Forecasting, 2000, 16(2): 149-172.

[3] SIDDIQI N. Credit risk scorecards: developing and implementing intelligent credit scoring[M]. Vol.3. John Wiley & Sons, 2012.

[4] DONG G, LAI K K, YEN J. Credit scorecard based on logistic regression with random coefficients[J]. Procedia Computer Science, 2010, 1(1): 2463-2468.

[5] FALANGIS K, GLEN J J. Heuristics for feature selection in mathematical programming discriminant analysis models[J]. Journal of the Operational Research Society, 2010, 61(5): 804-812.

[6] BOYACIOGLU M A, KARA Y, BAYKAN Ö K. Predicting bank financial failures using neural networks, support vector machines and multivariate statistical methods: A comparative analysis in the sample of savings deposit insurance fund (SDIF) transferred banks in Turkey[J]. Expert Systems with Applications, 2009, 36(2): 3355-3366.

[7] FRIEDMAN N, GEIGER D, GOLDSZMIDT M. Bayesian network classifiers[J]. Machine Learning, 1997, 29(2): 131-163.

[8] GIUDICI P. Bayesian data mining, with application to benchmarking and credit scoring[J]. Applied Stochastic Models in Business and Industry, 2001, 17(1): 69-81.

[9] GEMELA J. Financial analysis using Bayesian networks[J]. Applied Stochastic Models in Business and Industry, 2001, 17(1): 57-67.

[10] WU W W. Improving classification accuracy and causal knowledge for better credit decisions[J]. International Journal of Neural Systems, 2011, 21(4): 297-309.

[11] HENLEY W, HAND D J. AK-Nearest-Neighbour Classifier for Assessing Consumer Credit Risk[J]. Journal of the Royal Statistical Society: Series D (The Statistician), 1996, 45(1): 77-95.

[12] MUKID M, WIDIHARIH T, RUSGIYONO A, et al. Credit scoring analysis using weighted k nearest neighbor[C]//Journal of Physics: Conference Series. IOP Publishing, 2018: 012114.

[13] YAP B W, ONG S H, HUSAIN N H M. Using data mining to improve assessment of credit worthiness via credit scoring models[J]. Expert Systems with Applications, 2011, 38(10): 13274-13283.

[14] BIJAK K, THOMAS L C. Does segmentation always improve model performance in credit scoring?[J]. Expert Systems with Applications, 2012, 39(3): 2433-2442.

[15] KAO L J, CHIU C C, CHIU F Y. A Bayesian latent variable model with classification and regression tree approach for behavior and credit scoring[J]. Knowledge-Based Systems, 2012, 36: 245-252.

[16] JIANG Y. Credit scoring model based on the decision tree and the simulated annealing algorithm[C]//2009 WRI World Congress on Computer Science and Information Engineering. Los Angeles: IEEE, 2009: 18-22.

[17] MERCADIER M, LARDY J-P. Credit spread approximation and improvement using random forest regression[J]. European Journal of Operational Research, 2019, 277(1): 351-365.

[18] VAPNIK V. The nature of statistical learning theory[M]. New York: Springer Science & Business Media, 1999.

[19] LI S-T, SHIUE W, HUANG M-H. The evaluation of consumer loans using support vector machines[J]. Expert Systems with Applications, 2006, 30(4): 772-782.

[20] WENBIND X, QI F. A study of personal credit scoring models on support vector machine with optimal choice of kernel function parameters[J]. Soft Computing, 2006, 10: DOI:10.1007/s00500-005-0362-x.

[21] ZHOU L, LAI K K, YEN J, et al. Credit scoring models with AUC maximization based on weighted SVM[J]. International Journal of Intelligent Systems, 2009, 8(4): 677-696.

[22] ZHOU L, LAI K K, YU L. Least squares support vector machines ensemble models for credit scoring[J]. Expert Systems with Applications, 2010, 37(1): 127-133.

[23] HENS A B, TIWARI M K. Computational time reduction for credit scoring: An integrated approach based on support vector machine and stratified sampling method[J]. Expert Systems with Applications, 2012, 39(8): 6774-6781.

[24] ZADEH L A. Fuzzy sets[M]//Fuzzy sets, fuzzy logic, and fuzzy systems: selected papers by Lotfi A Zadeh. Singapore: World Scientific, 1996: 394-432.

[25] HOFFMANN F, BAESENS B, MARTENS J, et al. Comparing a genetic fuzzy and a neurofuzzy classifier for credit scoring[J]. International Journal of Intelligent Systems, 2002, 17(11): 1067-1083.

[26] LAHA A. Building contextual classifiers by integrating fuzzy rule based classification technique and k-nn method for credit scoring[J]. Applied Artificial Intelligence, 2007, 21(3): 281-291.

[27] WEST D J. Neural network credit scoring models[J]. Computers & Operations Research, 2000, 27(11-12): 1131-1152.

[28] LEE T-S, CHIU C-C, LU C-J, et al. Credit scoring using the hybrid neural discriminant technique[J]. Expert Systems with Applications, 2002, 23(3): 245-254.

[29] SU-LIN P. Study on credit scoring model and forecasting based on probabilistic neural network[J]. Soft Computing, 2005, 5: DOI:10.1007/s00500-004-0293-8.

[30] LISBOA P J, ETCHELLS T A, JARMAN I H, et al. Partial logistic artificial neural network for competing risks regularized with automatic relevance determination[J]. International Journal of Neural Systems, 2009, 20(9): 1403-1416.

[31] MARCANO-CEDEÑO A, MARIN-DE-LA-BARCENA A, JIMÉNEZ-TRILLO J, et al. Artificial metaplasticity neural network applied to credit scoring[J]. International Journal of Neural Systems, 2011, 21(4): 311-317.

[32] CANBAS S, CABUK A, KILIC S B. Prediction of commercial bank failure via multivariate statistical analysis of financial structures: The Turkish case[J]. European Journal of Operational Research, 2005, 166(2): 528-546.

[33] HUNG C, CHEN J-H. A selective ensemble based on expected probabilities for bankruptcy prediction[J]. Expert Systems with Applications, 2009, 36(3): 5297-5303.

[34] FINLAY S. Multiple classifier architectures and their application to credit risk assessment[J]. European Journal of Operational Research, 2011, 210(2): 368-378.

[35] WANG G, MA J, HUANG L, et al. Two credit scoring models based on dual strategy ensemble trees[J]. Knowledge-Based Systems, 2012, 26: 61-68.

[36] PALEOLOGO G, ELISSEEFF A, ANTONINI G. Subagging for credit scoring models[J]. European Journal of Operational Research, 2010, 201(2): 490-499.

[37] ZHANG D, ZHOU X, LEUNG S C, et al. Vertical bagging decision trees model for credit scoring[J]. Expert Systems with Applications, 2010, 37(12): 7838-7843.

[38] XIAO J, XIE L, HE C, et al. Dynamic classifier ensemble model for customer classification with imbalanced class distribution[J]. Expert Systems with Applications, 2012, 39(3): 3668-3675.

[39] MARQUÉS A, GARCÍA V, SÁNCHEZ J S. Two-level classifier ensembles for credit risk assessment[J]. Expert Systems with Applications, 2012, 39(12): 10916-10922.

[40] LEE T-S, CHEN I-F. A two-stage hybrid credit scoring model using artificial neural networks and multivariate adaptive regression splines[J]. Expert Systems with Applications, 2005, 28(4): 743-752.

[41] LI J, DANI H, HU X, et al. Radar: Residual analysis for anomaly detection in attributed networks[C]//Proceedings of the 26th International Joint Conference on Artificial Intelligence. Melbourne: IJCAI, 2017: 2152-2158.

[42] ERFANI S M, RAJASEGARAR S, KARUNASEKERA S, et al. High-dimensional and large-scale anomaly detection using a linear one-class SVM with deep learning[J]. Pattern Recognition, 2016, 58: 121-134.

[43] DING K, LI J, BHANUSHALI R, et al. Deep anomaly detection on attributed networks[C]//Proceedings of the SIAM International Conference on Data Mining. Calgary: SIAM, 2019: 594-602.

[44] PENG Z, LUO M, LI J, et al. A deep multi-view framework for anomaly detection on attributed networks[J]. IEEE Transactions on Knowledge and Data Engineering, 2020.

[45] OUYANG L, ZHANG Y, WANG Y. Unified graph embedding-based anomalous edge detection[C]//Proceedings of the International Joint Conference on Neural Networks. Glasgow: IJCNN, 2020: 1-8.

[46] DUAN D, TONG L, LI Y, et al. Aane: Anomaly aware network embedding for anomalous link detection[C]//Proceedings of the IEEE International Conference on Data Mining. Sorrento: IEEE, 2020: 1002-1007.

[47] WANG H, ZHOU C, WU J, et al. Deep structure learning for fraud detection[C]//2018 IEEE International Conference on Data Mining. Singapore: IEEE, 2018: 567-576.

[48] ZHENG P, YUAN S, WU X, et al. One-class adversarial nets for fraud detection[C]//Proceedings of the AAAI Conference on Artificial Intelligence. Honolulu: AAAI Press, 2019, 33(1): 1286-1293.

[49] ZHENG L, LI Z, LI J, et al. Addgraph: Anomaly detection in dynamic graph using attention-based temporal gcn[C]//Proceedings of the International Joint Conference on Artificial Intelligence. Macao: IJCAI, 2019: 4419-4425.

[50] TENG X, YAN M, ERTUGRUL A M, et al. Deep into hypersphere: Robust and unsupervised anomaly discovery in dynamic networks[C]//Proceedings of the 27th International Joint Conference on Artificial Intelligence. Stockholm: IJCAI, 2018: 2724-2730.

[51] HAMILTON W L, YING R, LESKOVEC J. Representation learning on graphs: Methods and applications[J]. arXiv preprint arXiv:1709.05584, 2017.

[52] BORDES A, USUNIER N, GARCIA-DURAN A, et al. Translating embeddings for modeling multi-relational data[C]//Advances in Neural Information Processing Systems. Lake Tahoe: NIPS, 2013: 2787-2795.

[53] LIN Y, LIU Z, SUN M, et al. Learning entity and relation embeddings for knowledge graph completion[C]// Proceedings of the AAAI Conference on Artificial Intelligence. Austin: AAAI Press, 2015, 29(1): 2181-2187.

[54] JI G, HE S, XU L, et al. Knowledge graph embedding via dynamic mapping matrix[C]//Proceedings of the 53rd Annual Meeting of the Association for Computational Linguistics and the 7th International Joint Conference on Natural Language Processing. Beijing: ACL, 2015: 687-696.

[55] XIAO H, HUANG M, HAO Y, et al. TransA: An adaptive approach for knowledge graph embedding[J]. arXiv preprint arXiv:1509.05490, 2015.

[56] XIAO H, HUANG M, HAO Y, et al. TransG: A generative mixture model for knowledge graph embedding[J]. arXiv preprint arXiv:1509.05488, 2015.

[57] CAI T, LI J, MIAN A, et al. Target-aware holistic influence maximization in spatial social networks[J]. IEEE Transactions on Knowledge and Data Engineering, 2020, 34(4): 1993-2007.

[58] RICHARDSON M, DOMINGOS P. Markov logic networks[J]. Machine Learning, 2006, 62(1-2): 107-136.

[59] LIU Y, YAO Q, LI Y. Role-aware modeling for n-ary relational knowledge bases[C]//Proceedings of The Web Conference. Ljubljana: WWW, 2021: 2660-2671.

[60] NEAL R M, HINTON G E. A view of the EM algorithm that justifies incremental, sparse, and other variants[M]//Learning in graphical models. Dordrecht: Springer Netherlands, 1998: 355-368.

[61] OPPER M, SAAD D. Advanced mean field methods: Theory and practice[M]. Cambridge: MIT Press, 2001.

第 10 章

基于图立方的金融风险防控案例

本章以图立方与金融大数据为主线,介绍金融风控大脑的关键技术和分析方法,并展示了图立方在金融大数据领域中的应用。以图 10-1 所示的关键技术为整体框架,金融风控大脑在收集多方金融数据后对其进行汇聚并提取出关键实体,然后根据时序关系与股权关联构建适用于金融领域的图立方。通过联邦分布式管理对存储在多方服务器中的数据进行合理利用,并转化为包含时序 RDF 图在内的四元组形式进行保存,共同为图立方的分析技术(如图立方穿透分析算法、关键图结构识别、舆情风险预测技术等相关技术)提供底层支持,实现风险发现、风险分析、风险防控等一系列功能。结合上述技术在现实场景中的应用,进一步介绍了基于图立方的商业票据欺诈识别方法、发债企业风险评估方法和银行信贷风险管控方法。最终以案例分析的方式提供了实践验证,展示了其在相关金融机构(如深圳证券交易所、交通银行、众邦银行等)中的实际应用,包括确定高风险客户、识别欺诈群体、扩展可信白名单等。

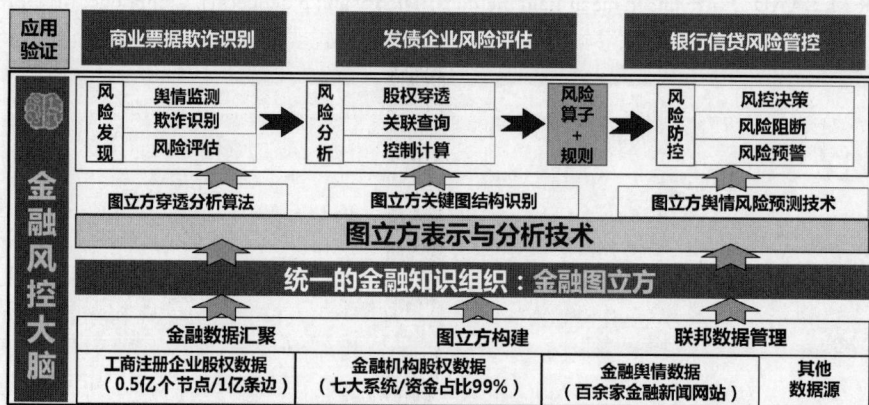

图 10-1　金融风控大脑整体框架

10.1　金融风控大脑关键技术

10.1.1　基于金融图立方的数据汇聚技术

原始的多源异构数据包括全国金融机构股权数据、工商注册企业股权数据和互联网数据等。在工商注册企业股权数据中,金融机构股权数据是缺失、不准确的;而互联网数据可以提供更多的语义信息，尤其是有关新闻事件的信息。但在互联网数据中，存在着新闻文本分类不明确、事件与企业实体关联复杂等问题，因此本节将通过多标签文本分类技术，以共同的金融机构为对象，融合以上数据，减少数据冗余、失真等问题，为金融图立方的构建提供数据基础。

金融图立方的数据源主要分为三部分，分别是：金融机构股权数据、工商注册企业股权数据、互联网数据。其中，金融机构股权数据源自中国银行业数据库中最新的结构化股权数据，中国银行业数据库目前涵盖了银行、保险、期货、证券、资管、信托、公募基金共七种类型的金融机构股权数据，其可以有效地补充缺失的金融机构股权数据，以支持准确地进行实证分析。中国银行业数据库中包括了 359 家银行的前十大股东，样本数据中的银行总资产占中资商业银行总资产的 98.3%，其中，银行机构均为其总行。

工商注册企业股权数据，是全量的工商注册企业数据，并且为结构化数据，经过简单清洗后即可使用，时间跨度从 2016 年到 2018 年，包含了全国 4200 万家以上的工商注册企业的基本面信息与股东信息，其中，包括了中国 3867 家上市公司的前十大股东信息和前十大流通股东数据。同时，采用时间戳在图立方上标注时变的股权关系，由于股权数据的变动特殊性，因此时间戳的粒度为年。

互联网数据则为补充信息，主要对工商注册企业中的数据缺失情况进行补全。例如，通过互联网上的企业相关舆情新闻文本数据等补全相关实体的属性和关联实体。在互联网数据的实际应用场景中，通常使用层级树结构来表示金融数据，其标签体系从上至下由抽象到具象，以较深层次的标签表示更细腻的金融数据类别。在这一分类体系中，由于各个网站的标准不一，因此会产生数据冗余、分类不准确等问题。由于可以将数据按照类别的各种层次结构进行分类，使每个数据可以从不同角度给候选文本分配多个类别标签，因此可以将金融领域的事件检测问题转化为对金融数据进行层级多标签文本分类的问题。然而，在层次结构中，低层次标签会受到高层次标签的约束，所以层次结构不仅使分类标签之间的关系变得更加复杂，还让语义计算变得更加烦琐，从而使多标签文本分类任务面临了更大的挑战。

在评估层级多标签分类任务时，层次结构和类别语义相似性有助于辨别模型之间的差异。例如，在图 10-2 中，真实标签为 c_8，而模型 a 的预测结果是 c_9，模型 b 的预测结果为 c_{11}。为了评估模型 a 和模型 b 的误差程度，本章引入层级分类树的概念。在层级分类树上，模型 a 的误分类比模型 b 的层次更深，这表明模型 a 的误分类程度不太严重。因此，基于层次结构，模型 a 应该被给予更多的置信度分数。同样在图 10-2 中，假设真正的标签是 c_5，模型 c 的预测结果是 c_6，模型 d 的预测结果是 c_7。因为 c_6 和 c_7 到 c_5 的距离相同，所以基于结构指标无法区分模型 c 和模型 d 的质量；但 c_6 和 c_5 的语义相似度高于 c_7 和 c_5，因此，应该基于语义相似度给模型 c 较高的置信度分数。该例子说明了类之间的语义相似度的重要性。

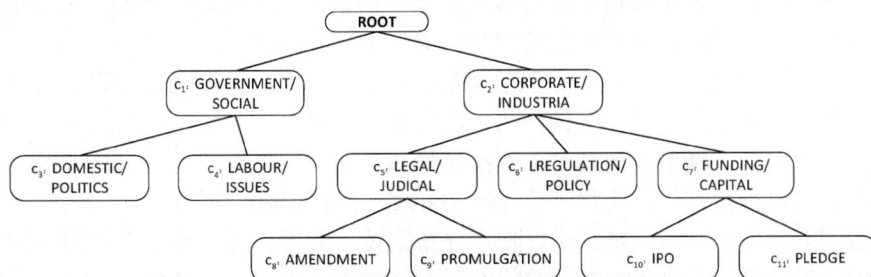

图 10-2　层级多标签分类示例

　　然而，由于存在上文所述的问题，因此模型之间的细微差别不能被准确测量。为了解决这一问题，可以从结构和语义层面考虑类别的相似性。与基于混合嵌入的文本分类方法类似，层级分类模型也可以引入新的评估指标，从而综合考虑类别的结构和语义特征，以消除不同语义类别带来的数据冗余影响，使互联网数据与企业股权数据等更加精准地关联起来，以便后续完成金融图立方的构建。

10.1.2　基于金融图立方的联邦分布式技术

　　在实际应用中，出于数据安全、更新开销等方面的考虑，金融图立方数据往往存储于若干个独立的服务器或不同的数据库（如关系数据库、图数据库等），因此可采用联邦分布式技术将分布在不同存储结构中的多种图融合在一起。金融图立方具有超图、时序 RDF 图等多种异质图，其所依赖的底层查询存储系统不同，因此可采用联邦分布式技术融合底层异质的图系统。图的不同部分往往用于不同负载，如实体名称等属性往往仅用于简单查询，所以现有的图查询系统可分为高性能的 memory-based 平台及性能相对较低的 disk-based 平台。因此，为实现硬件资源的高效使用同时保证重负载下的性能，可采用针对不同负载进行优化的底层平台结合联邦分布式技术的中间层的方法，以提供统一查询接口。

　　对存储于各金融机构形成了联邦型"自治"的数据源进行分布式管理，能够实现不同数据源之间的集成使用和管理，打破各机构间的数据壁垒，从而支持大规模、高并发、强实时的分布式查询与分析。

　　联邦分布式模块主要包含四个过程，即查询分解、数据源选择、查询执行和结果连接。系统需要提前将 RDF 知识图谱数据上的结构化查询分解成若干个子查询并传送到它们对应的 RDF 数据源上，以便这些对应的 RDF 数据源对子查询进行独立的处理并得到部分解。然后，系统将这些部分解收集起来并通过连接操作得到最终解。下面将分别介绍联邦分布式模块的四个过程。

　　（1）查询分解：是指构造相关的查询分解函数，针对一个 SPARQL 查询语句的输入，通过相关算法，将其分解成若干个独立的子查询并输出，然后通过建立对应数据源的索引库，使每个子查询都会唯一对应一个数据源进行分布式查询。

　　（2）数据源选择：在一个完整的 SPARQL 查询被分解为若干个子查询后，由于各个子查询唯一对应一个数据源，因此需要将子查询的图模式与数据源的图模式进行匹配，以便找到子查询唯一对应的数据源。

　　（3）查询执行：对于存储在本地的自治数据源，相关查询语句的执行需要在存储数据源的本地服务器上进行。每个数据源都会通过搭建好的输入接口接收控制站点发送的子查询，在本地对查询进行处理后，通过输出接口将结果返回到控制站点。

　　（4）结果匹配：构造相关的结果匹配函数，对于传递到各个数据源上的子查询来说，数据源会对其进行查询处理并得到查询结果。这些查询结果会先返回到控制站点，在控制站点中多个数据源上的查询结果会通过结果匹配函数进行连接，同时将重复的图结构进行合并，并以三元组形式进行保存，最终得到原 SPARQL 查询的全部结果。

　　在金融图立方的实际应用场景中，联邦分布式技术的设计过程也存在着固有问题。在金融图立方的图结构中，不同金融机构的数据源存储方式不同，在查询时底层数据源的实现方式也不同，在联邦分布式系统中如何生成、如何实现异质数据源的查询及结果连接是亟须解决的问题。

针对上述问题，可以对数据源的输入输出进行集中处理。由于各金融机构存储本地数据源的数据库系统及存储方式都存在差异，因此如果要将这种存储上的差异消除，那么只需要关注数据源的输入和输出，对于本地数据源如何执行语句、如何存储是允许存在差异的，但数据源输入与输出接口需要保持一致，输入和输出的数据类型也需要保持一致。而对于这些结构统一的输入输出数据，需要建立一个控制站点来进行集中处理。

图立方联邦分布式技术的构建主要可以划分为两个阶段，一是本地数据源的构建，二是控制站点的构建。本地数据源的构建由各个金融机构及相关组织完成，目的是构建一个各数据源"自治"的分布式环境；而控制站点由科研机构进行构建，其包括了查询分解、数据源选择、匹配结果连接等一系列功能。当一个复杂的 SPARQL 查询输入后，首先会在控制站点中进行查询分解，形成一些独立的元组模式，然后通过图模式的匹配来进行数据源的选择，并将对应好的子查询输入本地数据源进行本地查询匹配，本地数据源输出结果到控制站点，由控制站点进行最后的结果连接，最终输出完整的 SPARQL 查询结果。下面分别介绍联邦分布式技术的两个主要阶段。

1. 数据源构建

数据预处理在数据源构建过程中实现，其主要包括数据导入、数据源接口汇聚两个步骤。通过构建数据源，可以有效地将各种格式的数据进行提前处理，以便于后续匹配查询。以下为详细步骤：

（1）数据导入：将经过清洗处理后的 RDF 数据集根据具体需求存入不同的服务器，并在各自的服务器内建立相应的数据源站点（即 endpoint），并对外提供相应的查询接口（api 形式）。

（2）数据源接口汇聚：因为不同服务器上的数据源，可能是基于不同数据库系统建立的，所以在建立联邦分布式系统的时候要求各数据源站点提供相关的 api 查询接口。虽然数据源可能基于不同系统进行构建，但是各个数据源提供的 api 查询接口及传输的结果都需要保证输入输出结构的一致性。

2. 控制站点构建

控制站点负责实现联邦分布式技术的主要算法，包括查询分解、数据源选择、本地查询、查询结果匹配等。通过构建控制站点对查询式进行加工，可以对复杂的查询进行优化处理，以便分别向不同数据源发送对应的查询式，从而在减少查询重合度、提升查询效率的同时返回更加准确的查询结果。以下为详细步骤：

（1）查询分解：对于输入的 SPARQL 请求，需要将其分解为若干个子查询，为此，首先需要将完整的 SPARQL 查询分解为若干个元素，这些元素在数组中按照在 SPARQL 查询中的位置进行排列，所以每三个连接的元素就会组成一个元组模式，最后，只需要将元组模式包装在 SELECT 或者 ASK 语句的框架内就可以将其转化为需要的子查询语句。而对于包含 UNION，FILTER 等语句的较复杂查询，控制站点会针对其构建单独的分解函数。

（2）数据源选择：分解后的若干个子查询需要找到其对应的数据源，并在本地进行相关的查询，这个过程通过对数据源进行图模式匹配的方式来完成。在查询分解之后，每个子查询都能快速转化成一个完整的 SELECT 或者 ASK 语句，在这一阶段可以使用 ASK 查询对每个元组模式进行包装，输入每个数据源中，使 ASK 语句能够对该图谱中是否存在相应的图模式给出一个反馈，根据 ASK 查询反馈的结果就能使每个子查询精准匹配到对应的数据源。具体过程如图 10-3 所示。

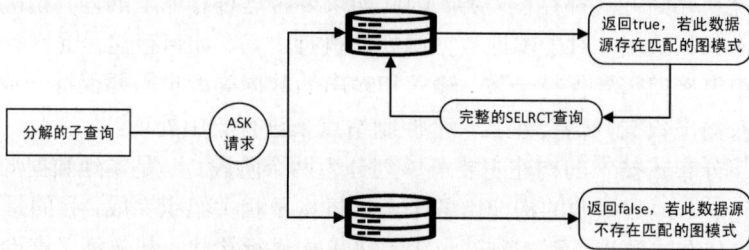

图 10-3　数据源选择的匹配过程

（3）本地查询：每个分解后的子查询都会通过本地数据源提供的 api 接口在本地数据源内进行查询，查询过程仅与在本地构建的数据源有关，而查询得到的结果会通过 api 接口传递给控制站点进行下一步处理。

（4）查询结果匹配：在对子查询进行本地查询后，将得到的结果收集起来，并在原SPARQL 内进行子查询的匹配，对匹配成功的查询进行结果连接，同时将多张图进行一个绑定式连接，即一个子查询 A 先找出解，然后将解传输到另一个子查询 B，最后将解绑定到第二个子查询 B 进行过滤。如此循环，最终得到原 SPARQL 查询的结果，从而实现一个多表的分布式查询。此处涉及子查询进入本地后的调度算法。目前，控制站点的查询系统采用的是较为初级的调度算法，即基于固定策略进行子查询的调度，对于每个查询的三元组，都根据其要查询的变量进行判断，并根据变量数量判断其是否优先执行。若只有一个变量，则直接进入本地数据源进行查询；若存在两个及两个以上变量，则将该查询置于队列尾部，先进行其他查询，直至该查询只有一个变量或者不存在只有一个变量的查询时，才进行该查询，具体流程如图 10-4 所示。

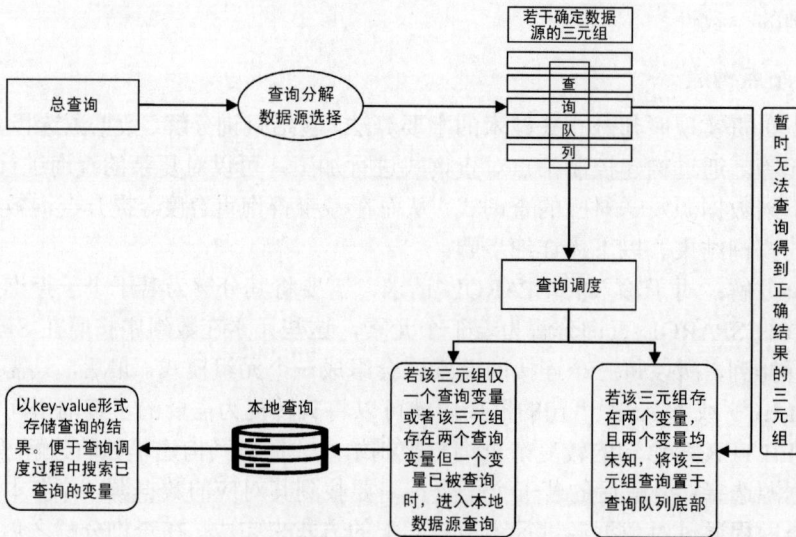

图 10-4　查询结果匹配的查询调度过程

10.1.3　基于金融图立方的时序股权穿透技术

当金融领域中发生一个风险事件时，处于风险事件中的金融机构或企业之间的持股关系及持股路径并不会被显性披露，同时人们也容易忽视两个金融机构或企业之间持股路径上的企业。但路径中间的企业极有可能是企业用来控制金融机构的"傀儡"公司，其对金融风险的分析具有一定的参考价值与决策支持作用。此外，企业对金融机构的持股路径极有可能成为企业的资本强化路径，使其通过持股路径形成资金的高杠杆从而控制金融机构，并从中获取大量非法收益。通过统计知识关联，计算路径的持股比例与控股权的大小，可以披露金融机构或企业之间的关联关系，使得隐性关联通过知识组织与计算结果成为显性的知识关联。

股权控制路径算法适用于风险点之间的持股关系路径及路径控股权强度的查询，即可以查询两个节点之间是否有持股路径的关联关系，在确认持股路径之后，可以更进一步地判断控股与持股关系，并计算出路径的持股比例。如图 10-5 所示，通过股权控制路径算法可以计算出某保险集团股份有限公司与中国民生银行股份有限公司的股权控制路径，以及民生银行是系统重要性金融机构中的一个重要银行。图 10-5 中，某保险→某财险→某人寿→民生银行是持股比例最大的股权控制链路，这表明某保险通过关联股权路径形成的资金杠杆可以控制民生银行，该链路极易形成资本强化路径，是风险传导的重要路径。综上所述，本节将金融图立方上的股权控制路径问题转换为图结构上的 TOP-k 路径计算问题。下面将以一条关键路径为例进行说明，介绍如何发现 TOP-1 路径，后文将在此基础上推理出 TOP-k 路径计算方法。

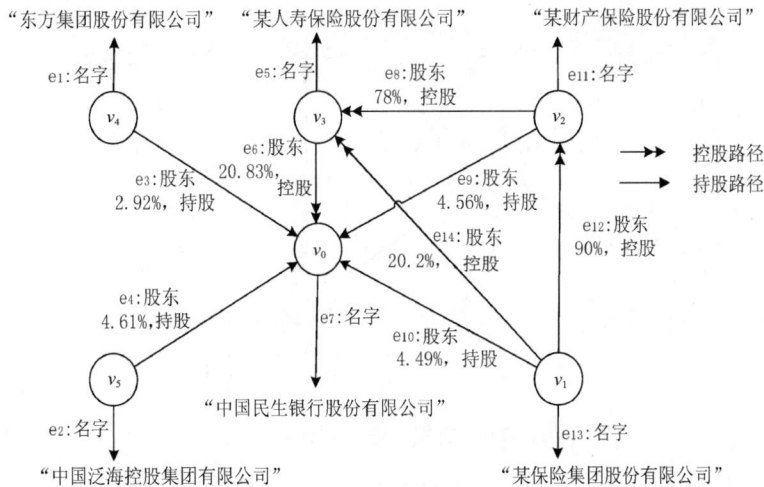

图 10-5　股权控制路径算法实例

从上述金融应用场景与金融意义来看，如果路径上所有的边都为控股关系，那么该条路径定义为控股路径；反之，如果路径上至少有一条边不为控股关系或持股关系，那么该条路径定义为持股关系。图 10-5 中标记了控股路径，对于同样的起点与终点，控股路径的控股权要高于持股路径的控股权，因此，股权控制路径算法首先需要根据边的语义关系找到控股路径，在路径中所有的边都为控股关系或者都为持股关系的前提下，再对路径的持股比例进行比较，然后将股权路径按照持股比例由大到小进行排序输出。由此可以将金融图立方的复杂结构简化为简单的股权子图，以便后续进行分析计算，使其在提升计算速度的同时也能精准把握关键信息。

股权穿透子图以某企业的直接股东为第一层股东，而每个第一层股东又有第二层股东，以此类推直到最终的叶子节点，通常叶子节点为自然人、政府机构或者外资企业。在金融股权图立方中会涉及众多的金融机构和非金融机构，其中部分股东通过层层持股的方式控制金融机构。在大规模的金融股权网络中进行穿透十分困难，而且金融机构最终控股的股东也经常隐藏在层层股东之后，特别是系统重要性金融机构，因此容易逃避金融监管机构的监管，且因为其对最终控股股东的类型无法判断，所以难以保证金融机构股权披露的准确性、真实性和完整性。为满足对系统重要性金融机构的穿透式监管需求，本节将介绍如何呈现出金融机构清晰的股权结构、穿透多层股权网络找到终极控股股东，并最终使股东按照持股比例进行分层展示。

结合上文实际案例，可以将图 10-5 简化为简单图结构，如图 10-6 所示。如果仅仅考虑中国民生银行股份有限公司 v_0 的直接持股股东，那么某保险集团股份有限公司 v_1 的持股比例仅为 4.49%，并非控股股东；但是通过对股权穿透子图的计算，可以发现 v_1 的最终持股比例为 27.424%，为民生银行的终极控股股东，而终极控股股东的经营状态与风险事件直接关联到其控股金融机构民生银行的风险承担水平。案例表明，终极控股股东是影响金融机构风险承担水平的关键风险特征。股权穿透子图有利于实现穿透式监管，并识别出隐藏的终极控股股东，提升金融机构的穿透式监管力度。

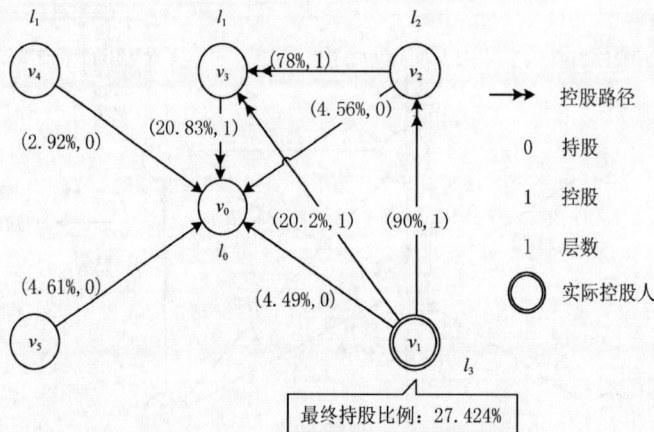

图 10-6　股权穿透子图计算过程

综上所述，在金融股权图立方中，将股东及股东之间的股权关联组成股权穿透子图，能够直观地展示股东针对金融机构的股东层级，并计算出最终持股比例与终极控股股东。最终持股比例等于该节点到金融机构的所有路径的持股比例之和，Brioschi[1]提出的 Integrated Ownership Share（IOS）模型，可以通过稀疏矩阵进行运算，将持股比例向内反推，确定任意一个股东对金融机构或企业的最终持股比例。IOS 模型可以在存在环路的情况下，计算出各股东节点对金融机构的最终持股比例。该模型需要对股权网络中所有节点的两两关系进行全局运算，而多层股权穿透仅找到与中心节点存在直接或间接股权关联的节点即可，这些节点数量远少于金融图立方中的全量亿级节点。因此，只需将穿透式多层网络的导出子图作为 IOS 模型的输入，并且在矩阵运算中仅计算网络中其他节点到中心节点的最终持股比例，并使用一种基于广度优先遍历（Breadth First Search，BFS）的股权穿透子图算法，就可以较大地提高多层股权穿透的效率。

将 V_s 中的任意两点的股权关联表示为直接持股比例矩阵 $\mathbf{A}$，其中，v_i 对 v_j 的直接持股比例表示为 w_{ij}，是 $\mathbf{A}$ 中的第 i 行 j 列的元素，$\forall v_i \in V_s$，$w_{ii} = 0$，即公司对自身的直接持股比例为 0。假设，$\mathbf{A}$ 如式（10-1-1）所示：

$$\mathbf{A} = \begin{bmatrix} 0 & 0 & 0 & 0 & 0 & 0 \\ 0.0449 & 0 & 0.9 & 0.202 & 0 & 0 \\ 0.0456 & 0 & 0 & 0.78 & 0 & 0 \\ 0.2083 & 0 & 0 & 0 & 0 & 0 \\ 0.0292 & 0 & 0 & 0 & 0 & 0 \\ 0.0461 & 0 & 0 & 0 & 0 & 0 \end{bmatrix} \quad (10\text{-}1\text{-}1)$$

将给定的直接持股比例矩阵 $\mathbf{A}$ 输入 IOS 模型，通过直接持股比例的层层递推找到全部间接持股比例，即最终持股比例矩阵 $\mathbf{U} = \mathbf{A} \times (\mathbf{I} - \mathbf{A})^{-1}$，其中，$\mathbf{I}$ 为 $|V_s| \times |V_s|$ 的单位矩阵，如式（10-1-2）所示。

$$\mathbf{I} = \begin{bmatrix} 1 & 0 & 0 & 0 & 0 & 0 \\ 0 & 1 & 0 & 0 & 0 & 0 \\ 0 & 0 & 1 & 0 & 0 & 0 \\ 0 & 0 & 0 & 1 & 0 & 0 \\ 0 & 0 & 0 & 0 & 1 & 0 \\ 0 & 0 & 0 & 0 & 0 & 1 \end{bmatrix} \quad (10\text{-}1\text{-}2)$$

因为只需要计算出 V_s 中所有节点到 v_c 的最终持股比例，所以简化原有公式，对 $(\mathbf{I} - \mathbf{A})^{-1}$ 矩阵提取中心节点 v_c 所在列，即可得式（10-1-3）：

$$\mathbf{U}_{*,c} = \mathbf{A} \times (\mathbf{I} - \mathbf{A})^{-1}_{*,c} \quad (10\text{-}1\text{-}3)$$

其中，$\mathbf{U}_{*,c}$ 表示 $\mathbf{U}$ 的第 c 列向量。最终计算得到的结果为 [0, 0.2742432, 0.208074, 0.2083, 0.292, 0.0461]，由此可以获得所有节点对中心节点的最终持股比例，其中，最终持股比例最大的是节点 v_1，其持股比例为 0.2742432。

基于上述股权穿透子图的应用场景与最终持股比例的计算结果，下面介绍股权网络穿透算法，即给定中心节点 v_c，找出穿透式多层股权网络。该算法解决的问题是如何确定穿透式多层股权网络中每个节点的层数，并计算出其对中心节点的最终控股权和最终持股比例，从而确定最终股东。

该算法的具体思路如下：以金融机构 v_c 为中心节点，基于 BFS 向外扩展访问图中的邻居节点，然后找到每一层的股东 v_i 到 v_c 的控股权和持股比例最大的路径，从而确定股东节点的层数 $l(v_i)$。两点之间的持股比例最大的路径实际上是第一条股权控制路径，是 TOP-k 股权控制路径的一个特例，所以需要调用股权控制路径算法找到持股比例最大的路径。以上过程以逐层迭代的方式进行，直至所有的邻居节点均为最终股东。然后计算每个股东对于中心节点的最终持股比例。在穿透式多层股权网络中，在控股权最大的条件下才能找到最终持股比例最大的节点，该节点为 v_c 的实际控股节点 $v_{control}$。股权穿透子图算法仅需一次遍历，就可以确定层级并计算出最终持股比例。其具体步骤如下：

（1）在金融股权图立方中，选取一个非孤立的查询中心点 v_c 作为中心节点，v_c 的类型一般为金融机构，而重点监管对象是系统重要性金融机构。

（2）通过广度优先遍历算法，处理得到中心节点的一阶入度邻居节点，即股东持有中心节点的股权，由于此时股东的层级是一阶邻居节点，所以层级默认值都为 1。

（3）继续遍历邻居节点的股东，得到多阶的股东网络。因为需要将股东与中心节点之间的 TOP-1 的股权控制路径长度作为股东的最终层级，以展示层次化的股权特征，所以仍需对股权网络进行权重转换，以计算最大的持股路径的控股权与持股比例；每个邻居节点 v_i 都需要保留此时的 TOP-1 的股权控制路径的转换持股比例 $\delta'(p_{ic}^1)$ 与层级 $l(p_{ic})$。

（4）邻居节点的层级增量迭代计算，即以前一阶层的邻居节点的转换持股比例 $\delta'(p_{jc}^1)$ 与层级 $l(p_{jc})$ 确定自己的层级，而不需要进行全局计算。将当前节点与所有出度邻居节点的边转换权重与邻居节点 v_j 的 $\delta'(p_{jc}^1)$ 求和得到当前节点的 $\delta'(p_{ic}^1)$，在控股权优先级的前提下，选择最小的 $\delta(p_{ic}^1)$。不断执行上述迭代操作，直到当前节点没有叶子节点，从而停止遍历。

（5）针对找到的股权穿透子图，使用 IOS 模型进行矩阵运算，计算叶子节点对中心节点的最终持股比例，其中，叶子节点集合为 V_{leaf}，拥有最大的最终持股比例 $\delta_{control}$ 的节点 $v_{control}$ 即为终极控股股东，即 $v_{control} = v_i(i = \text{argmax}(\delta_i)), (v_i \in V_{leaf})$。

股权穿透子图伪代码如算法 10.1.1 所示。

算法 10.1.1　股权穿透子图算法

输入：金融股权图立方 $G(V,E)$，中心节点 v_c

输出：股权穿透子图 $S(v_c, V_s, E_s)$，$v_{control}$

1.　$Q \leftarrow \{\}$；//节点队列

2.　$DV_s \leftarrow \{v_c\}$；

3.　$E_s \leftarrow \{\}$；

4.　$\text{visited}(v_c) \leftarrow 1$; //标识为已访问

5.　$Q.\text{enqueue}(v_c)$; //中心节点入队列

6.　**while** !Q.empty() **do**

7.　　$v_i \leftarrow Q.\text{dequeue}()$；

8.　　$(v_i) \leftarrow l(p_{ic}^1)$; //Top-1 股权控制路径长度确定层级

9.　　**for**　$v_j \in G.\text{adjV}(v_i)$　and　$e_{ij} \in G.\text{adjE}(v_i)$　**do**

10.　　　**if**　!visited(v_j)　**then** //节点未被访问

11.　　　　$\text{visited}(v_j) \leftarrow 1$；

12.　　　　$V_s \leftarrow V_s \bigcup \{v_j\}$；

13.　　　　$E_s \leftarrow E_s \bigcup \{e_{ij}\}$；

14.　　　　$Q.\text{enqueue}(v_j)$；

15.　$\text{IOS}(S(v_c, V_s, E_s))$; //计算到 v_c 的最终持股比例

16.　　**if** $u_{ic} == \max(Q)$ and $i == \operatorname{argmax}(\delta_i)$ **then**

17.　　　　$v_{\text{control}} \leftarrow v_i$；//控股权和最终持股比例最大

18.　　**return** $S(v_c, V_s, E_s)$，v_{control}；

例 10.1.1　如图 10-7 所示，其中，v_0 作为中心节点，通过 BFS 算法层层向外遍历，当遍历一层邻居时，v_1、v_2、v_3、v_4、v_5 都为中心节点的一阶邻居，此时需要确定一层邻居在当前所遍历到的边中的一阶最小转换持股比例 δ'、最小转换持股比例所在的路径是否为控股路径 c 与层级 l。然后，遍历多阶的邻居节点，由于一个节点到中心节点的路径可能存在多条，因此该节点会存在于中心节点的多阶邻居节点中，所以每向外遍历一阶就需要计算一次节点当前阶层的最小转换持股比例与层级。具体的计算方式如图 10-8 所示，其中，节点 v_i：$<\delta', c, l>$ 中的 δ' 表示节点 v_i 的最小转换持股比例；c 用来表示股权路径是否为控股路径，如果 c 为 1，那么是完全控股路径，否则是持股路径；l 代表此时确定的层级。在第一层遍历时，节点 v_2：$<3.087, 0, 1>$，此时最小转换持股比例是 3.087，路径为持股路径，1 为此时的层级；在第二层遍历时，v_2：$<1.568, 1, 1>$，此时最小转换持股比例为 1.568，路径为完全控股路径，且层级为出度邻居节点 v_3 的层级加 1。

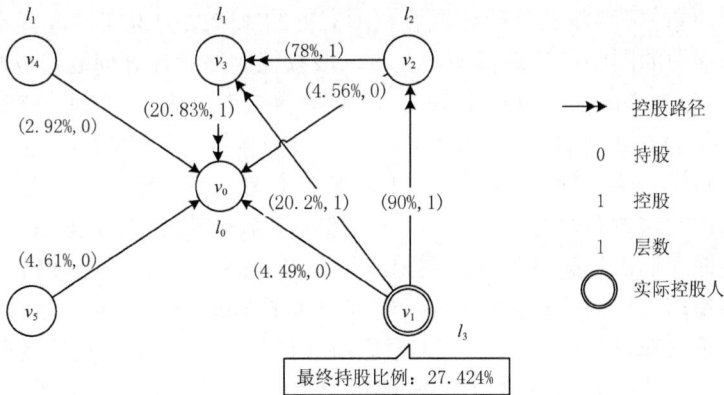

图 10-7　股权穿透网络

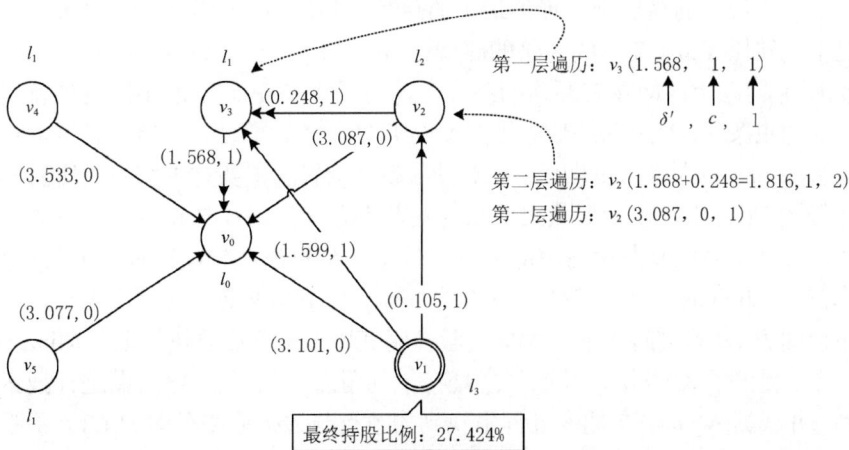

图 10-8　增量确定股东层级的计算过程

按上述方式层层向外进行计算，直到最外层的节点没有叶子节点，所有最外层的节点如图 10-8 所示，其叶子节点为 v_1、v_4 和 v_5。因为 v_2 和 v_3 都有入度节点，所以不是叶子节点。值得注意的是，v_1 到 v_0 有 4 条路径，其中，$v_1 \rightarrow v_0$ 的持股比例为 4.49%，控股权为 0；$v_1 \rightarrow v_2 \rightarrow v_0$ 的持股比例为 $4.56\% \times 90\% = 4.1\%$，控股权为 0；$v_1 \rightarrow v_3 \rightarrow v_0$ 的持股比例为 $20.2\% \times 20.83\% = 4.2\%$，控股权为 1；$v_1 \rightarrow v_2 \rightarrow v_3 \rightarrow v_0$ 的持股比例为 $20.83\% \times 78\% \times 90\% = 14.62\%$，控股权为 1。因此，控股权最大的路径为 $v_1 \rightarrow v_2 \rightarrow v_3 \rightarrow v_0$，$v_1$ 为 v_0 的第 3 层股东，即层数为 3。

最后，利用上述算法模型计算叶子节点对中心节点的最终持股比例。通过模型计算，得到的结果为 $[v_1 : 0.2742432, v_4 : 0.292, v_5 : 0.0461]$，其中，$v_1$ 的最终持股比例最大为 0.2742432，与其到中心节点的 4 条路径的持股比例之和相等，即节点对中心节点的最终持股比例等于持股路径之和，因此可得 v_1 对 v_0 的最终持股比例为 27.424%，为 v_0 的股权穿透子图中所有节点中最大的，因此终极控股股东为 v_1。

以下将针对如何穿透金融图立方，得到目标公司的股权穿透子图中提到的关键算法，即基于股权优先级的 TOP-k 最短路径发现算法，进行具体介绍。

为助推穿透式监管目标的实现，需要对大规模金融股权图立方的节点和节点之间的关系进行识别与分析，因此需要将具体的金融股权图立方的风险结构识别与价值分析发现问题转换为金融知识图谱中的图路径计算问题，其中，股权控制路径计算问题可以转换为 K 最短路径发现算法问题（K Shortest Path，KSP），但 KSP 算法十分复杂。因此，在大数据环境下，时间复杂度是衡量 KSP 算法的一个重要指标。下面针对传统的 KSP 算法进行介绍。

KSP 算法可以划分为一般 KSP 问题和无环 KSP 问题。在无环 KSP 问题上，已经有相当一部分的研究工作在这方面取得了很大的造诣。例如，Yen[2]提出的经典 Yen's 算法，其基于重要的偏离路径概念解决从起点到终点在无环路下的 KSP 问题，为后续研究奠定了基调，其不同点在于对偏离路径的计算；Martins[3]等人改进了 Yen's 算法，提出了 MPS 算法，引入了边的缩小长度量来简化路径长度的计算过程，在时间复杂度方面，其虽然在最坏情况下与 Yen's 算法一致，但是在大规模网络中 MPS 的运行速度要更快；较有代表性地，Hershberger[4]等人也提出了一个偏离路径算法，其将候选路径划分为多个等价类，将每个类中的最短路径放入堆中，下一个最短的路径则是堆顶最小的路径，其最坏时间复杂度与 Yen's 一样，但是在理想情况下能够比 Yen's 节省约 8 倍的时间。

在一般 KSP 问题上，即在有环路的路径上，与无环 KSP 问题的不同之处就在于其对路径没有任何的约束条件。Hart[5]等人提出了 A*的启发式搜索算法，为启发式搜索算法奠定了基础。特别地，Eppstein[6]等人提出了 EA 算法，该算法思想主要是将图中的所有非树边存放到构建的路径图 $\mathcal{P}(G)$ 中，以确保从根节点到各节点之间的路径与起点到终点的偏离边序列相对应，从而降低了时间复杂度与空间成本。但是 EA 算法在构建路径图 $\mathcal{P}(G)$ 上花费的时间成本占比较大。Jiménez[7]等人在 EA 算法的基础上提出了 lazy 版本的 EA 算法，其主要降低了构建路径图 $\mathcal{P}(G)$ 的时间成本，大量实验表明其比 EA 算法要快得多。Aljazzar[8]等人改进了 EA 算法，提出了 K*算法，其创新之处在于利用启发式算法 A*对图进行搜索直到目标节点被找到，并根据 A*算法在搜索过程中找到的节点与边构造路径图 $\mathcal{P}(G)$，不断重复这个过程，直到找到 k 条路径。经过实验，K*算法性能要优于 EA 算法。

KSP 问题相较最短路径发现算法来说是极其复杂的，是一个典型的 NP 完全问题。在实际应用中，由于数据量十分庞大，因此对时间复杂度提出了较高的要求。KSP 算法结合应用问题，又碰撞出了新的火花，即如何在多语义的情况下进行 KSP 路径的查找是目前亟须解决的问题。由于知识图谱的特殊性及金融领域问题的独特性，因此现有的 KSP 算法不能直接应用于解决股权控制路径问题。首先，因为图立方的规模巨大，其拥有上亿条边与千万个节点，所以穷举两点之间的所有路径的代价比较大。其次，在金融股权图立方上的路径权重需要经过特殊的计算，其计算方式如下：第 k 条股权路径 p_{ij}^{k} 的持股比例 $\delta(p_{ij}^{k})$，即 v_i 通过路径 p_{ij}^{k} 对 v_j 的持股比例，等于 p_{ij}^{k} 上每条边的持股比例的乘积，即 $\delta(p_{ij}^{k}) = \prod_{e_{mn} \in E(p_{ij}^{k})} w_{mn}$，其中，$e_{mn}$ 为第 k 条股权路径 p_{ij}^{k} 的边集 $E(p_{ij}^{k})$ 中的边，w_{mn} 代表边 e_{mn} 的权重大小，即持股比例。

如图 10-6 所示，路径 (v_2, v_3, v_0) 的持股比例 $\delta(p_{20}^{1})$ 为有向边 (v_2, v_3) 和 (v_3, v_0) 的持股比例 w_{23} 和 w_{30} 的乘积，即 $\delta(p_{20}^{1}) = w_{23} \times w_{30} = 78\% \times 20.83\% = 16.25\%$。而现有的路径发现算法[3][4][8]是基于权重相加的网络进行设计的，所以无法直接应用于发现金融股权图立方中的股权控制路径。

因此需要对图立方中的边的权重进行对数转换，考虑到 $0 \leqslant w_{mn} \leqslant 1$，所以进行如式（10-1-4）所示的对数转换，从而将式（10-1-4）中的权重乘积 $\delta(p_{ij}^{k})$ 转换为式（10-1-5）中的权重之和 $\delta'(p_{ij}^{k})$。

$$w'_{mn} = -\log w_{mn}, e_{mn} \in E(p_{ij}^{k}) \tag{10-1-4}$$

$$\delta'(p_{ij}^{k}) = \sum w'_{mn} = -\log\left(\prod w_{mn}\right) = -\log(\delta(p_{ij}^{k})) \tag{10-1-5}$$

通过上述权重的转换，将股权控制路径问题转换为带权有向图中查询两点之间的 TOP-k 最短路径计算问题。同时，引入 c_{mn} 表示股权关联边 e_{mn} 的类型，当边 e_{mn} 为控股边时，则表示 v_m 对 v_n 的直接控股权为 100%，所以 $c_{mn} = 1$，否则 $c_{mn} = 0$。如图 10-6 所示，有向边 (v_2, v_3) 的持股比例 w_{23} 为（78%，控股），经过权重转换为（0.226, 1）。

经过上述股权应用场景梳理与边权转换，将股权控制路径问题转换为两点之间的 TOP-k 最短路径计算问题，但还要考虑股权路径的控股权优先级。两点之间的 TOP-k 最短路径计算等价于两点之间的 TSP（Traveling Salesman Problem）问题，因此股权控制路径发现问题是一个 NP 难问题[9]。

基于以上分析，接下来介绍一个基于优先级的启发式的股权控制路径算法。该算法的整体思路如下：股权控制路径算法通过区分控股与持股关系的优先级，表达控股与持股的语义差异。现有的路径算法，如 A*算法，在解决两点之间的 TSP 问题时，由于没有考虑股权关系的优先级，也忽略了金融股权图立方中路径权重为各边路径乘积的特点，因此无法准确输出 TOP-k 的股权控制路径。而本节提出的股权控制路径算法维护了一个开始于起点的路径树，并不断扩展树中的路径，一直到路径终点 v_e。在每一次的迭代中，该算法都需要决定从哪一条路径进行扩展，如果控股路径数量小于 k，那么选择持股路径。在路径的控股权相同的条件下，该算法基于当前路径的权重及当前节点扩展到终点的估计权重进行路径的选择。

股权控制路径算法使用启发式评估函数 $h(v_j)$ 表示当前访问节点 v_j 到终点 v_e 的路径权重

估计值，$g(v_j)$ 表示从起点 v_s 到路径中当前访问节点 v_j 的实际路径权重。因此从起点到终点经过节点 v_j 的路径长度 $f(v_j)$ 可以表示为式（10-1-6）：

$$f(v_j) = g(v_j) + h(v_j) \tag{10-1-6}$$

在优先级相同时，该算法会逐个选择能够最小化式（10-1-6）的路径。如图 10-9 所示，节点 v_3 到终点的估计长度值 $h(v_3)=1.568$。股权控制路径算法的伪代码如算法 10.1.2 所示，其具体步骤如下：

（1）调用 Dijkstra 算法计算每个节点 v_j 到终点 v_e 的路径权重估计值 $h(v_j)$，具体方法为把 v_e 作为 Dijkstra 算法的起点，反向地计算路径的权重。

（2）设置两个队列 open_p 和 closed_p，其中，open_p 为一个优先级队列，用来保存待确定的节点，$\text{open}_p = (v_j, g(v_j), f(v_j), c_{ij})$，其中，$c_{ij}$ 为前一个访问节点 v_i 到节点 v_j 的持股类型，在路径拓展过程中，当前路径为控股路径时，需要优先考虑 c_{ij}，在 c_{ij} 相同时再考虑 $f(v_j)$，最后在 $f(v_j)$ 相同时才考虑 $g(v_j)$，即优先级关系为 $c_{ij} > f(v_j) > g(v_j)$；closed_p 为一个普通队列，用来存储已确定的节点。

（3）从起点向终点逐步扩展，每次添加一个邻居节点 v_j，都要更新 $g(v_j)$、$f(v_j)$ 以及 c_{ij}。如果当前路径为持股路径，那么所有的后续节点 c_{ij} 均赋值为 0，因为此时考虑新加入节点的优先级并无意义，整条路径仍然为持股路径。

（4）如果当前确定的节点为终点，那么就找到了一条路径，将其从 closed_p 队列输出，如果路径数量达到 k 条，那么算法执行完毕；如果路径已经全部遍历完但是队列中路径的数量仍少于 k 条，那么算法也执行完毕，此时输出每条路径的股权比例及是否为控股路径。

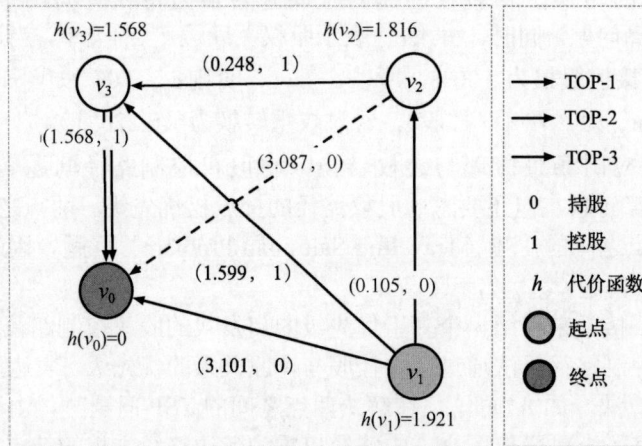

图 10-9　股权控制路径算法示例

伪代码如股权控制路径算法 10.1.2 所示。

算法 10.1.2　股权控制路径算法

输入：金融股权图立方 $G = (V, E)$，v_s，v_e，k

输出：Top-k 股权控制路径 $p_{\text{se}}^1, p_{\text{se}}^2, \dots, p_{\text{se}}^k$

1.　count $\leftarrow 0$;
2.　Dijkstra ($G(V,E), v_e, v_s$); //终点 v_e 为 Dijkstra 算法的起点
3.　$\text{open}_p \leftarrow (v_s, 0, f(v_s), 1)$; //待确定节点优先级队列，初始持股类型 $c=1$ ； $g(v_s)=0$
4.　**while** $!\text{open}_p.\text{empty}()$ **do**
5.　　$(v_i, g, f, c) \leftarrow \text{open}_p.\text{dequeue}()$; //按优先级顺序出队列
6.　　$\text{closed}_p \leftarrow v_i$; //已确定的节点队列
7.　　**if** $v_i == v_e$ **then**
8.　　　count $++$;
9.　　　**while** $!\text{closed}_p.\text{empty}()$ **do**
10.　　　　$p_{\text{se}}^{\text{count}} \leftarrow \text{closed}_p.\text{dequeue}()$;
11.　　　**return** $p_{\text{se}}^{\text{count}}$;
12.　　　**if** count $== k$ **then break;**
13.　　**continue**;//开始新一轮循环找下一条路径
14.　　**for** ($v_j \in G.\text{adjV}(v_i)$) and ! visited(v_j) **do**
15.　　　$g(v_j) \leftarrow g(v_i) + w'_{ij}$;
16.　　　$f(v_j) \leftarrow g(v_j) + h(v_j)$;
17.　　　**if** $u_{\text{si}} == 1$ and $c_{ij} == 1$ **then** //如果前面不为 1，则优先级都为 0
18.　　　　$\text{open}_p \leftarrow (v_j, g(v_j), f(v_j), 1)$;
19.　　　**else** $\text{open}_p \leftarrow (v_j, g(v_j), f(v_j), 0)$;

　　例 10.1.2　以图 10-9 为例，其中， v_1 为起点， v_0 为终点，首先进行权重转换。然后，求解启发式函数中的节点到终点的代价函数 $h(v)$ 。例如， v_3 到终点 v_0 的估计长度为 1.568，则 $h(v_3) = 1.568$ 。

　　如图 10-10 所示，与起点 v_1 直接相连通的点有 v_2 、 v_3 和 v_0 ，将其放入 open_p 队列，按照优先级 $c_{ij} > f(v_j) > g(v_j)$ ，则 $<v_2, 0.105, 1.899, 1>$ 位于队列顶部，出 open_p 队列，进 closed_p 队列；将与 v_2 直接相连通的点及其 g 、 f 、 c 放入 open_p 队列，可以看到有相同的节点 v_3 ，但是这两个节点的父节点不一样，因此 g 、 f 、 c 也不一样。此时，弹出 $<v_3, 0.331, 1.899, 1>$ ，并加入 closed_p 队列；不断对以上出入队列的过程进行迭代，直到弹出的点为 v_0 ，则得到第 1 条路径，本例中的第 1 条路径为 $v_1 \rightarrow v_2 \rightarrow v_3 \rightarrow v_0$ ，其最短路径为 1.899，此时股权比例最大，为控股路径。

　　接下来求第 2 条路径，目前的 open_p 队列里弹出了 $<v_3, 1.599, 3.167, 1>$ ，因此与 $<v_3, 1.599, 3.167, 1>$ 直接相连的 v_0 加入 open_p 队列中，根据优先级弹出 $<v_0, 3.167, 3.167, 1>$ ，得到第 2 条路径为 $v_1 \rightarrow v_3 \rightarrow v_0$ ，路径权重之和为 3.167，也是控股路径。

　　依照上述的方法求得第 3 条路径为 $v_1 \rightarrow v_0$ ，其路径长度为 3.101，虽然比第 2 条更短，但是为持股路径，而 $v_1 \rightarrow v_3 \rightarrow v_0$ 为完全控股路径，所以第 3 条路径优先级低于第 2 条路径。如果不考虑持股控股优先级，仅考虑 $f(v_j) > g(v_j)$ ，那么计算出的第 2 条路径会是 $v_1 \rightarrow v_0$ ，而不是基于股权控制路径方法得到的 $v_1 \rightarrow v_3 \rightarrow v_0$ 。因为 $v_1 \rightarrow v_0$ 的路径上的持股比例要大于 $v_1 \rightarrow v_3 \rightarrow v_0$ ，这会导致结果出现偏差。综上所述，得到了从起点 v_1 到终点 v_0

的 Top-3 最短路径。

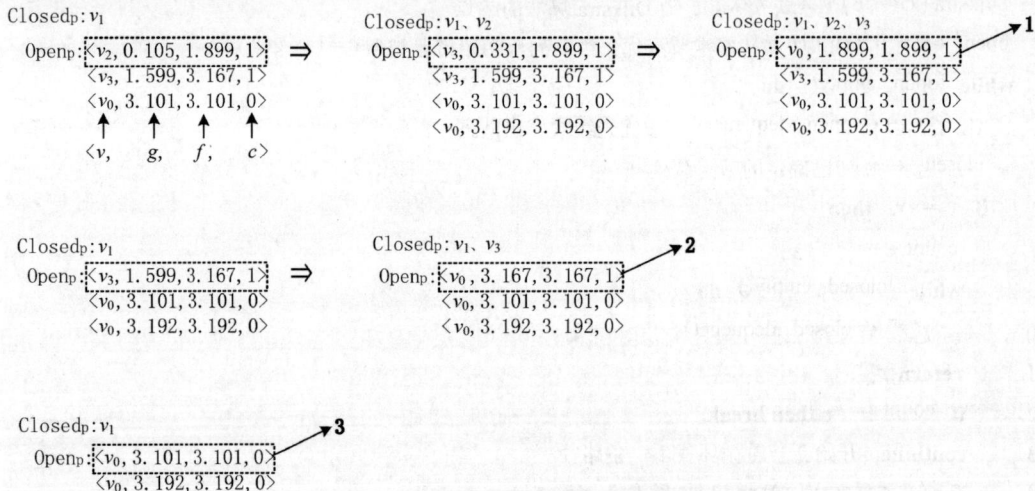

$$\text{Closed}_p: v_1$$
$$\text{Open}_p: \langle v_2, 0.105, 1.899, 1\rangle \Rightarrow$$
$$\langle v_3, 1.599, 3.167, 1\rangle$$
$$\langle v_0, 3.101, 3.101, 0\rangle$$
$$\langle v, \quad g, \quad f, \quad c\rangle$$

$$\text{Closed}_p: v_1, v_2$$
$$\text{Open}_p: \langle v_3, 0.331, 1.899, 1\rangle \Rightarrow$$
$$\langle v_3, 1.599, 3.167, 1\rangle$$
$$\langle v_0, 3.101, 3.101, 0\rangle$$
$$\langle v_0, 3.192, 3.192, 0\rangle$$

$$\text{Closed}_p: v_1, v_2, v_3$$
$$\text{Open}_p: \langle v_0, 1.899, 1.899, 1\rangle \quad \text{①}$$
$$\langle v_3, 1.599, 3.167, 1\rangle$$
$$\langle v_0, 3.101, 3.101, 0\rangle$$
$$\langle v_0, 3.192, 3.192, 0\rangle$$

$$\text{Closed}_p: v_1$$
$$\text{Open}_p: \langle v_3, 1.599, 3.167, 1\rangle \Rightarrow$$
$$\langle v_0, 3.101, 3.101, 0\rangle$$
$$\langle v_0, 3.192, 3.192, 0\rangle$$

$$\text{Closed}_p: v_1, v_3$$
$$\text{Open}_p: \langle v_0, 3.167, 3.167, 1\rangle \quad \text{②}$$
$$\langle v_0, 3.101, 3.101, 0\rangle$$
$$\langle v_0, 3.192, 3.192, 0\rangle$$

$$\text{Closed}_p: v_1$$
$$\text{Open}_p: \langle v_0, 3.101, 3.101, 0\rangle \quad \text{③}$$
$$\langle v_0, 3.192, 3.192, 0\rangle$$

图 10-10　股权控制路径发现过程

10.1.4　基于金融图立方的关键图结构识别技术

金融领域存在着海量实体间的复杂关系，仅仅通过上文介绍的时序股权穿透方法而得出的股权穿透子图无法捕捉很多关键的信息，这给用户的客观分析带来了严峻的挑战。因此本节内容将基于时序股权穿透技术介绍亿级金融图立方中的关键图结构识别技术，以便将股权穿透子图中包含的关键控制结构展现出来，增强计算表达的可解释性，便于用户理解接受，支持其进行决策，从而提高金融图立方的可用性，使针对亿级金融时序图立方的分析变得更高效。

识别股权网络中的关键控制关联早已成为现实生活中金融风险管理、政治风险管理的重要内容。首先，公司之间的控制关联表现为最终持有人对公司的控制权，即投票者（具有自主投票权的最终持有人）在投票过程中影响目标公司投票结果的程度。股权网络中的中间节点虽然没有自主投票权，但也有整合外层股东投票、传递控制的重要作用。通过这一作用，内层公司之间会形成比最外层公司与内层公司更加紧密的控制关系，从而产生较强的行为一致性。精确衡量所有公司之间的控制关系强弱有助于精准识别实际控制人。其次，公司之间存在多条因持股关系而产生的控制路径，公司重要决策及其产生的风险会通过关键控制路径层层传递，从而使得股权网络成为系统性金融风险重要的微观成因和传导渠道。再次，大公司会通过投资方式对其他公司进行远程协调决策，从而实现间接控制，以便形成控制社区，增强行业影响力、摆脱税务监管。这会导致公司权力高度集中，使不到 1% 的母公司拥有 100多家子公司，但其销售额占全球销售额的 50% 以上，进而导致部分跨国公司在东道国所形成的控制社区甚至使主权政府感到担忧。因此，本节聚焦于从复杂公司股权网络中识别关键控制关联，以支撑金融风险管理。

在复杂公司股权网络中发现控制关联，最常用的方法就是投票博弈思想。这种思想旨在发现与分析多层股权网络中的关键控制关联，以支撑金融、政治风险识别。而基于博弈论的控制权计算，特别是班扎夫权力指数（Banzhaf），因其具有考虑股权比例、考虑多层控制、可解释性强、鲁棒性强等特点而越来越受到学术界的关注。为便于理解控制关联中复杂的博弈结构，下面以二元直接投票模型为实例，对班扎夫权力指数进行简单介绍。

在二元直接投票模型中，所有参与者都独立地直接对公司动议进行投票，他们要么投赞成票 1，要么投反对票 0。将投票参与者的集合用 N 表示，将投赞成票 1 的参与者的集合用 S 表示（$S \subseteq N$），则除集合 S 之外的其他所有参与者均投反对票 0。若用 $v(S)$ 表示该动议的最终投票结果，则 $v(S) \in \{0,1\}$。如果 $v(S)=1$，那么 S 称为获胜联盟。对 $S \subseteq N-i$，若 $v(S\bigcup i)=1$ 且 $v(S)=0$，则说明此时该参与者 i 在该获胜联盟中起决定性作用，因此将参与者 i 称为关键参与者，如果从联盟中剔除该参与者，那么该联盟不再是获胜联盟。参与者的权力或影响力表现为该参与者作为获胜联盟关键参与者的次数，该次数称为原始班扎夫指数，用式（10-1-7）表示：

$$\eta(i) = \sum_{S \subseteq N-\{i\}} (v(S \bigcup \{i\}) - v(S)) \tag{10-1-7}$$

简单的二元投票模型无法真正解释现实场景中公司之间因股权而产生的控制关联，这些控制关联包括控制传递关系强弱、重要的控制路径和公司控制的社区等，但这些关联却是识别公司实际控制人、分析公司决策影响传导机制和影响范围的关键点。因此，针对上述三个关键点，本节将介绍以下三种算法：一是控制传递指数（CTI）算法，其能够衡量所有公司之间控制关系的强弱程度；二是关键控制路径（CCP）发现算法；三是公司控制社区（CCC）发现算法，通过前两种方法能够从股权网络中发现公司之间更重要的控制链路及满足控制度阈值的重叠公司社区。同时，本节对以上三个算法中的关键控制结构进行了深度分析，其中，控制传递指数可以衡量所有公司之间的控制关系强弱程度，以便支持对实际控制人的发现和识别；关键控制路径发现算法能够识别重要控制链路，从而为系统性金融风险传导途径分析提供依据；公司控制社区发现算法识别出的重叠公司社区，为划定公司决策影响范围提供了参考。

上述三种算法之间的关系如下：首先，三者是控制关联的不同层次分析维度，其中，CTI 关注两家公司自身控制关系的强度，CCP 关注两家公司之间控制形成的途径，而 CCC 关注多家公司之间的控制关系紧密程度，三者可以分别回答本节提出的三个重要问题。其次，关键控制路径、公司控制社区的识别可能仅涉及非最终持有人，因此需要以非最终持有人之间的控制关系作为基础，即控制传递指数是关键控制路径、公司控制社区的基石。具体来说，计算两点之间的控制传递指数时，需要明确路径是否传递了关键决策，这能够帮助推导出路径控制度，进而可以根据路径控制度选择关键的控制路径；与此同时，还需要明确两点间是否传递关键决策，而根据两点间的关键决策传递可以明确其是否为多个点之间传递的关键决策（社区关键决策传播），从而推导出社区控制度，进而可以根据社区控制度选择满足条件的控制社区。最后，社区内入度为 0 的节点到其他节点的关键控制路径，能够揭示控制社区的形成原因。

本节先对整体技术框架进行介绍，然后对关键控制结构中的相关指数进行介绍，最后针对前文提到的三个问题介绍其对应的解决算法。

10.1.4.1　关键图结构的相关定义

如图 10-11 所示，首先引入衡量任意两点控制关系强弱的控制传递指数，然后据此发现节点之间的关键控制结构，包括关键控制路径和公司控制社区。最后利用以上控制关联进行实际控制人识别、控制传递范围识别，其中，实际控制人识别可以通过排序或者计算其中心度等简单算法来实现，最终将其结果用于风险特征识别，以便支持相关部门监管。

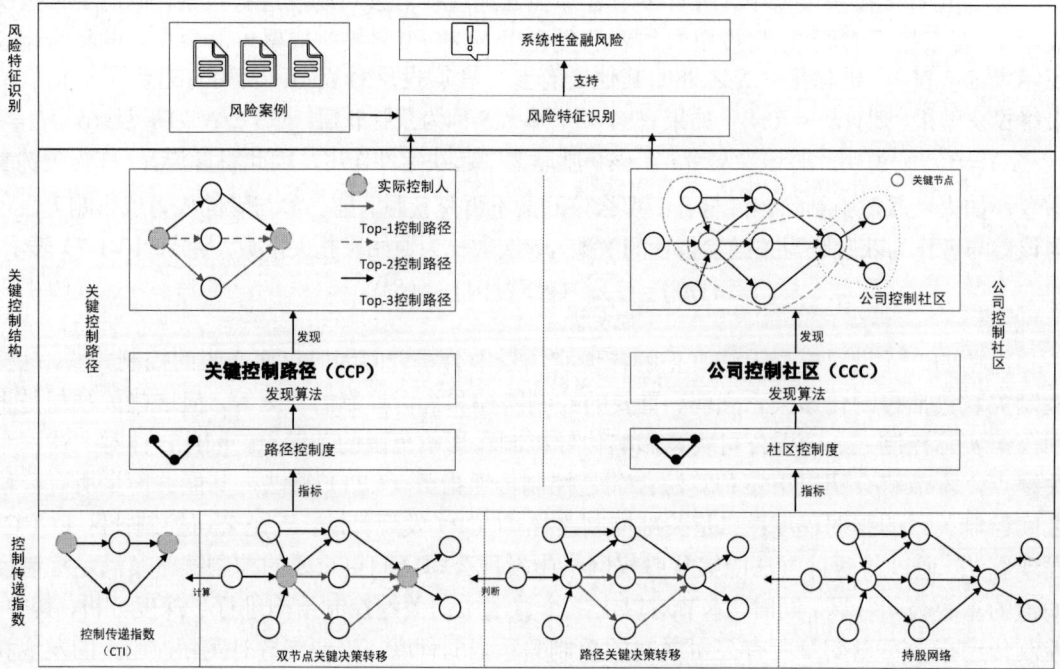

图 10-11　股权控制关联的层次化框架

　　具体而言，在控制传递指数层，以博弈论的控制权计算思想为基础，引入路径关键决策传递和两点关键决策传递的基本概念，前者用来衡量一条路径是否可以传递关键决策，后者衡量两节点之间是否可以传递关键决策，并以此提出控制传递指数算法，用以计算衡量所有公司间控制关联强弱的控制传递指数；在关键控制结构层，引入路径控制度、社区控制度这两个指标及相应的关键控制路径发现算法和公司控制社区发现算法，这两个指标用来衡量路径或社区中所有节点控制关系的紧密程度，而这两个算法分别用于发现公司间更为重要的控制链路和满足控制度条件的重叠社区；在风险特征识别层，结合风险案例针对控制传递指数和两类关键控制结构识别实际控制人、控制传递范围，以支持系统性金融风险与政治风险的识别和管理。下面介绍整体框架中涉及的关键决策及路径关键决策等关键结构的相关定义。

　　定义 10.1.1（关键决策）　在票型 $X^S \in \{0,1\}^S$ 下，若某一源节点 s 属于 S 的投票改变引起其他节点投票变化，则称在该票型下 s 的投票为关键决策，因而发生变化的节点受关键决策影响。

　　定义 10.1.2（路径关键决策传递）　节点 v_k 到 v_t 的一条路径 p 在票型 $X^S \in \{0,1\}^S$ 下传递关键决策，当且仅当在票型 X^S 下，随任意源节点 j 投票情况的改变，该路径上的节点依次因父节点变化而变化，这一过程称为路径关键决策传递，其形式化表示如式（10-1-8）所示：

$$d_p^{X^S} = \begin{cases} 1, & \text{if } \prod_{(\text{pre},\text{suc})\in p} Z_G(\text{pre},\text{suc}) \neq 0 \text{ and } \exists j \in S, \prod_{n\in p}(v_n(X)_{X^S:x_j=1} - v_n(X)_{X^S:x_j=0}) = 1 \\ 0, & \text{otherwise} \end{cases} \quad (10\text{-}1\text{-}8)$$

其中，$Z_G(\text{pre},\text{suc})$ 代表 pre、suc 节点在图 G 中的路径系数，$v_n(X)_{X^S:x_j=1}$ 代表票型为 1 的节点，$d_p^{X^S}$ 表示路径 p 在票型 X^S 下是否可以传递关键决策，若其值为 1，则表示该路径可以传递关键决策，若其值为 0，则不能传递关键决策；第一个条件表示该路径上父节点的变化为子节点变化的原因，第二个条件表示存在某一源节点票型变化使得路径上所有节点均发生变化。这两个条件共同作用，表明在票型 X^S 下路径 p 上的节点依次因父节点变化而变化，因此称路径 p 传递了关键决策。

定义 10.1.3（两点关键决策传递）　节点 v_k 向 v_t 在票型 X^S 下可以传递关键决策，当且仅当 v_k 到 v_t 至少存在一条路径可以传递关键决策，这种两点之间的关系称为两点关键决策传递，其形式化表示如式（10-1-9）所示：

$$d_p^{X^S}(k,t) = \begin{cases} 1, & \text{if } \exists p(k,t), d_p^{X^S} = 1 \\ 0, & \text{otherwise} \end{cases} \quad (10\text{-}1\text{-}9)$$

其中，$d^{X^S}(k,t)$ 表示节点 v_k 向 v_t 在票型 X^S 下是否可以传递关键决策，若其值为 1，则表示可以传递关键决策，若其值为 0，则不可以传递关键决策。

定义 10.1.4（控制传递指数）　节点 v_k 对 v_t 的控制传递指数为在所有票型中，两点间可以传递关键决策的次数占比，其形式化表示如式（10-1-10）所示：

$$\text{Cti}(k,t) = \frac{1}{2^S} \sum_{X^S \in \{0,1\}^S} d_p^{X^S}(k,t) \quad (10\text{-}1\text{-}10)$$

其中，$\text{Cti}(k,t)$ 表示节点 v_k 对 v_t 的控制传递指数，$\text{Cti}(k,t) \in [0,1]$，其取值越大表示两节点对控制的传递作用越强，取值越小表示两节点对控制的传递作用越弱。

从上述定义可以看出，控制传递指数既可以衡量最终持有人对公司的控制关联强弱，又可以衡量非最终持有人对公司的控制关联强弱，即 v_k 既可以表示股权网络中的源节点，又可以表示中间节点。当 v_k 为源节点时，控制传递指数 $\text{Cti}(k,t)$ 的含义与 v_k 对 v_t 的班扎夫权力指数含义相同，即表示 v_k 对 v_t 控制权的大小；当 v_k 为中间节点时，控制传递指数 $\text{Cti}(k,t)$ 表示 v_k 将源节点票型变化传递给 v_t 的概率，也就是 v_k 将最终持股人的控制影响传递给 v_t 的概率。由于基于博弈论的控制权中只有源节点具有投票自主权，因此 v_k 在此体现为"控制传递"作用。由此可见，控制传递指数本质上是对控制权概念的拓展，其能够衡量任意两公司间的控制关联强弱，是对公司间控制关系更为全面的度量。

例 10.1.3　下面结合如图 10-12 所示的股权网络，对控制传递指数进行说明。

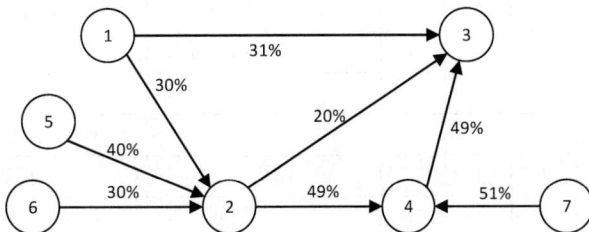

图 10-12　股权网络示例

在图 10-12 所示的股权网络中，在节点 1、5、6、7 票型为 1、0、0、0 的情况下，路径 5-2-3 具有传递关键决策的能力，即 $d_{5-2-3}^{x^S}=1$，因为路径 5-2-3 使得 $Z_G(5,2)Z_G(2,3)=\frac{1}{3}\times\frac{1}{3}\neq 0$，且存在节点 5 票型改变时该路径上的所有节点 5、2、3 均发生变化（见表 10-1）；而路径 1-2-4-3 不具有传递关键决策的能力，即 $d_{1-2-4-3}^{x^S}=0$，因为 $Z_G(1,2)Z_G(2,4)Z_G(4,3)=\frac{1}{3}\times 0\times\frac{1}{3}=0$；由于路径 5-2-3 可以传递关键决策，所以节点 5 可以通过该路径向 3 传递关键决策，即 $d^{x^S}(5,3)=1$。

表 10-1　节点 5、2、3 变化情况

节点	1	5	6	7	2	4	3
原始票型	1	0	0	0	0	0	0
1 改变	0	0	0	0	0	0	0
5 改变	1	1	0	0	1	0	1
6 改变	1	0	1	0	1	0	1
7 改变	1	0	0	1	0	1	1

由路径关键决策传递、两点关键决策传递的定义可得到表 10-2，其中，1 对 3 在所有 16 种票型中共有 12 种票型由路径 1-2-3 或 1-3 传递了关键决策，因此控制传递指数 $\text{Cti}(1,3)=12/16=0.75$；2 对 3 在所有 16 种票型中共有 10 种票型由路径 2-3 传递了关键决策，因此控制传递指数 $\text{Cti}(2,3)=10/16=0.625$。

表 10-2　决策传递表

最外层股东 S			内层节点 N-S				传递关键决策的边集合 B
5	6	7	1	2	4	3	/
0	0	0	1	0	0	0	(5-2, 2-3); (6-2, 2-3); (7-4, 4-3); ( )
0	0	0	0	0	0	0	( ); ( ); (7-4); ( )
1	0	0	1	1	0	1	(5-2, 2-3); ( ); (7-4); (1-2, 2-3, 1-3)
1	0	0	0	0	0	0	( ); (6-2); (7-4); (1-2, 2-3, 1-3)
0	1	0	1	1	0	1	( ); (6-2, 2-3); (7-4); (1-2, 2-3, 1-3)
0	1	0	0	0	0	0	(5-2); ( ); (7-4); (1-2, 2-3, 1-3)
0	0	1	1	0	1	1	(5-2); (6-2); (7-4, 4-3); (1-3)
0	0	1	0	0	1	0	( ); ( ); (7-4); (1-3)
1	1	0	1	1	0	1	( ); ( ); (7-4); (1-3)
1	1	0	1	1	0	0	(5-2); (6-2); (7-4, 4-3); (1-3)
1	0	1	1	1	1	1	(5-2); ( ); (7-4); (1-2, 2-3, 1-3)
1	0	1	0	0	1	0	( ); (6-2, 2-3); (7-4); (1-2, 2-3, 1-3)
0	1	1	1	1	1	1	( ); (6-2); (7-4); (1-2, 2-3, 1-3)
0	1	1	0	0	1	0	(5-2, 2-3); ( ); (7-4); (1-2, 2-3, 1-3)
1	1	1	1	1	1	1	( ); ( ); (7-4); ( )
1	1	1	0	1	1	1	(5-2, 2-3); (6-2, 2-3); (7-4, 4-3); ( )

10.1.4.2 控制传递指数算法

由定义 10.1.3 可知，控制传递指数（CTI）算法需要解决的主要问题是确定每种票型下 v_k 对 v_t 的关键决策传递路径，以此判断 v_k 对 v_t 是否能传递关键决策，并计算两点关键决策次数在所有票型中的占比。

为便于后文进一步论述关键控制结构，因此将该算法分成两部分，即传递关键决策子图集合发现（SCS）算法（其伪代码如算法 10.1.3 所示）和控制传递指数（CTI）算法（其伪代码如算法 10.1.4 所示）。前者主要是发现每种票型下每一源节点票型决策传递范围所构成的子图，以此为确定每种票型下 v_k 对 v_t 的所有关键决策传递路径做准备。其具体步骤为：

（1）根据间接投票规则［即式（10-1-9）］构建函数 f_1，输入股权网络 $G(V,E)$ 和 $2^{|S|}*|S|$ 矩阵 $\mathbf{B}$ 中，得到 $|N|$ 个节点 $2^{|S|}$ 种投票情况 $\mathbf{A}$；

（2）根据单层股权班扎夫权力指数［即式（10-1-10）］构建函数 f_2，输入投票情况 $\mathbf{A}$ 中，得到控制度为 0 的两点间边的集合 E'；

（3）对比所有源节点中只有一个源节点投票不同的票型，以此找出所有投票发生变化的节点 C；

（4）将 C 在 G 中的导出子图去掉，并将其在 E' 中的边表示为 G'，G' 即为该源节点决策传递的途径及范围；

（5）将 G' 存入传递关键决策的子图集合 B 中的对应位置。重复除第一个步骤以外的所有步骤，直至所有投票情况都进行了比较。

传递关键决策子图集合发现算法伪代码如算法 10.1.3 所示。

算法 10.1.3 传递关键决策子图集合发现算法（SCS）

输入：股权网络 $G(V,E)$

输出：所有票型下传递关键决策的子图的集合 $\mathbf{B}$

1. $\mathbf{B} \leftarrow \{\}$；// $2^{|S|}*|S|$ 矩阵，用于存储 $2^{|S|}$ 个票型下的 $|S|$ 个传递关键决策的子图

2. $\mathbf{A} \leftarrow f_1(G,\mathbf{B})$；//存储由间接投票规则得到 $2^{|S|}$ 个票型下的 $|N|$ 个节点的投票情况

3. $E' \leftarrow f_2(\mathbf{A})$；//存储班扎夫权力指数为 0 两点间边的集合

4. **for** $i \in (0, 2^{|S|})$ **do**

5.   **for** $j \in (i+1, 2^{|S|})$ **do** //两种票型下源节点票型对比，若只有一个源节点不同，则该节点为关键决策点 major

6.   count $\leftarrow 0$；

7. $C \leftarrow []$；//存储所有票型不同节点

8.   **for** $s \in (0, |S|)$ **do**

9.   **if** $\mathbf{A}[i][s]! = \mathbf{A}[j][s]$ **then**

10.   major $\leftarrow s$；

11.   count $++$；

12. C.append(s)；

13.   **if** count $== 1$ **then**

14.   **for** $p \in (s, n)$ **do**

15.　　　　　**if** $\mathbf{A}[i][p]! = \mathbf{A}[j][p]$ **then** $C.\text{append}(s)$;

16.　　　　$G' \leftarrow C$ 在 G 中的导出子图去掉在 E' 中的边

17.　　　　$\mathbf{B}[i][\text{major}], \mathbf{B}[j][\text{major}] \leftarrow G'$;

18.　　　　$\mathbf{B}[i][\text{major}], \mathbf{B}[j][\text{major}] \leftarrow G$;

19. **return** $\mathbf{B}$;

控制传递指数算法（算法 10.1.4）基于算法 10.1.3 提供的传递关键决策子图集合，可以获得任意两点间任意票型任意源节点变化下的关键决策传递路径，因此可以判断两点是否传递关键决策，并进一步计算得到控制传递指数。其具体步骤如下：

（1）在公司股权网络 $G(V,E)$ 中得到起始节点 v_k 到目标节点 v_t 的所有路径 $P(k,t)$；

（2）对任意票型任意源节点变化下的关键决策传递路径，检查其中是否存在 $P(k,t)$ 中的一条或多条路径，若存在则计数，以此表示该票型下两点传递关键决策；

（3）用计数总和除以票型总数得到控制传递指数 $\text{Cti}(k,t)$。

控制传递指数算法伪代码如算法 10.1.4 所示。

算法 10.1.4　控制传递指数算法（CTI）

输入：股权网络 $G(V,E)$，起始节点 v_k，目标节点 v_t

输出：控制传递指数 $\text{Cti}(k,t)$

1. $P(k,t) \leftarrow$ All paths between v_k and v_t in G; //传递图中节点 v_k 到节点 v_t 之间的所有路径

2. $B \leftarrow \text{SCS}(G)$; //传递关键决策的子图的集合 B

3. $\text{count} \leftarrow 0$; //两点关键决策传递数量

4. **for** $b \in B$ **do**

5.　**if** $\exists p \in P(k,t)$ and $p \in b$ **then** $\text{count} ++$; //判断该票型下两点是否传递关键决策

6. $\text{Cti}(k,t) \leftarrow \text{count} / 2^{|s|}$;

7. **return** $\text{Cti}(k,t)$;

由控制传递指数的定义及算法可以看出，控制传递指数与以往方法的不同之处在于它能够衡量所有节点间控制关联的强弱程度，这是发现关键控制结构的前提条件，原因是关键控制路径、公司控制社区分析的对象不一定包括源节点，分析非源节点间的关键控制路径和公司控制社区首先需要有度量非源节点间控制关联的标准。于是本章在提出关键控制结构发现算法之前首先提出了控制传递指数的概念及算法。根据控制传递指数可以很方便地得到所有公司中对目标公司控制传递指数最大的公司，即可视为目标公司的实际控制人的公司。

10.1.4.3　关键控制路径算法

股权网络中源节点的决策传递至中间节点后，可能会通过多条持股路径传递至目标节点。因为不同路径对决策的传递强度不同，所以需要确定更为关键的决策传递路径，这对风险处理具有重要作用。关键控制路径主要是指两节点之间的持股路径所蕴含的重要控制传递链路。根据上一小节中路径关键决策传递的概念，引入路径控制度，以便衡量关联路径对关键决策的传递作用大小，并最终通过传递作用大小发现关键控制路径。

定义 10.1.5（路径控制度）　给定起始节点 v_k 和目标节点 v_t，称其任意关联路径 p 在所有

票型中传递关键决策的次数占比为路径控制（传递）度，其形式化表示为 $\mathrm{Pci}_p = \dfrac{1}{2^S} \displaystyle\sum_{X^S \in \{0,1\}^S} d_p^{X^S}$，

其中，Pci_p 表示 v_k 到 v_t 某一路径 p 的路径控制度，$\mathrm{Pci}_p \in [0,1]$，其取值越大表示该路径对两公司间控制传递的作用越强，取值越小表示该路径对两公司间控制传递的作用越弱。对比定义 10.1.5 与定义 10.1.4 可知，对任意节点 v_k、v_t 及其某一路径 p，都有 $\mathrm{Pci}_p \leqslant \mathrm{Cti}(k,t)$，原因在于 v_k 和 v_t 控制传递指数依赖于多条路径传递关键决策，而非仅限于路径 p。

定义 10.1.6（关键控制路径）　给定公司股权网络 $G(V,E)$，起始节点 v_k 和目标节点 v_t 及整数 k（$k \geqslant 1$），v_k 到 v_t 的关键控制路径为两点之间 Top-k 条路径控制度最大的路径，即按照路径控制度递减顺序排列的前 k 条路径。

下面介绍关键控制路径发现（CCP）算法（其伪代码如算法 10.1.5 所示），即给定起始节点 v_k 和目标节点 v_t，找到两点之间 Top-k 条路径控制度最大的路径及对应的路径控制度。其具体步骤如下（以例 10.1.4 作为辅助说明）：

（1）在股权网络 G 中，使用查询函数 find，得到 v_k 到 v_t 的所有路径 $P(k,t)$；

（2）使用 SCS 算法发现传递关键决策子图集合 B；

（3）根据集合 B 计算任意路径 $p \in P(k,t)$ 的路径控制度；

（4）按路径控制度降序排列，构建排序函数 sort，输入所有的路径及其控制度，返回排序后的路径及其控制度（如果路径控制度相同，那么再依据持股比例由高到低进行排序）；

（5）输出 Top-k 条关键控制路径及其控制度。

关键控制路径发现算法伪代码如算法 10.1.5 所示。

算法 10.1.5　关键控制路径发现算法（CCP）

输入：股权网络 $G(V,E)$，起始节点 v_k，目标节点 v_t，k

输出：Top-k 关键控制路径 $p_{kt}^1, p_{kt}^2, \ldots, p_{kt}^k$ 及其路径控制度

1.　$P(k,t) \leftarrow \mathrm{find}(G, v_k, v_t)$；//在股权网络 G 上使用查询函数，存储 v_k 到 v_t 的所有路径 $P(k,t)$

2.　$\mathrm{Pci} \leftarrow \{\}$；//存储所有路径及对应路径控制度

3.　$B \leftarrow \mathrm{SCS}(G)$；//传递关键决策的子图的集合 B

4.　**for** $p \in P(k,t)$ **do**

5.　　$\mathrm{count} \leftarrow 0$；

6.　　**for** $b \in B$ **do**

7.　　　**if** $p \in b$ **then** $\mathrm{count}++$；

8.　　$\mathrm{Pci}[p] \leftarrow \mathrm{count} / 2^{|S|}$；

9.　　$\mathrm{Pci} \leftarrow \mathrm{sort}(\mathrm{Pci})$；//按控制度降序排列路径及其控制度

10.　**return** $\mathrm{Pci}[:k]$；

例 10.1.4　下面结合图 10-13 所示的股权网络，对上述算法的应用进行说明。在如图 10-13 所示的股权网络中，节点 1 到节点 3 在图 G 中共有 3 条路径，其路径集合 $P(1,3) = \{1-3, 1-2-3, 1-2-4-3\}$；使用 SCS 算法发现传递关键决策子图集合 B；由定义 10.1.5 可知 $\mathrm{Pci}_{1-3} = \dfrac{12}{16} = 0.75$，$\mathrm{Pci}_{1-2-3} = \dfrac{8}{16} = 0.5$，$\mathrm{Pci}_{1-2-4-3} = \dfrac{0}{16} = 0$；因此节点 1 到节点 3 的 Top-2

关键控制路径为 1－3（路径控制度为 0.75）和 1－2－3（路径控制度为 0.5）。

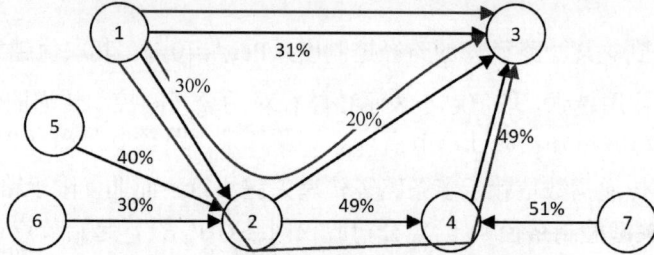

图 10-13　关键控制路径发现算法应用示例

10.1.4.4　公司控制社区算法

公司控制社区主要是指由控制关系紧密的多个公司构成的控制网络。控制关系紧密体现在这些公司共同被最终持有人关键决策影响的概率很大。股权网络中的公司控制社区更为精准地划分了公司决策影响的范围，在一定程度上体现了公司行业影响力、摆脱税务监管的能力，对行业投资管理和政府监管具有重要意义。因此本小节引入多点关键决策传播、群体控制度、公司控制社区的相关定义，通过多点关键决策传播的相关概念，以群体控制度描述多个关键点作为群体对公司间控制关系紧密程度的影响，从而发现公司控制社区。

定义 10.1.7（多点关键决策传播）　对于股权网络 G 中某弱连通图的所有节点而言，在某票型 $X^S \in \{0,1\}^S$ 下，若节点均共同被关键决策影响，则称该票型下这些节点构成的群体 nodes 传播了关键决策。其形式化表示如式（10-1-11）所示：

$$d_{\text{comm}}^{X^S} = \begin{cases} 1, \text{if } \forall k \in \text{comm}, \exists t \in k's \text{ neighbors}, d^{X^S}(k,t) = \text{lord}^{X^S}(k,t) = 1 \\ 0, \text{otherwise} \end{cases} \quad (10\text{-}1\text{-}11)$$

其中，$d_{\text{comm}}^{X^S}$ 表示节点 comm 在票型 X^S 下是否传播关键决策，若其值为 1，则表示它们传播关键决策，若其值为 0，则表示其未传播关键决策。该定义指出，节点构成社区的前提条件是其在股权网络中的导出子图为弱连通图。由定义 10.1.2、定义 10.1.3 及该定义进一步可知，多点关键决策传播的条件为对于所有节点而言，其要么向群体 nodes 内的其他节点传播关键决策，要么被群体 nodes 内的其他节点传播关键决策。这是因为根据公司投票规则，某票型下在传播关键决策的社区内，节点投票状态的改变一定是其子节点投票状态改变的原因或者是其父节点投票状态改变的结果。

定义 10.1.8（群体控制度）　多点 nodes 的群体控制度为在所有票型中，多点关键决策传播的次数占比，其形式化表示如式（10-1-12）所示：

$$\text{Cci}_{\text{comm}} = \frac{1}{2^S} \sum_{X^S \in \{0,1\}^S} d_{\text{comm}}^{X^S} \quad (10\text{-}1\text{-}12)$$

其中，Cci_{comm} 表示社区 comm 的群体控制度，$\text{Cci}_{\text{comm}} \in [0,1]$，其取值越大表示群体 nodes 的公司间控制关系越紧密，取值越小表示群体内公司间控制关系越疏远。

定义 10.1.9（公司控制社区）　给定公司股权网络 $G = (V,E)$ 及群体控制度阈值 θ，公司控制社区即为股权网络 G 中控制度大于或等于控制度阈值 θ 的公司群体。

在股权网络中发现公司控制社区并不是一个容易解决的问题。由于股权网络中包含的弱连通图很多，因此穷举所有弱连通图并计算其群体控制度以检查是否满足阈值的代价很大。现有的社区发现算法是基于特定指标来设计的，未能考虑控制度的特殊计算方式，因此无法直接应用于发现股权网络中公司控制社区的现实场景。

对比控制度和控制传递指数的定义可以看出：对于由两节点组成的群体而言，群体控制度 $\mathrm{Cci}_{2\text{-nodescomm}} \leqslant$ 控制传递指数 $\mathrm{Cti}(k,t)$；对于由 $k(k \geqslant 2)$ 个节点与 $k+1$ 个节点组成的群体而言，$\mathrm{Cci}_{(k+1)\text{-nodescomm}} \leqslant \mathrm{Cci}_{k\text{-nodescomm}}$。因此可以推导出，如果由 $k+1$ 个节点组成的社区能满足控制度阈值，那么由 k 个节点组成的社区也一定能满足控制度阈值。因此可以考虑通过由 $k(k \geqslant 2)$ 个节点组成的公司控制社区融合得到由 $k+1$ 个节点组成的公司控制社区。也就是说，将具有 $k-1$ 个共同节点的公司控制社区组成群体，检查这个群体是否满足控制度阈值，如果满足，那么它就是由 $k+1$ 个节点组成的公司控制社区。

下面介绍公司控制社区发现（CCC）算法（其伪代码如算法 10.1.6 所示），即给定股权网络 $G = (V,E)$，公司控制度阈值 θ，得到公司控制社区集合 C（假定节点个数 $k = 2$）。其具体步骤如下：

（1）将 G 中所有边上的点组成为两节点社区，通过式（10-1-12）构建 calculate 函数，计算群体控制度，除去不满足条件的社区后得到公司控制社区 comm，并将其添加到公司控制社区集合 C 中；

（2）设定 merge 函数，将 comm 中的社区两两融合（两个 k-nodescomm 之间存在 $k-1$ 个共同的节点）并判断新社区的群体控制度是否大于或等于阈值，满足条件的社区为 $(k+1)$-nodescomm，将其记为 comm 并加入集合 C 中；

（3）重复上一步，直至 comm 中只有一个社区；

（4）设定 deduplication 函数，除去集合 C 中被包含在大社区中的小社区，得到最终结果。

公司控制社区算法伪代码如算法 10.1.6 所示。

算法 10.1.6 公司控制社区发现算法（CCC）

输入：股权网络 $G(V,E)$，群体控制度阈值 θ

输出：公司控制社区集合 C

1. $C \leftarrow \{\}$；//存储公司控制社区
2. $\mathrm{comm}_{k\text{-nodes}} \leftarrow \{\}$；//存储公司控制社区中的节点
3. $\mathrm{SG} \leftarrow \mathrm{SCS}(G)$；//传递关键决策的子图集合 SG
4. $k \leftarrow 2$；//假定社区节点个数为 2
5. **for** (i,j) in $G.\mathrm{edges}$ **do** //初始化得到两节点社区
    $\mathrm{Gcd}_{(i,j)} \leftarrow \mathrm{calculate}(i,j,\mathrm{SG})$；//通过子图集合计算对应群体控制度
6. **if** $\mathrm{Gcd}_{(i,j)} \geqslant \theta$ **then**
7. $\mathrm{coom}_{k\text{-nodes}} \leftarrow \mathrm{coom}_{k\text{-nodes}} + (i,j)$；
8. $C \leftarrow C + \mathrm{coom}_{k\text{-nodes}}$；
9. **while** $|\mathrm{coom}_{k\text{-nodes}}| \geqslant 2$ **do** //由 $\mathrm{coom}_{k\text{-nodes}}$ 得到 $\mathrm{coom}_{(k+1)\text{-nodes}}$
10. $\mathrm{coom}_{(k+1)\text{-nodes}} \leftarrow \{\}$；
11.   **for** i in $\mathrm{coom}_{k\text{-nodes}}$ **do**
12.   **for** j in $\mathrm{coom}_{k\text{-nodes}}$ **do**

13.	**if** $i_{(k-1)\text{-nodes}} == j_{(k-1)\text{-nodes}}$ **then**
14.	$\text{temp} \leftarrow \text{merge}(i, j)$; // $\text{coom}_{k\text{-nodes}}$ 融合
15.	**if** $\text{Gcd}_{\text{temp}} \geq \theta$ **then** //新群体需满足阈值
16.	$\text{coom}_{(k+1)\text{-nodes}} \leftarrow \text{coom}_{(k+1)\text{-nodes}} + \text{temp}$;
17.	$C \leftarrow C + \text{coom}_{(k+1)\text{-nodes}}$;
18.	$k \leftarrow k + 1$;
19.	$C \leftarrow \text{deduplication}(C)$; //去重
20.	**return** C ;

例 10.1.5　在如图 10-14 所示的股权网络中，给定群体控制度阈值 $\theta = 0.5$，以发现公司控制社区。首先，将 G 中所有边上的点组成为两节点社区，本例中共得到 8 个两节点社区，计算其群体控制度，分别为（1，3：0.75）、（1，2：0.5）、（2，3：0.625）、（5，2：0.5）、（6，2：0.5）、（7，4：1）、（2，4：0）和（4，3：0.25），因此满足条件的公司控制社区有（1，3）、（1，2）、（2，3）、（5，2）、（6，2）和（7，4）；然后，将有 1 个共同节点的两节点社区两两融合，并计算群体控制度，分别为（1，2，3：0.5）、（1，5，2：0）、（1，6，2：0）、（5，2，3：0.25）、（6，2，3：0.25）和（5，6，2：0），满足条件的仅有（1，2，3），所以无须重复本步骤；最后，由上述操作可得，满足条件的社区有（1，3）、（1，2）、（2，3）、（5，2）、（6，2）、（7，4）和（1，2，3），去除其中被包含在大社区中的小社区（1，3）、（1，2）和（2，3），最终得到的公司控制社区包括（5，2）（6，2）（7，4）和（1，2，3）。

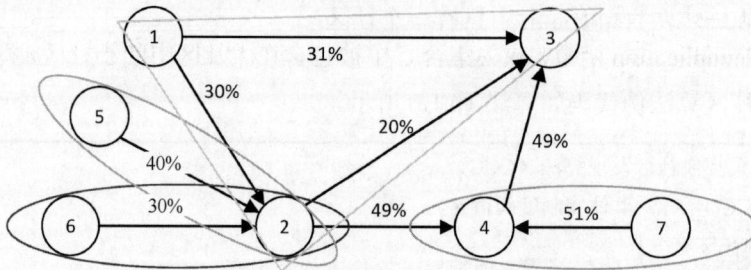

图 10-14　公司控制社区发现算法应用示例

根据例 10.1.4 中提到的节点 1 到节点 3 的 TOP-2 关键控制路径为 1−3（路径控制度为 0.75）和 1−2−3（路径控制度为 0.5），对公司控制社区中的（1，2，3）进一步分析可以发现，该社区形成的原因主要是 2 通过关键路径 1-2 被 1 在一定程度上控制，3 通过路径 1-2 被 1 在一定程度上控制。

10.1.5　基于金融图立方的舆情风险预测技术

金融新闻作为投资者了解公司、行业乃至金融市场的经营运行状况的主要信息源，是投资者进行资产配置的重要参考，在一定程度上反映了新闻相关实体的金融舆情风险。已有研究发现了金融新闻与风险指标之间存在的关联性。Hisano 等人[10]利用主题模型从金融新闻流中提取出了解释金融市场异常波动的信号。Atkins 等人[11]则通过构建机器学习模型进一步证明了金融新闻相较于市场历史价格能更好地预测股市波动情况。量化金融新闻对特定公司的影响是预测公司金融舆情风险的关键。Chang 等人[12]研究了针对目标公司的新闻文本表示模型，以对金融新闻的信息内容进行预测。金融新闻的影响具有长期性，而且由于金融市场主体间的关联性，因此新闻舆情的影响会在公司间传导扩散。因此，本节聚焦于挖掘新闻文本中的风险信息，并融合知识关联与新闻影响的时序传导特性对目标公司的舆情风险进行预测，与前文舆情监测部分不同的是，本部分将侧重于面向实际金融领域中的应用场景进行介绍。

　　下面以安邦保险的情况作为案例，辅助说明金融机构对于新闻舆情风险预测功能的需求。图 10-15（a）列举了部分金融新闻及新闻涉及的公司，图 10-15（b）为部分公司间的关联。由图 10-15 可知，2018 年 2 月 23 日某保险集团被中国银行保险监督管理委员会实施接管，该新闻给保险、银行、房地产等多个行业带来负面影响。如图 10-15（c）所示，持股某保险的民生银行、招商银行及与招商银行同属一个集团的招商局港口均股价大跌。尽管 2 月 26 日招商局港口出现相关利好新闻，但受某保险舆情的负面影响，其股价仍不断走低，直到 3 月 7 日公司年报发布后才有所好转。

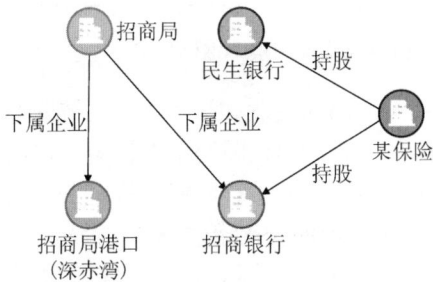

(a) 公司相关新闻

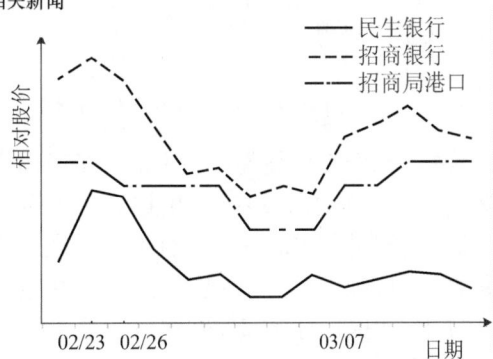

(b) 公司间关联

(c) 公司相对股价走势

图 10-15　某保险案例分析

　　上述案例体现了金融实体间的多维度知识关联，说明了公司在某时刻的风险状态是一段时间内公司自身及关联实体的相关新闻事件交互叠加影响的结果，而且新闻事件对公司的影响与公司涉及行业的关联知识密切相关，这种影响在传导过程中会随时间和关联类型发生动态变化。因此，本节将介绍如何引入公司外部关联知识，从而更精准地学习金融新闻对目标公司的向量表示，以及在此基础上考虑如何通过时间因素建模舆情风险在关联公司间的传导过程。

　　在实际场景中，金融新闻文本及公司关联知识涉及的领域广而且外部关联知识通常为非欧氏数据，一般方法难以有效对二者进行编码表示。另外，新闻舆情的影响具有长期性和时变性，舆情风险传导机制又很复杂，一般研究未能将新闻序列与公司关联网络融合，因此难以发现时序因素和公司关联与新闻风险之间的深层交互特征。针对以上问题，本节将引入一种融合知识关联与时序传导的金融舆情风险预测模型。该模型的总体框架如图 10-16 所示，其一共包含三部分，分别是：新闻舆情与知识图谱数据资源、引入外部知识的金融新闻表示和金融舆情风险时序传导与预测。

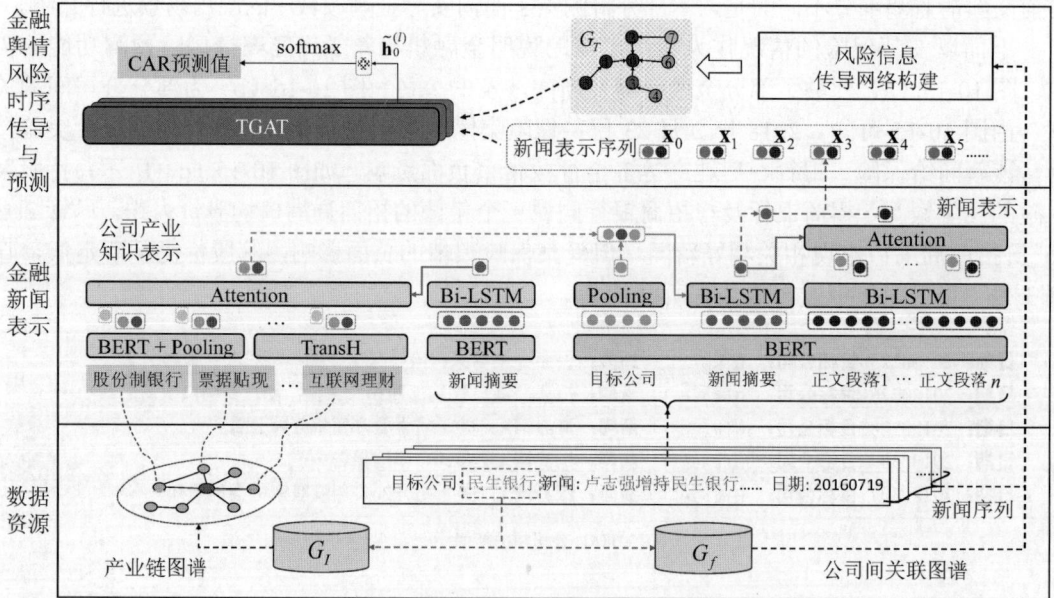

图 10-16　融合知识关联与时序传导的金融舆情风险预测模型整体框架

首先，对于金融新闻序列中的一条新闻样例，引入外部的关联知识（如产业链图谱等），以学习金融新闻的向量表示。根据该新闻的目标公司在产业链知识图谱中查询该公司的外部关联知识，对外部关联知识进行表示并嵌入新闻文本表示中，进而获取针对特定公司的金融新闻表示向量。在这一环节定义了一种融合外部关联知识的金融新闻表示方法，其基于 TransH 和 BERT 对外部关联知识的结构与语义特征进行编码，并利用注意力机制进行特征融合，以便学习相关金融新闻针对特定公司的风险信息表示。基于知识关联查询金融新闻涉及的特定公司的相关外部关联知识，并根据公司背景知识与新闻内容的深层语义关联挖掘金融新闻中特定公司的风险信息，从而将特定公司外部关联知识嵌入文本表示中作为金融新闻针对特定公司的表示。选取上市公司产业链知识图谱作为外部关联知识，利用知识图谱表示技术和大规模预训练文本表示模型，对上述多源异构的数据进行编码，并基于注意力机制进行特征融合，进而学习金融新闻的表示，最终以此为基础进一步研究风险信息的传导过程。

然后，对于给定目标公司，建模相关风险信息的时序传导过程，以预测该公司在某时刻的舆情风险。本节定义了一种建模金融舆情风险时序传导的方法，其将与个体相关的金融新闻表示作为该个体在某一时刻的风险信息表示，利用个体间关联及金融新闻间的时序关联构建风险信息传导网络，基于时序图神经网络研究风险信息传导过程中时间因素和关联性因素间复杂的交互特征，通过对不同关联实体的历史风险信号进行汇聚，从而预测目标个体的风险水平。根据目标公司和公司间关联图谱获取该公司及其关联公司在该时刻前的金融新闻序列，结合对应的公司间关联将金融新闻序列组织成风险信息传导网络，并将金融新闻表示作为风险信息传到网络中的对应节点进行表示，最后通过 TGAT 学习该公司的风险表示并对风险指标进行预测。基于图神经网络归因技术的风险传导路径分析方法，结合预测结果的事后可解释性，从模型可解释性角度为金融风险的防范与化解提供了决策支持。

接下来对该模型涉及的相关概念（如舆情风险、风险相关指数等）及关键技术（如新闻表示学习、传导预测等）进行具体介绍。

1. 金融舆情风险

在金融领域，风险被定义为偏离预期收益的可能性[13]，而舆情风险则是指由于舆情事件的影响造成公司股票或资产组合价值偏离预期的可能，常用的衡量指标有波动性、累计异常收益等。

波动性（volatility）是指一段时间内金融资产收益的标准差，常用来表示金融资产在较长时间内的风险水平。Tsai[14]等人将一年内股票收益的波动性作为公司金融风险的代理变量，研究了上市公司年度综合报告中的文本情感特征与金融风险的关系。Lin 等人[15]则在此基础上构建了深度学习模型，进一步预测公司相对风险水平，以便发现高风险企业。

累积异常收益（Cumulative Abnormal Return，CAR）指一段时间内实际收益率相较于期望收益率的偏差，是研究特定事件对公司股票价格短期影响的常用分析指标[16]。当累积异常收益为正值时，表明事件对公司产生了正面影响，反之则为负面影响。因此，可以考虑采用 CAR 作为预测指标，量化新闻舆情对特定公司收益的影响。

本小节主要分析时序高频的金融新闻对特定公司造成的舆情风险，进而构建舆情风险预测模型，因此需要一个能够快速反映舆情产生的影响并且尽可能地排除市场中其他共性因素的指标。综上所述，本小节采用 CAR 作为风险的预测指标。CAR 是对事件窗口内公司的异常收益的累加，具体计算如式（10-1-13）到式（10-1-15）所示，其中，P_{t_n} 为公司股票在 t_n 的收盘价，R_{t_n} 为该时刻的收益率，$\hat{R}_{t_n}$ 为同一时刻的期望收益率，异常收益（Abnormal Return，AR）是指公司股票每日实际价格的收益率与期望收益率的差值，通常采用市场指数的收益率作为期望收益率[17]，且将事件窗口长度 t_n 定为 3。

$$R_{t_n} = \frac{P_{t_n} - P_{t_{n-1}}}{P_{t_{n-1}}} \tag{10-1-13}$$

$$AR_{t_n} = R_{t_n} - \hat{R}_{t_n} \tag{10-1-14}$$

$$CAR_{t_n} = AR_{t_{n-1}} + AR_{t_n} + AR_{t_{n+1}} \tag{10-1-15}$$

2. 相关定义

定义 10.1.10（公司间关联图谱）　公司间关联图为有向图 $G_f(V_f, E_f, \boldsymbol{\Phi}_f, \boldsymbol{\Psi}_f)$，其中，$V_f$ 为公司节点集合；$E_f \subseteq V_f \times V_f$ 为公司间关联边集合；设 L_f 为公司名称标签集合，函数 $\boldsymbol{\Phi}_f: V_f \to L_f$ 为公司节点到公司名称的映射；设 R_f 为公司关联类型集合，函数 $\boldsymbol{\Psi}_f: E_f \to R_f$ 为边到公司关联类型的映射。

定义 10.1.11（公司产业链图谱）　公司产业链图谱为有向图 $G_I(V_I, E_I, \boldsymbol{\Phi}_I, \boldsymbol{\Psi}_I)$，其中，设 V_{ind} 为图谱中行业节点集合，$V_I = V_f \bigcup V_{\mathrm{ind}}$ 为图谱中的点集；$E_I \subseteq (V_f \times V_{\mathrm{ind}}) \bigcup (V_{\mathrm{ind}} \times V_{\mathrm{ind}})$ 为图

谱中的边集，包括图谱中公司与行业的"涉及"关系及行业间"上下游"关系；设 L_I 为图谱（节点，名称）标签集合，函数 $\Phi_I: V_I \to L_I$ 为图谱节点到（节点，名称）的映射；设 R_I 为图谱关系边类型集合，函数 $\Psi_I: E_I \to R_I$ 为图谱中边到边类型的映射。

定义 10.1.12（金融新闻数据集）　金融新闻数据集 $D = \{news_i\}_{i=1}^n$，对于金融新闻 $news_i = (t_i, v_i, abstract_i, content_i)$，$t_i$ 为新闻的发布日期，$v_i \in V_f$ 为与新闻相关的公司，$abstract_i$ 为新闻摘要文本，$content_i = \{para_j\}_{j=1}^m$ 为新闻正文部分，$para_j$ 为新闻正文中的段落文本。

在文本处理方面，为给定公司 $v_i \in V_f$，交易日 t_k，利用 v_i 及其关联公司在 t_k 前一段时间内的相关金融新闻子集 $S_{i,k} \subseteq D$ 及公司间关联和外部产业知识学习风险表示向量 $\tilde{h}_{i,k}^f \in \mathbb{R}^{d_f}$，并通过 $\tilde{h}_{i,k}^f$ 预测 v_i 在 t_k 时刻的累积异常收益为正值或负值的可能性，作为对公司 v_i 的风险判断，其形式化表示为 $\Pr(y \mid \tilde{h}_{i,k}^f) = softmax(\tilde{h}_{i,k}^f \mathbf{W} + b), y \in \{0,1\}$，其中，$\mathbf{W} \in \mathbb{R}^{d_f \times 2}$ 为权重矩阵，$b \in \mathbb{R}^2$ 为偏置向量。

3. 引入外部知识的金融新闻表示学习

在金融新闻中通常会提及多家公司，同时会陈述一些与领域概念相关的事实和观点，由于公司间业务背景及上下文语义倾向的差异，因此同一条新闻对两家公司产生的影响也不尽相同。所以，有必要结合公司涉及的行业等外部关联知识学习针对特定公司的新闻表示，以便量化新闻对公司的影响，进而支持下游任务。将 BERT 作为底层文本嵌入模型，通过构建基于注意力机制的公司产业编码器，将公司产业背景融入金融新闻表示向量。引入外部知识的金融新闻表示学习模块，其结构如图 10-16 中金融新闻表示部分所示，给定新闻元组 $news_i = (t_i, v_i, abstract_i, content_i)$ 及上市公司产业链图谱 G_I，学习金融新闻的分布式表示 x_i。下面介绍引入外部知识并进行学习的具体步骤：

（1）新闻文本嵌入：针对静态词嵌入模型，在中文金融领域文本应用中存在分词误差、一词多义等问题，因此本小节将 BERT 作为基本的词嵌入模型，通过其捕获文本上下文的语义信息，实现对词语的动态嵌入。为了能够更好地理解金融语义以适用于金融领域任务，本小节采用基于金融领域中文语料预训练的 FinBERT，对目标公司名称、新闻文本、产业节点标签进行编码，并将其嵌入相同语义空间中。FinBERT 采用 12 层 Transformer 结构，基于金融财经新闻、上市公司公告、金融百科词条等三大类语料预训练数据集得到了 768 维动态词嵌入表示。

（2）基于注意力机制的公司产业编码：公司关联产业链要素是投融资领域的一项重要参考信息。在投资者对目标公司进行风险评判时，与新闻内容有关的行业通常会被重点关注。因此，需要通过注意力机制根据新闻主要内容对目标公司涉及的产业信息进行选择性聚合。具体步骤如下：

- 对产业链图谱中的行业节点及新闻主要内容进行编码。考虑到产业链图谱中的不同行业，在产业链中具有相似位置或相似标签的行业间应具有较高的相似度，因此本小节从产业链结构和语义两方面对产业链图谱中的行业节点进行表征。对于产业链图谱中的行业节点 $v_i \in V_{ind}$，由于图谱中节点之间大多为一对多的关系，因此利用 TransH 模型学习节点 v_i 的产业链结构特征 $f_i \in \mathbb{R}^{d_{trans}}$；为了与新闻文本编码相适应，将行业节点标签的 BERT 字向量进行平均池化，作为节点的语义特征 $f'_i \in \mathbb{R}^{d_{\text{bert}}}$ 。至于新闻主要内容，这里采用 Bi-LSTM 模型对新闻摘要部分进行编码，作为粗粒度的新闻表示 $\tilde{x}^{\text{abs}} \in \mathbb{R}^{d_h}$ 。

- 根据目标企业格式，在 G_I 中查询出公司涉及的行业节点集合 $V_k^{\text{ind}} = \{v_1,...,v_N\}$ ，将这些节点相应的特征向量作为注意力机制的输入，其形式化表示如式（10-1-16）和式（10-1-17）所示：

$$\mathbf{Z}_{\text{ind}}^{\text{trans}} = [f_1,...,f_N]^{\text{T}} \in \mathbb{R}^{N \times d_{\text{trans}}} \tag{10-1-16}$$

$$\mathbf{Z}_{\text{ind}}^{\text{bert}} = [f'_1,...,f'_N]^{\text{T}} \in \mathbb{R}^{N \times d_{\text{bert}}} \tag{10-1-17}$$

分别对 $\tilde{x}^{\text{abs}}$ 、 $\mathbf{Z}_{\text{ind}}^{\text{bert}}$ 和 $\mathbf{Z}_{\text{ind}} = [\mathbf{Z}_{\text{ind}}^{\text{trans}} \| \mathbf{Z}_{\text{ind}}^{\text{bert}}]$ 进行线性变换，作为注意力机制中的查询（query）、键（key）和值（value），其形式化表示如式（10-1-18）、式（10-1-19）和式（10-1-20）所示：

$$q^{\text{ind}} = \tilde{x}^{\text{abs}} \mathbf{W}_Q^{\text{ind}} \tag{10-1-18}$$

$$\mathbf{K}^{\text{ind}} = \mathbf{Z}_{\text{ind}}^{\text{bert}} \mathbf{W}_K^{\text{ind}} \tag{10-1-19}$$

$$\mathbf{V}^{\text{ind}} = \mathbf{Z}_{\text{ind}} \mathbf{W}_V^{\text{ind}} \tag{10-1-20}$$

其中， $\mathbf{W}_Q^{\text{ind}} \in \mathbb{R}^{d_h \times d_h}$ 、 $\mathbf{W}_K^{\text{ind}} \in \mathbb{R}^{d_{\text{bert}} \times d_h}$ 和 $\mathbf{W}_V^{\text{ind}} \in \mathbb{R}^{(d_{\text{trans}} + d_{\text{bert}}) \times d_h}$ 为权重矩阵，用于构建输入向量在不同维度之间的交互特征。通过注意力机制对各个行业节点表示进行聚合，得到公司最终的产业表示 $r^{\text{ind}} \in \mathbb{R}^{d_h}$ ，其形式化表示如式（10-1-21）所示：

$$r^{\text{ind}} = \text{Attn}(q^{\text{ind}}, \mathbf{K}^{\text{ind}}, \mathbf{V}^{\text{ind}}) \tag{10-1-21}$$

注意力机制的计算过程如式（10-1-22）到式（10-1-24）所示，其首先通过评分函数计算查询对权重矩阵 $\mathbf{W}$ 中每个键的分数，这里采用加性注意力作为评分函数；然后通过 softmax 函数对每个键的分数进行归一化，得到对应的注意力权重；最后对各个值进行加权求和，作为注意力机制的输出。

$$\text{Score}(q, \mathbf{K}_i) = \mathbf{W}^{\text{T}} \tanh(q\mathbf{W}_1 + \mathbf{K}_i\mathbf{W}_2 + b) \tag{10-1-22}$$

$$\alpha_i = \text{softmax}(Score_i) = \frac{\exp(\text{Score}_i)}{\sum_j \exp(\text{Score}_j)} \tag{10-1-23}$$

$$\text{Attn}(q, \mathbf{K}, \mathbf{V}) = \sum_i \alpha_i \cdot \mathbf{V}_i \tag{10-1-24}$$

（3）金融新闻表示学习：金融新闻主体包括新闻摘要和正文两部分，其中，摘要概括了新闻的主要信息；正文则会提及更多相关概念，涵盖更多细节信息。为了尽可能全面地从新闻中提取与特定目标公司相关的风险信息，减少无关信息的干扰，本小节引入公司产业表示作为目标公司外部知识，对目标公司表示向量进行增强，然后利用目标公司分布式表示对新闻摘要进行条件编码，进而指导新闻正文信息的选择性聚合，最终学习金融新闻针对目标公司的风险信息表示。

对于新闻摘要部分，可以采用 Bi-LSTM 作为基础模型进行表示。首先，对目标公司 v_k 利用 BERT 层获取公司名称 $\Phi_f(v_k)$ 字向量并进行平均池化，作为公司字面表示 $r^{\text{literal}} \in \mathbb{R}^{d_{\text{bert}}}$ 。然后，利用线性变换将字面表示与产业表示进行融合，作为公司表示 $r_f \in \mathbb{R}^{d_h}$ ，其形式化表示如式（10-1-25）所示：

$$r_f = [r^{\text{literal}} \| r^{\text{ind}}]\mathbf{W}_f + b_f \tag{10-1-25}$$

其中，$\mathbf{W}_f \in \mathbb{R}^{(d_{\text{bert}}+d_{\text{trans}})\times d_h}$ 和 $b_f \in \mathbb{R}^{d_h}$ 为线性变换的权重矩阵，用于构建公司字面表示与产业表示间的交互特征。最后，将 r_f 作为 Bi-LSTM 模型的初始状态，对摘要文本序列进行编码，输出新闻摘要针对目标公司的条件表示 $x^{\text{abs}} \in \mathbb{R}^{d_h}$。

因为新闻正文由多个在语义表达上相对较为独立的段落组成，所以要首先对每个段落的文本序列分别进行单独编码，然后通过摘要表示对各段落信息进行聚合，最后得到正文表示。对于新闻正文段落 para_i，同样可以采用 Bi-LSTM 对其字向量序列进行编码，得到段落表示 $x_i^{\text{para}} \in \mathbb{R}^{d_h}$；然后通过式（10-1-22）和式（10-1-23）计算 x^{abs} 对 x_i^{para} 的注意力分数 α_i，并对各个段落表示加权求和，作为新闻正文表示 $\tilde{x} \in \mathbb{R}^{d_h}$；最后，新闻的最终表示向量为摘要表示与正文表示的拼接，即 $x = [x^{\text{abs}} \| \tilde{x}]$。

新闻内容编码主要分为序列编码层和注意力机制两部分，其中，序列编码层采用 Bi-LSTM 模型对新闻摘要进行编码，并将 Bi-LSTM 的最终状态输出，作为注意力机制部分的查询 query，使注意力机制部分能够根据新闻内容对公司涉及产业分配注意力权重。注意力机制包括节点表示层与注意力融合层两部分，节点表示层利用 BERT 结合平均池化，将产业节点文本编码作为节点的键值 key，将节点 TransH 表示作为产业节点赋值 value，然后由注意力融合层对节点表示进行加权融合，最后输出公司外部产业知识表示向量。

4. 金融舆情风险时序传导与预测

新闻事件的影响会随时间动态变化，而且这种影响会在关联公司间传导。为分析舆情风险的溢出效应和时变性，以便对公司风险进行预测，需要引入公司间关联，将新闻表示作为公司节点在特定时间的风险信息表示，并构建风险信息传导网络，通过时序图注意力网络（Temporal Graph Attention, TGAT）预测时序节点对应的公司风险指标。下面针对金融舆情风险时序传导与预测的设计步骤进行详细介绍。其具体步骤如下：

（1）基于公司间关联的风险信息传导网络构建：新闻发布后产生的影响具有持续性和时变性，这种影响会通过公司间关联进行传递，即公司在某个时刻的风险是由前一段时间内自身及关联图谱中相邻公司风险信息聚合的结果。因此，可以根据时序新闻序列和公司间关联图谱，基于 BFS 构建风险信息传导网络。

风险信息传导网络可以表示为 $G_T(V_T, E_T, \Phi_T, \psi_T)$，其中，$V_T$ 为风险信息节点集合，Φ_T 为节点属性的映射，E_T 为风险信息传导边集，ψ_T 为边集属性映射。对于每个节点 $u_{j,m} \in V_T$，均有一个公司节点 $v_j \in V_f$、新闻元组 $\text{news}_m \in S_k$、时间戳 t_m 与之对应，即 $\Phi_T(u_{j,m}) = (v_j, t_m, \text{news}_m)$，$G_T$ 的构建如算法 10.1.7 所示。

首先，对于发生在 t_k 时刻的新闻 news_k 及其新闻对应的企业 $v_i \in V_f$，在风险信息传导网络 G_T 中构建时序节点 $u_{i,k} = (v_i, t_k)$，并加入候选节点队列 C 中，在新闻序列中截取 t_k 时刻之前的新闻序列 S_k，从公司关联图 G_f 中找出公司 v_i 的邻居节点 $N_{G_f}(v_i)$，若存在 t_m 时刻的新闻 $\text{news}_m \in S_k$ 和 news_m 对应的公司节点 $v_j \in N_{G_f}(v_i) \bigcup \{v_i\}$，则构建时序节点 $u_{j,m} = (v_j, t_m, \text{news}_m)$ 及有向边 $e_{jm,ik} = (u_{j,m}, u_{i,k})$，以表示 $u_{j,m}$ 节点的新闻风险可通过 $e_{jm,ik}$ 传导至 $u_{i,k}$，并将 $u_{j,m}$ 加入队列 C。然后将 $u_{i,k}$ 从 C 中移除，并对 C 中其他节点重复上述操作，直

到 C 为空队列。

算法 10.1.7　风险信息传导网络构建

输入：公司间关联图 $G_f(V_f, E_f, \boldsymbol{\Phi}_f, \boldsymbol{\Psi}_f)$，公司 v_i 在时刻 t_k 的新闻 news_k，t_k 前新闻子集 S_k

输出：风险信息传导网络 $G_T(V_T, E_T, \boldsymbol{\Phi}_T, \boldsymbol{\Psi}_T)$

1.　Queue < node > C；//关联公司节点队列

2.　Set < node > N；//邻居节点集合

3.　$V_T \leftarrow \{\}$；

4.　$E_T \leftarrow \{\}$；

5.　$\boldsymbol{\Phi}_T(u_{i,k}) \leftarrow (v_i, t_k, \text{news}_k)$；// $u_{i,k}$ 对应的公司节点、时间戳和新闻

6.　$V_T \leftarrow V_T \bigcup \{u_{i,k}\}$；

7.　C.enqueue$(u_{i,k})$；

8.　**while** $!C$.empty() **do** // 以 v_i 为中心广度优先遍历 G_f

9.　　　$u_{j,m} \leftarrow C$.dequeue()；

10.　　$(v_j, t_m, \text{news}_m) \leftarrow \boldsymbol{\Phi}_T(u_{j,m})$；

11.　　$N \leftarrow G_f.\text{adjV}(v_j) \bigcup \{v_j\}$；

12.　　**for** $\text{news}_n(t_n, V_n, \text{abstract}_n, \text{content}_n) \in S_k$ **do**

13.　　　**if** $(t_n < t_m)$ and $(\exists v_p \in N)$ and $(v_j \in V_n)$ **then** // 筛选符合条件的新闻元组

14.　　　　$V_T \leftarrow V_T \bigcup \{u_j\}$；

15.　　　　$\boldsymbol{\Phi}_T(u_j) \leftarrow (v_j, t_j, \text{news}_j)$；

16.　　　　$E_T \leftarrow E_T \bigcup \{(u_j, u_i)\}$；

17.　　　　$\boldsymbol{\Psi}_T((u_j, u_i)) \leftarrow \boldsymbol{\Psi}_f((v_j, v_i))$；

18.　　　　C.enqueue(u_j)；

19. **return** $G_T(V_T, E_T, \boldsymbol{\Phi}_T, \boldsymbol{\Psi}_T)$；

以图 10-17 为例，图 10-17（a）为 t_0 及之前时刻的金融新闻序列，图 10-17（b）为公司间关联，图 10-17（c）为风险信息传导网络 G_T。News_0 对应公司关联网络中的公司 a 及 G_T 中的节点 0，由于公司 a 的关联节点 b、c、d、e …，在新闻序列 S_0 中存在对应的新闻 news_1、news_2、news_3、news_4 …，所以在 G_T 中构建对应的节点 1、2、3、4 …，其中，图中虚线表示 t_0 时刻各节点对节点 0 的新闻风险传导路径。

（2）基于 TGAT 的金融舆情风险传导建模：时序图注意力网络通过构建时间特征映射函数，对图中的时序因素进行编码，在学习节点间时序交互和拓扑特征的同时，能够有效地对节点的时序邻居特征进行聚合，从而对金融舆情风险传导中的关联性和时变性进行建模。本小节将金融新闻表示作为新闻风险传导网络中节点初始的静态表示，然后基于 TGAT 学习风险特征在时序网络中的传导模式。

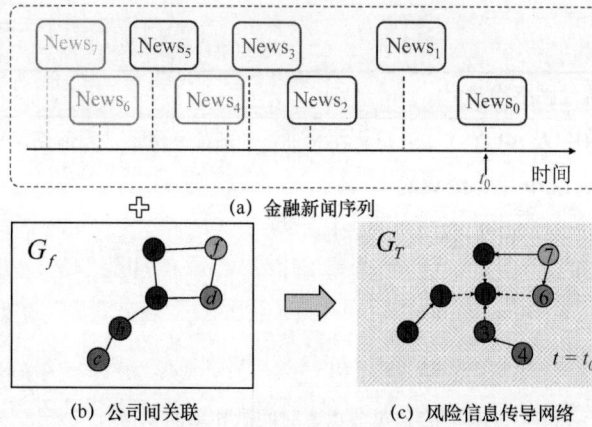

图 10-17　风险信息传导网络构建样例

　　基于 TGAT 的金融舆情风险传导模型由递归的 TGAT 层组成，其架构如图 10-18 所示。TGAT 层本质上是一个局部聚合算子，它将时序邻居节点的隐特征和时间戳作为输入，通过自注意力机制计算节点在当前层的时间感知表示。对于 G_T 中的 t_0 时刻的节点 u_0，其邻居节点集合为 $N_{G_T}(u_0) = \{u_1, u_2, ..., u_N\}$，$t_i$ 时刻节点 $u_i \in N_{G_T}(u_0)$ 的风险信息传导至 u_0 的用时为 $t_0 - t_i$。构建自注意力机制输入特征矩阵 $\mathbf{Z} = [\tilde{\boldsymbol{h}}_0^{(l-1)} \| \boldsymbol{x}_0 \| \boldsymbol{r}_{0,0} \| \boldsymbol{\Phi}_{d_T}(0), \tilde{\boldsymbol{h}}_1^{(l-1)} \| \boldsymbol{x}_1 \| \boldsymbol{r}_{0,1} \| \boldsymbol{\Phi}_{d_T}(t_0 - t_1), ..., \tilde{\boldsymbol{h}}_N^{(l-1)} \| \boldsymbol{x}_N \| \boldsymbol{r}_{0,N} \| \boldsymbol{\Phi}_{d_T}(t_0 - t_N)]^\mathrm{T}$，其中，$\tilde{\boldsymbol{h}}_i^{l-1} \in \mathbb{R}^{d_f}$ 为 u_i 在第 $l-1$ 层的隐含表示向量；$\boldsymbol{x}_i \in \mathbb{R}^{2 \times d_h}$ 为 u_i 对应的新闻表示；$\boldsymbol{r}_{0,1} \in \mathbb{R}^{d_r}$ 为 u_i 与 u_0 对应公司关联的嵌入表示；$\boldsymbol{\Phi}_{d_T}(.)$ 为时间特征映射函数，其将时间间隔嵌入 d_T 维度的向量空间。如式（10-1-26）到式（10-1-30）所示，以特征矩阵 $\mathbf{Z}$ 为基础，用线性映射构建多头自注意力的查询（query）、键（key）和值（value）。

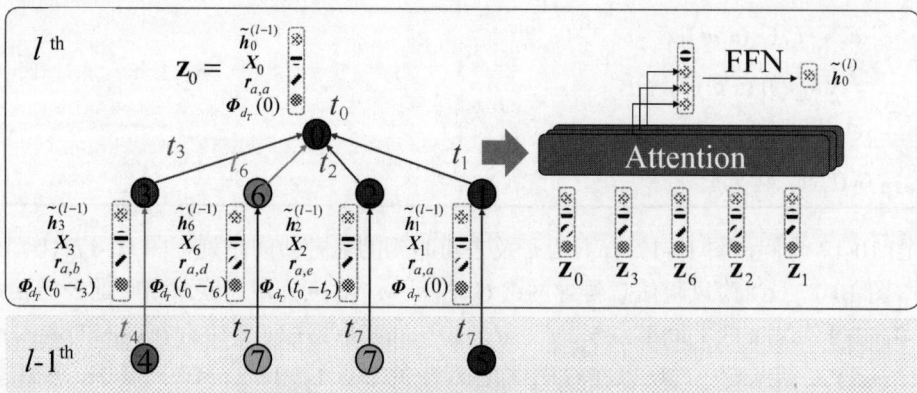

图 10-18　基于 TGAT 的金融舆情风险传导架构

$$\boldsymbol{q}^h = [\mathbf{Z}]_0 \, \mathbf{W}_Q^h \tag{10-1-26}$$

$$\mathbf{K}^h = [\mathbf{Z}]_{1:N} \, \mathbf{W}_K^h \tag{10-1-27}$$

$$\mathbf{V}^h = [\mathbf{Z}]_{1:N} \, \mathbf{W}_V^h \tag{10-1-28}$$

$$\mathrm{Score}(\boldsymbol{q}, \boldsymbol{k}_i) = \frac{\boldsymbol{q}^\mathrm{T} \boldsymbol{k}_i}{\sqrt{d_h}} \tag{10-1-29}$$

$$h_0^{(i)} = \text{Attn}^{(i)}(\boldsymbol{q}^h, \mathbf{K}^h, \mathbf{V}^h), i = 1, \ldots, k \qquad (10\text{-}1\text{-}30)$$

其中，$\mathbf{W}_Q^h, \mathbf{W}_K^h$ 和 $\mathbf{W}_V^h \in \mathbb{R}^{(d_f + 2 \times d_h + d_r + d_T) \times d_h}$ 为线性变换权重矩阵，用于捕获节点隐含表示、新闻表示、时序编码及关联嵌入之间的交互特征。将式（10-1-26）所示的缩放点积函数作为评分函数，应用式（10-1-27）所示的 k 头注意力机制，对 u_0 邻居节点隐含表示进行聚合，作为该 TGAT 层传导到 u_0 的风险表示 $h_0^{(i)} \in \mathbb{R}^{d_h}, i = 1, \ldots, k$。然后，将 $h_0^{(i)}$ 与 u_0 对应的新闻表示 $\boldsymbol{x}_0$ 进行拼接，通过一个前馈神经网络获取 u_0 在本层的隐含表示 $\tilde{h}_0^{(l)} \in \mathbb{R}^{d_f}$，具体如式（10-1-31）所示，其中，$\mathbf{W}_0^{(l)} \in \mathbb{R}^{(d_h + 2 \times d_h) \times d_f}, \mathbf{W}_1^{(l)} \in \mathbb{R}^{d_f \times d_f}, \boldsymbol{b}_0^{(l)} \in \mathbb{R}^{d_f}, \boldsymbol{b}_1^{(l)} \in \mathbb{R}^{d_f}$。

$$\tilde{h}_0^{(l)} = \text{ReLU}\left(\left[h_0^{(1)} \| \cdots \| h_0^{(k)} \| \boldsymbol{x}_0\right] \mathbf{W}_0^{(l)} + \boldsymbol{b}_0^{(l)}\right) \mathbf{W}_1^{(l)} + \boldsymbol{b}_1^{(l)} \qquad (10\text{-}1\text{-}31)$$

通过 l 个上述 TGAT 层的堆叠，使每个节点能够对 l 阶邻居节点的风险信息进行聚合。然后将最后一层输出的 $\tilde{h}_0^{(l)}$ 作为节点 u_0 的最终表示，并将该节点表示作为公司 v_0 在 t_0 时刻的风险表示 $\tilde{h}_0^f$，进而预测公司的 CAR 值。

10.2　金融风控大脑应用验证案例

10.2.1　基于图立方的商业票据欺诈识别方法

10.2.1.1　应用场景描述

近年来，票据融资在银行信贷业务中的占比逐年提升，这种融资方式使企业能够通过商业票据承兑、商业票据贴现在真实贸易背景下产生交易行为，从而实现存款负债和信贷规模的双升，其已成为支撑信贷业务增长的"主力军"。票据中介是在市场需求下产生的行业，其根据业务内容可以分为票据经纪和违法票据中介两类，其中，票据经纪主要以业务服务为主，例如票据交易信息服务、票据业务咨询等，票据经纪的存在可以建立起企业与银行之间的桥梁，促进银行与企业间的合作；违法票据中介则是在利益驱动下产生的以恶意融资为主要经营目标的中介或中介团伙，违法票据中介在无真实贸易背景下产生票据流转行为，使某企业通过关联企业交易，或者拿同一份贸易资料在不同银行开办贴现业务，又或者提供虚假增值税发票、货运单据等手段，利用贴现承兑获取利益（如票据背书买卖赚取差价、循环开票贴现融资套利）。违法票据中介的存在会严重影响票据市场秩序，抬高企业融资成本，甚至损害商业银行的利益。

票据中介主要有背书买卖行为票据流转和循环开票贴现融资套利两种模式。

在背书买卖行为票据流转模式（如图 10-19 所示）中，一个票据中介可能掌握多个空壳公司。其首先利用空壳公司从市面上收票，在收票时，持票方需要向票据中介支付利息，这就意味着，持票人从票据中介处拿到的现金低于票面实际金额；然后票据中介伪造空壳公司与卖票方的虚假贸易合同和增值税发票，再以空壳公司的名义到银行办理贴现，贴现时银行也会向中介收取一定的利息，通常情况下，票据中介收票的利率会高于去银行贴现支付给银行的利率，其中的差价为票据中介的"盈利"。这种直接参与票据买卖、赚取利差的模式是票据中介运作的主流模式，此种运营模式主要针对现金流匮乏的企业。

循环开票贴现融资套利模式（如图 10-20 所示）则是票据中介利用其"合作"企业或空壳公司、企业与其下属子企业或空壳公司产生的不断开票、背书、贴现行为。违法票据中介通过缴纳少部分的保证金来开取大额的商业票据，并在缺少真实贸易背景的情况下拟定虚假贸易合同，以通过银行审查，将商业票据贴现，从而获取大额资金进行投融资行为，以获取更多利益。此种运营模式主要针对资金匮乏的企业，也可能是中介要以此种方式进行融资放贷。

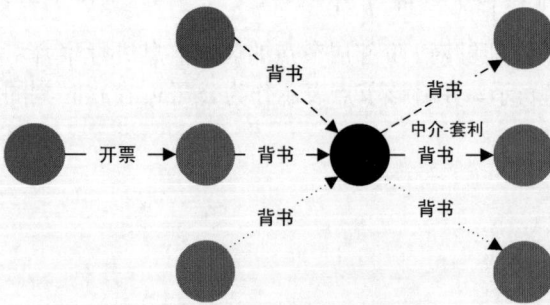

图 10-19　背书买卖行为票据流转模式示例　　图 10-20　循环开票贴现融资套利模式示例

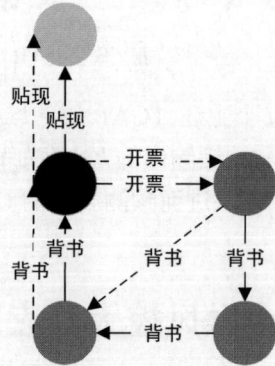

违法票据中介干扰宏观市场调控，非法转移银行资金、抢占银行业务，影响金融服务实体经济，抬高了企业融资成本，更有甚者为谋取高额利润耗损金融机构，引发了一系列关联交易风险。如何在众多票据业务中发现票据欺诈行为，如何实时识别阻断非法获利行为成为了金融监督管理的难点。票据金融大数据中存在多角度、多层次的数据，包括票据流转数据、企业工商数据、企业股东数据、新闻舆情数据等，需要通过数据关联才能对数据进行发现、组织和利用，因此基于知识关联的视角去进行票据欺诈中介的分析与发现是必要的。票据流转过程可以自然地表示为一个以数据单元为节点、关联关系作为边的图结构。以知识关联为基础的票据流转图谱则能多角度、全方位刻画各主体关联的事实与其内在的规律。

针对以上问题，需要梳理票据流转信息，挖掘企业间的真实贸易链路，关联贷后预警，为银行提供可靠风险警示，有效识别违法背书买卖行为及违法票据中介。具体可分为以下几点：

（1）识别违法票据中介：梳理票据流转信息，发现票据图谱上的虚假交易路径，挖掘企业间的真实贸易链路，发现异常节点。

（2）挖掘中介行为特征：依据业务专家的违法中介识别经验，引入股权等数据发现关联公司之间的密切联系，捕获公司之间的控制关联，并结合违法票据中介在图谱中的节点特征，进一步挖掘识别违法票据中介的规则，同时增强模型识别中介的能力。

（3）实时发现可疑行为：实时发现图谱上的虚假贸易行为，在票据流转中识别中介节点。

10.2.1.2　基于图立方的实施方案

为从纷繁复杂的票据流转过程中识别出违法票据中介，本节将整合票据流转信息和行内客户信息（包括签约票据池、集团客户信息、达标客户信息等），打造票据流转图谱，并将其作为票据数据分析的应用底座。在此基础上，基于业务专家的经验，归纳总结票据中介的统计学特征与图特征；并结合舆情监测、股权穿透、控制权计算分析挖掘更多特征，最终输出中介风险名单，实现违法票据中介识别性能的提升。接下来介绍具体步骤，其整体框架如图 10-21 所示。

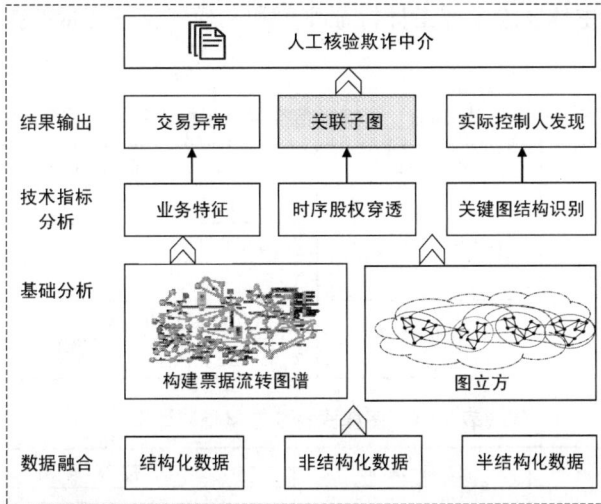

图 10-21　商业欺诈票据识别实施方案整体框架

（1）数据融合：获取多方数据并进行汇聚融合。将票据流转数据、时序股权数据、舆情数据及社区关系数据等融合起来，构建知识图谱。

金融领域数据主要分为三种类别，即结构化数据、半结构化数据和非结构化数据。其中，结构化数据是指某金融机构提供的脱敏票据流转数据，半结构化数据是指从天眼查、企查查、深证证券信息有限公司等机构获取到的企业工商注册数据、股权数据，而非结构化数据包括上市公司公告数据、机构研报数据、新闻舆情数据等。通过与银行、证券公司等金融机构的合作，取得了该银行等金融机构脱敏之后的票据流转数据样例，包括票据交易链路 875 余万条；涵盖背书、贴现、质押事件等在内的共计 4828 余万条数据。

上市公司的公告及其研报数据可以从东方财富等网站获取，其主要内容包括风险提示、信息变更、持股变动、财务报告等与上市公司相关的公告正文；新闻舆情的数据源选取了新浪财经、巨潮资讯网、财经网、腾讯财经，其内容包含了涉及金融相关领域的时事信息、政策变更等信息。这些数据源全方位涵盖了金融领域的公开数据。

（2）基础分析：通过图立方构建票据交易知识图谱，并根据其基础业务特征分析发现风险主体。基于票据流转数据构建票据图谱 $G=(E,R,T,U)$，其中，E 表示所有实体的集合，R 表示所有关系的集合，T 表示时间戳的集合，$U \in E \times R \times E \times T$。对于一个事实四元组 $f=(h,r,t,\tau)$，每个四元组都表示真实世界中一个带有时间的事实，h 表示头实体，r 表示关系，t 表示尾实体，τ 表示时间戳，知识图谱中的事实集合表示为 $\mathcal{D}$，由四元组 (h,r,t,τ) 表示的一个事实 $f \in \mathcal{D}$，当时间戳 τ 确定时，f 可以简化为三元组 (h,r,t)。首先基于样本进行统计分析，综合初步的统计分析结果，建立业务特征指标体系；然后基于票据交易知识图谱进行分析；最后依据基础业务经验发现风险主体。

（3）技术指标分析：通过设定技术特征指标锁定风险主体。特征设计考虑的维度包括图指标特征变量和图模式特征变量。其中，图指标特征变量是基于图链路的拓扑结构，包括中心性特征和结构特征；图模式特征变量基于企业在票据行为图上的路径结构，构造反映其边关系构成模式特征的指标。然后基于时序股权穿透技术发掘股权特征风险，并结合专家业务经验及关联风险传导模式查找股权关联子图，依据关联子图进行控制权计算，识别关键图结构，进一步分析目标主体风险。图指标特征变量和图模式特征变量的指标体系如表 10-3 和表 10-4 所示。

表 10-3　图指标特征变量指标体系

特 征 类 型	维　度	特 征 变 量	数　量
图指标变量（5）	中心性特征	1. pageRank	3
		2. 度中心度	
		3. 紧密中心度	
	结构特征	1. 节点的局部聚集系数	2
		2. jaccard 相似性系数	

表 10-4　图模式特征变量指标体系

特 征 类 型	要　素	行 为 描 述	特 征 变 量	数　量
图模式变量（中介虚假贸易行为特征）（8）	交易频次	背书当天转手频次高	1. 公司经手的贴现票据中，涉及当天连续两次以上流转的事件数	7
			2. 公司经手的贴现票据中，涉及当天连续两次以上流转的事件占比	
			3. 公司经手票据的平均停留时间	
	链路时间	出票到贴现时间接近	1. 公司经手的贴现票据中，涉及出票到贴现时间在 N 天内的票据数	
			2. 公司经手的贴现票据中，涉及出票到贴现时间在 N 天内的票据数占比	
	背书环路	交易当中出现两家及以上公司组成的互相背书行为环路	1. 公司经手的票据中涉及背书行为超过两次的票据数	
			2. 公司经手的票据中涉及背书行为超过两次的票据数占比	
	交易金额	规模与票据票面资金交易量不匹配	1. 公司涉及票据总金额/公司规模	2
			2. 公司涉及票据最大金额/公司规模	
图模式变量（中介团伙行为特征）（8）	团伙异常形态	票据贴现直接前手均为一家公司，该公司疑似从多家企业收票	1. 所经手票据中有该行为发生的次数	4
			2. 所经手票据中有该行为发生的比例	
		一段时间内两家企业的背书转让方重合度高	1. 节点对的背书转让人相同数的百分比	
			2. 节点对的背书转让人相同数	
	票据外的股权、个人任职关系的异常关联形态	两家公司之间存在共同高管任职股权关系	1. 节点对的任职关系邻居相同数的百分比	4
			2. 节点对的任职关系邻居相同数	
	票据外的股权信息异常关联形态	两家公司之间存在股权关系	1. 节点对的股权关系邻居相同数的百分比	
			2. 节点对的股权关系邻居相同数	

（4）结果输出：将分析结果传递给应用验证单位进行人工实地核验，最终确定违法票据中介。

10.2.1.3　案例分析

首先基于票据交易知识图谱分析得出 A 公司、B 公司、C 公司、D 公司和 F 公司这五个公司频繁产生交易行为，其中，A 公司与 B 公司大量背书事件的被背书人重合。

A、B 两家公司在 2020 年 10 月—2021 年 10 月期间分别进行了数千次票据交易，远超正常票据年交易频次（30 次左右），且经手的票据中，大量触发了当天连续两次流转或票据秒贴等图链路预警规则。图结构特征方面，两家公司的中心性特征（pagerank、紧密中心度等）和结构特征（jaccard 相似性系数、局部聚集系数）值显著，两家公司呈现出疑似票据团伙异常形态特征，同时一年间 90% 以上背书事件的被背书人重合，且背书停留时间为 0。

通过上述分析，锁定 A 公司与 B 公司，通过股权穿透得出疑似为中介的 A 公司与 F 公司有相同股东黄某某，通过控制权计算得出黄某某对于两公司的实际控股比例分别为 70% 和 60%，均为实际控制人（如图 10-22 所示），这说明 F 公司实际上是 A 公司的一个票据流转工具，其极大可能无真实贸易行为，需要进一步提高两公司是疑似中介的风险值。

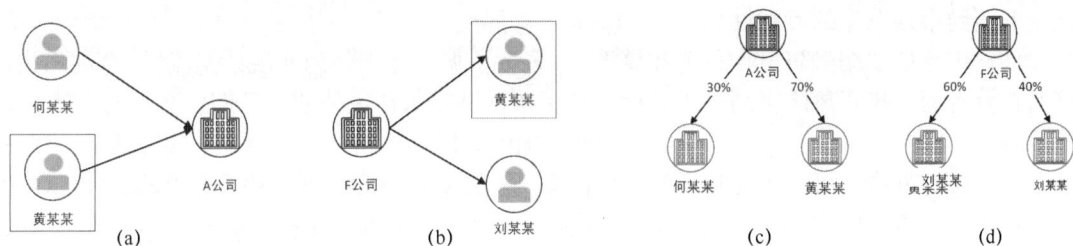

图 10-22　金融风控大脑应用案例

最终通过人工审核验证两家疑似中介公司为违法中介团伙。通过结合金融图立方的关联特征及银行业务的特征指标，该实施方案相较于传统模型的欺诈识别率提高了 40%～50%，并在上海交通银行的实际应用场景中得到了充分的应用验证，因此说明该实施方案可以应用于实际场景，且应用效果良好。

10.2.2　基于图立方的发债企业风险评估方法

10.2.2.1　应用场景描述

发债企业风险评估是一个持续不断的过程，也是全面跟踪和评估一个企业的风险水平的过程。通过对企业进行风险评估可以确定企业的风险承受水平，该水平说明了企业在投融资过程中的风险偏好，也代表了企业在面临项目决策时对风险和收益的权衡方式。从企业自身来看，风险承受水平过低会导致企业选择风险低、收益低的项目，不利于企业自身投融资及企业发展；从社会层面来看，风险承受水平过低不利于社会资本的积累。风险承受水平越高，企业承担的风险越大，也就越容易导致系统性金融风险。

从监管角度来看，企业风险的产生主要是因为信息的不对称性。在信贷领域，企业为达到融资目的，主动隐瞒了已获得贷款这一短板信息；在证券领域，企业为达到融资的目的，隐瞒了投资者关注的风险及负面舆情数据。此外，在复杂关联背后的真实企业关联关系所带来的关联风险也难以被发现和评估。

金融安全关系各类主体的切身利益，学会合理地运用金融知识，对企业风险评估、投资决策等都有重要意义。对企业融资而言，无论是面向银行的融资方式还是面向市场的融资方式，如何对企业风险进行评估都既是重点又是难点。企业融资是企业融通资金的有效方式，通常可分为债务性融资和权益性融资两种。前者中融资债权人不参与企业经营活动，其主要指面向银行的贷款和票据融资及面向市场的债券融资，后者中融资参股人享受企业利润并承担相应的企业经营管理责任，其主要指股票融资。在对企业风险进行评级的过程中，传统的证券风险评级主要基于企业上交的财务、营销、管理等历史数据，证券交易所作为中间征信机构影响投资者决策，影响企业债券定价，进而影响评估企业融资，最后评估结果又将反作用于投资者的收益。但大部分证券交易所对企业债券风险的传统评级评价指标单一片面，风险评级精度不高，其对历史数据具有高依赖性，反而忽视了债券风险与其他金融风险的关联，使得风险评价体系存在缺陷。如金融舆情信息的传递，在资本市场中具有巨大影响力；金融危机时期，股市往往会发生羊群效应；消极的网络舆情传播会促使大量投资者抛售股票，使系统性风险迅速增大。因此，将舆情数据加入证券交易所的风险判断和控制中，可以有效降低企业违约事件发生的可能性。

面向银行的票据融资欺诈行为频繁发生，多数票据欺诈主体为实现票据流转、套利而生，这对投资者而言投资风险极高。当目标主体为票据融资欺诈主体或与其产生交易的主体时，该目标主体的风险就会升高。目前，对企业风险的评级仍停留在财务数据、实际接触、评估调查、会议决策等层面，过度依赖真实性有待评估的企业历史数据及业务专家的经验，这种企业风险评估方式的准确性不足、成本过高、监管难度大，在大数据不断发展的背景下已经不再适用。由于各机构间存在数据壁垒问题，因此无法实现跨机构的多源数据分析。如何实现综合风险评级、打破传统风险评级瓶颈、打通跨领域数据、进行跨场景风险评级成为亟待解决的问题。

针对上述问题，本节提出的发债企业风险评估方法聚焦于面向银行的票据融资业务中的欺诈风险辨识与面向市场的发债企业债券融资业务中的风险评级，利用联邦分布式技术打破跨领域数据壁垒，融合多机构数据构建金融图立方。对金融风险识别和防控而言，图立方的有效性很大程度上取决于分析、处理数据关系的能力。在历史数据基础上，通过舆情监测技术识别负面舆情、负面标签异常的发债企业，进而进行股权穿透与实际控制人计算，分析其历史股东的风险。结合交行票据融资场景下的票据中介识别，判断异常发债企业的股东是否与中介具备关联风险。通过此分析流程，挖掘不同场景、不同层面、不同角度的金融大数据的价值，有效进行跨机构的风险辨识、推演和防控，并辅助进行管理决策。

10.2.2.2　基于图立方的实施方案

联邦分布式技术能够在保证各个机构数据库所有权的条件下，基于若干个数据库的金融图立方对数据进行融合构建。该方案对多源异构的大规模数据采用联邦分布式技术进行管理，将不同来源的数据划分到不同的查询池，每个节点的查询任务都分为多个子查询任务，其从不同查询池中抽取信息，再汇聚为最终查询结果呈现给用户。联邦式分布技术很好地解决了跨领域数据融合过程中的数据安全问题，同时保证了查询效力、打破了数据壁垒，实现了更精准、更全面的综合风险评级。

为了解决证券交易所风险评级指标片面及成本高昂的问题，该实施方案通过构建金融图立方的方式，打破跨领域的数据壁垒，提出了资本市场舆情风险监测模型与多层股权穿透算法等关键技术，协助深交所和交通银行对企业融资风险进行了发现和预警，该方案融合了债券风险评级和票据融资欺诈两种典型场景。下面介绍具体步骤，其整体框架如图 10-23 所示。

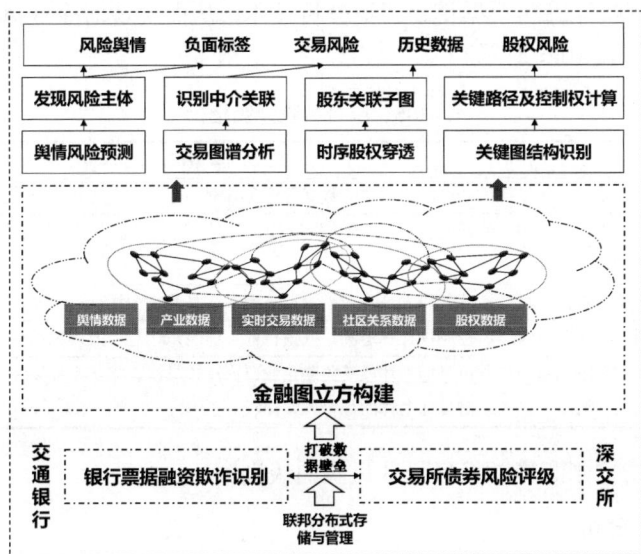

图 10-23　发债企业风险评估实施方案整体框架

（1）通过联邦分布式存储与管理，打破数据壁垒。利用联邦分布式存储与管理，获取融合了武汉大学数据库、深交所数据库和交通银行数据库的相关数据，打破了深交所传统风险评级只依赖财务数据、征信数据的弊端，使其关联了更多的外部数据。

（2）金融图立方构建。金融图立方可以关联融合跨领域数据、提供基于认知的智能评估，实现风险的精准识别与智能防控。该方案融合了全量的金融机构和工商注册企业股权数据、产业链数据、舆情数据、票据交易数据、社区关系数据，进而构建了亿级节点的金融时序知识图谱，其具体数据规模如下：

① 金融机构股权数据：1432 家金融机构，七大系统，合计占全国 300 万亿金融业资产的 99%；

② 工商注册企业：1.3 亿个工商主体，1.7 亿条股权关系、3 亿条时序股权关系、4.3 亿个任职关系；

③ 产业链数据：涵盖常用产业 78 个；将 3975 万个存续企业分类到 7629 个行业中；11 类行业要素共 102 万条数据；行业上下游关系 111,142 条；企业属性 41 类；上市公司财务类指标 65 种；

④ 企业关系：包括股东、竞争、客户、高管等 10 类共 3 亿 6221 万条；

⑤ 票据交易数据：商业票据欺诈识别应用验证相关数据。

（3）通过关键技术分析评价目标主体。首先，利用金融图立方的舆情风险预测技术，锁定负面舆情标签、风险舆情较高的发债企业。然后，利用时序股权穿透技术提取风险企业子图，基于子图识别关键控制路径并计算控制权。最后，基于商业票据欺诈识别应用验证、分析、判断发债企业历史股东中是否有中介或是否含有股东与中介之间的关联风险，并将风险分析结果传递至深交所进行验证。

（4）建立综合风险评级指标。该实施方案在历史数据指标的基础上，增加风险舆情指数、负面舆情标签、股权风险指标和交易风险指标四个指标，分别对应资本市场债券风险监测、时序股权穿透、控制权计算和票据交易图谱分析技术，从而实现对企业风险的综合评级。其具体风险评级指标如表 10-5 所示。

表 10-5　综合风险评级指标

评级指标	概念解释
历史数据指标	主要是深交所依赖的企业的历史财务数据等业务数据、征信数据等信用评价数据
风险舆情指数	通过引入外部知识的新闻表示，融合产业链知识关联，通过注意力机制模型分析最终输出的风险预测 CAR 值
负面舆情标签	在舆情数据中目标主体任职人员、产品信息、顾客交易等企业运行过程中产生负面舆情信息
股权风险指标	通过时序股权穿透、控制权计算追溯、挖掘目标主体股东信息，发现风险传导路径，进行风险预警
交易风险指标	通过票据交易图谱分析目标主体或其关联企业票据流转频次、额度等业务内容，综合判断其是否具有票据欺诈风险，以辅助对目标主体的综合风险评级

（5）根据相关指标判断异常发债企业风险的级别。

10.2.2.3　案例分析

下面针对基于图立方的发债企业风险评估方法在具体场景中的应用进行介绍，其涉及的指标主要包括风险主体的舆情风险、交易风险、股权风险等，不同指标之间可以互相验证，以便确定风险主体。

1. 舆情风险预测

利用舆情风险预测技术，引入外部知识的金融新闻表示锁定风险主体“威海某银行”，其中，威海某银行出现“被指绕过监管、个人消费贷款投诉不断”“威海某银行被列为被执行人”“加息揽储”“爆雷”等负面舆情标签。该案例基于时序图注意力网络的新闻风险传导发现历史负面舆情，如图 10-24 所示。

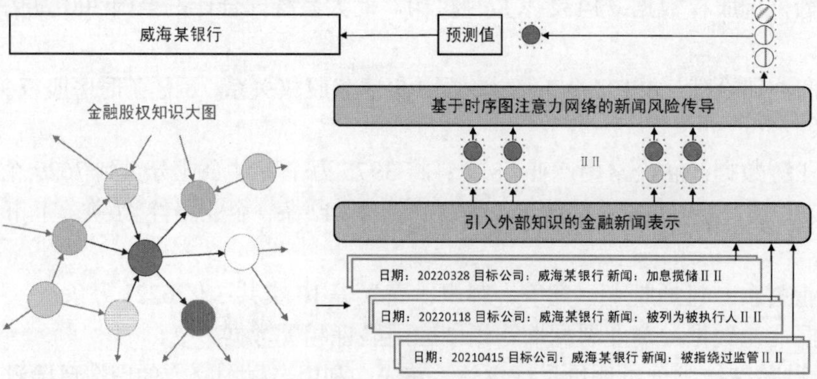

图 10-24　“威海某银行”舆情分析

2．交易图谱分析

在银行应用场景中，宁夏思凡宏盛贸易有限公司的注册资本为 20 万元，其贴现金额为 93 亿元，该公司贴现金额与注册资本严重不匹配，授信额度存在异常；其次，宁夏思凡宏盛贸易有限公司一年内多次办理票据贴现业务，该公司办理的贴现业务占银行贴现份额的 50%，存在贴现交易次数异常。经银行综合判定，宁夏思凡宏盛贸易有限公司为违法票据中介。该中介与舆情风险预测发现的威海某银行存在关联关系，具体情况见时序股权穿透分析。

3．时序股权穿透

以风险实体威海某银行为中心，获取多层股权穿透子图，识别其关键控制路径，以锁定实际控制人。通过以威海某银行股份有限公司为中心的层层股权穿透，发现威海某银行的历史股东中出现了宁夏思凡联合商贸有限公司，宁夏思凡联合商贸有限公司的实际控制人谢光智同时是宁夏思凡宏盛贸易有限公司的实际控制人，而宁夏思凡宏盛贸易有限公司存在票据欺诈行为。因此，威海某银行股份有限公司综合评级为存在重大风险，如图 10-25 所示。

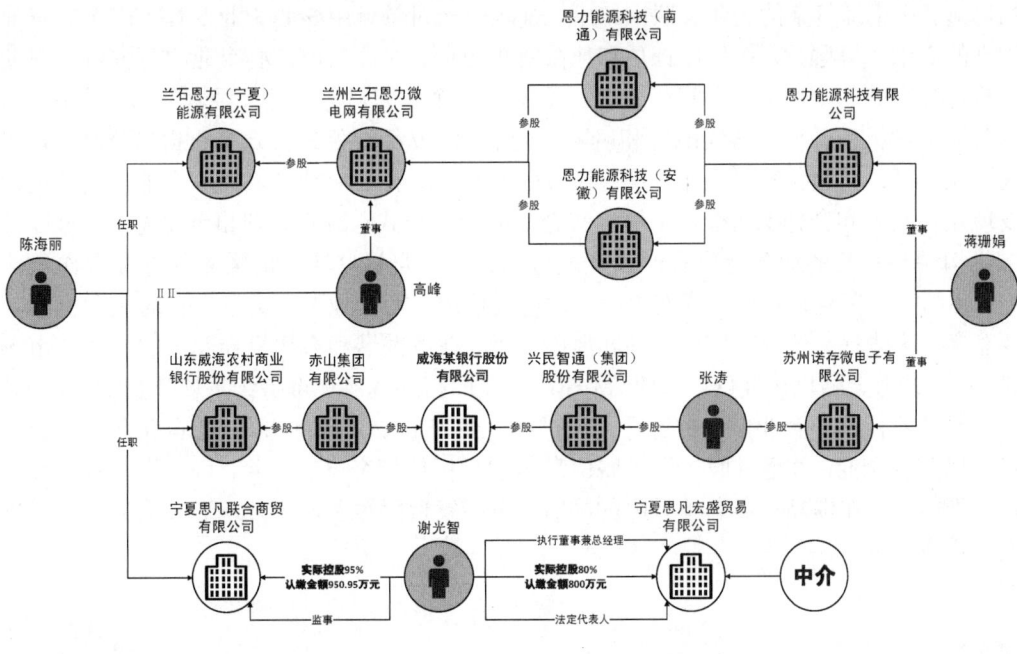

图 10-25　"威海某银行"多层股权穿透

通过金融时序知识图谱实现跨领域的数据融合，提升了风险预测精准度。基于金融时序图谱的风险评级模型能够成功识别存在债券融资与票据欺诈风险的中小企业，该风险评级模型的性能比传统评级方法提升了 7%～10%，欺诈识别率提高 40%～50%，并在交通银行和深圳证券交易所进行了应用验证。

10.2.3　基于图立方的银行信贷风险管控方法

随着互联网金融业务的发展，银行在信贷风险管控领域面临着越来越多的挑战。如何快速精准地识别潜在核心客户名单、实时可靠地防控可能发生的信贷风险、辅助银行完成贷后催收工作，是目前亟待解决的问题。因此本节提出了基于图立方的银行信贷风险管控方法，为银行判断信贷风险提供了可靠的解决方案。

10.2.3.1　应用场景描述

在各类信贷风险分析场景中，如何帮助银行等金融机构提升贷前的风险识别能力、贷中的实时防控能力是极其关键的问题。基于企业账户数据、基本面数据、舆情数据、持股关系、产业链关系等信息构建复杂网络分析平台，使用关键图结构分析、舆情风险监测等金融风控大脑关键技术手段，识别目标企业的潜藏信贷风险并进行实时监控，可以极大地提升银行等金融机构的贷前风险识别及贷中风险防控能力。

在识别贷前风险时，可以考虑从核心企业出发。核心企业通常是市场上最具竞争力和影响力的企业，它们在整个价值链中扮演着重要的角色，并且对整个行业的发展和格局具有重要的影响。在错综复杂的企业关联网络中，金融机构对领域中核心企业及其关联企业贷前风险识别的需求十分强烈。在信用评估和风险管理方面，对高信用核心企业的研究可以帮助金融机构进行准确的信用评估和风险管理，了解这些企业的财务状况、经营能力和市场地位，可以帮助金融机构评估其偿债能力和风险承受能力，从而更好地决定是否提供贷款、融资或其他金融产品；在业务发展合作方面，通过研究高信用核心企业及其关联企业，金融机构可以发现业务发展和合作的机会，了解这些企业的业务模式、战略规划和市场需求，可以帮助金融机构调整自身的业务定位和产品开发方向，以满足这些企业的需求并寻求合作伙伴关系。总体而言，在复杂企业关联网络中，发现高信用核心企业及其关联企业对金融机构具有重要意义，这些意义体现在信用评估和风险管理、业务发展和合作机会及了解行业和市场趋势等方面，这为金融机构提供了战略合作指导，从而帮助其实现可持续发展和长期价值创造。因此，通过银行核心企业白名单进行关联扩展，如图 10-26 所示，以核心企业名单结合多方信息发现关联企业，并通过股权等关联信息识别目标信贷客户的风险，可以为银行加强贷前风险识别能力，在提高扩展名单效率的同时，也能发现隐藏关联企业，形成更加稳定可靠的大面积客户渠道。

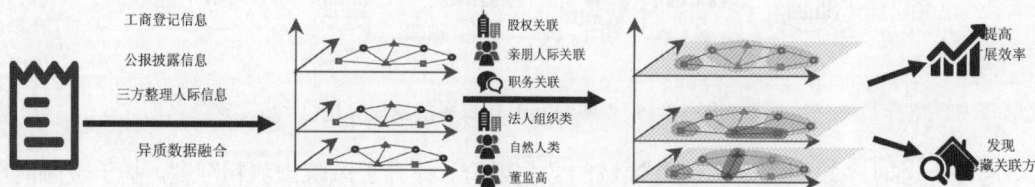

图 10-26　核心企业发现场景

在防控贷中风险时，需要对银行等金融机构中的客户进行实时动态的更新，通常会耗费大量人工来监控目标企业的动态，使金融机构能够在借贷过程中迅速发现信贷风险，以及时止损，对银行信贷工作提供可靠的保护。而金融领域的企业动态在互联网中表现得尤为活跃，银行等金融机构对捕捉互联网舆情风险的需求同样很强烈。在产品模式方面，针对目标客户企业的舆情风险防控，可以帮助银行机构精准把握客户需求，推荐合适的金融产品，提供相应的服务并改善自身的产品模式，给予客户极致的个性体验，以便与合作方顺利开展信贷合作，并为后续的服务工作奠定基础；在投资决策方面，实时监控目标客户的舆情风险，可以为金融机构提供有关投资决策的重要信息，通常合作企业在市场上具有变化的竞争优势和盈利能力，观察其动向从而选择是否建立投资关系，可以为金融机构提供更加稳定的投资回报和增长机会；在降低风险和保证利益方面，动态更新目标客户企业的相关信息，可以帮助金融机构降低业务风险并保护自身利益，通过实时掌握这些企业的供应链、财务状况及其网络舆情状况，金融机构可以更好地管理相关风险，并采取相应的风险控制措施。总之，在迅速更新的互联网环境中，实时动态地防控贷中风险对银行等金融机构具有重要意义，其主要体现在改善产品模式、辅助投资决策、减低风险和保证利益等方面。因此，通过动态监测互联网中的相关企业舆情，可以为银行等金融机构实时防控信贷过程中的事中风险，最终为其增加更稳定的收益，并降低人力成本。

因此，对于银行等金融机构，如何精准识别高信用核心企业并快速发现其关联公司或者子公司并针对目标客户实时监测其舆情动态，提升贷前风险识别、贷中风险防控能力，是目前亟待解决的关键问题。传统的银行信贷风险管控方法，往往是基于人工经验和静态数据进行分析的，缺乏精准性和动态性，无法满足现代银行等金融机构业务的个性化和多样化需求。此外，金融领域中的企业涉及大量的关联关系，传统的数据分析方法也难以应对复杂的关联关系，因此往往无法准确识别潜在的风险。如图 10-27 所示，以识别高风险的欺诈团伙为例，现有技术基于一定规则对其企业关联图谱进行挖掘，依靠主观上的人工经验对图谱中的相关特征（如图指标特征及图模式特征）进行筛选分类，从而发现疑似高风险企业。但是由于人工能力的固有特点（如效率低、速度慢、失误多等），因此无法满足现有银行机构众多金融产品业务的具体要求，且难以兼顾判断目标主体的其他信息（如征信名单、持股关系等）的任务，无法准确识别良好信用个体背后的高风险欺诈团伙。

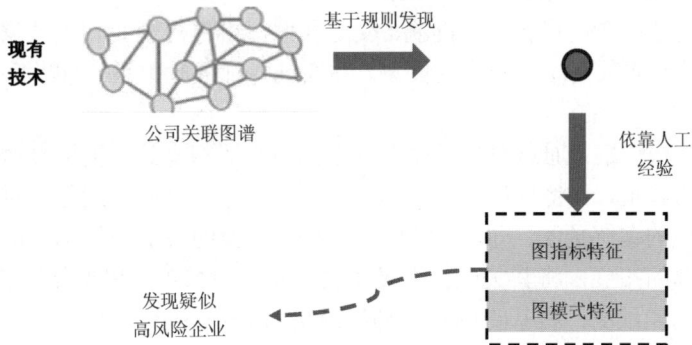

图 10-27　识别高风险的欺诈团伙

针对以上问题，需要梳理金融机构中的各企业相关信息，挖掘企业间的真实控制关系，关联企业征信名单，为银行扩展可靠的核心企业白名单，实时掌握目标企业的舆情动态，动态防控其风险变化，提升贷前风险识别、贷中风险防控能力。

10.2.3.2　基于图立方的实施方案

如图 10-28 所示，基于图立方的银行信贷风险管控方法主要包括数据汇聚、图立方构建、关键图结构识别、模型训练和预测、结果分析和可视化五个步骤。其具体介绍如下：

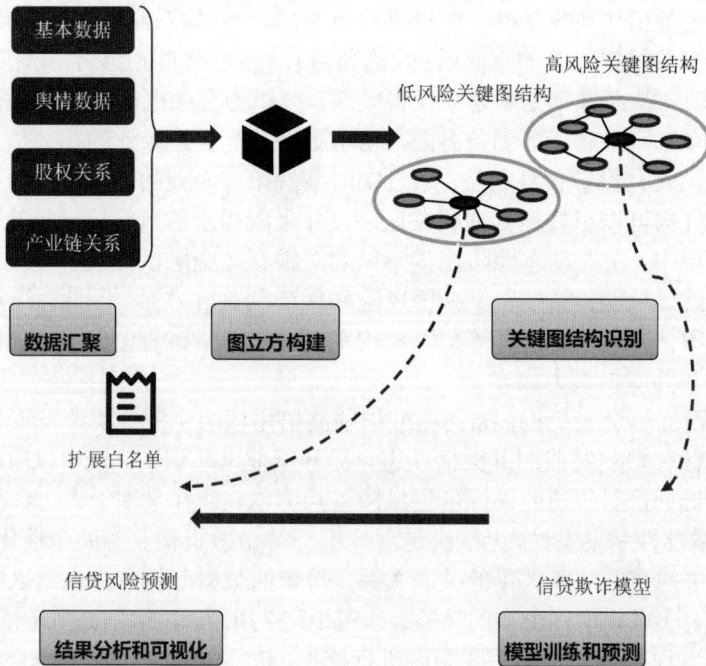

图 10-28　银行信贷风险管控实施方案

（1）数据汇聚：通过银行等金融机构从各个数据源收集客户的基本面数据、贷款数据、交易记录、舆情数据、股权关系和产业链关系等信息，并对这些数据进行预处理，主要包括数据清洗、数据标准化、数据归一化和数据分类等。

（2）图立方构建：通过将客户、贷款、交易和舆情事件等企业相关数据构建成节点和边的关系，融合各类异质数据绘制对应的图谱，并通过各种关联关系（如持股关联、交易关联、产业关联等）构建金融图立方。

（3）关键图结构识别：通过对目标企业的节点进行股权穿透，提取高风险信贷企业节点的关键图结构作为特征，再将该结构特征转化为向量表示，以便后续的信贷风险管控模型利用其进行有针对性的训练预测；同时，将低风险核心企业的关键图结构中的相关企业节点作为对核心公司名单的拓展，将其关联公司及子公司纳入白名单，以便拓宽获客渠道。

（4）模型训练和预测：将基于图卷积神经网络 GraphSAGE 的信贷欺诈检测模型应用于图立方，通过训练模型来预测客户的欺诈概率，并在实时交易中进行信贷风险防控；同时，结合图立方中的其他关联数据进行高信贷风险企业节点特征的学习，并以业务专家提供的规则作为辅助判断，以便及时发现具有潜在高信贷风险的企业及其关联公司或者子公司；此外，通过舆情风险监测技术构建风险信息传导网络，根据网络舆情动态实时传递风险信息，协助其发现高风险节点。如图 10-29 所示，通过模型自动对新引入的高风险节点 4 进行监测，由于节点 4 通过企业 3 与节点 0 相关联，因此预测节点 0 为高信贷风险企业。

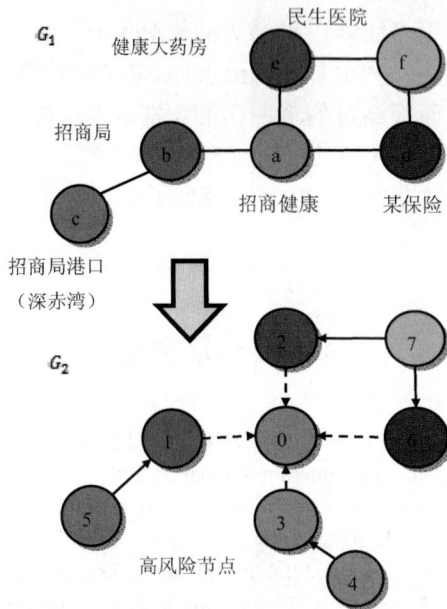

图 10-29 时序变化图立方引入高风险节点示例

（5）结果分析和可视化：对模型的结果进行分析和可视化，通过对风险概率分布、欺诈行为关联、核心公司及其关联公司或子公司图谱等信息的展示，帮助银行决策者更好地掌握风险情况，做出相应的决策，以便提升其贷前风险识别能力及贷中风险防控能力。

10.2.3.3 案例分析

采用基于 GraphSAGE 的信贷风险管控方案，识别潜藏风险，提升贷前风险识别及贷中风险防控能力，也为贷后催收提供更多线索。通过图挖掘算法来识别异常关联，可以发现一些隐蔽的欺诈团伙和未知攻击，以便及时进行干预，降低银行的损失。

以众邦银行为例，通过构建客户企业基于基本面数据、舆情数据和股权数据等信息的金融图立方，对目标企业信贷过程中的事前、事中风险进行了精准识别、推演和度量。而根据众邦提供的 1455 家核心企业白名单，通过图立方股权穿透技术获得核心企业的关联公司或子公司共 49396 家，拓展其白名单近 34 倍，为其挖掘了大量的潜在客户，拓宽了获客渠道。

在实施过程中发现，使用基于 GraphSAGE 的信贷风险检测模型，可以计算用户的高风险概率，并及时地预测和防范信贷欺诈行为。通过大量的实验和优化，建立了一套有效的信贷欺诈检测模型，能够在一定程度上解决银行在信贷过程中面临的欺诈风险问题。通过应用基于图立方的银行信贷风险管控系统，众邦银行成功地实现了对中小微企业信贷风险的精准识别、推演和度量，并对可能发生的信贷风险进行了实时防控。具体地，该系统在以下方面取得了显著的应用效果：

（1）提升了贷前风险识别能力：银行可以通过系统对企业的基础信息、经营状况和交易记录等进行综合分析，快速识别潜藏风险，提升贷前风险识别能力。

（2）加强了贷中风险管理：通过实时监控企业的交易行为，银行可及时发现异常交易，以便及时进行干预，从而有效降低了信贷风险。

（3）提高了贷后催收效率：系统可以自动识别信贷逾期风险，提高催收效率，同时可以利用金融图谱分析工具发现更多线索，加强对催收对象的了解，以便更加高效地进行催收。

（4）减少了信贷欺诈行为：利用基于 GraphSAGE 的信贷欺诈检测模型，银行可以对用户的欺诈概率进行计算，从而提高对信贷欺诈的识别能力，进一步降低银行的信贷损失。

综上所述，基于图立方的银行信贷风险管控系统为银行提供了一种全新的风险管控手段，不仅提高了风险管理的精准性和效率，还降低了银行的信贷风险，为银行等相关企业的可持续发展做出了重要贡献。

本章参考文献

[1] BRIOSCHI F, BUZZACCHI L, COLOMBO M G. Risk capital financing and the separation of ownership and control in business groups[J]. Journal of Banking & Finance, 1989, 13(4-5): 747-772.

[2] YEN J Y. Finding the k shortest loopless paths in a network[J]. Management Science, 1971, 17(11): 712-716.

[3] MARTINS E Q, PASCOAL M M. A new implementation of Yen's ranking loopless paths algorithm[J]. Quarterly Journal of the Belgian, French and Italian Operations Research Societies, 2003, 1(2): 121-133.

[4] HERSHBERGER J, MAXEL M, SURI S. Finding the k shortest simple paths: A new algorithm and its implementation[J]. ACM Transactions on Algorithms (TALG), 2007, 3(4): 45-es.

[5] HART P E, NILSSON N J, RAPHAEL B. A formal basis for the heuristic determination of minimum cost paths[J]. IEEE transactions on Systems Science and Cybernetics, 1968, 4(2): 100-107.

[6] EPPSTEIN D. Finding the k shortest paths[J]. SIAM Journal on computing, 1998, 28(2): 652-673.

[7] JIMÉNEZ V M, MARZAL A. A lazy version of Eppstein's K shortest paths algorithm[C]. International Workshop on Experimental and Efficient Algorithms, 2003: 179-191.

[8] ALJAZZAR H, LEUE S. K*. A heuristic search algorithm for finding the k shortest paths[J]. Artificial Intelligence, 2011, 175(18): 2129-2154.

[9] CHEESEMAN P C, KANEFSKY B, TAYLOR W M. Where the really hard problems are[C]. IJCAI, 1991: 331-337.

[10] HISANO R, SORNETTE D, MIZUNO T, et al. High quality topic extraction from business news explains abnormal financial market volatility [J]. PloS one, 2013, 8(6): e64846.

[11] ATKINS A, NIRANJAN M, GERDING E. Financial news predicts stock market volatility better than close price [J]. The Journal of Finance and Data Science, 2018, 4(2): 120-137.

[12] CHANG C Y, ZHANG Y, TENG Z, et al. Measuring the information content of financial news; proceedings of the Proceedings of COLING 2016, the 26th International Conference on Computational Linguistics: Technical Papers, F, 2016 [C].

[13] 中国银行间市场交易商协会教材编写组. 金融市场风险管理: 理论与实务 [M]. 北京: 北京大学出版社, 2019.

[14] TSAI M F, WANG C J. Financial keyword expansion via continuous word vector representations; proceedings of the Proceedings of the 2014 Conference on Empirical Methods in Natural Language Processing (EMNLP), F, 2014 [C].

[15] LIN T W, SUN R Y, CHANG H L, et al. XRR: Explainable risk ranking for financial reports; proceedings of the machine learning and knowledge discovery in databases applied data science track: european conference, ECML PKDD 2021, Bilbao, Spain, September 13–17, 2021, Proceedings, Part IV 21, F, 2021 [C]. Springer.

[16] MACKINLAY A C. Event studies in economics and finance [J]. Journal of economic literature, 1997, 35(1): 13-39.

[17] KOTHARI S P, WARNER J B. Econometrics of event studies [M]. Handbook of empirical corporate finance. Elsevier. 2007: 3-36.